教育部实用型信息技术人才培养系列教材

边用边学 Flash 动画设计与制作

郝晓丽 朱仁成 | 编著

全国信息技术应用培训教育工程工作组 | 审定

人民邮电出版社

北京

图书在版编目（CIP）数据

边用边学Flash动画设计与制作 / 郝晓丽，朱仁成编著. -- 北京 : 人民邮电出版社，2015.6
教育部实用型信息技术人才培养系列教材
ISBN 978-7-115-38838-4

Ⅰ. ①边… Ⅱ. ①郝… ②朱… Ⅲ. ①动画制作软件—教材 Ⅳ. ①TP391.41

中国版本图书馆CIP数据核字(2015)第073199号

内容提要

本书以 Flash CS5 为平台，从实际操作和应用的角度出发，通过大量精选案例的操作，全面讲述了使用 Flash CS5 中文版进行动画设计与制作的方法与技巧。

全书共 9 章，第 1 章讲解 Flash CS5 动画设计的基础知识；第 2 章～第 8 章讲解 Flash CS5 动画设计的基本操作方法，包括元件的创建与编辑、实例的应用、【库】面板的应用，以及逐帧动画、补间动画、骨骼和 3D 动画、交互式动画的测试与发布；第 9 章则通过具体工程案例，详细讲解了 Flash CS5 在实际工作中的应用。

本书解说详细，操作实例通俗易懂，具有很强的实用性、操作性和代表性。通过本书的学习，读者可在熟练操作 Flash CS5 的基础上，掌握 Flash 动画设计与制作的方法与技巧。

本书可以作为高等学校、高职高专院校非计算机专业学生学习二维动画制作的教材，也可作为 Flash 初学者的自学参考书。

◆ 编　　著　郝晓丽　朱仁成
审　　定　全国信息技术应用培训教育工程工作组
责任编辑　李　莎
责任印制　杨林杰

◆ 人民邮电出版社出版发行　　北京市丰台区成寿寺路 11 号
邮编　100164　　电子邮件　315@ptpress.com.cn
网址　http://www.ptpress.com.cn
北京鑫正大印刷有限公司印刷

◆ 开本：787×1092　1/16
印张：17
字数：443 千字　　　　2015 年 6 月第 1 版
印数：1– 2 500 册　　　2015 年 6 月北京第 1 次印刷

定价：38.00 元

读者服务热线：(010)81055410　印装质量热线：(010)81055316
反盗版热线：(010)81055315

教育部实用型信息技术人才培养系列教材编辑委员会

（暨全国信息技术应用培训教育工程专家组）

出版说明

信息化是当今世界经济和社会发展的大趋势，也是我国产业优化升级和实现工业化、现代化的关键环节。信息产业作为一个新兴的高科技产业，需要大量高素质复合型技术人才。目前，我国信息技术人才的数量和质量远远不能满足经济建设和信息产业发展的需要，人才的缺乏已经成为制约我国信息产业发展和国民经济建设的重要瓶颈。信息技术培训是解决这一问题的有效途径，如何利用现代化教育手段让更多的人接受到信息技术培训是摆在我们面前的一项重大课题。

教育部非常重视我国信息技术人才的培养工作，通过对现有教育体制和课程进行信息化改造、支持高校创办示范性软件学院、推广信息技术培训和认证考试等方式，促进信息技术人才的培养工作。经过多年的努力，培养了一批又一批合格的实用型信息技术人才。

全国信息技术应用培训教育工程（简称ITAT教育工程）是教育部于2000年5月启动的一项面向全社会进行实用型信息技术人才培养的教育工程。ITAT教育工程得到了教育部有关领导的肯定，也得到了社会各界人士的关心和支持。通过遍布全国各地的培训基地，ITAT教育工程建立了覆盖全国的教育培训网络，对我国的信息技术人才培养事业起到了极大的推动作用。

ITAT教育工程被专家誉为“有教无类”的平民学校，以就业为导向，以大、中专院校学生为主要培训目标，也可以满足职业培训、社区教育的需要。培训课程能够满足广大公众对信息技术应用技能的需求，对普及信息技术应用起到了积极的作用。据不完全统计，在过去15年中共有五百五十余万人次参加了ITAT教育工程提供的各类信息技术培训，其中有近150万人次获得了教育部教育管理信息中心颁发的认证证书。工程为普及信息技术、缓解信息化建设中面临的人才短缺问题做出了一定的贡献。

ITAT教育工程聘请来自清华大学、北京大学、人民大学、中央美术学院、北京电影学院、中国传媒大学等单位的信息技术领域的专家组成专家组，规划教学大纲，制订实施方案，指导工程健康、快速地发展。ITAT教育工程以实用型信息技术培训为主要内容，课程实用性强，覆盖面广，更新速度快。目前工程已开设培训课程二十余类，共计七十余门，并将根据信息技术的发展，继续开设新的课程。

本套教材由清华大学出版社、人民邮电出版社、机械工业出版社等出版发行。目前已经出版一百四十余种，内容汇集信息技术应用各方面的知识。今后将根据信息技术的发展不断修改、完善、扩充，始终保持追踪信息技术发展的前沿。

ITAT教育工程的宗旨是：树立民族IT培训品牌，努力使之成为全国规模最大、系统性最强、质量最好，而且最经济实用的国家级信息技术培训工程，培养出千千万万个实用型信息技术人才，为实现我国信息产业的跨越式发展做出贡献。

全国信息技术应用培训教育工程负责人
系列教材执行主编　**薛玉梅**

前　言

Flash CS5 是目前应用最为广泛的网页设计和二维动画制作软件之一，被广泛应用于网页设计、网络应用等多个领域。

为了帮助初学者快速掌握运用 Flash CS5 软件制作二维动画的方法和技巧，本书采用“边用边学，实例导学”的写作模式，全面地涵盖了二维动画制作领域的知识点，并通过大量典型案例帮助初学者学会如何在实际工作当中灵活应用。

1．写作特点

（1）注重实践，强调应用

有不少读者常常抱怨学过 Flash 却不能够独立设计与制作出作品。这是因为目前的大部分相关图书只注重理论知识的讲解而忽视了应用能力的培养。众所周知，动画设计是一门实践性很强的领域，只有通过不断的实践才能真正掌握其设计方法，才能获得更多的直接经验，才能设计并制作出真正好的、有用的作品。

对于初学者而言，不能期待一两天就能成为设计大师，而是应该踏踏实实地打好基础。而模仿他人的作品就是一个很好的学习方法，因为“作为人行为模式之一，模仿是学习的结果”，所以在学习的过程中通过模仿各种成功作品的设计技巧，可快速地提高设计水平与制作能力。

基于此，本书在进行软件操作知识讲解的同时，穿插大量的动画设计案例，将软件知识点充分融入到具体应用中，并通过对案例的细致剖析，逐步引导读者掌握如何运用 Flash 进行动画设计，达到边用边学、一学即会的效果。

（2）知识体系完善，专业性强

本书通过大量精选案例详细讲解了使用 Flash CS5 制作动画的方法和技巧。既能让具有一定 Flash 动画设计经验的读者加强动画制作的理论知识，学会更多的制作技巧，也能使安全没有用过 Flash CS5 的读者从精选案例的实战中体会 Flash 动画制作的精髓。

同时，本书是由资深动画设计师与教学经验丰富的教师共同精心编写的，融入了多年的实战经验和设计技巧。可以说，阅读本书相当于在工作一线实习和进行职前训练。

（3）通俗易懂，易于上手

本书在介绍使用 Flash CS5 进行动画设计时，先通过小实例引导读者了解 Flash 软件中各个实用工具的操作方法，再通过具体的工程实训深入地讲解这些工具在实际工作中的作用及应用技巧。对于初学者以及具有一定基础的读者而言，只要按照书中的步骤一步步地学习，就能够在较短的时间内掌握 Flash 动画设计的精髓。

另外，本书所有案例均录制了教学视频，可以帮助读者更好地完成案例的操作，掌握软件的实际应用技能。

2．本书体例结构

本书每一章的基本结构为“本章导读+基础知识+应用实践+自我检测”，旨在帮助读者夯实理论基础，锻炼应用能力，并强化巩固所学知识与技能，从而取得温故知新、举一反三的学习效果。

- 本章导读：简要介绍知识点，明确所要学习的内容，便于读者明确学习目标，分清主次，以及重点与难点。
- 基础知识：通过小实例讲解 Flash CS5 软件的使用方法，以帮助读者深入理解各个知识点。
- 应用实践：通过综合实例引导读者提高灵活运用所学知识的能力，并熟悉使用 Flash CS5 进行动画设计的流程，以及如何将 Flash CS5 软件更好地应用于实际工作。
- 自我检测：精心设计习题与上机练习，读者可据此检验自己对 Flash CS5 软件的掌握程度并强化巩固所学知识。

3．配套教学资料

本书提供以下配套教学资料：

- 书中所有的素材、源文件、效果文件以及案例视频文件；
- Flash CS5 课件。

本书由郝晓丽、朱仁成执笔完成。此外，参加本书编写的还有史宇宏、张传记、白春英、陈玉蓉、林永、刘海芹、秦真亮、史小虎、孙爱芳、唐美灵、张伟、徐丽、罗云风、翟成刚等人，在此感谢所有关心和支持我们的同行们。由于编者水平有限，书中难免有不妥之处，恳请广大读者批评指正。

我们的联系信箱是 lisha@ptpress.com.cn，欢迎读者来信交流。

编　者

目　录

第 1 章 Flash CS5 动画制作概述

📖 学习目标

掌握 Flash 动画的特点、应用领域，Flash CS5 的基本操作，Flash 动画制作过程等。同时通过完成本章习题，更好地掌握本章知识点，为以后的学习打下基础。

📖 学习重点

熟悉 Flash 动画的特点以及应用领域、Flash CS5 的基本操作，熟练掌握 Flash 动画制作过程。

📖 主要内容

- 动画与 Flash
- Flash CS5 界面简介
- Flash CS5 的基本操作
- Flash 动画制作过程
- 向 Flash 中导入素材
- 自我检测

1.1 动画与Flash

动画是日常生活、工作中常见的艺术表现形式，下面将介绍 Flash 动画的相关概念、特点及其应用领域。

1.1.1 动画与 Flash 动画

动画是一门幻想艺术，更容易直观表现和抒发人们的感情，可以把现实不可能看到的转为现实，扩展了人类的想像力和创造力。广义上的动画，是指把一些原先不活动的东西，经过影片的制作与放映，变成会活动的影像。

到目前为止，动画媒体包括多种形式，一般分为二维动画和三维动画两种，其中三维动画制作软件主要有 3ds Max、Maya、SoftImage 等；二维动画制作软件也有很多，如 Animo、USAnimation 和 RETAS，而 Flash 是后起之秀，也是目前最为流行的制作工具之一。

提示：二维动画，即 2D 动画，它由一个平面上瞬间切换的多幅二维画面组成，如纸质图片、照片或计算机屏幕上显示的图案。为了模拟现实世界的三维空间，二维动画通常采用立体显示技术等不同的方法获取景物的运动效果。

Flash 动画是一种以 Web 应用为主的交互式二维动画形式，它使用文字、图片、视频、动画、声音等综合手段来展现设计意图，并能实现与动画观看者的互动。1986 年，Future Wave 公司推出 Flash 的早期版本 Future Splash Animator，它是世界上第一个商用的二位矢量动画软件，但是由于当时的网络环境，Flash 的面市并没有得到计算机行业应有的重视。1996 年 11 月 Macromedia 公司收购了 Future Wave，并将其改名为 Flash，并先后推出了 Flash 1 和 Flash 2。Flash 真正得到广泛应用是从 Flash 3 开始的，其制作的大量动画开始在互联网上传播，从此不断更新版本产生 Flash 4、Flash 5、Flash MX、Flash 8、Flash CS3、Flash CS4、Flash CS5 等，它改变了以往静态的、枯燥的网页形式，已经逐渐成为网页交互多媒体动画设计软件的标准。

1.1.2 Flash 动画的特点

Flash 动画是一种交互的矢量动画，能够在低文件数据传输率下实现高质量的动画效果。与其他动画相比，Flash 动画具有以下显著特点。

- 文件体积小、不易失真。Flash 动画主要由矢量图形组成，矢量图自身的特点决定了 Flash 动画也具有占用存储容量小、缩放不会失真的优点，特别适用于受网络资源传输制约的环境，在不同大小的窗口下播放均能保持画面质量不变。
- 具有良好的交互性。Flash 动画借助动作脚本的强大功能，可以实现用户对动画进行复杂的控制，进而有效地拓展了其应用领域。这一点是传统动画无法比拟的。
- 采用流式播放技术。Flash 动画具有“流”媒体的特点，在网络上可以边下载边播放，即使后面的内容还没有下载到本地机器上，用户也可以开始欣赏影片，这一点不同于完整的 GIF 动画文件才能正常播放。
- 制作成本低、效率高。与传统动画相比，Flash 动画制作非常简单，单机担任即可操作完成一

段有声有色的动画片段，这不仅大幅度地降低了制作成本，减少人力、物力资源的消耗，而且在制作时间上也会大大减少。

- 学习门槛低、易学易用。不需要特别专业编程知识和技能，只要爱好者掌握一定的软件知识就可以在电脑上尝试制作出 Flash 动画。

1.1.3　Flash 动画的应用领域

Flash 动画集声音、图像、文字于一体，凭借其文件小、画质清晰、播放流畅等特点，广泛应用于互联网、多媒体教学软件、游戏设计等诸多领域，主要集中在以下几个方面。

- 娱乐短片。在当前信息社会中，众多 Flash 爱好者喜欢把自己制作的 Flash 音乐动画，Flash 电影动画上传到网络供其他网友下载、传播和欣赏，绚丽的视觉效果和丰富的交互体验让这些影片变得异常火爆，甚至逐渐形成为一种新型的网络文化形式。
- 网站设计。许多网站为了达到“闪”的效果，通过形成一定的视觉冲击力来引起用户的注意，在创作过程中常常采用大量的 Flash 动画，例如引导页、站标和横幅广告等，特别是在制作要求交互功能较强的网站时，采用 Flash 制作整个网站更能体现其强大的优势。
- 多媒体教学软件设计。与传统的静态文字或图片教学相比，Flash 课件具有体积小、内容丰富、表现力强的特点，特别适用于内容复杂且具有较高互动性要求的教学，例如教学实验的动态演示和多媒体教学光盘的制作。
- 产品展示。Flash 动画强大的交互功能在产品展示方面具有先天的优势，例如惠普、戴尔、三星等大公司喜欢使用 Flash 动画来推介产品，用户可以方便的查看各种产品，全面了解其功能、外观和使用方法等内容。
- 游戏设计。互动性是 Flash 动画有别于传统动画的重要特征之一，使用 Flash 的动作脚本功能可以制作一些有趣的小游戏，如看图识字游戏、贪吃蛇游戏、棋牌类游戏等，并且由于 Flash 游戏具有体积小的优点，当前一些手机厂商已在手机系统中大量嵌入 Flash 游戏供用户娱乐。
- 其他应用。Flash 动画在制作 MTV、电子贺卡、电子相册等其他领域也有着广泛的应用。

1.2　Flash CS5 界面简介

当安装 Flash CS5 并启动 Flash CS5 时会出现开始界面，在开始界面中可以选择【打开最近的项目】、【新建】、【从模板创建】等选项组，如图 1-1 所示。

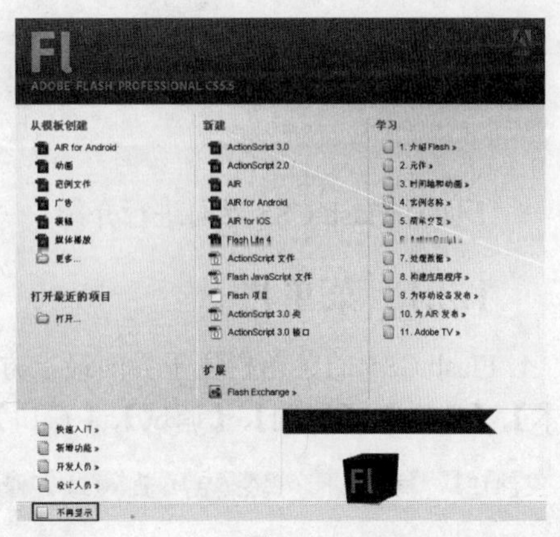

图 1-1

选择【新建】组中的【Flash 项目】选项，打开【项目】对话框，在该对话框可以为创建的新项目命名、选择根目录、为文档命名、选择播放器和脚本等，如图 1-2 所示。

单击【根文件夹】右侧的【浏览】按钮，打开【浏览文件夹】对话框，如图 1-3 所示。

在【浏览文件夹】对话框中选择项目的存储路径，然后确认可新建一个项目。如果在【新建】组中单击【ActionScript 3.0】选项，则新建一个 Flash 文档，并进入到 Flash 界面，

如图 1-4 所示。

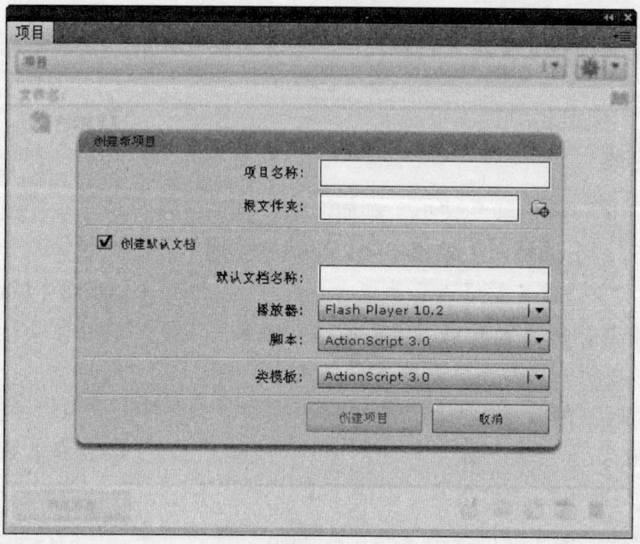

图 1-2

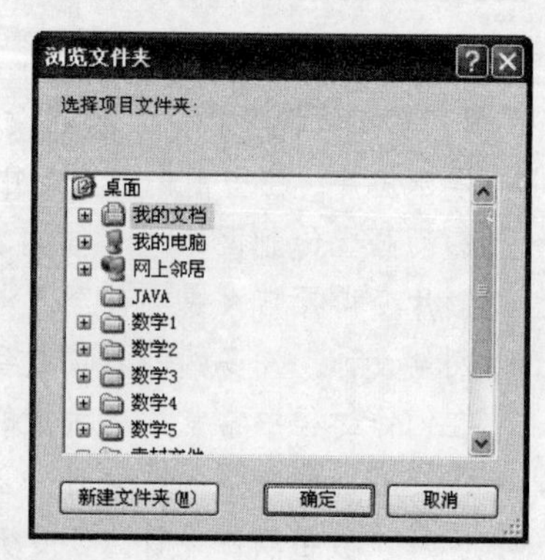

图 1-3

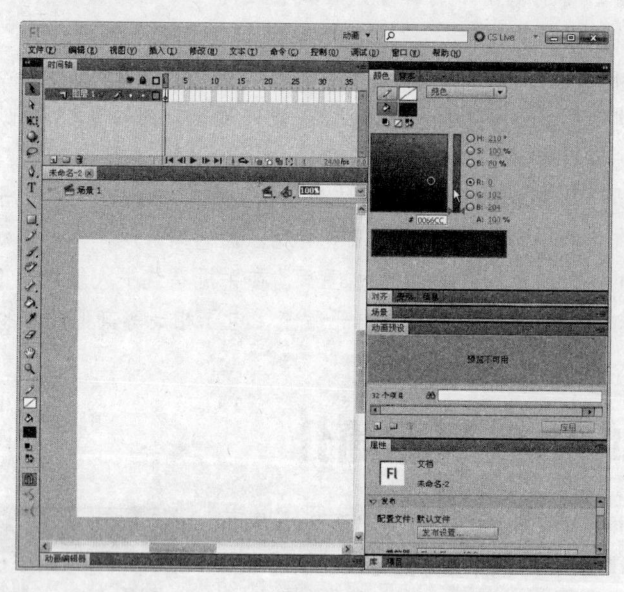

图 1-4

下面对 Flash CS5 界面进行介绍。

1.2.1 菜单栏

Flash CS5 的菜单栏位于界面最上方，主要包括【文件】、【编辑】、【视图】、【插入】、【修改】、【文本】、【命令】、【控制】、【调试】、【窗口】以及【帮助】11 个菜单项，如图 1-5 所示。

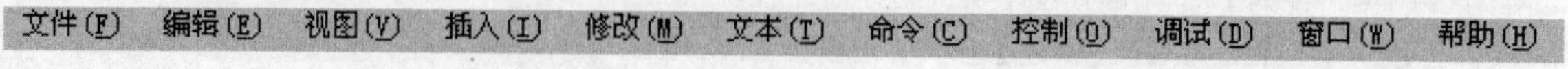

文件(F) 编辑(E) 视图(V) 插入(I) 修改(M) 文本(T) 命令(C) 控制(O) 调试(D) 窗口(W) 帮助(H)

图 1-5

单击各主菜单项都会弹出相应的下拉菜单，有些下拉菜单还包括了下一级的子菜单。各菜单的功能说明见表 1-1。

表 1-1　菜单栏中各菜单项主要功能说明

菜　单	主要功能说明
文　件	提供有关 Flash 文件的新建、打开、保存、关闭、导入与导出、打印等命令
编　辑	提供对各种对象的选择、复制、剪切、粘贴、清除以及元件的编辑操作，首选参数和快捷键设置等命令
视 图	提供编辑区缩放设置，对象在编辑区显示状态、标尺、网格和辅助线是否显示以及设置等命令
插　入	将对象转换为元件，新建元件、图层、帧、场景、引导线和创建时间轴特效等命令
修 改	提供对文档、场景、图层、帧、元件等属性的设置，编辑区中对象的位置以及元件群组状态的修改等命令
文　本	提供对文本字体、尺寸、样式、排列、间距等属性的设置命令
命　令	提供管理保存的命令、运行命令以及导入、导出动画 XML、将动画复制为 XML 等命令
控　制	提供测试场景、影片，调试影片，测试和调试简单交互的命令
调 试	提供调试影片、继续、结束调试会话、跳入、跳过、跳出、开始远程调试会话等命令
窗　口	提供是否显示绘图工具箱、标准工具栏、窗口状态以及各种浮动面板等命令
帮　助	提供 Flash 使用帮助、管理扩展功能、联机注册等命令

Flash CS5 菜单的形式与其他 Windows 软件的菜单形式相同，都遵循以下的约定。

- 菜单中的菜单项名字是深色时，表示当前可使用；是浅色时，表示当前不能使用。
- 如果菜单名后边有省略号（……），则表示单击该菜单项后，会打开出一个对话框。
- 如果菜单名后边有黑三角（▶），则表示该菜单项有下一级子菜单。
- 如果菜单名左边有选择标记（✓），则表示该选项已设定。如果要删除标记（不选定该项），可再单击该菜单选择标记。
- 菜单名右边的组合按键名称表示执行该菜单选项的对应热键，按下热键可以在不打开菜单的情况下直接执行菜单命令。

1.2.2　时间轴

时间轴是 Flash 动画编辑的基础，用以创建不同类型的动画效果和控制动画的播放预览。时间轴上的每一个小格称为帧，是 Flash 动画的最小时间单位。

可以把 Flash 理解为“织在时间上的画面”。在界面上横向的反映就是时间轴，纵向的反映就是图层。“图层”就像堆叠在一起的多张幻灯片一样，每个层中都排放着自己的对象。时间轴和图层决定了什么时间，舞台上会出现什么图形或音乐。Flash 动画就是把绘制出来的对象放到一格格的帧中，然后通过时间轴上的播放头连续播放一帧一帧的连续动作的图片，利用人的“视觉暂留”特性，在大脑中形成动画效果。【时间轴】面板如图 1-6 所示。

【时间轴】面板分为两个部分：左侧为图层查看窗口，右侧为帧查看窗口。

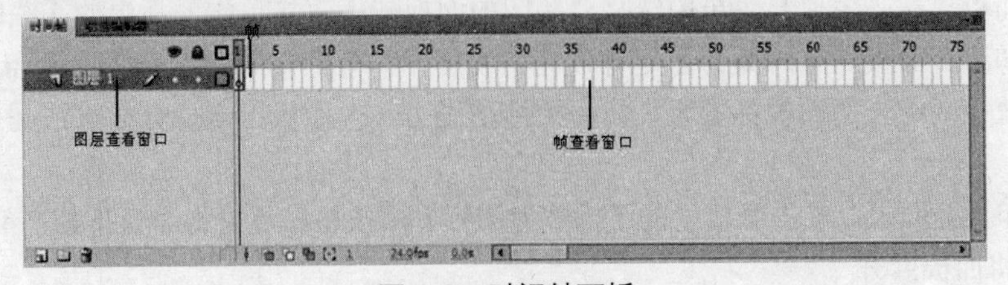

图 1-6　时间轴面板

1.2.3 绘图工具箱

绘图工具箱是 Flash 中最常用到的一个面板，用鼠标单击的方式能选中其中的各种工具。它包含绘制和编辑矢量图形的各种操作工具，主要由选择工具、绘图工具、颜色填充工具、查看工具、颜色选择工具和工具属性 6 部分构成，用于进行矢量图形绘制和编辑的各种操作，如图 1-7 所示。

1.2.4 浮动面板

浮动面板由各种不同功能的面板组成，如【属性】面板、【颜色】面板、【变形】面板等，如图 1-8 所示。通过面板的显示、隐藏、组合等，用户可以自定义工作界面。

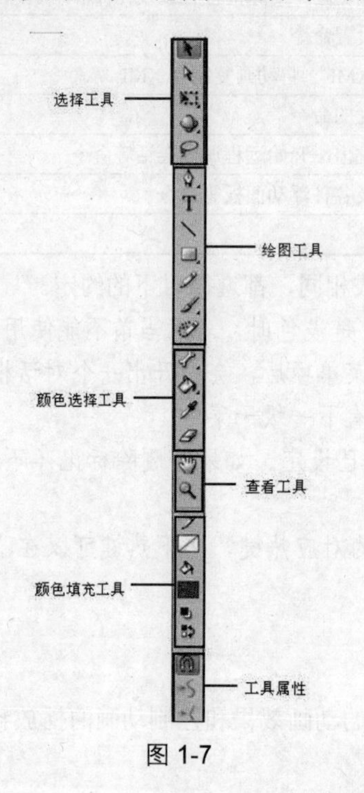

图 1-7

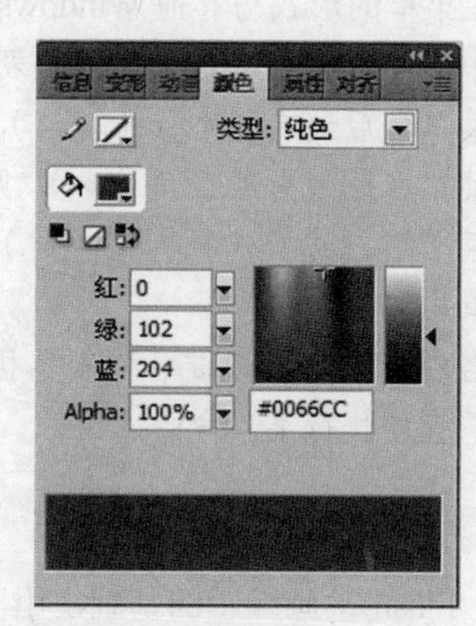

图 1-8

提示：如果主操作界面中没有出现上述面板，可以通过选择【窗口】菜单下的各个选项显示出相应的面板。

面板可以根据需要进行定制，使操作更加便捷。下面进行简单介绍。

（1）打开面板。从【窗口】菜单中选择所需的面板。

（2）关闭面板。从【窗口】菜单中选择要关闭的面板或者直接单击面板中的【关闭】按钮×。

（3）拆分和组合面板。有时候为了更有效地完成工作，会把常用的几个面板组合在一起。组合的方法是将鼠标放在要组合的面板标签上，将面板拖动到另一个面板上。拆分的方法是拖动面板将它与其他面板分开。

（4）展开和折叠面板。单击面板上的【折叠为图标】◀◀按钮，可以将面板折叠；单击【展开面板】▶▶按钮，可以将面板展开。

1.2.5　绘图工作区

绘图工作区也称作“舞台”，它是在其中放置图形内容的矩形区域。这些图形内容包括矢量插图、文本框、按钮、导入的位图或视频剪辑等。该区域大小可以在工作时放大或缩小，如图 1-9 所示。

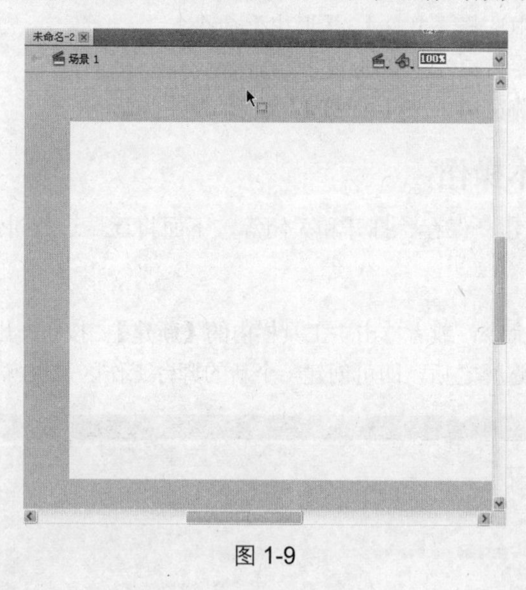

图 1-9

1.3　Flash CS5 的基本操作

在进行具体的功能学习前，大家应当首先要掌握 Flash CS5 软件的基本操作。下面将介绍 Flash CS5 的基本操作。

1.3.1　启动和退出 Flash CS5

在学习如何使用 Flash CS5 之前，需要先了解启动和退出 Flash CS5 的方法。下面分别介绍启动和退出 Flash CS5 的方法。

1. 启动 Flash CS5

启动 Flash CS5 的方法主要有如下几种。

（1）选择【开始】/【程序】/【Adobe】/【Adobe Flash Professional CS5】命令，如图 1-110 所示。

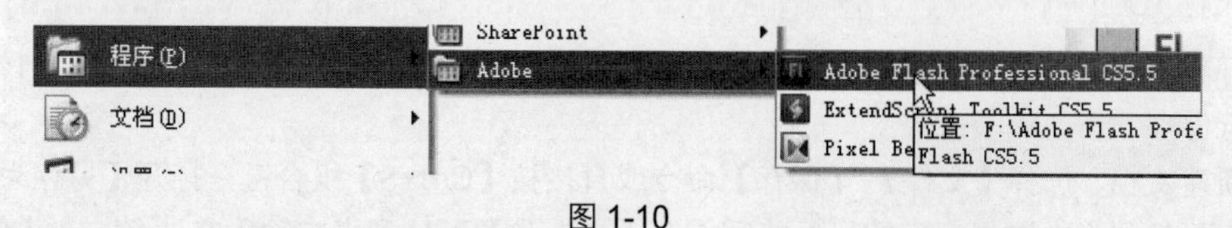

图 1-10

（2）在桌面上双击“Adobe Flash Professional CS5”的快捷方式图标 Fl（使用此方法的前提是已经在桌面上创建了该程序的快捷方式图标）。

（3）双击计算机中由 Flash CS5 创建的文档。

2. 退出 Flash CS5

利用 Flash CS5 制作完成后，即可退出 Flash CS5，退出的方法有如下几种。

（1）单击 Flash CS5 窗口右上角的【关闭】 按钮。

（2）在 Flash CS5 窗口中选择【文件】/【退出】命令。

（3）双击 Flash CS5 程序窗口左上角的Fl图标。

（4）在 Flash CS5 的当前窗口中按【Alt+F4】组合键。

1.3.2 文件的基本操作

文件的基本操作包括新建、保存、打开和关闭等，下面将逐一进行讲解。

1. 新建文档

单击【文件】/【新建】命令，或者单击主工具栏内的【新建】按钮，出现【新建文档】对话框，如图 1-11 所示。根据需要进行选择之后，即可创建一个新的舞台工作区，也就创建了一个 Flash 动画文件。

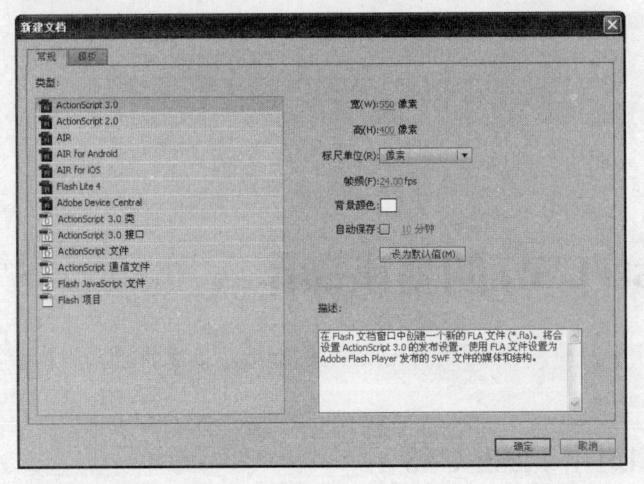

图 1-11

提示：在桌面或“我的电脑”窗口中的空白处单击鼠标右键，在弹出的快捷菜单中选择【新建】/【Flash 文档】命令，即可以快捷方式直接在桌面或“我的电脑”窗口中创建一个新的 Flash 文档。

2. 保存文档

制作好的文档必须执行保存操作才能被存储在计算机中，而对于已保存过的文档，则可用另存为的方式进行保存。

保存新建文档。选择【文件】/【保存】命令或直接按【Ctrl+S】组合键，打开【另存为】对话框。在【保存】下拉列表中选择相应的目标路径，在【文件名】下拉列表中输入文件名，在【保存类型】下拉列表中选择相应的文件类型，单击 保存(S) 按钮，即可保存新建的文档。

保存已存在的文档。如果要将打开并已修改过的文档保存为另一个名称或保存到计算机的其他位置，可选择【文件】/【另存为】命令，在打开的【另存为】对话框中设置文件名和文件的目标路径，然后单击保存(S)按钮，即可完成保存操作。

【任务 1】新建一个 Flash 文档，并以"动画制作.fla"为文件名进行保存。

Step 1　新建一个名为"未命名-1"的 Flash 文档。

Step 2　在文档窗口中选择【文件】/【保存】命令，打开【另存为】对话框，如图 1-12 所示。

Step 3　单击左侧【我的文档】图标，在【文件名】下拉列表中输入"动画制作"，然后单击保存(S)按钮，如图 1-13 所示，即可完成文档的创建和保存。

图 1-12

图 1-13

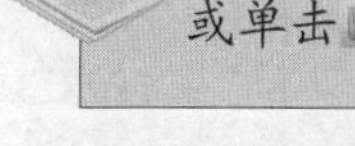

注意：当打开已保存过的文档并进行修改等操作后，此时选择【文件】/【保存】命令或单击按钮都将直接把已修改的内容保存在当前文档中，而不会打开"另存为"对话框。

3. 打开文档

如需编辑或查看计算机中已有的文档，则需先将其打开。打开文档的方法有如下几种。

（1）选择【文件】/【打开】命令。

（2）在【常用】工具栏中单击【打开】按钮。

执行上述任意一种操作，都将打开【打开】对话框，在其中选择需要打开的文档，然后单击打开(O)按钮即可打开文档。

4. 关闭文档

编辑并保存文档后，需将文档关闭，关闭文档的方法有如下几种。

（1）选择【文件】/【关闭】命令。

（2）单击窗口右上角的【关闭】×按钮。

1.4 Flash 动画制作过程

这一节主要讲解 Flash 动画的制作过程。

1.4.1 动画制作的工作流程

使用 Flash CS5 制作动画时，应当遵循一个完整、系统的工作流程，对各个环节的步骤内容要有合理的规划。Flash 动画制作的工作流程如下。

1. 动画创作策划

正确的策划分析是每一项工作得以顺利进行的重要保证，需要认真的对整个动画制作工作中的诸多内容和环节进行分析，如画面保持什么样的风格，需要使用什么样的素材，工作步骤的顺序怎样安排，舞台场景怎样布置以及怎样进行影片的输出发布等。

2. 准备动画素材

在确定了动画的主题与故事内容、画面效果后，需要进行影片外部素材的准备工作，如需要使用到的图片、声音、视频剪辑及文字资料等内容。

3. 制作元件

根据策划的动画内容，绘制需要的角色元件，如图形、按钮、影片剪辑等元件，以及各种需要的媒体素材。

4. 设定舞台属性

Flash CS5 默认的舞台大小为 550 像素×440 像素，舞台背景为白色。在编辑舞台动画前，根据需要对舞台场景的大小和背景色进行设置。

5. 编排动画

将制作好的各个元件角色放入到舞台场景中，为它们编排好各自在动画中的表演动作。

6. 保存文件

动画文件的保存，应该是确定每一个编辑操作后都应及时完成的操作，以避免因操作失误、死机甚至突然断电造成的损失。

7. 动画测试

在编排动画的过程中，随时按【Ctrl+Enter】组合键，可以测试舞台场景中目前编辑完成的动画效果，以便及时发现问题并修改。

8. 动画输出

将已经编辑完成的影片文件，输出成可独立播放的影片文件或其他格式的文件。

1.4.2 创建第一个 Flash 动画

为了对软件有一个大概的了解，下面制作一个简单的小动画，体验一下 Flash 的魅力，动画的效果是使一个红色的圆球从左向右运动。

【任务 2】打开“动画制作.fla”文档，制作圆球从左向右运动的动画。

Step 1 在工具栏中选择【椭圆工具】，然后在颜色区中设置“笔触”和“填充”，【笔触颜色】设置为无，【填充颜色】选择红色，如图 1-14 所示。

Step 2　移动鼠标指针到舞台左下角，按住 Shift 键，拖动鼠标指针绘制一个红色的圆形，如图 1-15 所示。

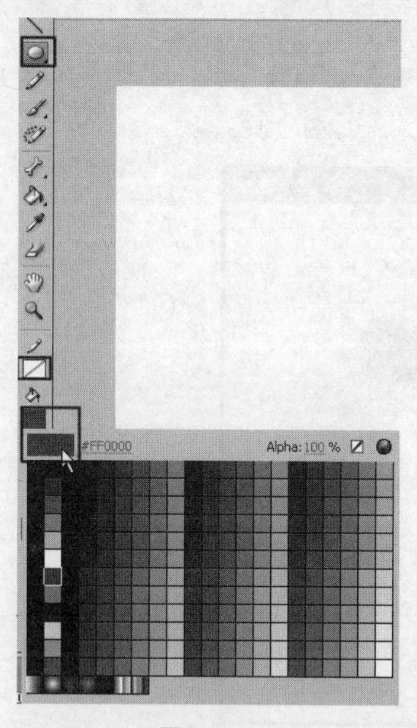

图 1-14

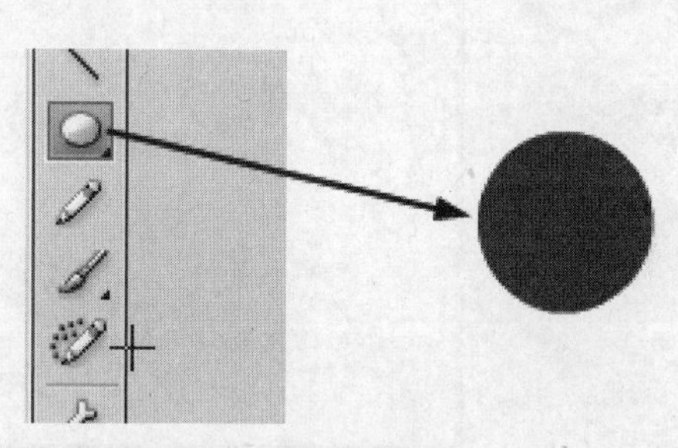

图 1-15

Step 3　在【时间轴】面板上，选择“图层 1”的第 30 帧，按下【F6】键，这样在该帧处插入一个关键帧，如图 1-16 所示。

Step 4　使用【选择工具】在舞台上选择圆形，将其拖动到舞台右上角，如图 1-17 所示。

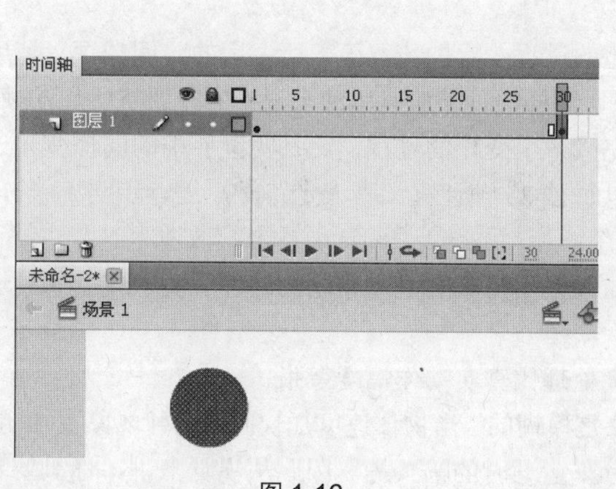

图 1-16

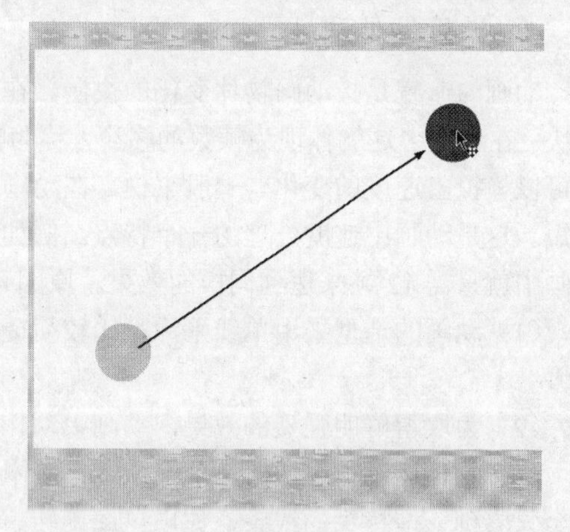

图 1-17

Step 5　重新选择“图层 1”的第 1 帧，单击鼠标右键，从弹出的快捷菜单中选择【创建补间形状】命令，如图 1-18 所示。

Step 6　此时在【时间轴】面板上会显示形状动画的产生情况，如图 1-19 所示。

Step 7　选择【控制】/【测试影片】命令，会出现动画测试界面，其中的动画窗口会显示我们设计的动画。可见圆形会不停地从窗口左下角移动到右上角，如图 1-20 所示。

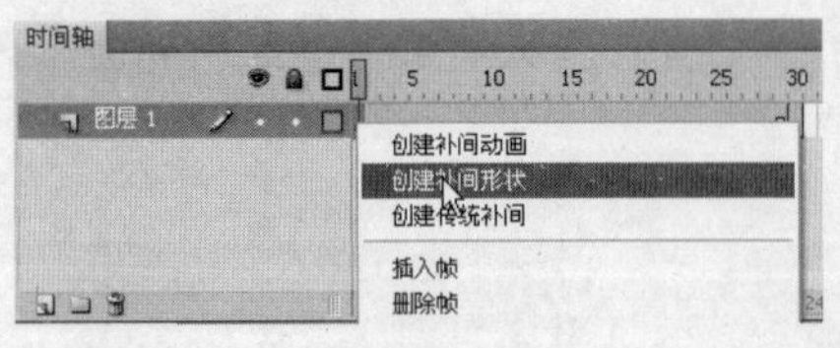

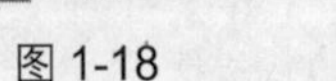
图 1-18

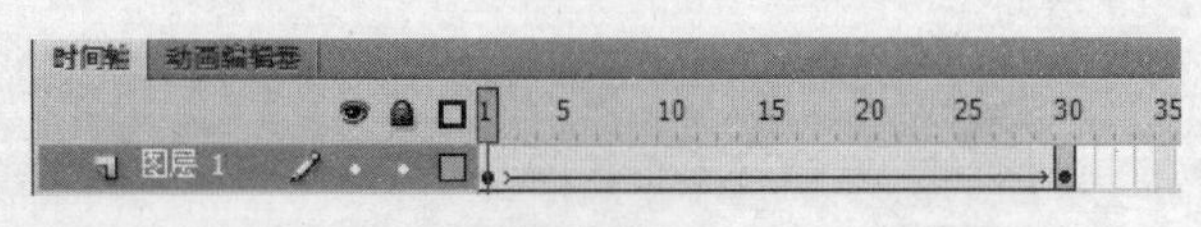

图 1-19

图 1-20

1.4.3 动画制作应注意的问题

在制作动画的过程中，有一些问题需要注意。

1. 速度的处理

动画的速度是指动画物体变化的快慢。在变化的过程一定的情况下，所占用的时间越短，速度就越快。在动画中这就体现为帧数的多少，称为帧频。同样，对于加速运动来说，分段调整所用的帧数，就可以模拟出速度的变化。一般来说，在动画中完成一个变化的过程，比真实世界中的同样变化过程要短。这是动画中速度处理的一个特点。例如，以每秒 25 帧计算，真人走路时，迈一步需 14 帧，在动画中就只需 12 帧来达到同样的效果。原因有两个：

（1）动画的造型采用单线平涂，比较简捷，如果采用与真实世界相同的处理时间，就会感到速度较慢；

（2）为取得鲜明强烈的效果，动画中动作幅度处理比真实动作幅度夸张。

一个物体运动得很快时，你所看到的物体形象是模糊的。当物体速度加快时，这种现象更加明显，甚至只看到一些模糊的线条，如电风扇旋转、自行车运动时的幅条等。因此从视觉上讲，你只要看到这样一些线条，就会有高速运动的感觉。在动画中表现运动物体，往往在后面加上几条线，就是利用这种感觉来强化运动效果，这些线称之为速度线。

速度线的运用，除了增强速度感之外，在动画的间隔比较大的情况下，也作为形像变化的辅助手段。一般来说，速度线不能比前面物体的外型长。但有时为了使速度表现强烈，常常加以夸张。甚至在某种情况下，中途只画速度线在运动，而没有物体本身。

2. 循环动画

许多物体的变化，都可以分解为连续重复而有规律的变化。因此在动画制作中，可以仅制作几幅画面，然后像走马灯一样重复循环使用，长时间播放，这就是循环动画。

循环动画由许多幅画面构成，要根据动作的循环规律确定。但是至少三张以上的画面才能产生循环变化的效果，两幅画面只能产生晃动的效果。在循环动画中有一种特殊情况，就是反向循环。例如鞠躬的过程，可以只制作弯腰动作的画面，因为用相反的循环播放这些画面就是抬起的动作。掌握循环动画制作方法，可以减轻工作量，提高工作底效率。因此动画制作中，要养成使用循环动画的习惯。

动画中常用的虚线、下雨、下雪、水流、火焰、气流、风、电流、声波、人行走、动物奔跑、鸟飞翔、轮子、机械运动以及有规律的曲线、圆周运动、弹性运动等，都可以采用循环动画。但循环动画的不足之处就是动作比较呆板，缺少变化。为此，对于长时间的循环动画，应该进一步采用多套循环动画的方式进行处理。

3. 夸张与拟人

夸张与拟人是动画制作中常用的艺术手法。许多优秀作品无不在这方面有所建树。因此，发挥你的想像力，赋予非生命以生命，化抽象为形象，把人们的幻想与现实紧密交织在一起，创造出强烈、奇妙的视觉形象，才能引起观赏者的共鸣和认可。实际上，这也是动画艺术区别于其他影视艺术的重要特征。

1.5 向 Flash 中导入素材

在 Flash 动画制作中，使用素材是必不可少的操作，Flash 支持多种格式的素材文件，如普通位图文件、PSD 格式的文件以及 AI 格式的文件等。这一节将学习向 Flash 中导入素材的相关技能。

1.5.1 了解 Flash 支持的普通位图文件

Flash 是一款矢量图软件，但它支持以下格式的普通位图文件。

1. GIF 图像

GIF 图像是一种支持 256 色的多帧的动画或者包含 Alpha 透明通道的压缩图像格式，其扩展名为“gif”，这种格式的文件所占磁盘空间较小，但其图像质量也较差，Flash 支持这种格式的图像或者动画文件。如果导入的是 GIF 格式的动画文件，用户还可以在 Flash 中对动画进行编辑。

2. JPEG/JPG 图像

JPEG 格式的图像是目前互联网上应用最为广泛的位图文件，其扩展名为“jpg”，这种图像是有损压缩格式，它支持按照图像的保真品质进行压缩，有 11 个等级。一般情况下，既能保证图像较好的品质，又能占用磁盘空间较小的是 8 级，也就是 Flash 中的品质 80。

3. PNG 图像

PNG 图像是一种无损压缩的位图格式，也是 Adobe 推荐使用的一种位图图像格式，其扩展名为“png”，这种格式的图像支持最低 8 位到最高 48 位色彩以及 16 位灰度图像和 Alpha 通道，其压缩比要比 GIF 大，其使用范围非常广泛。

1.5.2　向 Flash 中导入普通位图

【任务 3】向 Flash 中导入普通位图。

Step 1　启动 Flash CS5 软件。

Step 2　执行【文件】/【导入】命令，在其子菜单中选择【导入到舞台】或【导入到库】命令，如图 1-21 所示。

Step 3　在此选择【导入到舞台】命令，打开【导入】对话框，在该对话框中选择要导入的相应素材文件，如图 1-22 所示。

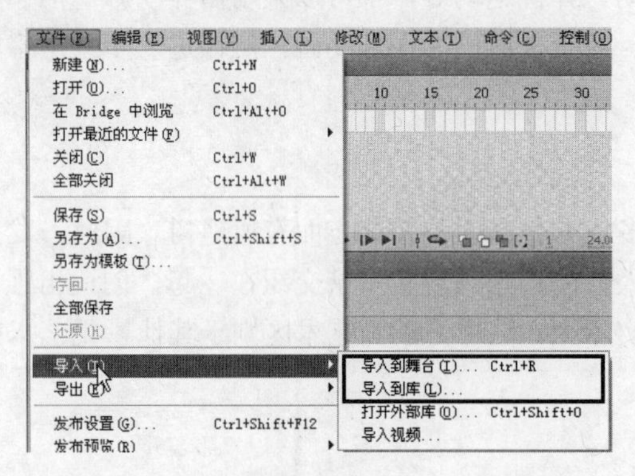

图 1-21

图 1-22

Step 4　单击 打开(O) 按钮，选择的文件就导入到了舞台，如图 1-23 所示。

另外，导入的素材也会自动添加到【库】面板中，执行【窗口】/【库】命令打开【库】面板，会看到导入的素材文件，如图 1-24 所示。

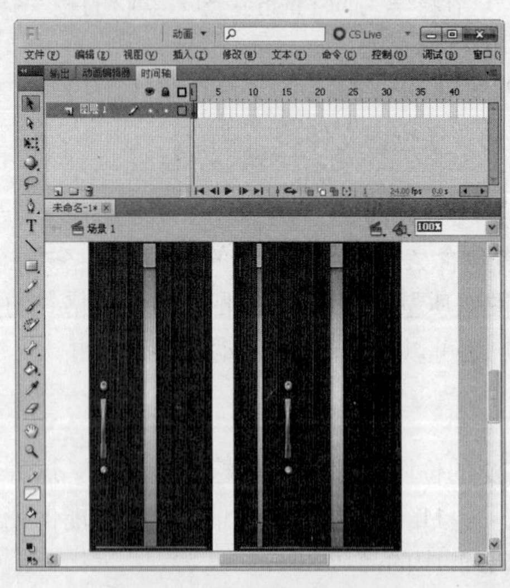

图 1-23

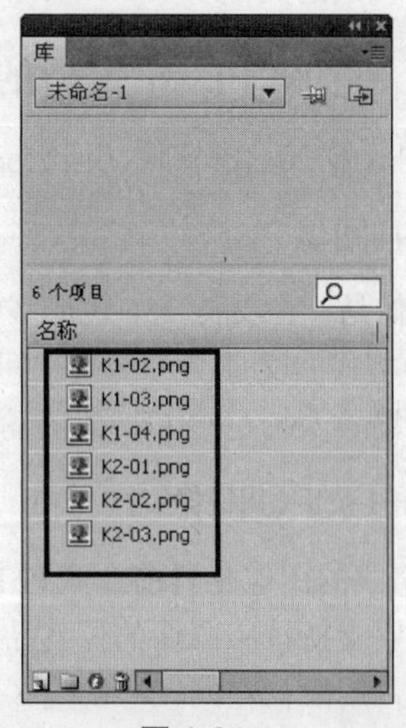

图 1-24

提示：需要说明的是，如果导入的是一个 GIF 格式的动画文件，当导入到舞台后，则会在时间轴上生成逐帧动画。

Step 5　执行【导入到舞台】命令，在打开的【导入】对话框中选择随书光盘“素材”文件夹下的“小人 01.gif”动画文件，如图 1-25 所示。

Step 6　单击 打开(O) 按钮，选择的文件就导入到了舞台，此时在时间轴上生成了逐帧动画，如图 1-26 所示。

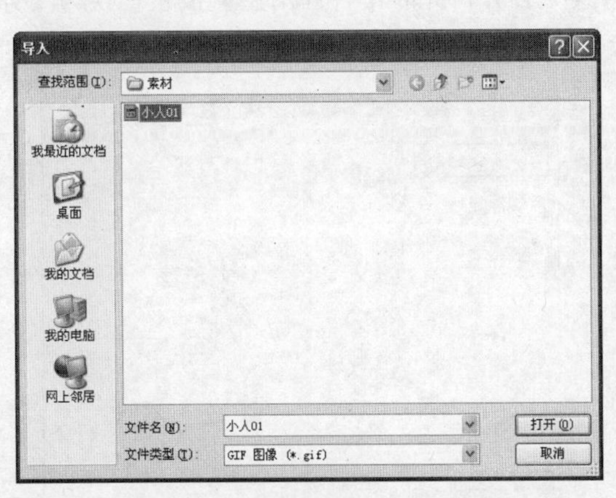

图 1-25

图 1-26

1.5.3　向 Flash 中导入 PSD 格式的图像文件

我们知道，PSD 格式的图像是由 Photoshop 软件生成的位图图像文件，这种格式的图像文件图像色彩丰富、品质较高，但占用磁盘空间较大。Flash 可以导入 PSD 格式的图像文件，同时还可以在 Flash 中进行编辑。

【任务 4】向 Flash 中导入 PSD 格式的图像文件。

Step 1　执行【文件】/【导入】命令，在其子菜单中选择【导入到舞台】命令。

Step 2　打开【导入】对话框，在该对话框中选择随书光盘“素材”文件夹下的“标志.psd”素材文件，如图 1-27 所示。

Step 3　单击 打开(O) 按钮，此时会打开【将“标志.psd”导入到舞台】对话框，如图 1-28 所示。

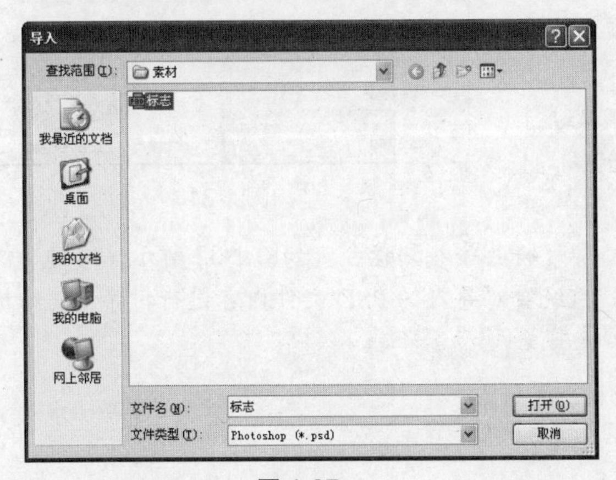

图 1-27

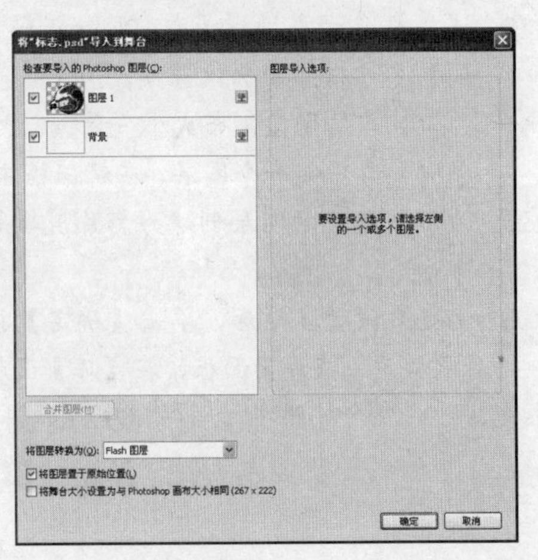

图 1-28

在该对话框中用户可以浏览 PSD 文件中的所有图层以及图层组等内容，另外也可以将各图层合并、将图层转换为元件等。其各选项含义如下。

- 【合并图层】按钮：当选中多个图层后，该按钮被激活，如按住【Ctrl】键单击“图层 1”和“背景”两个图层将其选择，此时该按钮被激活，如图 1-29 所示。

单击【合并图层】按钮，将“图层 1”和“背景”合并，此时【合并图层】按钮切换为【分离】按钮，如图 1-30 所示；选择合并后的图层，单击【分离】按钮，即可将合并的图层再次分离。

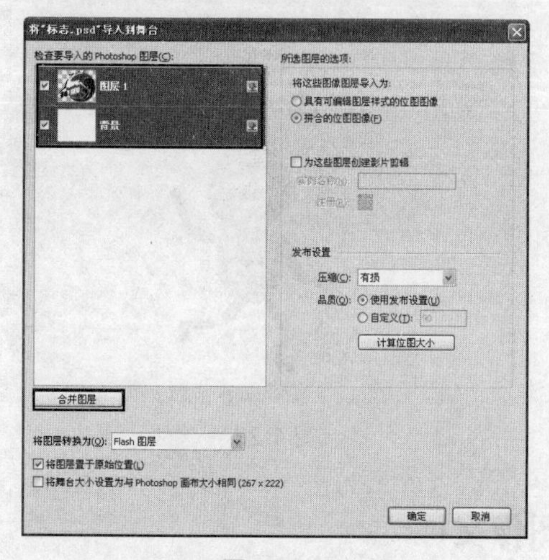

图 1-29

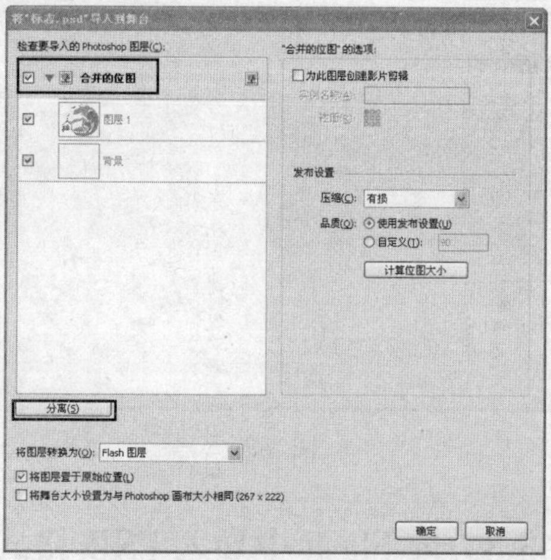

图 1-30

- 【将图层转换为】下拉列表框：在该下拉列表可以设置将选中的图层转换为 Flash 图层或者关键帧。
- 【将图层置于原始位置】复选框：启用该选项，会将各图层中的图像按照在 PSD 图像中的位置放置在舞台中，否则，Flash 会将各图层中的图像按照随机位置放置。
- 【将舞台大小设置为与 Photoshop 画布大小相同】复选框：勾选该选项，Flash 会将舞台设置为与导入的图像画布大小一致。

Step 4 选中某一个图层，在对话框中还可以进行相关设置，如将选中的图层创建为影片剪辑等，如图 1-31 所示。

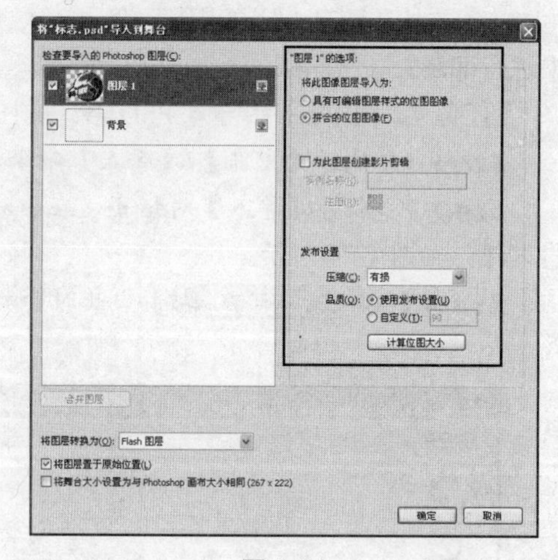

图 1-31

Step 5 设置完毕后，单击【确定】按钮，即可将其导入到舞台，如图 1-32 所示。同时，该素材也将会被放置到【库】面板，在【库】面板中，系统会对导入的 PSD 文件内容进行排序，其结构保持不变，但顺序会按照字母顺序排序，如图 1-33 所示。

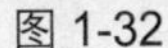
图 1-32

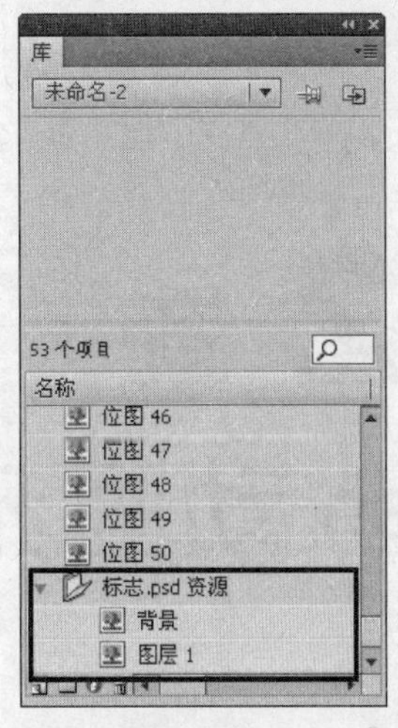

图 1-33

1.5.4　向 Flash 中导入 AI 格式的图像文件

AI 格式的图像是由 Adobe Illustrator 软件生成的矢量图形文件，这种格式的图形文件图像色彩丰富、品质较高，但占用磁盘空间较小。Flash 可以导入 AI 格式的图形文件，需要注意的是，在导入 AI 格式的图形文件时，需要取消所有图层上的对象组合，这样导入到 Flash 中后，可以像编辑其他 Flash 对象那样进行处理。

导入 AI 格式的图形文件的方法以及相关设置与导入 PSD 格式的图像文件相同，在此不再赘述。

1.6 自我检测

1. 选择题

（1）以下软件是二维动画制作软件的是（　　）。

A．3ds Max　　B．Maya　　C．SoftImage　　D．Flash

（2）Flash 动画不具有的特点是（　　）。

A．文件体积小、不易失真　　B．具有良好的交互性

C．在网络上需要完全下载才能播放　　D．制作成本低、效率高

（3）【对齐】面板不显示时，应在哪个菜单中找命令让它显示？（　　）

A．视图　　B．窗口　　C．编辑　　D．帮助

2. 简答题

（1）简述 Flash 动画的应用领域。

（2）启动和退出 Flash CS5 的方法各有几种？

（3）动画制作的工作流程是怎样的？

（4）动画制作应注意的问题有哪些？

第 2 章 Flash 动画元素的创建与编辑

📖 学习目标

掌握 Flash 动画元素的创建、编辑的相关知识，具体包括绘制规则图形、绘制不规则图形、绘制特殊图形、图形上色、图形的编辑等。

📖 学习重点

掌握线条工具、铅笔工具、钢笔工具、椭圆工具、矩形工具、多角星形工具的操作技能以及图形的上色和编辑技能。

📖 主要内容

- Flash 绘图基础
- 绘制基本图形
- 图形的上色
- 创建文本对象
- Flash 动画元素的编辑
- 上机实训
- 自我检测

2.1　Flash 绘图基础

这一节主要讲解 Flash 绘图的相关基础知识，具体内容包括位图和矢量图、笔触与填充、Flash 的绘图模式等相关内容。

2.1.1　位图和矢量图

图形有位图和矢量图之分，使用 Flash 绘制的图形都是矢量图，位图和矢量图有本质的区别。

1. 位图

位图以记录屏幕上图像的每一个黑白或彩色的像素来反映图像。每一个像素有特定的位置和颜色值。位图适用于具有复杂色彩、明度多变、虚实丰富的图像，如拍摄的照片以及使用位图绘画程序 Adobe Photoshop 所设计的图像作品等都属于位图图像。位图图像以与屏幕相对应的存储位来记忆和处理图像，把图形作为点的集合，位图图像像素的多少决定位图图像文件的大小和图像细节的丰富程度，因此放大和以高清晰度打印位图图像时，容易出现锯齿状的边缘。如图 2-1 所示，左边为位图图像正常大小的显示效果，右图为位图图像放大后的显示效果。

图 2-1

位图图像由数字阵列信息组成，用以描述图像中各像素点的强度与颜色。位图适合于表现含有大量细节的画面，并可直接、快速地在屏幕上显示出来，因此，位图占用存储空间较大。为了便于位图的存储和交流，产生了多种文件格式，常见的有 PCX、BMP、DLB、PIC、GIF、TGA 和 TIFF 等。

2. 矢量图

矢量图形以数学方式记录图形元素的几何性质，如直线、曲线、圆形、方形的形状和大小，而不是记录像素的数量，因此，矢量图形更适合于以线条物体定位为主的绘制，如电脑辅助设计软件 AutoCAD、工艺美术设计、插图设计软件 Adobe Illustrator 和 CorelDraw 就是使用这种格式的软件。

矢量图形的优点在于它在任何解析度下输出时都同样清晰。如图 2-2 所示，左图是矢量图形文件正常显示效果，右图是放大后的矢量图形显示效果，放大后图形清晰度没有任何变化。

图 2-2

2.1.2 Flash 中的笔触与填充

Flash 中的每一幅图形都源于一种形状，形状由两部分组成，即填充和笔触，填充是指形状里面的部分，而笔触则是形状的轮廓线，如图 2-3 所示。

填充和笔触是相互独立的两个元素，因此修改或删除其中一个部分，而不会影响另一个部分。如图 2-4 所示，修改笔触的颜色为绿色，或删除笔触、删除填充等。

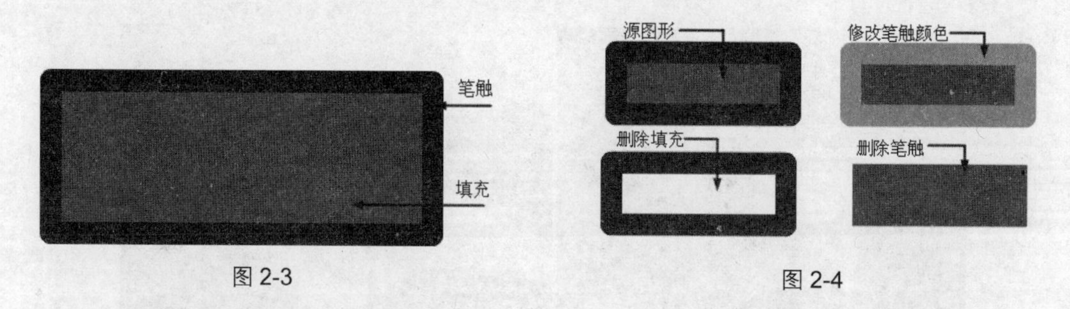

图 2-3　　图 2-4

2.1.3 Flash 的绘图模式

Flash 提供了 3 种绘图模式，这 3 种绘图模式决定了舞台上的图形对象彼此之间的交互方式以及编辑方法。默认情况下，Flash 使用合并绘图模式，用户可以根据需要启用其他的绘图模式。

要想启动绘图模式，可以激活绘图工具，然后在工具栏下方单击【对象绘制】按钮即可，按下该按钮将进入对象绘制模式，该按钮弹起将进入合并绘制模式。

1. 合并绘制模式

合并绘制模式下，Flash 将会合并所绘制的重叠形状，从而产生融合与切割的现象。例如，当填充属性相同的矢量图形重叠时，会产生融合现象，当填充属性不相同的矢量图形重叠时，会产生切割的现象，如图 2-5 所示。

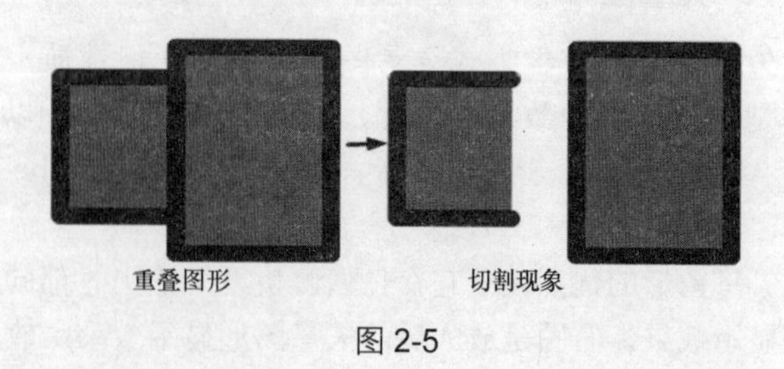

图 2-5

2. 对象绘制模式

对象绘制模式下，Flash 不会合并所绘制的图形对象，甚至当它们重叠时也是如此，如图 2-6 所示。

3. 基本绘制模式

当使用【基本矩形工具】或者【基本椭圆工具】绘制时，Flash 将把形状绘制为单独的对象，这种单独形状可以通过【属性】面板修改基本矩形的边角半径或基本椭圆的开始角度、结束角度和内径，如图 2-7 所示。

图 2-6　　图 2-7

2.2 绘制基本图形

在 Flash 动画制作中，绘制各种图形是动画制作的基础，这些图形包括各种规则图形、不规则图形以及特殊图形等。

2.2.1　绘制不规则图形

绘制不规则图形的工具主要有【线条工具】、【铅笔工具】、【钢笔工具】。

1.【线条工具】

【线条工具】用于绘制不同长度和角度的直线。

【任务 1】使用【线条工具】绘制线条。

Step 1　激活【线条工具】，在舞台中拖曳鼠标指针，即可绘制不同角度和长度的线条，如图 2-8 所示。

Step 2　打开【属性】面板，可以设置线条的笔触颜色、笔触高度、笔触样式等，如图 2-9 所示。

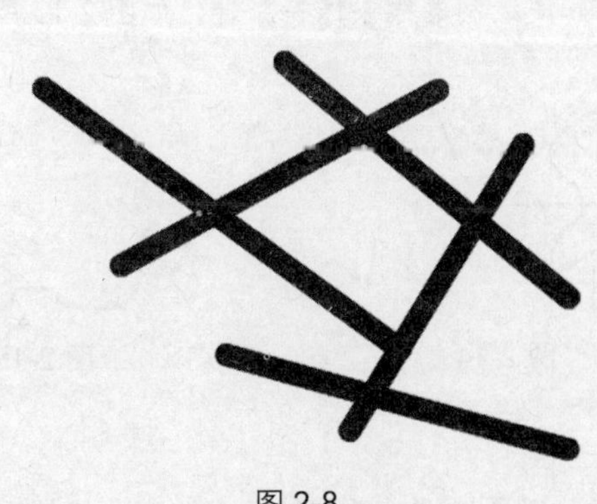

图 2-8

图 2-9

Step 3 设置完成后，即可绘制不同高度、不同颜色和不同样式的线条，如图 2-10 所示。

图 2-10

2.【铅笔工具】

【铅笔工具】用于绘制不规则的曲线或者直线。

【任务 2】使用【铅笔工具】绘制线条。

Step 1 激活【铅笔工具】，在舞台中拖曳鼠标指针，绘制线条，如图 2-11 所示。

Step 2 打开【属性】面板，设置铅笔的笔触颜色、笔触高度、笔触样式等，如图 2-12 所示。

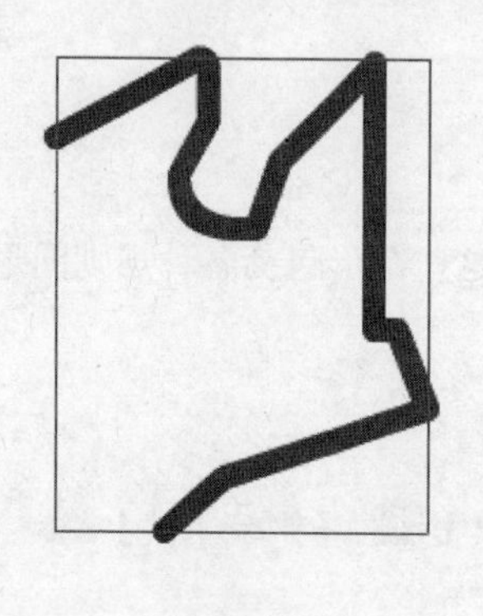

图 2-11

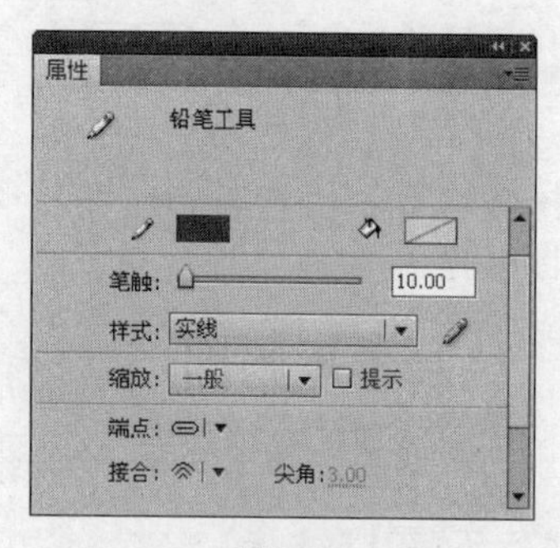

图 2-12

另外，还可以在工具栏下方选择使用何种模式进行绘制，包括【伸直】、【平滑】和【墨水】3 种模式。

- 【伸直】模式可以自动规则绘制的的曲线，使其贴近规则曲线，只要勾勒出图像的大致轮廓，系统会自动将图形转化为接近的规则图形，如图 2-13 所示。
- 【平滑】模式可以平滑所绘制的曲线，使曲线的线条更加光滑，如图 2-14 所示。
- 【墨水】模式对绘制的图形不进行任意加工，使绘制的线条保持原样，如图 2-15 所示。

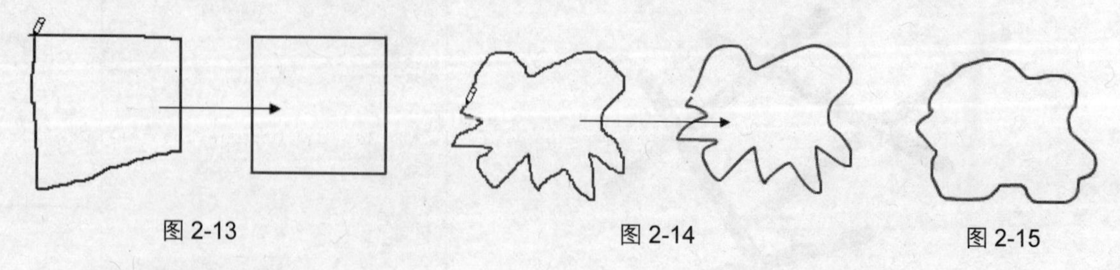

图 2-13　图 2-14　图 2-15

3.【钢笔工具】

【钢笔工具】可以绘制光滑、精确的曲线，同时可以通过调整曲线的曲率改变曲线的形态。

【任务 3】使用【钢笔工具】绘制曲线。

Step 1 激活【钢笔工具】，在舞台中单击创建锚点，创建由转换角连接的直线段组成的路径，如图 2-16 所示。

Step 2 打开【属性】面板，设置笔触颜色、笔触高度、笔触样式等，如图 2-17 所示。

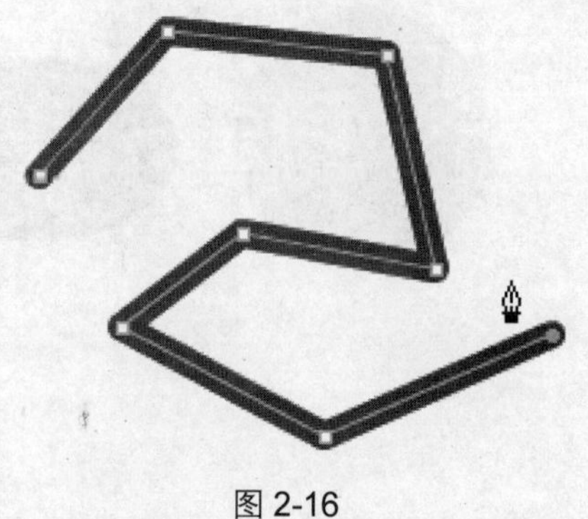

图 2-16

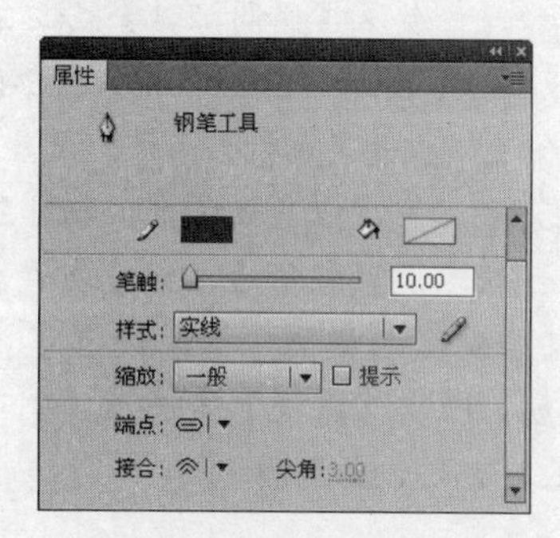

图 2-17

Step 3 在舞台上单击创建锚点，创建由转换角连接的直线段组成的路径，如图 2-18 所示。

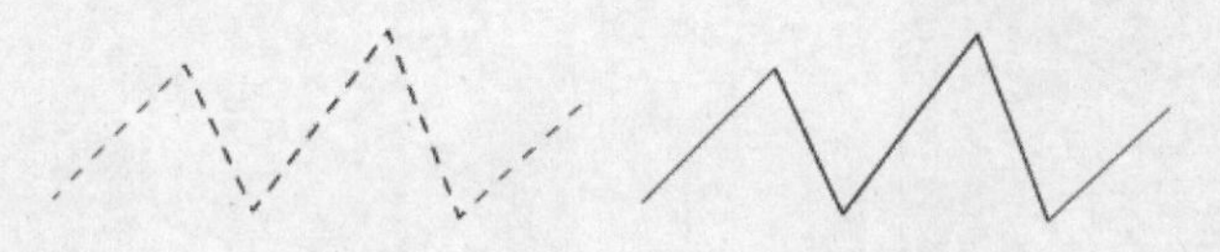

图 2-18

Step 4 如果要创建曲线，则可以在创建第 2 个锚点时按住鼠标左键拖曳，此时出现控制曲线的调节杆，调节杆控制曲线的曲率，依次绘制曲线，如图 2-19 所示。

Step 5 此外，也可以激活【转换锚点工具】，在有转换角的锚点上按住鼠标拖曳，拖出调节杆，继续拖曳鼠标指针，调整曲线的曲率，将转换角曲线调整为平滑曲线，如图 2-20 所示。

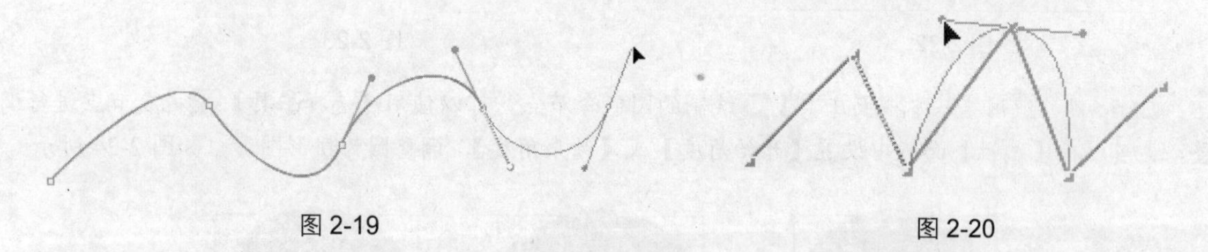

图 2-19　　图 2-20

Step 6 还可以在路径上添加锚点或删除路径上多余的锚点，从而达到调整曲线的目的。添加锚点时，激活【添加锚点工具】，在路径上单击即可添加锚点。若要删除锚点，则可以激活【删除锚点工具】，在路径锚点上单击即可。

2.2.2 绘制规则图形

绘制规则图形的工具主要有【椭圆工具】、【基本椭圆工具】、【矩形工具】、【基本矩形工具】以及【多角星形工具】，下面分别介绍这几种工具的使用方法。

1.【椭圆工具】与【基本椭圆工具】

这两个工具都是用于绘制椭圆、圆、圆环或圆弧的矢量绘图工具，二者的区别在于使用【基本椭圆工具】绘制的图形包含节点。

【任务 4】使用【椭圆工具】绘制椭圆。

Step 1 激活【椭圆工具】，在舞台中拖曳鼠标指针，创建圆或椭圆图形，如图 2-21 所示。

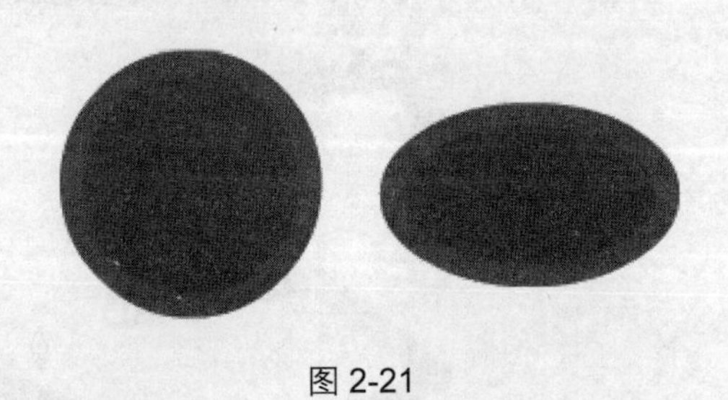

图 2-21

Step 2 打开【属性】面板，设置图形的填充颜色、笔触颜色、宽度以及样式等，如图 2-22 所示。

Step 3 设置完毕后，继续在舞台中拖曳鼠标指针即可绘制圆或椭圆，如果设置了【开始角度】、【结束角度】以及【内径】等选项，则可以绘制半圆或半圆弧，结果如图 2-23 所示。

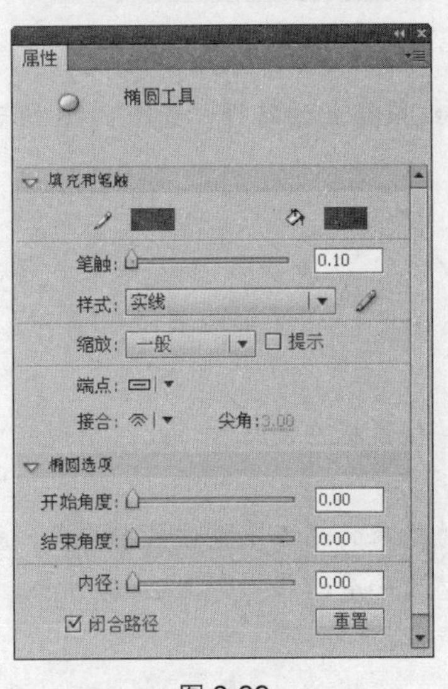

图 2-22

图 2-23

Step 4 使用【基本椭圆工具】绘制的圆包含节点，可以使用【选择工具】拖曳节点进行调整，也可以在【属性】面板中设置【开始角度】或【结束角度】，调整圆为饼形图形，如图 2-24 所示。

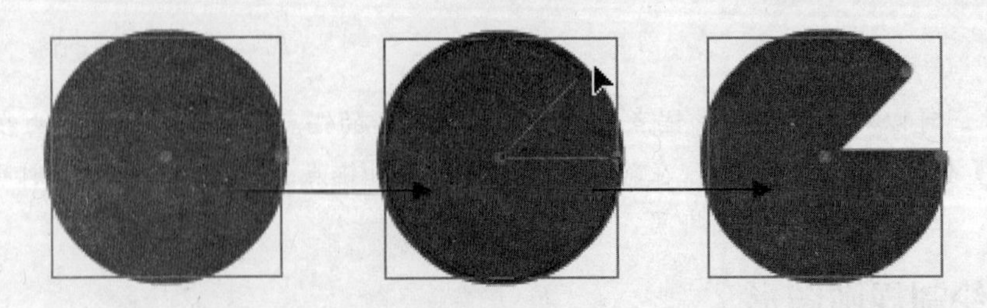

图 2-24

2.【矩形工具】与【基本矩形工具】

【矩形工具】与【基本矩形工具】可以绘制矩形、正方形和圆角矩形。

【任务 5】使用【矩形工具】绘制矩形。

Step 1　激活【矩形工具】，在舞台中拖曳鼠标指针，创建矩形图形，如图 2-25 所示。

图 2-25

Step 2　打开【属性】面板，设置图形的填充颜色、笔触颜色、笔触高度、样式以及圆角度数等，如图 2-26 所示。

Step 3　在舞台中拖曳鼠标指针，即可绘制矩形和圆角矩形，如图 2-27 所示。

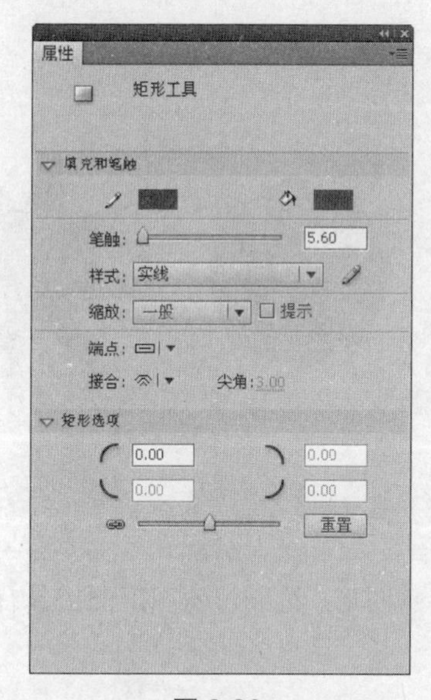

图 2-26

图 2-27

Step 4　也可以使用【选择工具】拖曳矩形和圆角矩形上的节点，改变矩形和圆角矩形的形态，如图 2-28 所示。

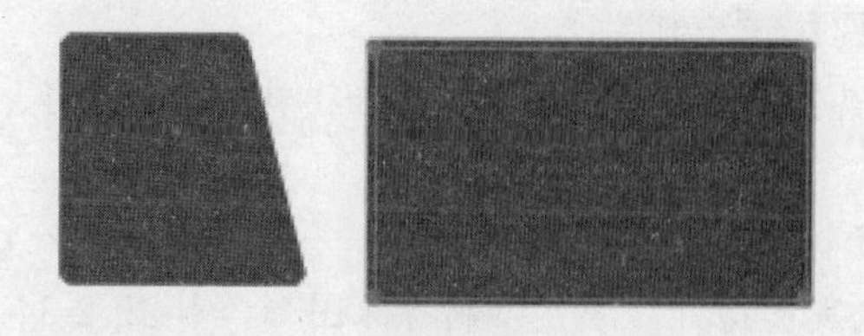

图 2-28

3.【多角星形工具】

【多角星形工具】用于绘制多边形和星形。

【任务6】使用【多角星形工具】绘制星形图形。

Step 1 激活【多角星形工具】，在舞台中拖曳鼠标指针，创建星形图形，如图2-29所示。

Step 2 打开【属性】面板，设置图形的填充颜色、笔触颜色、笔触高度、样式以及圆角度数等。

Step 3 单击【选项】按钮，在打开的【工具选项】对话框中设置多边形的边数、样式等，如图2-30所示。

Step 4 设置完成后，在舞台拖曳鼠标指针，即可绘制多边形或星形，如图2-31所示。

图2-29

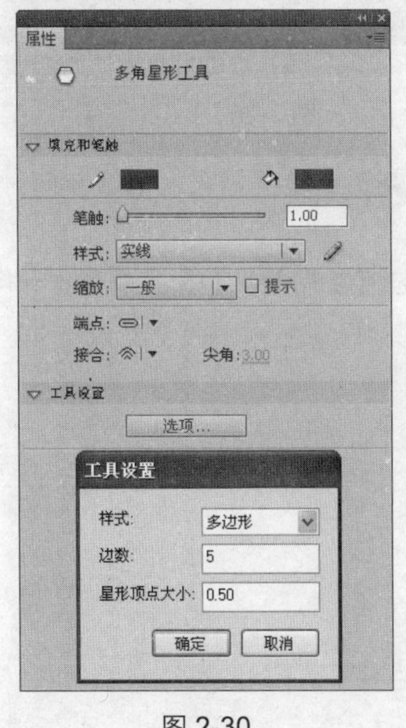

图2-30

图2-31

2.2.3 绘制特殊图形

除了不规则图形与规则图形之外，Flash CS5还可以绘制特殊图形。绘制特殊图形的工具有【刷子工具】、【喷涂刷工具】与【Deco工具】。

1.【刷子工具】

【刷子工具】用于绘制任意形状的矢量图形或创建一些特殊效果，其绘制的笔触好像涂色效果一般。

【任务7】使用【刷子工具】绘制图形。

Step 1 激活【刷子工具】，在舞台中拖曳鼠标指针，创建图形，如图2-32所示。

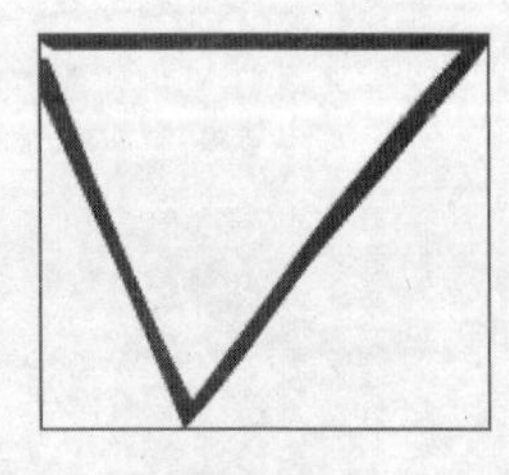

图2-32

Step 2 打开【属性】面板，设置颜色和平滑度等，如图2-33所示。

Step 3 在舞台中拖曳鼠标指针，即可绘制特殊图形，如图2-34所示。

Step 4 另外，激活【刷子工具】后，还可以在工具栏下方选择刷子形状、设置刷子大小以及设置刷子模式，如图2-35所示。其模式包括【标准绘制】、【颜料填充】、【后面绘画】、【颜料选择】以及【内部绘画】，具体如下。

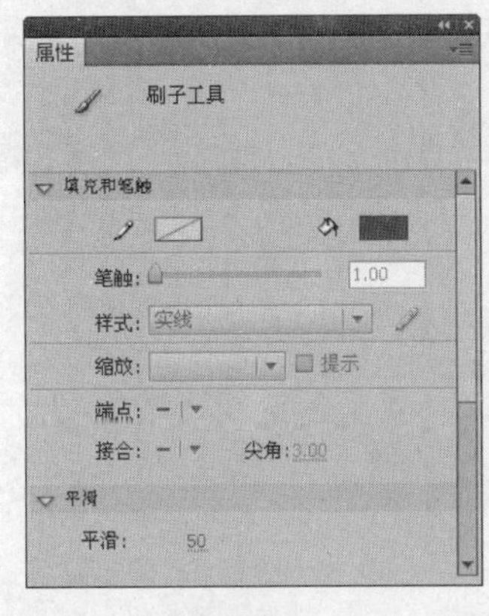

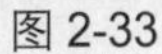
图 2-33

图 2-34

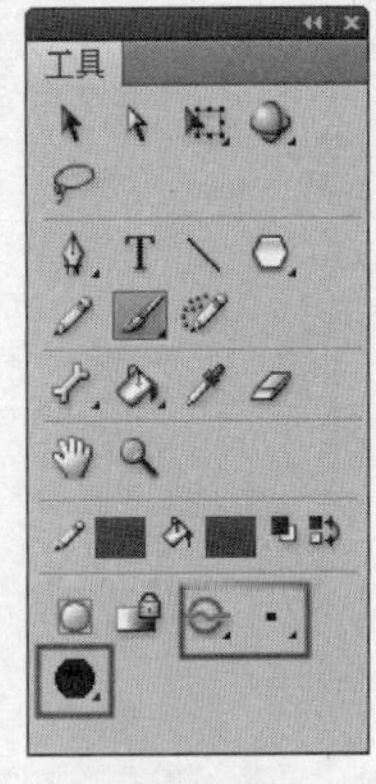

图 2-35

- 【标准绘制】: 笔刷经过的地方，线条和填充全部被笔刷填充所覆盖，如图 2-36 所示。
- 【颜料填充】: 笔刷只将鼠标指针经过的填充进行覆盖，对线条不起作用，如图 2-37 所示。
- 【后面绘制】: 在图像的后面着色，笔刷的笔触可自动放置到图形的后面，不覆盖原有图形，如图 2-38 所示。

图 2-36

图 2-37

图 2-38

- 【颜料选择】: 在选定的区域着色，只有用选择工具选取的部分才可以着色，如图 2-39 所示。
- 【内部绘画】: 刷子的笔触只能在完全闭合的区域绘画，不会对其他区域着色。

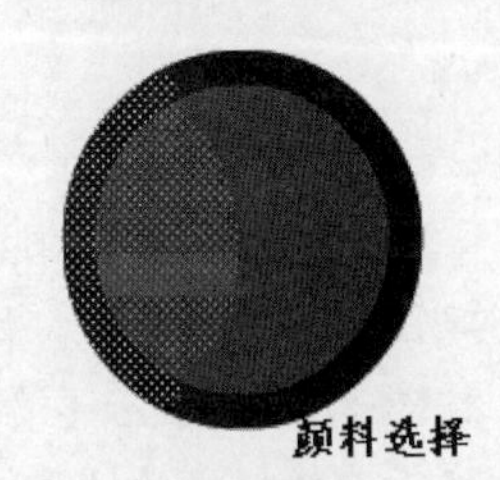

图 2-39

2.【喷涂刷工具】

【喷涂刷工具】用于在舞台上随机喷涂默认形状或元件，该工具类似于粒子喷涂器，可以一次将形状图案喷涂到舞台上。

【任务 8】使用【喷涂刷工具】绘制图形。

Step 1　激活【喷涂刷工具】，在舞台中拖曳鼠标指针创建图形，默认情况下，【喷涂刷工具】使用当前选择的填充颜色喷射粒子点，如图 2-40 所示。

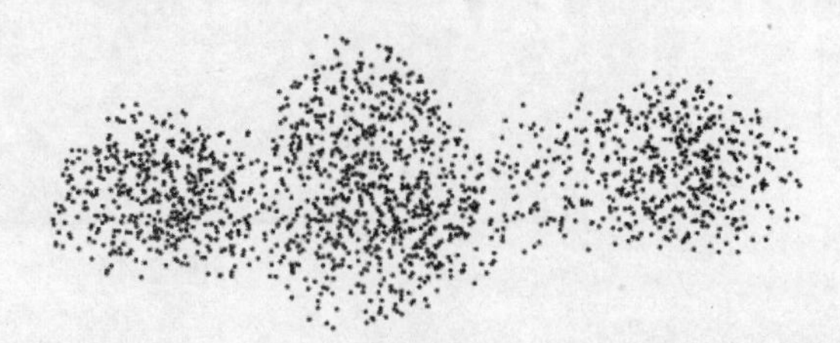
图 2-40

Step 2 打开【属性】面板，设置喷涂方法、颜色，画笔宽度、高度、角度等，如图 2-41 所示。

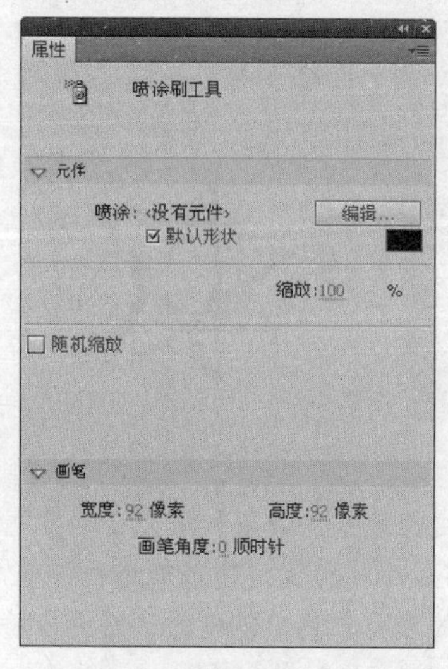

图 2-41

Step 3 如果启用【随机缩放】选项，则喷涂的粒子点会随机发生大小以及位置的变化，如图 2-42 所示。

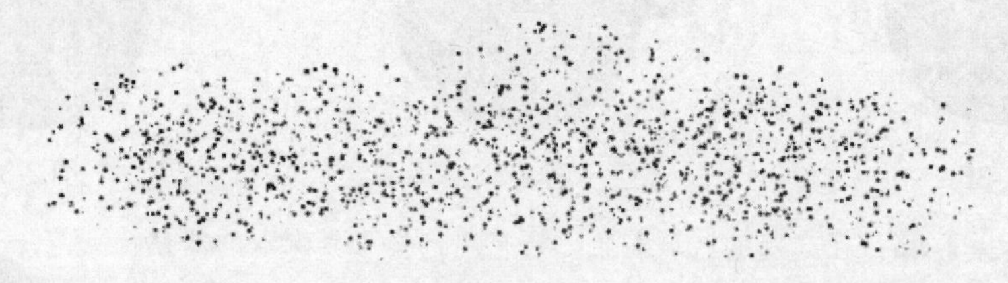

图 2-42

Step 4 另外，该工具还可以对任何影片进行剪辑或将图形元件作为图案进行应用，方法是：创建任意图形的元件，如创建一个星形图形，按【F8】键将其转换为元件，如图 2-43 所示。

Step 5 激活【喷涂刷工具】，在其【属性】面板单击【编辑】按钮，在打开的【选择元件】对话框选择创建的“元件 1”，如图 2-44 所示。

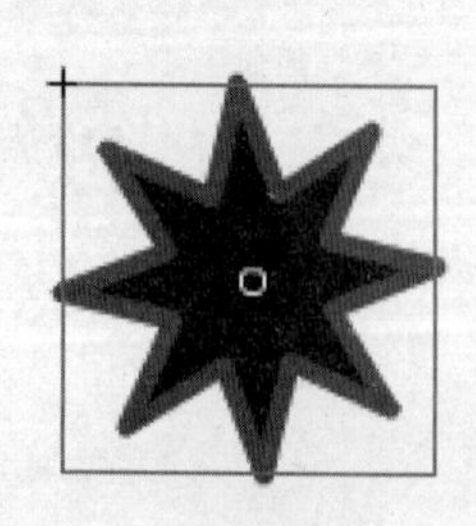

图 2-43

图 2-44

Step 6 单击 确定 按钮确认，然后在舞台上拖曳鼠标指针即可喷涂该元件，结果如图 2-45 所示。

图 2-45

3.【Deco 工具】

【Deco 工具】用于绘制装饰性的复杂图形或高级动画效果。

【任务 9】使用【Deco 工具】绘制图形。

Step 1　激活【Deco 工具】，在舞台中拖曳鼠标指针创建图形，默认情况下，【Deco 工具】使用当前默认的图案进行填充，如图 2-46 所示。

Step 2　打开【属性】面板，在【绘制效果】组中单击【藤蔓式填充】下拉按钮，在弹出的下拉列表中有多种填充效果供选择，如图 2-47 所示。

图 2-46

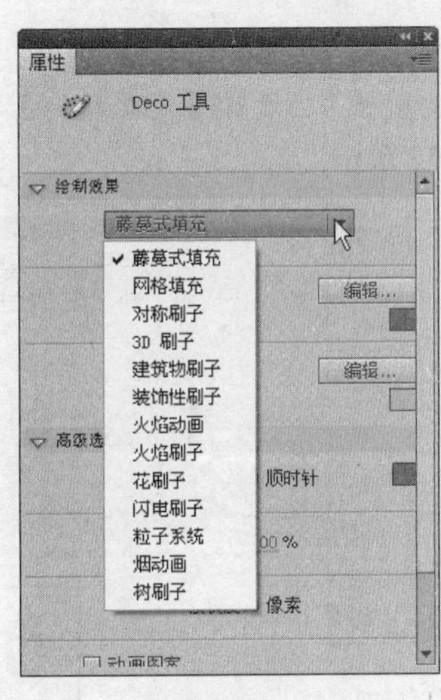

图 2-47

Step 3　选择不同的填充模式，则可以进行相关设置，然后绘制不同的填充效果，如图 2-48 所示。

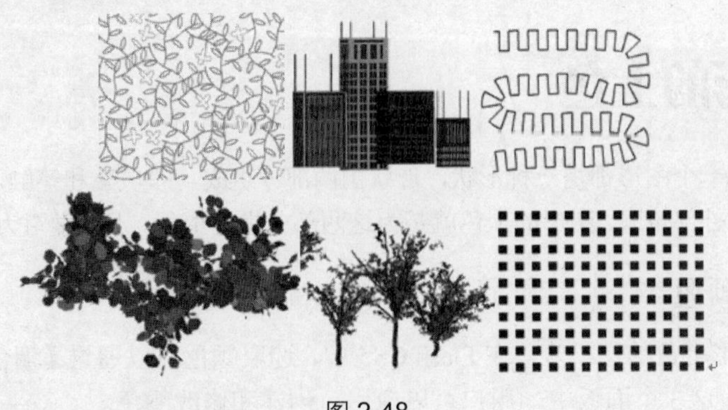

图 2-48

Step 4 单击【编辑】按钮，在打开的【选择元件】对话框选择创建的“元件 1”，如图 2-49 所示。

Step 5 单击 确定 按钮确认，然后在舞台上拖曳鼠标指针即可喷涂由该元件所组成的图案，如图 2-50 所示。

图 2-49

图 2-50

Step 6 当选择【火焰动画】绘制效果后，在舞台中拖曳鼠标指针，即可创建一个火焰动画，如图 2-51 所示。

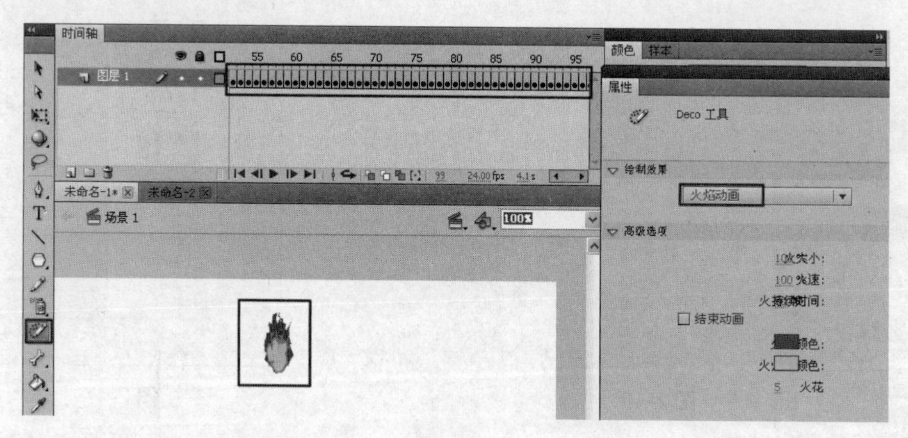

图 2-51

2.3 图形的上色

Flash CS5 中，每一个图形都是一种形状，形状由两部分组成，即填充和笔触，填充指图形内部的颜色，而笔触则是图形的外部轮廓，图形的上色就是为这两部分进行上色。下面学习为图形上色的相关技能。

2.3.1 选取颜色

选取颜色是为图形上色的第一步。在 Flash CS5 中，选取颜色可以通过【调色板】、【样板】和【颜色】3 个面板实现，在这 3 个面板中，用户可以应用、创建和修改颜色。

1.【调色板】面板

在工具栏中的下方单击【笔触颜色】控件按钮或【填充颜色】控件按钮，即可打开调色板，移动光标到色块上，光标显示吸管图标，单击即可选择颜色，如图2-52所示。

在调色板左上角的【Alpha】位置拖曳鼠标指针可以设置颜色的不透明度，如果单击【无色】按钮，则设置为无色填充效果。

2.【样本】面板

【样本】面板提供最为常用的颜色，另外也允许用户添加颜色。按【Ctrl+F9】组合键即可打开【样本】面板，单击该面板右上角的按钮即可打开面板菜单，通过该菜单，可完成对样本的复制、保存、删除等操作，如图2-53所示。

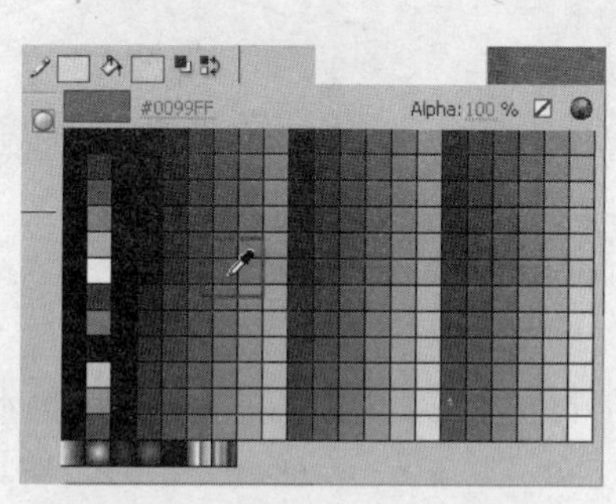

图2-52

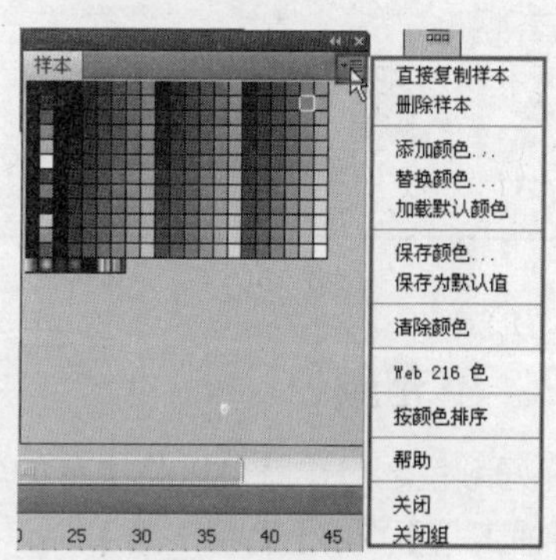

图2-53

3.【颜色】面板

【颜色】面板可以根据需要选择不同的纯色、渐变色或位图图案进行填充。按【Alt+Shift+F9】组合键即可打开【颜色】面板，在该面板中，不仅可以设置笔触颜色、填充颜色，同时还可以设置默认的笔触与填充颜色，或者设置无色填充以及交换笔触颜色与填充颜色。另外，单击【纯色】下拉按钮，在弹出的下拉列表中还可以设置渐变色填充或使用位图填充等，如图2-54所示。

当选择无色填充时，只能设置笔触颜色；当选择纯色填充时，分别激活笔触颜色和填充颜色按钮，然后在下方的色盘中单击选择一种颜色进行填充；当选择渐变填充时，会切换到渐变填充的设置面板，方便用户设置渐变色，如图2-55所示。

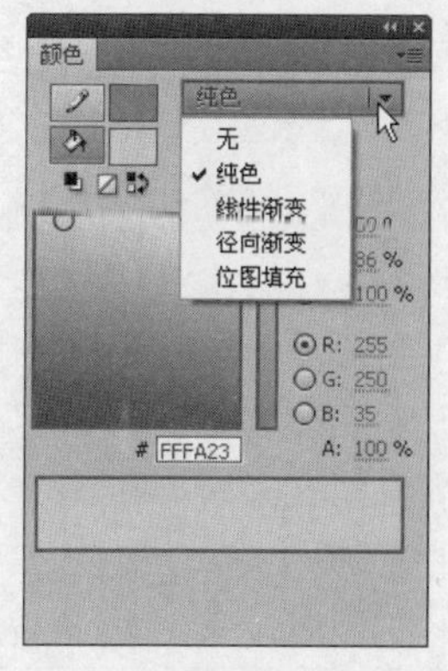

图2-54

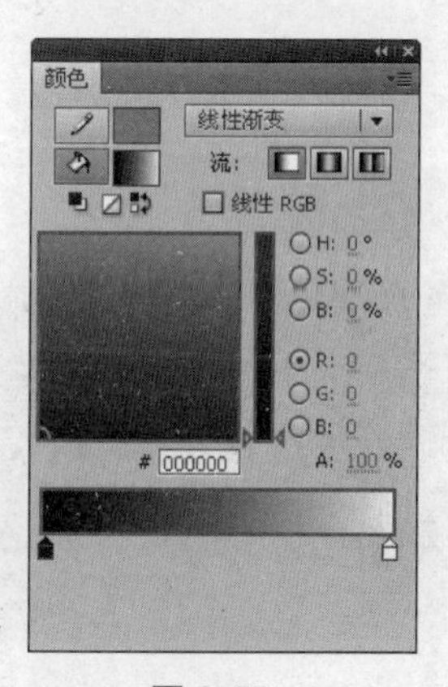

图2-55

单击色带上的色标将其激活，然后在色盘上单击选择一种颜色，另外，在色带下方空白位置单击可以添加色标，使渐变色的颜色更丰富。如果要删除一个色标，将鼠标指针移到到色标上，按住指针向下拖曳即可。

当选择位图填充时，会打开【导入到库】对话框，如图 2-56 所示，选择要导入的位图，单击【打开】按钮，即可将导入的位图填充到选择的对象中，如图 2-57 所示。

图 2-56

图 2-57

2.3.2 填充颜色

当选择好颜色之后，就可以将选择的颜色填充到图形中。填充颜色的工具主要有【墨水瓶工具】、【颜料桶工具】、【滴管工具】。

1.【墨水瓶工具】

【墨水瓶工具】用于以【颜色】面板中当前笔触方式对矢量图进行描边，以改变矢量线段、曲线以及图形轮廓的属性。

【任务 10】使用【墨水瓶工具】填充。

Step 1 在舞台中绘制一个【笔触颜色】为绿色，【填充颜色】为蓝色的矩形，如图 2-58 所示。

Step 2 激活【墨水瓶工具】，在其【属性】面板中设置笔触颜色、高度和样式等，如图 2-59 所示。

图 2-58

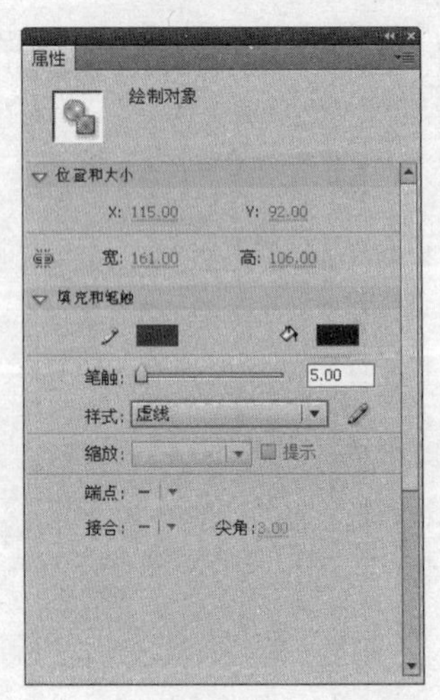

图 2-59

Step 3　在图形边缘处单击，完成对图形轮廓的改变，结果如图2-60所示。

图2-60

2.【颜料桶工具】

【颜料桶工具】以【颜色】面板中当前填充样式对对象进行填充，填充内容可以是纯色、渐变色或位图。

【任务11】使用【颜料桶工具】填充。

Step 1　继续上面的操作。激活【颜料桶工具】，在【属性】面板中设置填充颜色为绿色，如图2-61所示。

Step 2　在矩形内部单击填充颜色，结果如图2-62所示。

图2-61

图2-62

另外，在填充时还可以忽略未封闭区域的一定空隙的宽度，实现对一些未完全封闭区域的填充。

Step 3　单击工具栏下方的【空隙大小】按钮，在弹出的下拉列表中包括【不封闭空隙】、【封闭小空隙】、【封闭中等空隙】以及【封闭大空隙】选项，如图2-63所示。

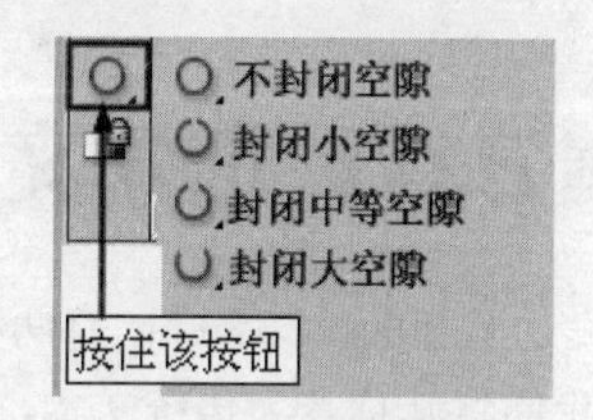

图2-63

其中，【不封闭空隙】要求填充区域必须完全封闭，【封闭小空隙】要求填充区域允许有一些小的空隙；【封闭中等空隙】要求填充区域允许有一些中等的空隙，而【封闭大空隙】要求填充区域允许有一些较大的空隙。

另外，在其工具栏下方还有【锁定填充】按钮，该按钮的作用是确定渐变色的参照基准，当处于锁定状态时，填充渐变色时将以整个舞台作为参考区域进行填充，填充到什么区域，就会对应到相应的渐变色，如图2-64所示。

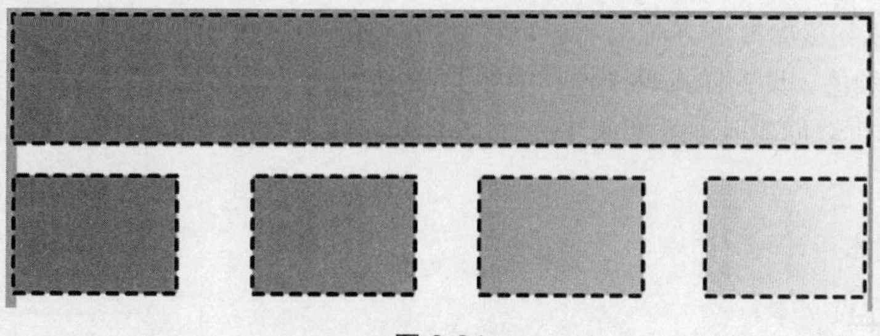
图2-64

如果处于未锁定状态，则渐变色以每一个对象为独立的参考区域，在每个对象内完成渐变色的填充，如图 2-65 所示。

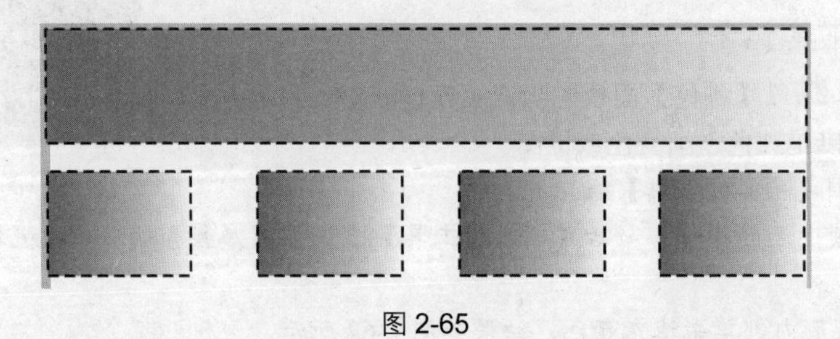

图 2-65

3.【滴管工具】

【滴管工具】用于拾取工作区中已经存在的颜色以及样式作为填充内容，对图形进行填充。该工具没有其他的相关设置，操作非常简单，激活该工具后，将其移动到需要取色的图形上单击，如图 2-66 所示，即可拾取颜色，然后在其他图形上单击即可进行颜色填充，如图 2-67 所示。

图 2-66　　图 2-67

2.4 创建文本对象

在 Flash CS5 中，有两种文本引擎，一种为传统的文本引擎，我们将其称之为传统文本，另一种是 Flash CS5 新增的文本引擎，即 TLF 文本。下面学习这两种文本的创建方法。

2.4.1 创建 TLF 文本

TLF 文本支持文本布局功能，并能对文本属性进行精细控制。激活【文本工具】T，打开【属性】面板，即可看到 TLF 文本为默认文本，同时可以在该面板下方对文本进行一系列设置，包括设置文本大小、设置颜色、设置样式等操作，如图 2-68 所示。

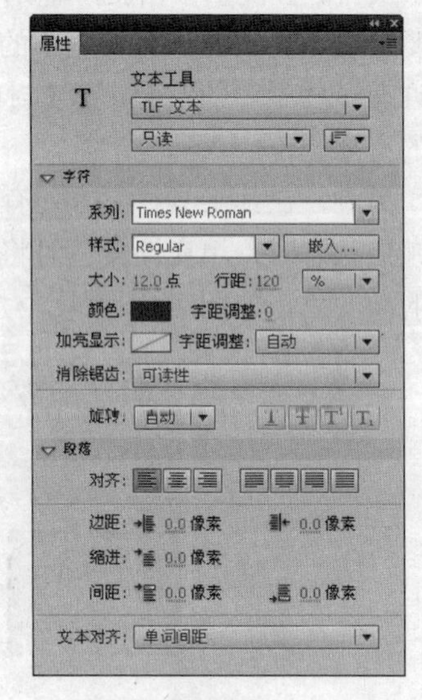

图 2-68

使用 TLF 文本可以创建两种类型的 TLF 文本容器，即点文本与区域文本。

1. 创建点文本

【任务 12】创建点文本。

Step 1 激活【文字工具】T，在舞台合适位置单击，此时

会出现文本输入框。

Step 2　在文本输入框右下角有一小圆圈，如图 2-69 所示。

Step 3　在文本输入框中输入相关文字，输入文字时，文本输入框会随着输入的文字内容向右扩展，如图 2-70 所示。

图 2-69　　　　图 2-70

Step 4　如要换行，按回车键即可。

2. 创建区域文本

【任务 13】创建区域文本。

Step 1　激活【文字工具】T，在舞台合适位置按住鼠标左键拖曳，拖出文本范围框。

Step 2　释放鼠标后，即可创建一个文本容器，容器左上角和右下角都有一个小圆圈，如图 2-71 所示。

Step 3　该容器限制了文本的范围，输入的文字将在规定的范围内呈现，超过范围的文字将自动换行，如图 2-72 所示。

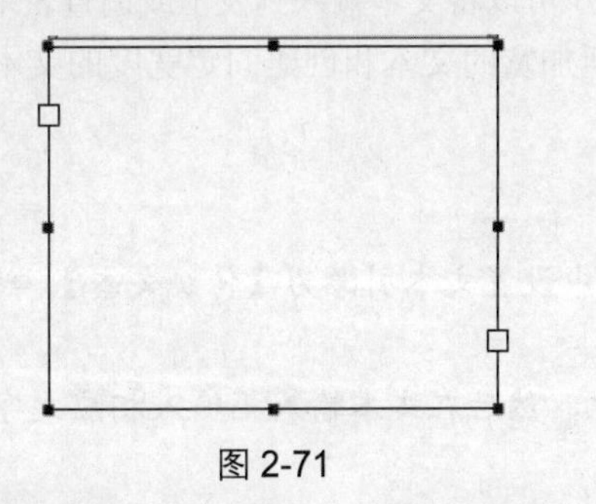

图 2-71

图 2-72

3. 设置 TLF 文本类型

根据文本在运行时的表现方式划分，使用 TLF 文本可以创建 3 种类型的文本块。在文本【属性】面板中，单击【只读】下拉按钮，展开文本类型菜单，分别包括【只读】、【可选】和【可编辑】3 种类型，如图 2-73 所示。

其中，【只读】是指当作为 SWF 文件发布时，文本无法选中或无法编辑；【可选】是指当作为 SWF 文件发布时，文本可被选中并能复制到粘贴板，但不可以编辑；【可编辑】是指当作为 SWF 文件发布时，文本可被选中并能被编辑。

4. 设置 TLF 文本属性

文本属性包括字体、字体样式、大小、颜色等，这些均可以在【属性】面板中进行设置。首先选中需要设置属性的文本，然后打开【属性】面板，分别展开【字符】、【段落】、【高级段落】、【容器和流】等选项组进行设置，如图 2-74 所示。

该操作比较简单，由于篇幅所限，在此不再一一讲解。

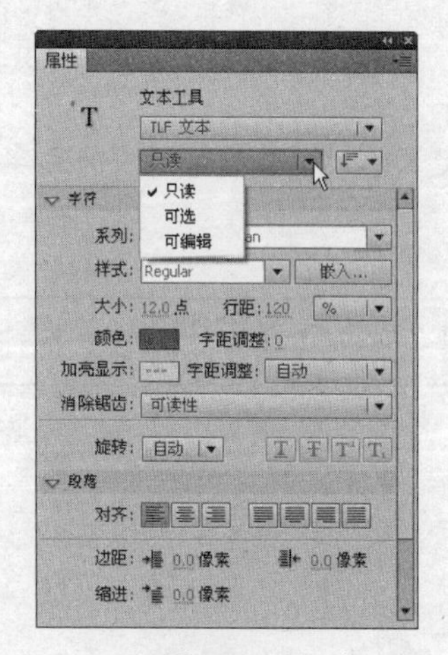

图 2-73

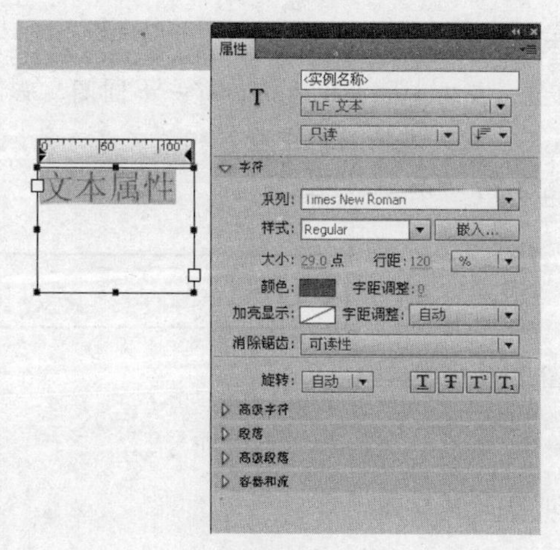

图 2-74

2.4.2 创建传统文本

传统文本是 Flash 早期版本中的文本引擎，在 Flash CS5 版本中依然可以应用，可以创建“静态文本”“动态文本”和“输入文本”3 种传统文本。其中“静态文本”是显示不会动态更改字符的文本，“动态文本”是显示动态更新的文本，而“输入文本”是使用户可以将文本输入到表单或调查表中的文本。

一般来说，传统文本有两种方式，分别是创建不断加宽的文本和创建固定宽度的文本。

1. 创建不断加宽的文本

【任务 14】创建不断加宽的文本。

Step 1 激活【文字工具】T。在【属性】面板中设置文本引擎为【传统文本】，然后设置文本类型为【静态文本】，如图 2-75 所示。

Step 2 在舞台中合适位置单击创建文本输入框，然后在文本输入框输入相应文字，文本输入框会随文字的输入不断扩展。

Step 3 如果需要换行，按回车键即可，结果如图 2-76 所示。

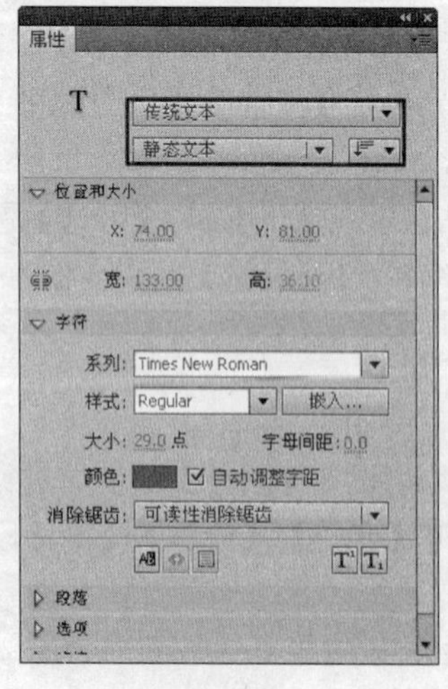

图 2-75

图 2-76

2. 创建固定宽度的文本

【任务 15】创建固定宽度的文本。

Step 1 激活【文字工具】T，在【属性】面板中设置文本引擎为【传统文本】，然后设置文本类型为【静态文本】，如图 2-75 所示。

Step 2 在舞台中合适位置按住鼠标左键拖曳，拖出文本输入框，该文本输入框限制了文本的范围。

Step 3 在文本输入框中输入文字，输入的文字将在该文本框内呈现，如图 2-77 所示。

传统文本Flash
CS5动画设计

图 2-77

3. 设置传统文本的属性

传统文本的属性设置与 TLF 文本的属性设置相同，都是在【属性】面板中完成的。首先选择传统文本，然后打开【属性】面板，然后设置文本的属性，具体包括字体、样式、颜色、大小等。

4. 传统文本与 TLF 文本的相互转换

在 TLF 文本与传统文本相互转换时，由于文本引擎不同，可能某些格式会稍有些不同，如字母间距、行距等，但系统仍然保留大部分的格式，不过尽量一次转换成功为好。

在传统文本与 TLF 文本进行相互转换时，Flash 将按如下方式转换文本类型：TLF 只读——传统静态、TLF 可选——传统静态、TLF 可编辑——传统输入。

5. 嵌入字体以实现一致的外观

当计算机通过 Internet 播放用户发布的 SWF 文件时，为了能使文本保持所需的外观，需要嵌入全部字体或某种字体的特定字符子集。从 Flash CS5 开始，对于包含文本的任何文本对象所使用的字符，Flash 均会自动嵌入，如果是创建嵌入字体元件，就可以使文本对象使用其他字符，如在运行时接收用户输入或使用 ActionScript 编辑文本。对于将【消除锯齿】属性设置为【使用设备字体】的文本对象，就没有必要嵌入字体了。

通常在下列 3 种情形下，需要通过在 SWF 文件中嵌入字体来确保正确的文本外观。

（1）如果要求在设计过程中文本外观保持一致，那么在 FLA 文件中创建文本对象时必须嵌入字符。

（2）在 FLA 文件中，使用 ActionScript 创建动态文本时，必须在 ActionScript 中指定要使用的字体。

（3）当 SWF 文件包含文本对象，并且该文件可能由尚未嵌入所需字体的其他 SWF 文件加载时。

【任务 16】在 SWF 文件中嵌入某种字体的字符。

Step 1 打开 FLA 文件，执行【文本】/【字体嵌入】命令，打开【字体嵌入】对话框，如图 2-78 所示。

Step 2 如果所需字体未被选中，单击加号按钮进行添加，然后在【选项】选项卡中选择【系列】和【样式】，在【字符范围】列表框中选择要嵌入的字符范围，嵌入的字符越多，发布的 SWF 文件越大。如果要嵌入任何其他特定字符，可在【还包含这些字符】文本框中输入这些字符。

Step 3 如果要使嵌入字体能够使用 ActionScript 代码访问，可在【ActionScript】选项卡中选择【为 ActionScript 导出】复选框，如图 2-79 所示。

Step 4 如果要将字体元件用做共享资源，可在【ActionScript】选项卡的【共享】选项组中选择合适的选项，最后单击【确定】按钮关闭该对话框即可。

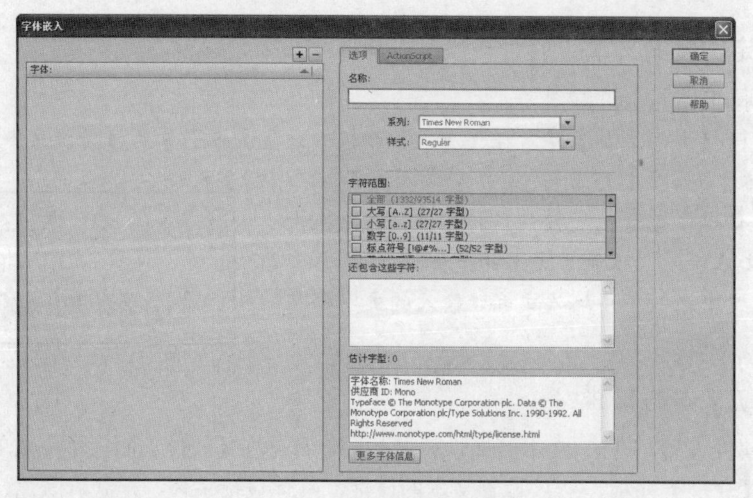

图 2-78

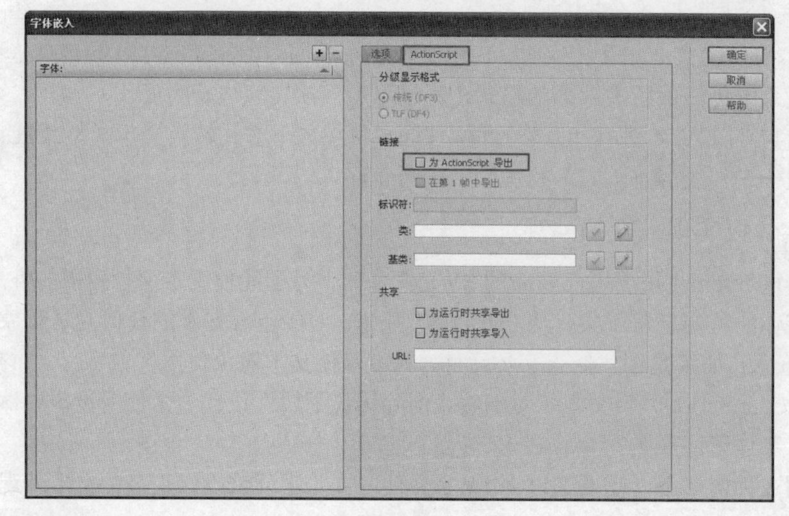

图 2-79

2.4.3　文本对象应用滤镜

在 Flash 动画设计中，文本对象应用滤镜效果，可以增强动画的艺术感染力，下面继续学习文本使用滤镜的相关技能。

【任务 17】文本对象应用滤镜。

Step 1　输入文本后，在【属性】面板中展开【滤镜】组，然后单击下方的【添加滤镜】按钮，在弹出的列表中选择相关滤镜，如图 2-80 所示。

Step 2　选择【投影】滤镜，此时文字出现投影效果，如图 2-81 所示。

Step 3　同时在滤镜列表中会出现该滤镜的相关设置参数，通过设置参数，可以调整该滤镜的效果，如图 2-82 所示。

Step 4　另外，可以对一个对象应用多个滤镜，以制作满意的文字效果，同时也可以删除所添加的滤镜。

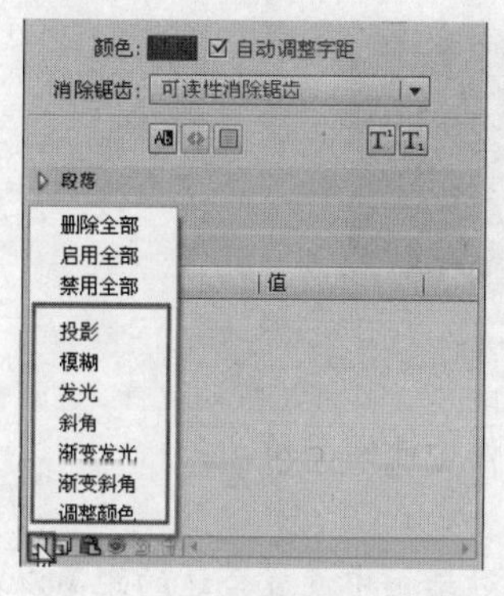

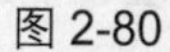

图2-80

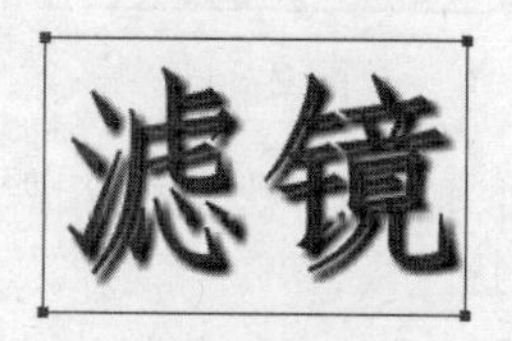

图2-81

图2-82

2.5 Flash动画元素的编辑

本节继续学习Flash动画元素的基本编辑，具体内容包括编辑线条与填充内容，合并、组合与分离动画元素，变形、对齐与排列动画元素等。

2.5.1 编辑线条与填充内容

1. 线条的平滑与伸直

线条的平滑与伸直处理是常用的编辑技能，该功能主要用于对选择的线条和轮廓进行调整，从而改变图形的外观。

对线条进行平滑和伸直处理一般有以下2种方式。

（1）使用【选择工具】在舞台上选择要处理的线条或轮廓，然后执行【修改】/【形状】/【高级平滑】命令，或【形状】/【高级伸直】命令，即可对线条进行平滑或伸直。

（2）使用【选择工具】在舞台上选择要处理的线条或轮廓，单击工具栏中的【平滑】或【伸直】按钮。如果一次操作结果不理想，可以多次操作，直到满意为止，不管是平滑还是伸直，处理后线条的节点会明显减少，结果如图2-83所示。

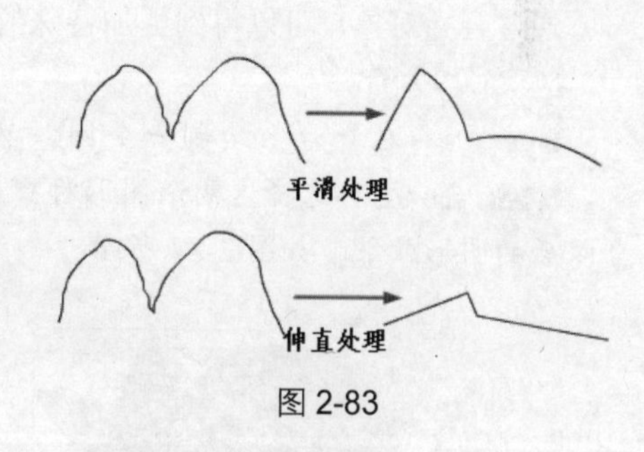

图2-83

2. 填充边缘的柔化以及填充内容的扩展处理

通过对填充边缘进行柔化处理，可以使填充内容产生一种朦胧效果，该操作比较简单。

【任务18】填充边缘的柔化以及填充内容的扩展处理。

Step 1 选中要柔化处理的填充区域。

Step 2 执行菜单栏中的【修改】/【形状】/【柔化填充边缘】命令，在打开的对话框中设置合适的距离、步长以及方向等。

Step 3 确认即可为填充内容进行柔化处理，效果如图2-84所示。

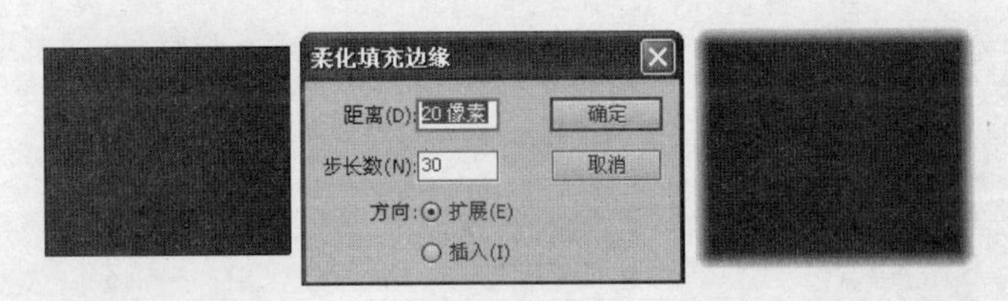

图 2-84

另外，还可以对填充内容进行扩展处理，以扩大填充区域，该操作也比较简单。

Step 4 选中要扩展处理的填充区域。

Step 5 执行【修改】/【形状】/【扩展填充】命令，在打开的对话框中设置合适的距离以及方向等。

Step 6 确认即可为填充内容进行扩展处理，效果如图 2-85 所示。

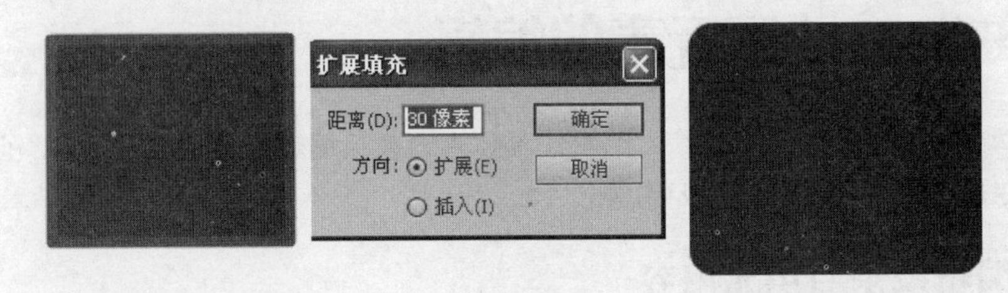

图 2-85

2.5.2 对象的合并、组合与分离

1. 合并对象

通过合并对象，可以得到更加特殊的图形效果，合并包括联合、交集、打孔以及裁切等。

【任务 19】合并对象。

Step 1 在舞台上绘制一个圆，然后绘制一个星形，并使星形与圆重叠，如图 2-86 所示。

Step 2 全部选择这两个图形对象，执行【修改】/【合并对象】/【联合】命令，这时会得到联合以后的图形效果，如图 2-87 所示。

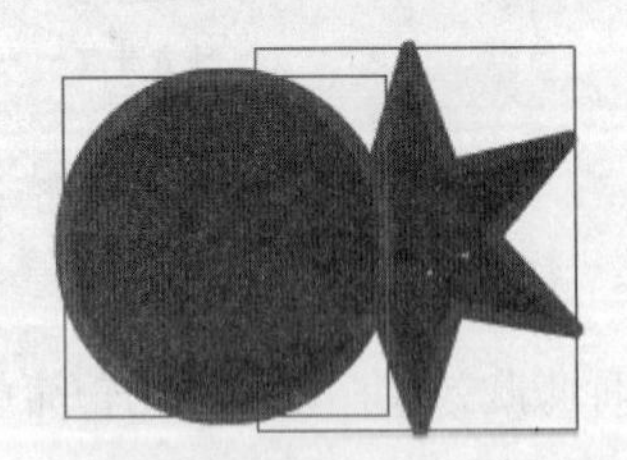

图 2-86

图 2-87

Step 3 按【Ctrl+Z】组合键撤销该操作，继续执行【修改】/【合并对象】/【交集】命令，这时会得到交集以后的图形效果，如图 2-88 所示。

Step 4 按【Ctrl+Z】组合键撤销该操作，继续执行【修改】/【合并对象】/【打孔】命令，这时会得到打孔以后的图形效果，如图 2-89 所示。

Step 5 按【Ctrl+Z】组合键撤销该操作，继续执行【修改】/【合并对象】/【裁切】命令，这时会得到裁切以后的图形效果，如图2-90所示。

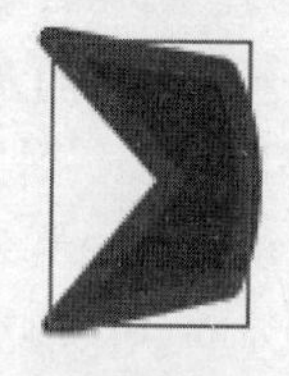

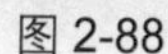

图2-88

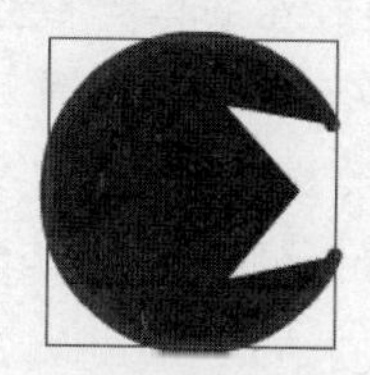

图2-89

图2-90

2. 组合与取消组合

在对多个对象进行处理而不改变每一个对象的各自属性时，需要将这些对象组合，这样可以防止在移动、旋转对象时，因重叠而产生切割或融合现象。

组合对象的方法比较简单，首先选择要组合的所有对象，这些对象可以是形状、文本、其他组对象等，然后执行【修改】/【组合】命令，即可将这些对象组合在一起。如果要取消组合，则执行【修改】/【取消组合】命令即可。

3. 编辑组对象与分离对象

当对象被组合后，可以单独对组对象中的对象进行编辑。

【任务20】编辑对象与分离对象。

Step 1 使用选择工具双击组对象，此时编辑区域切换到组编辑状态。

Step 2 在舞台上方会显示组图标组，此时舞台中属于该组的对象可以单独编辑。

Step 3 编辑完成后，在舞台空白位置双击鼠标退出组编辑模式，如图2-91所示。

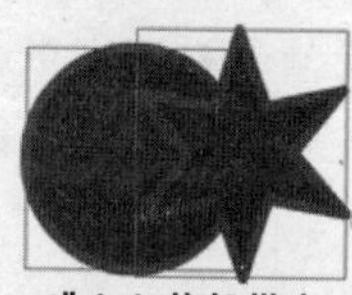

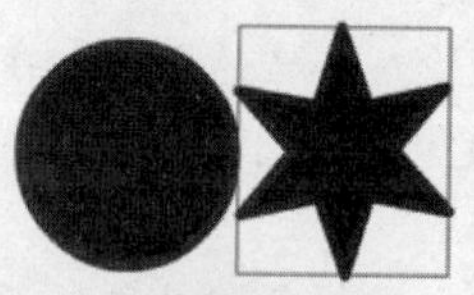

图2-91

要将组、实例和位图分离成单独的可编辑元素，可以使用【分离】命令。

Step 4 选中要分离的对象，执行【修改】/【分离】命令即可。

需要注意的是，【分离】命令与【取消组合】命令常常会混淆，【取消组合】命令只是将组合的对象分开，使其返回到组合前的状态，而【分离】命令则是将位图、文字以及实例分离为矢量图。

2.5.3 对象的变形、对齐与排列

1. 对象的变形

可以使用【任意变形工具】、【变形】面板以及【变形】菜单对对象进行变形。在变形时，要注意变形中心点，该中心点是变形的参考点，可以根据变形要求进行调整。

【任务21】对象的变形。

Step 1 选中要变形的对象。

Step 2 执行【修改】/【变形】菜单下的相关命令，或者直接激活【任意变形工具】，单击要变形的图形，此时图形上出现变形框，同时在工具栏下方会出现相关变形控制按钮，如图 2-92 所示。

Step 3 通过这些控制按钮，可以实现对对象的缩放和旋转操作，如果选择的是一个非元件、非成组的矢量图形，还可以进行扭曲和封套操作，如图 2-93 所示。

Step 4 单独使用【任意变形工具】只能对对象进行简单的变形操作，如果要对对象进行精确变形，则可以配合【变形】面板。

Step 5 执行【窗口】/【变形】命令打开该面板，在该面板中设置相应参数，可以对对象进行精确变形，如图 2-94 所示。

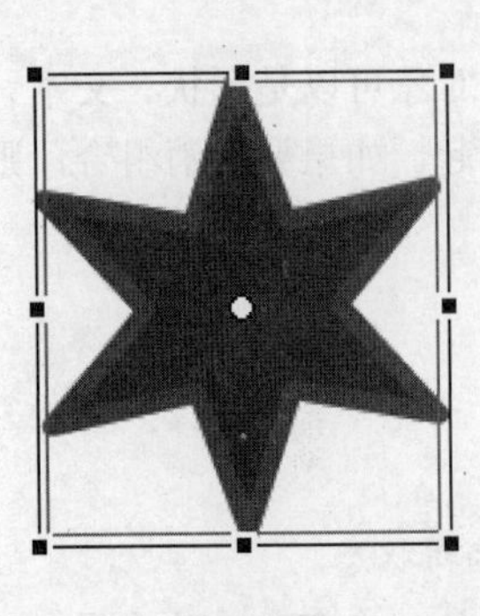

图 2-92

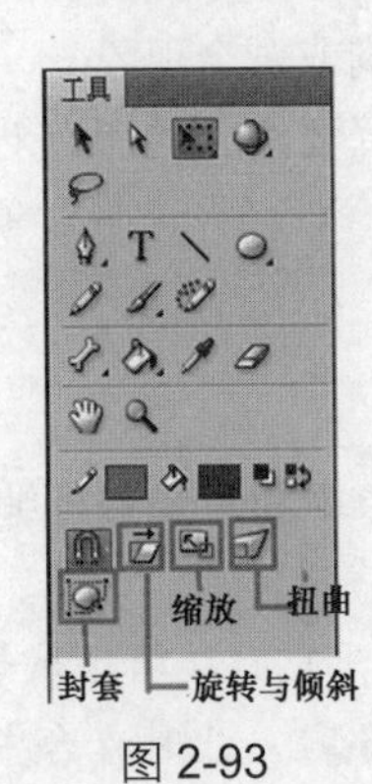

图 2-93

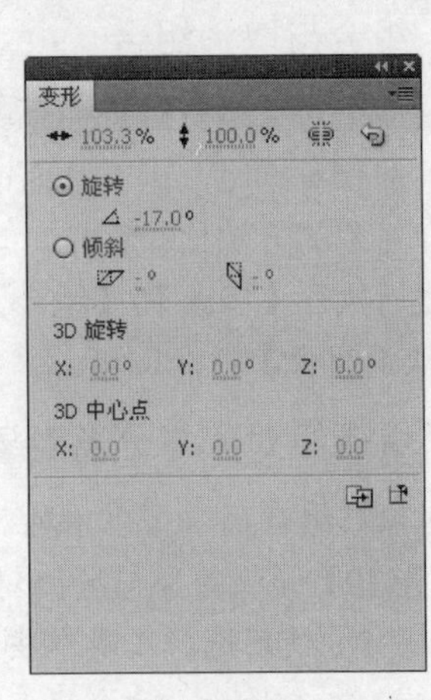

图 2-94

Step 6 在【宽高百分比】选项中输入要变形的宽度和高度的百分比。

Step 7 在【旋转】选项中输入旋转的角度；在【倾斜】选项中输入水平和垂直方向的扭曲角度。如果是对影片剪辑实例进行变形，还可以在【3D 旋转】选项中输入需要旋转的角度，另外还可以设置影片剪辑旋转控件的中心点。

Step 8 使用该面板，还可以实现复制对象的效果。例如，首先绘制一个椭圆形对象，为其应用任意变形工具，然后将其中心点向下拖曳到合适位置，如图 2-95 所示。

Step 9 打开【变形】面板，设置旋转角度为 45°，对对象进行旋转，如图 2-96 所示。

Step 10 单击【变形】面板下方的【重置选区和变形】按钮 7 次，对对象进行旋转复制，结果如图 2-97 所示。

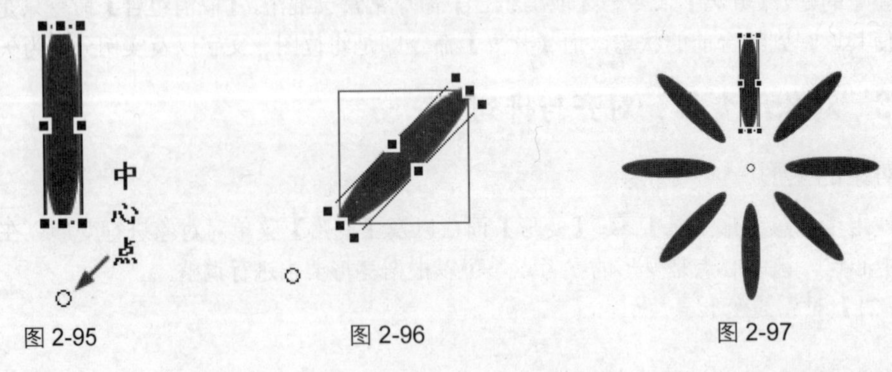

图 2-95　图 2-96　图 2-97

2. 对象的对齐与排列

当创建多个对象时，往往需要确定各对象之间的相对位置，这时就需要使用对齐功能。下面学习对齐与排列对象的技能。

【任务 22】对象的对齐与排列。

Step 1 选择需要对齐的对象，如图 2-98 所示。

Step 2 执行【窗口】/【对齐】命令，打开【对齐】面板，如图 2-99 所示。

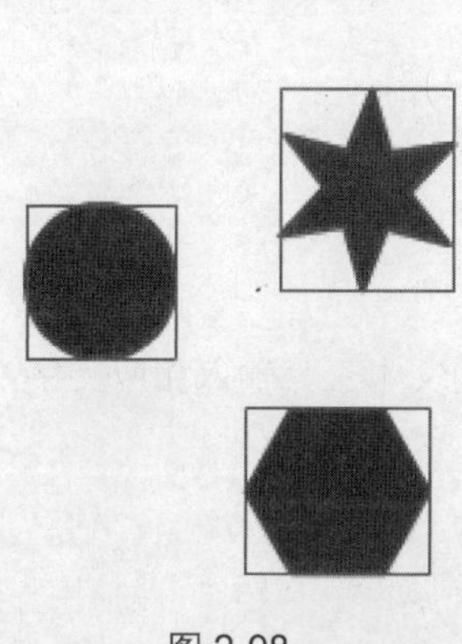

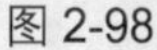

图 2-98

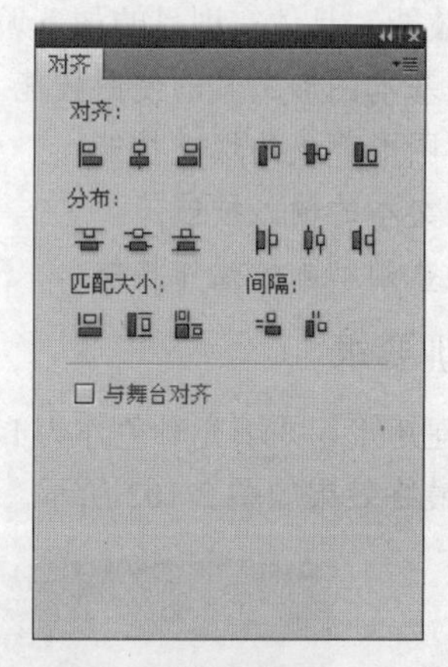

图 2-99

Step 3 在【对齐】选项组下分别单击相应对齐按钮，即可对对象在水平、垂直方向进行左对齐、中心对齐与右对齐等。

Step 4 在【分布】选项组下单击各按钮，可以调整对象之间的水平、垂直间距使其相等。

Step 5 在【匹配大小】选项组下单击各按钮，可以使对象以某一个对象为基准进行拉伸，选择某一个对象，勾选【与舞台对齐】复选框，再单击【水平中心】和【垂直中心】按钮，则可以使该对象对其到舞台中心。

除了对齐对象之外，还可以调整对象的排列顺序。在 Flash 中，最早创建的对象位于最底层，最晚创建的对象位于最顶层，但在动画设计中，为了满足动画设计的需要，就需要重新调整对象的顺序了，这时可以使用【排列】命令进行排列。

Step 6 选择需要重新排列顺序的对象，如图 2-100 所示。

Step 7 执行【修改】/【排列】命令，在其子菜单中选择相应菜单，对对象进行排列，如图 2-101 所示。

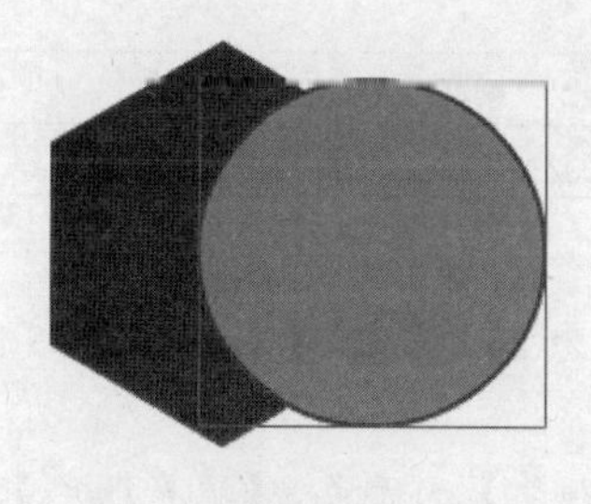

图 2-100

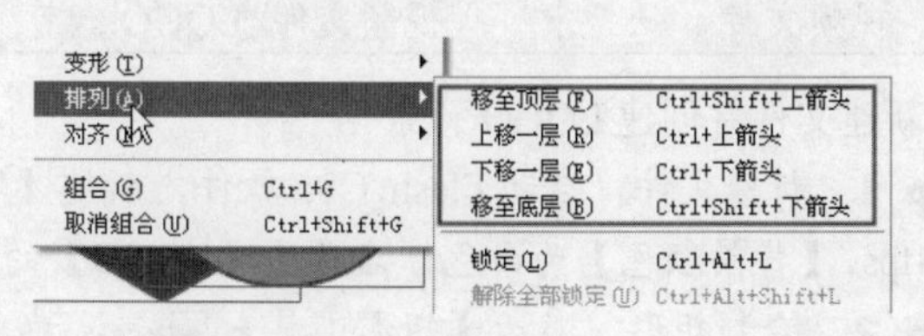

图 2-101

2.6 上机实训——创建某网站LOGO

1. 实训目的

本实训要求创建某网站LOGO动画。通过本例的操作，熟练掌握动画元素的创建、编辑以及挤出动画的制作技能。具体实训目的如下。

- 掌握基本图形工具的使用技能。
- 掌握图形颜色的填充技能。
- 掌握文本的输入技能。
- 掌握基础动画的操作技能。

2. 实训要求

首先创建矩形，并填充颜色作为LOGO的背景，然后使用文本工具输入相应文字，最后设置简单动画。本例最终效果如图2-102所示。

图2-102

具体要求如下。

（1）启动Flash CS5软件并新建场景文件。

（2）绘制矩形并填充颜色。

（3）在矩形上输入相应文字，然后制作简单动画。

（4）将动画文件保存。

3. 完成实训

效果文件	效果文件\ LOGO.fla
动画文件	效果文件\ LOGO.swf
视频文件	视频文件\ LOGO.swf

（1）新建文件并创建LOGO背景

Step 1 新建文件。启动Flash CS5软件，新建【宽度】为260像素、【高度】为95像素、【帧频】为24fps、【背景颜色】为白色、名称为【LOGO】的文件。

Step 2 绘制矩形。激活【矩形工具】，设置【笔触颜色】为无色、【填充颜色】为深黄色（#FFCC00），在舞台上方绘制一个与舞台等宽矩形，然后更改【填充颜色】为黑色，在其下方再绘制一个黑色矩形，效果如图 2-103 所示。

图 2-103

Step 3　设置动画时间。在【时间轴】面板中选择【图层 1】的第 80 帧，按键盘上的【F5】键插入普通帧，设置动画总的播放时间。

（2）创建字母元件

Step 1　输入文字。在“图层 1”上方新建“图层 2”，激活“文本工具” T，设置适合的字符属性，在舞台中输入字母“ID”，如图 2 104 所示。

图 2-104

Step 2　分离文字。选择字母“ID”，按键盘上的【Ctrl+B】组合键将其分离为单个字母。

Step 3　分散到图层。确保分离后的字母处于选中状态，执行菜单栏中的【修改】/【时间轴】/【分散到图层】命令，将每个字母分散到一个独立的图层上，这时“图层 2”变为空层，如图 2-105 所示。

时间轴 | 输出 | 动画编辑器

图层				1	5	10	15	20	25	30
图层 2	•	•	□							
D	•	•	■	•						
I	•	•	■	•						
图层 1	•	•	■	•						

1　24.00 fps　0.0 s

图 2-105

Step 4　删除图层。选择“图层 2”，单击【删除图层】按钮将其删除。

Step 5　转换为元件。分别选择字母“I”和“D”，按键盘上的【F8】键，将其转换为影片剪辑元件“字母 I”和“字母 D”。

（3）制作字母动画

Step 1　插入关键帧。同时选择“I”层和“D”层的第 8 帧，按键盘上的【F6】键插入关键帧。

Step 2　调整实例位置。分别选择第 1 帧中的“字母 I”和“字母 D”实例，将其水平调整到舞台左侧和右侧，如图 2-106 所示。

图 2-106

Step 3 添加滤镜。在【属性】面板的【滤镜】组中单击【添加滤镜】按钮，选择【模糊】选项，为“字母 I”和“字母 D”实例同时添加模糊滤镜，并设置参数如图 2-107 所示。

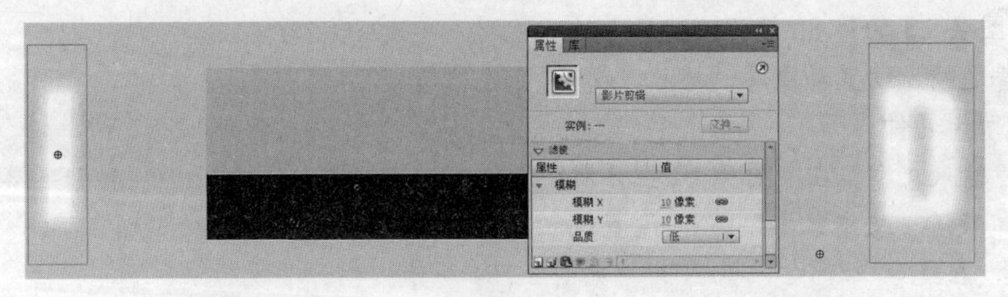

图 2-107

Step 4 创建动画。同时选择“I”层和“D”层的第 1 帧，单击鼠标右键，在弹出的快捷菜单中选择【创建传统补间】命令，创建传统补间动画，如图 2-108 所示。

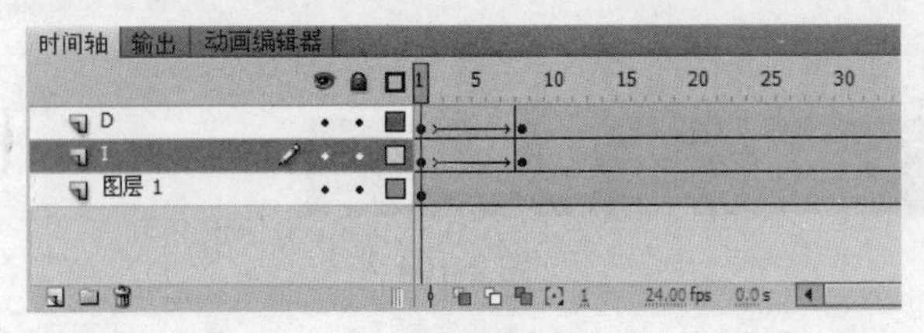

图 2-108

（4）制作圆形动画

Step 1 插入关键帧。在“D”层上方新建【图层 3】，选择第 7 帧，按下【F6】键插入关键帧。

Step 2 绘制圆形。激活【椭圆工具】，设置【笔触颜色】为无色、【填充颜色】为白色，在舞台上方绘制一个圆形，大小与位置如图 2-109 所示。

Step 3 调整圆形位置。在“图层 3”的第 10 帧处插入关键帧，向下调整圆形的位置，如图 2-110 所示。

图 2-109

图 2-110

Step 4 创建动画。选择“图层 3”的第 7 帧，单击鼠标右键，在弹出的快捷菜单中选择【创建补间形状】命令，创建补间形状动画。

Step 5 创建弹跳动画。同时选择“图层 3”的第 11 帧和第 12 帧，按下【F6】键插入关键帧，然后选择第 11 帧中的圆形，使用方向键向上调整其位置，如图 2-111 所示。

图 2-111

（5）制作英文名称动画

Step 1 插入关键帧。在“图层3”上方新建“图层4”，选择第13帧，按下【F6】键插入关键帧。

Step 2 输入文字。激活【文本工具】T，设置适合的字符属性，在舞台中输入公司名称，如图2-112所示。

图2-112

Step 3 转换为元件。选择文字，按键盘上的【F8】键，将其转换为图形元件【名称】。

Step 4 插入关键帧。选择“图层4”的第20帧，按下【F6】键插入关键帧。

Step 5 设置透明度。选择第13帧处的【名称】实例，在【属性】面板中设置【样式】为Alpha，并设置Alpha值为0，使其完全透明，如图2-113所示。

图2-113

Step 6 创建动画。选择“图层4”的第13帧，单击鼠标右键，在弹出的快捷菜单中选择【创建传统补间】命令，创建传统补间动画，如图2-114所示。

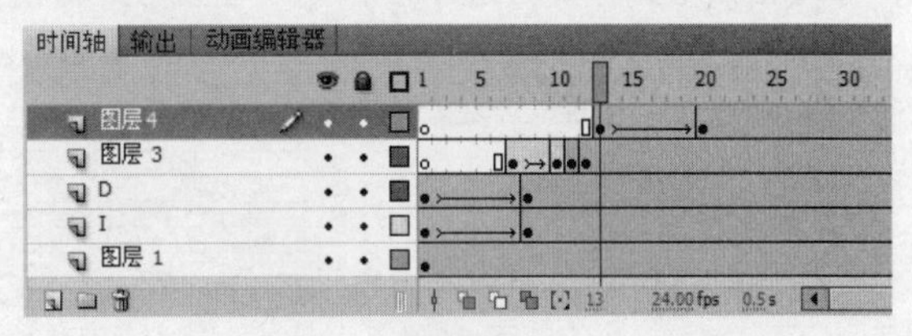

图2-114

（6）制作中文名称动画

Step 1 输入文字。在“图层4”上方新建“图层5”，选择第21帧，按下【F6】键插入关键帧。激活【文本工具】T，设置适合的字符属性，在舞台中输入文字，如图2-115所示。

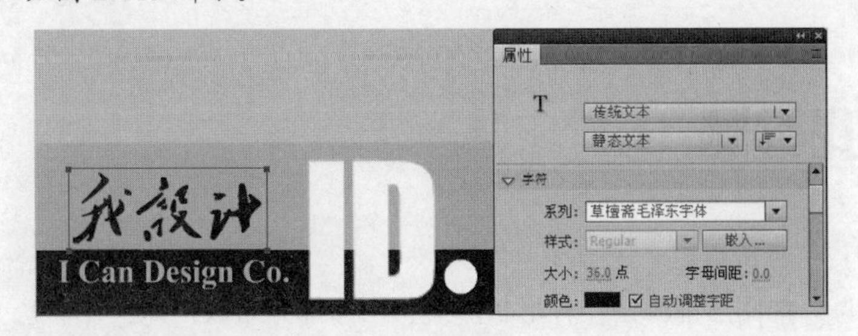

图2-115

Step 2 绘制遮罩矩形。在“图层 5”上方新建“图层 6”，选择第 21 帧，按下【F6】键插入关键帧。激活【矩形工具】，设置【笔触颜色】为无色、【填充颜色】为任意色，绘制一个矩形，使其恰好遮住文字“我设计”，如图 2-116 所示。

图 2-116

Step 3 插入关键帧。选择“图层 6”的第 35 帧，按下【F6】键插入关键帧。

Step 4 缩小遮罩矩形。选择第 21 帧处的矩形，激活【任意变形工具】，将矩形向左进行压缩，效果如图 2-117 所示。

图 2-117

Step 5 创建形状动画。在“图层 6”的第 21 帧上单击鼠标右键，在弹出的快捷菜单中选择【创建补间形状】命令，创建补间形状动画。

Step 6 创建遮罩动画。在“图层 6”上单击鼠标右键，在弹出的快捷菜单中选择【遮罩层】命令，将【图层 6】转换为遮罩层，则“图层 5”转换为被遮罩层，【时间轴】面板如图 2-118 所示。

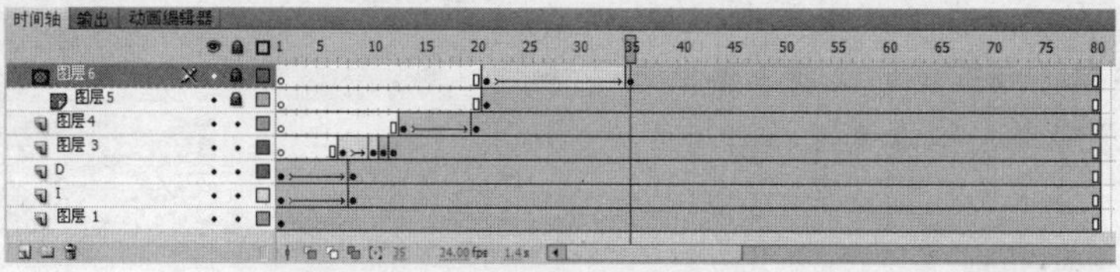

图 2-118

Step 7 测试动画。至此完成了 LOGO 动画的制作，按下【Ctrl+Enter】组合键可以测试动画。如果没有问题，保存动画文件即可。

2.7 自我检测

1. 选择题

（1）Flash 中的每一幅图形都源于一种形状，形状由两部分组成，即（　　）。

A. 填充和笔触　　B. 颜色和图案　　C. 文本和颜色　　D. 颜色和效果

（2）在Flash中，要绘制多边形图形，可以使用（　　）。

A．矩形工具　　B．椭圆工具　　C．多角星形工具　　D．基本矩形工具

（3）在Flash中，使用选择工具移动对象时，按住（　　）键可以水平、垂直移动对象。

A．Alt　　B．Shift　　C．Alt+Shift　　D．Ctrl

（4）在Flash中，使用线条工具绘制水平或垂直的线条时，应按住（　　）键。

A．Alt　　B．Shift　　C．Alt+Shift　　D．Ctrl

（5）在Flash中，使用线条工具绘制由鼠标落点向两端延伸的水平或垂直的线条时，应按住（　　）键。

A．Alt　　B．Shift　　C．Alt+Shift　　D．Ctrl

2. 简答题

简述矢量图和位图的区别。

3. 操作题

利用所学知识，创建如图2-119所示的文字效果。

图2-119

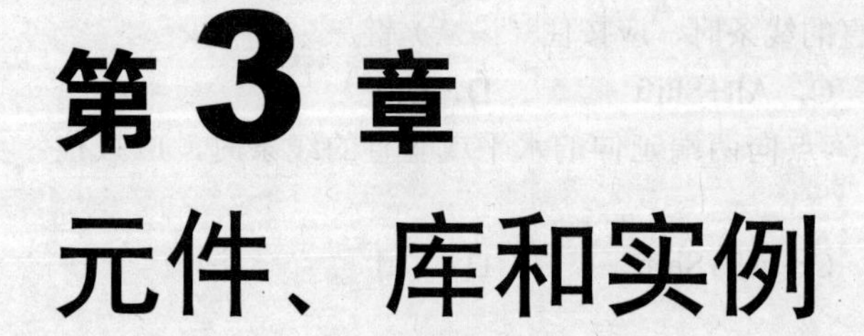

第3章 元件、库和实例

学习目标

了解元件的作用、类型，掌握创建元件、编辑元件的方法，掌握【库】面板的使用方法，掌握实例的创建方法等技能。

学习重点

掌握元件的创建、编辑技能，掌握使用外部库文件的技能，掌握实例的创建技能。

主要内容

- 元件及其类型
- 创建元件
- 编辑元件
- 使用库
- 使用实例
- 上机实训
- 自我检测

3.1 元件及其类型

在 Flash 动画设计中，元件是可以重复使用的图片、动画或按钮。

3.1.1 关于元件

在 Flash 动画设计中，元件只需创建一次，就可以在整个文档或其他文档中重复使用。用户创建的任何元件都会自动成为当前文档的一部分，当将元件从【库】面板中拖到当前舞台上时，舞台上就会增加一个该元件的实例。

使用元件的好处不仅是能加快动画的制作速度，更重要的是能缩小文件的尺寸，其原因是不管元件被重复使用多少次，其所占的空间也只有一个元件的大小。也就是说，当用户在浏览带有 Flash 影片的页面时，一个元件只下载一次。因此，在 Flash 动画制作中，用户应该尽可能多地重复使用 Flash 中的各种元件，这样不仅可以加快动画制作速度、减小文件尺寸，同时修改和更新动画也比较方便。

3.1.2 元件的类型

元件主要有 3 种类型，分别是影片剪辑、按钮和图形，这 3 种类型的元件在【库】面板中有不同的显示，如图 3-1 所示。

在创建元件时，用户可以根据动画的要求进行判断，然后选择不同类型的元件进行创建。

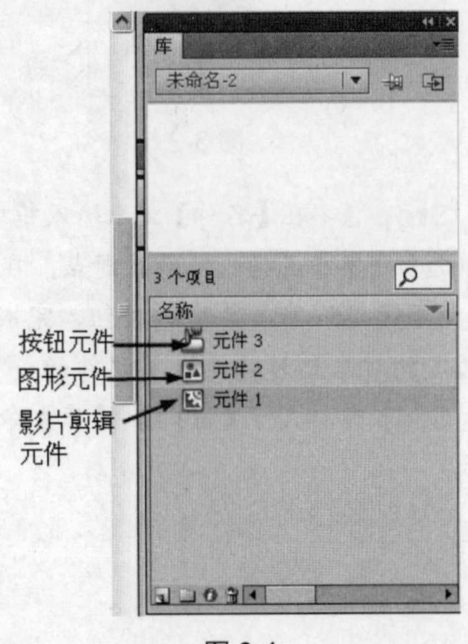

图 3-1

1. 影片剪辑

影片剪辑元件用于创建可以重复使用的动画片段，拥有相对于主时间轴独立的时间轴和相对于主坐标系独立的坐标系，它可以包含一切素材，这些素材可以是交互控制按钮、声音、图片和其他影片剪辑。另外，也可以为影片剪辑添加动作脚本来实现交互或制作一些特殊效果。一般情况下，影片剪辑动画都是循环播放的，除非使用脚本进行控制。

2. 按钮元件

按钮元件的作用非常简单，主要用来实现交互，有时也用来制造特殊效果。按钮元件共有 4 种状态，即弹起、指针经过、按下和点击。

3. 图形元件

图形元件和影片剪辑元件类似，也可以作为一段动画。它拥有自己的时间轴，也可以加入其他的元件和素材，但是，图形元件不具有交互性，也不能添加滤镜和声音。与影片剪辑元件相比，图形元件的优势在于可以直接在主场景舞台上查看图形元件的内容。另外，可以根据需要任意指定图形实例的播放方式，如循环播放、播放一次以及从第几帧播放等。

3.2 创建元件

创建元件一般有两种方式，一种方式是通过舞台上选定的对象来创建一个元件，另一种方式是创建一个空元件，然后在元件编辑窗口中制作或导入内容。

3.2.1 转换为元件

转换元件是指将选定的对象转换为元件，具体操作如下。

【任务 1】转换元件。

Step 1 在舞台中绘制一个星形图形对象，如图 3-2 所示。

Step 2 选中绘制的星形对象，执行【修改】/【转换为元件】命令，打开【转换为元件】对话框，如图 3-3 所示。

图 3-2

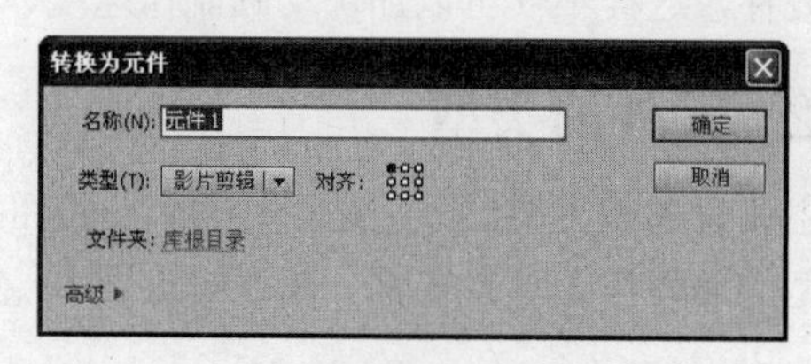

图 3-3

Step 3 在【名称】文本输入框中输入元件的名称，在【类型】下拉列表中选择元件的类型，在【对齐】选项中单击选择元件的注册点，在【文件夹】选项中选择要保存的文件夹，默认为“库根目录”。

Step 4 单击 确定 按钮，完成元件的转换，此时 Flash 会自动将转换的元件添加到库中，舞台上选定的对象此时转换成了元件的一个实例，如图 3-4 所示。

Step 5 执行【窗口】/【库】命令打开【库】面板，此时元件被添加到了【库】面板中，如图 3-5 所示。

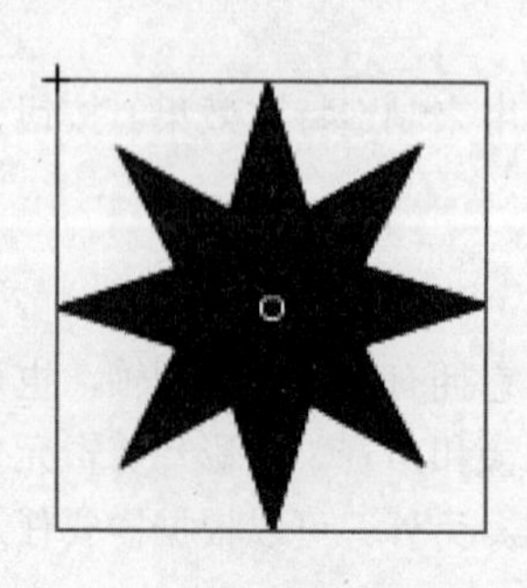

图 3-4

图 3-5

3.2.2 新建元件

新建元件是指在舞台上新建一个元件，其操作比较简单。

【任务 2】新建元件。

Step 1 执行【插入】/【新建元件】命令，或按【Ctrl+F8】组合键打开【创建新元件】对话框，如图 3-6 所示。

图 3-6

Step 2 在【名称】文本输入框中输入元件的名称，在【类型】下拉列表中选择元件的类型，在【文件夹】选项中选择要保存的文件夹，然后单击 确定 按钮确认。这时 Flash 会将该元件添加到【库】面板中，同时切换到该元件的编辑界面。

Step 3 在元件的编辑界面中，元件名称出现在场景名称右侧，同时工作区出现一个“⊕”字代表该元件的注册中心，如图 3-7 所示。

Step 4 可以使用各种方式创建元件的内容，如绘制一个矩形则创建一个矩形元件，系统将自动将该元件添加到【库】面板中，如图 3-8 所示。

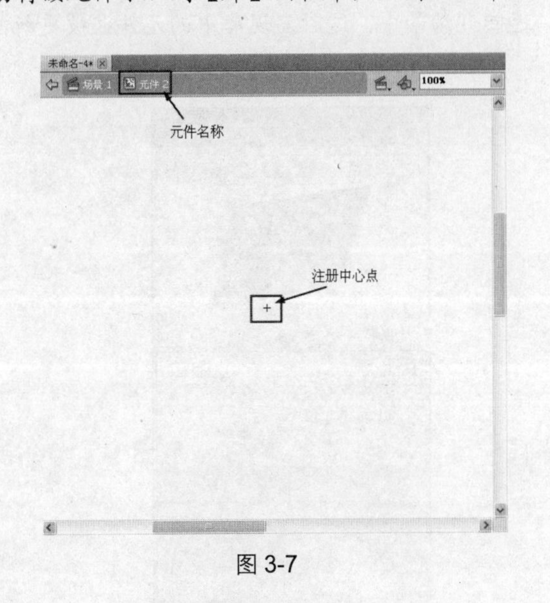

图 3-7

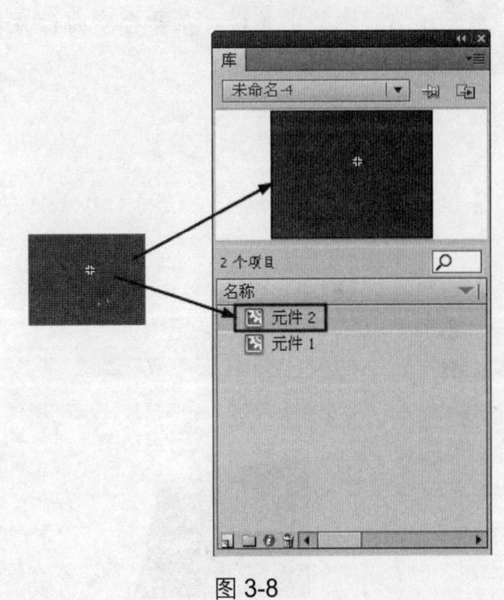

图 3-8

3.3 编辑元件

对于创建好的元件，用户还可以进行编辑。编辑元件时，Flash 将更新文档中该元件的所有实例，以反映编辑结果。

编辑元件可以通过两种方式，一种是在当前位置编辑元件，另一种是在新窗口中编辑元件。

3.3.1 在当前位置编辑元件

在当前位置编辑元件时，可以在舞台上双击元件的实例，进入该元件的编辑模式，此时可以根据

需要编辑元件。编辑完成后，单击舞台左上角的⇦按钮返回场景。

【任务 3】在当前位置编辑元件。

Step 1 继续 3.2.2 小节的操作。在舞台上双击创建的矩形元件的实例，进入该元件的编辑模式。此时该元件的名称显示在舞台上方的编辑栏内，如图 3-9 所示。

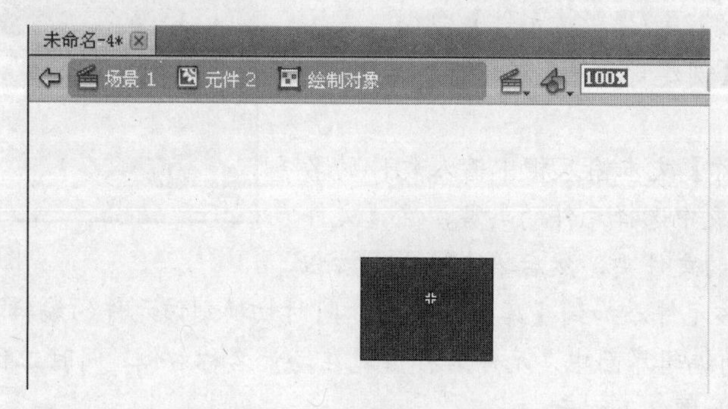

图 3-9

Step 2 根据需要对元件进行编辑，如使用选择工具调整矩形的形态，如图 3-10 所示。

Step 3 调整完成后，在舞台空白位置双击，返回到场景中，这时发现库中的元件也被更新，如图 3-11 所示。

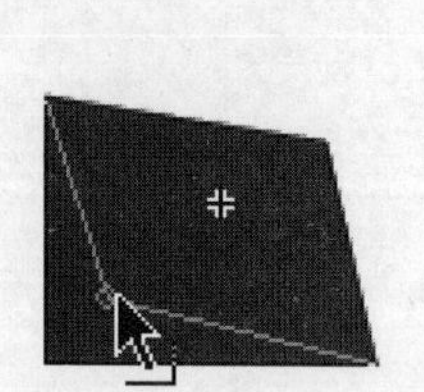

图 3-10

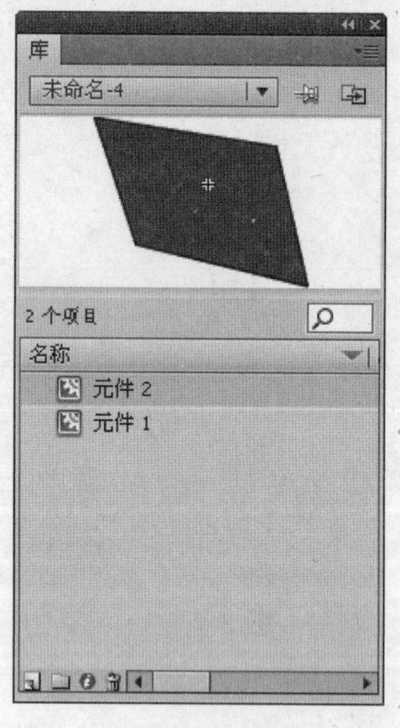

图 3-11

3.3.2 在新窗口中编辑元件

在新窗口中编辑元件，是指在一个单独的窗口中编辑元件。在单独的窗口中编辑元件时，只能看到该元件的内容和时间轴，舞台上的其他元素是看不到的。另外，该元件的名称显示在舞台上方的编辑栏内。

【任务 4】在新窗口编辑元件。

Step 1 继续 3.3.1 小节的操作。在舞台上选择另一个元件的实例，如图 3-12 所示。

Step 2　单击鼠标右键，在弹出的快捷菜单中选择【在新窗口中编辑】命令，进入新窗口编辑模式，如图 3-13 所示。

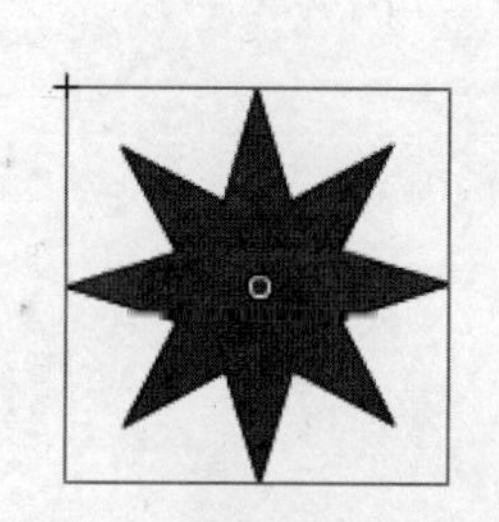

图 3-12

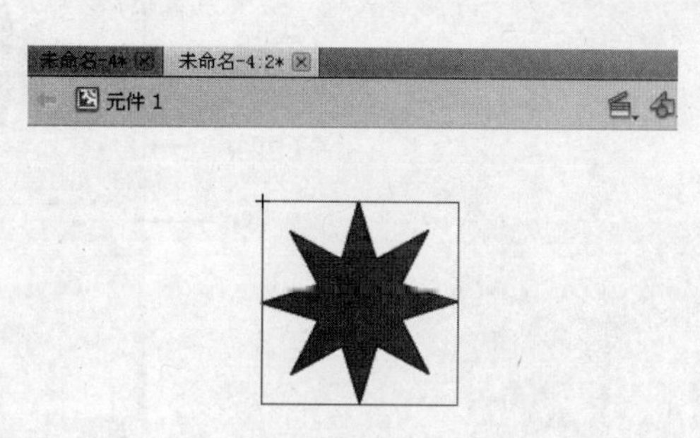

图 3-13

Step 3　在【属性】面板中修改该元件的属性，对其进行编辑，如图 3-14 所示。

Step 4　编辑完成后，在舞台空白位置双击返回舞台，此时【库】面板中的元件也被更新，如图 3-15 所示。

图 3-14

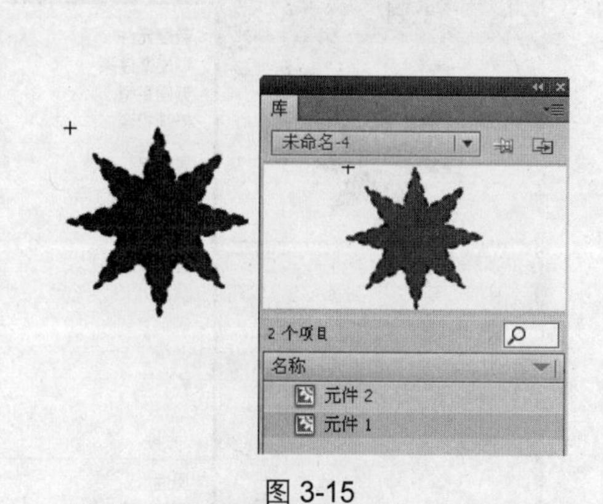

图 3-15

3.4 使用库

在 Flash 中，库有两种，一种是当前文档的库，称之为专用库，用来存储和管理导入的文件，如视频剪辑、声音、位图、PSD 文件以及用户创建的元件等，另一种库是 Flash 的内置库，称之为公用库，包括声音、按钮、类 3 项。系统允许用户对专用库进行管理和修改，但不能对公用库进行修改。

3.4.1　认识【库】面板

按【Ctrl+L】组合键，或执行【窗口】/【库】命令即可打开【库】面板，【库】面板包括标题栏、预览窗口、项目列表栏以及库文件管理工具等，如图 3-16 所示。

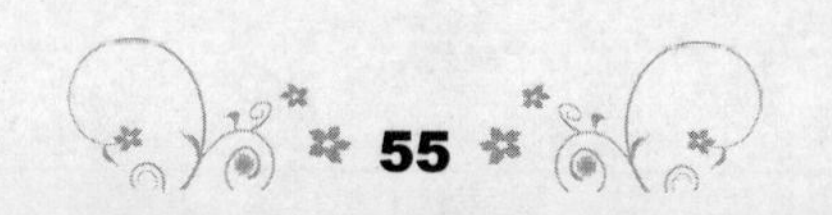

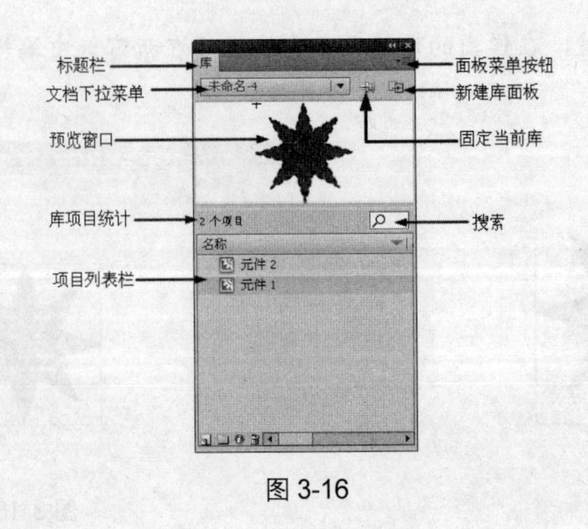

图 3-16

1. 标题栏

标题栏显示当前面板的名称，在标题栏的下方显示当前文档的名称，右边有面板菜单按钮，单击该按钮可弹出相应菜单，菜单中包含用于管理库项目的命令，如图 3-17 所示。

另外，可以通过单击标题栏上的双箭头按钮，将面板折叠为图标，如图 3-18 所示。

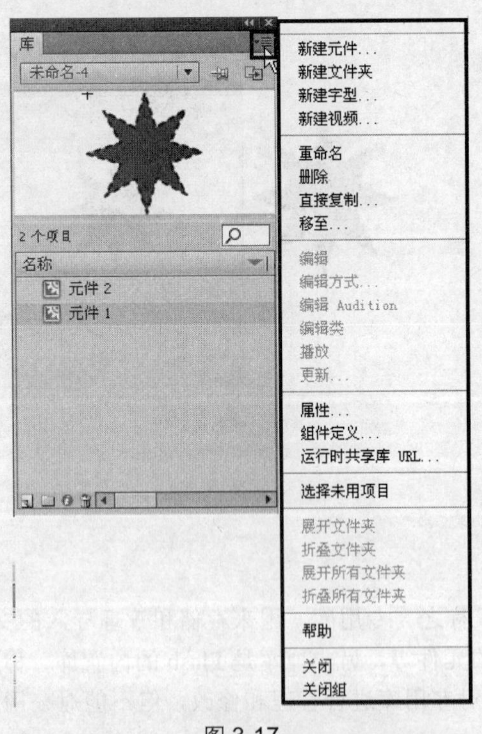

图 3-17

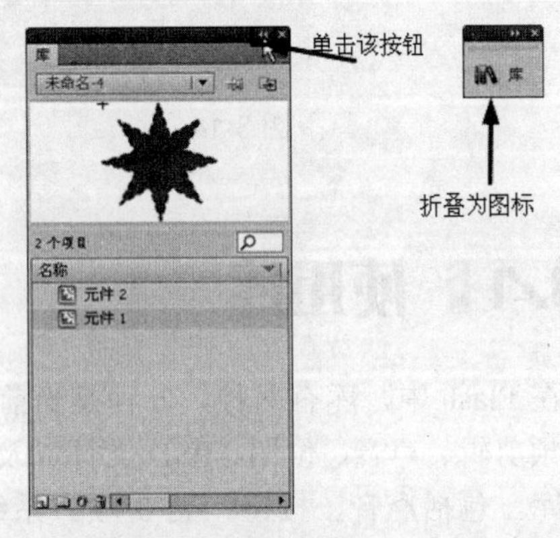

图 3-18

2. 文档下拉菜单

当用户打开多个 Flash 文档时，可以通过该菜单在一个【库】面板上进行切换，方便用户使用一个【库】面板来同时查看多个 Flash 文档的库项目，如图 3-19 所示。

单击右侧的【固定当前库】按钮，可以固定某一个库；单击【新建库面板】按钮，可以新建一个【库】面板。

3. 预览窗口

在项目列表中单击任何一个项目，即可在列表栏上方的预览窗口中进行查看。如果选中的是一个多帧动画，还可以通过预览窗口右上方的播放和停止按钮观看动画效果，如图 3-20 所示。

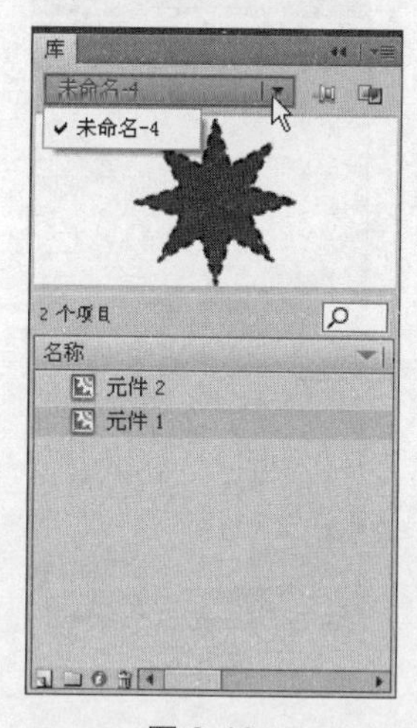

图 3-19

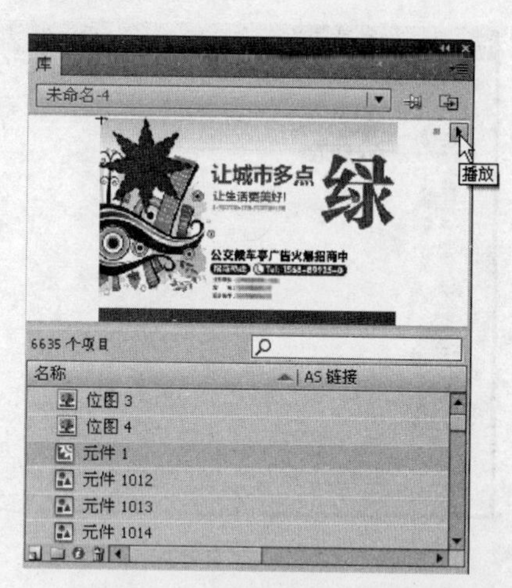

图 3-20

以上是【库】面板常用的功能，其他功能不太常用，篇幅所限，在此不再赘述。

3.4.2 管理库

1. 使用文件夹

使用文件夹组织和管理【库】面板中的库项目，就像使用 Windows 资源管理器查找、调用和编辑文件一样。如果没有创建文件夹，则新建的元件会存储在库的根文件夹中。单击【库】面板下方的【新建文件夹】按钮，可以创建一个文件夹，如图 3-21 所示。

选择该文件夹并重命名，新建的元件则会放置在该文件夹中。

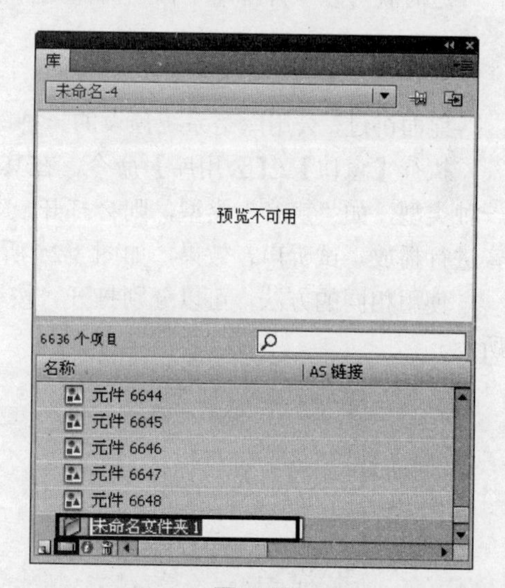

图 3-21

2. 重命名和复制元件

另外，还可以对库中的文件或文件夹进行重命名、通过库复制元件等一系列操作。在库中复制元件的方法比较简单，首先在库中选择要复制的元件，单击鼠标右键，在弹出的快捷菜单中选择【直接复制】命令，在打开的【直接复制元件】对话框中为其命名、设置类型等，如图 3-22 所示，然后确认即可。

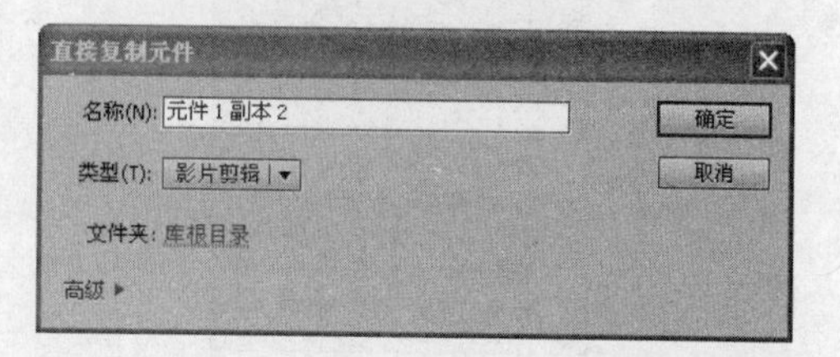

图 3-22

3.4.3 打开外部库

在Flash动画制作中，如果要使用已经制作的动画中的元件，这时可以打开外部库文件。其方法是，执行【文件】/【导入】/【打开外部库】命令，在打开的【作为库打开】对话框中选择要打开的动画源文件，如图3-23所示。单击【打开】按钮，则该文件的【库】面板会出现在舞台上，如图3-24所示。

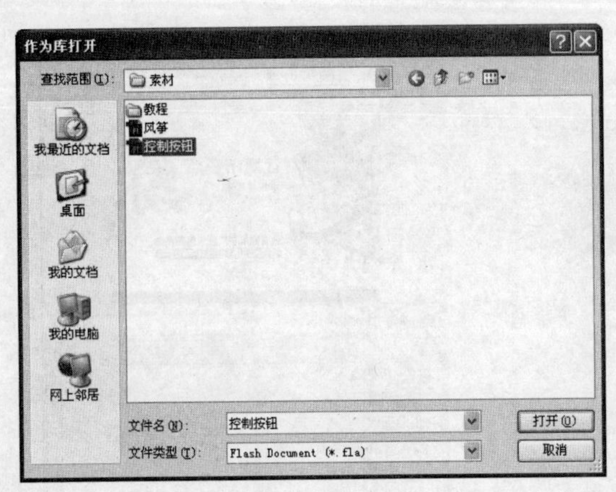

图3-23

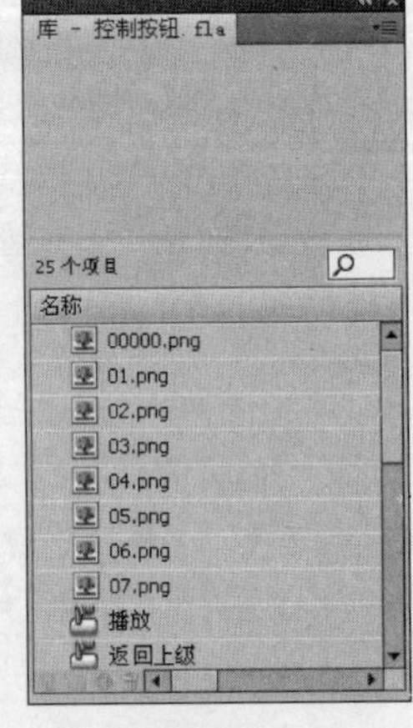

图3-24

这时就可以从外部库中调用所需元件了。

3.4.4 使用公用库

前面讲过，公用库是系统预设的一种库，是不能修改的，但是用户可以使用公用库中的相关资源。

执行【窗口】/【公用库】命令，在其子菜单中有“声音”“按钮”和“类”3 种类型，选择任意一种类型，如“声音”类型，则会打开一个包含多个常用声音的【公用库】面板，可选择任意一个声音进行播放，试听声音效果，如图3-25所示。

使用相同的方法，可以分别打开“按钮”和“类”的【库】面板，使用这些公共资源，如图3-26所示。

图3-25

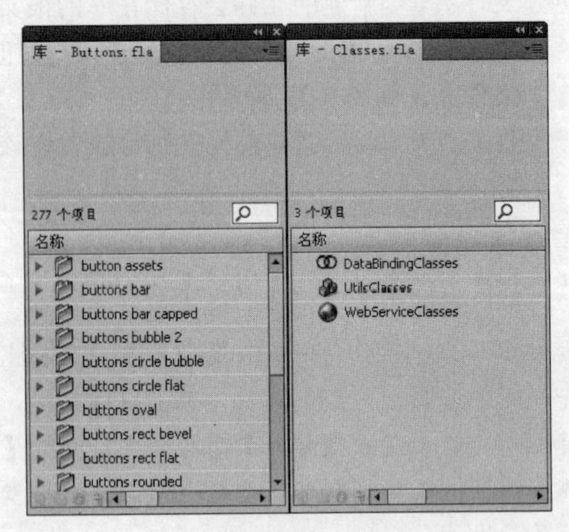

图3-26

3.5 使用实例

所谓实例，就是指将创建的元件从【库】面板中拖入舞台之后，舞台上就增加了该元件的实例，可以在文档中任何需要的地方创建该元件的实例。创建该元件的实例之后，可以通过【属性】面板更改实例的颜色效果以及类型等，而不会影响元件本身，而如果对元件进行了修改，则该元件的所有实例都会被更新。

3.5.1 元件与实例

元件有图形元件、影片剪辑元件与按钮元件 3 种，用户可以随意对实例进行缩放、添加滤镜等操作而不会影响元件本身。如图 3-27 所示，对实例进行缩放后，元件本身没有变化。

而如果对元件进行了修改，则 Flash 就会更新该元件的实例，如修改元件的填充颜色，则该元件的实例填充颜色也会更改，如图 3-28 所示。

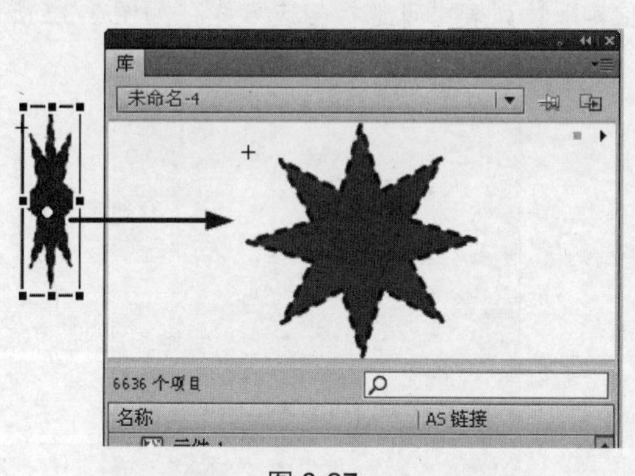

图 3-27

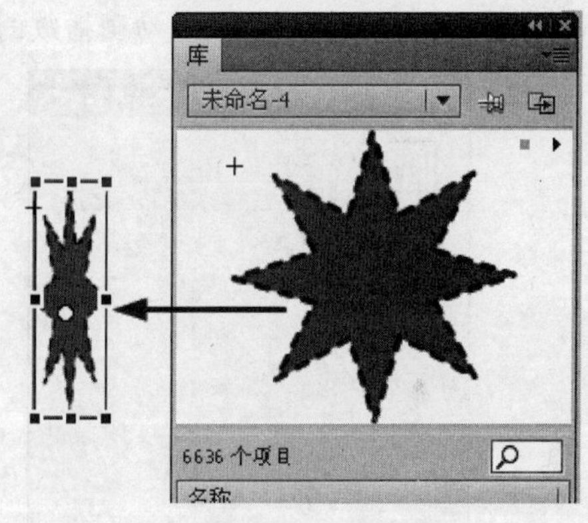

图 3-28

基于元件的这些特性，用户在制作动画的过程中，可以大胆使用元件，随意更改元件的实例，而不用担心元件会发生变化。同样，在修改实例时，也不必一一修改，只需将该实例的元件修改即可。这样可以加快动画制作的速度。

1. 图形元件与实例

图形元件一般是静态的图片或者是与影片的主时间轴同步的动画，其实例的【属性】面板如图 3-29 所示。通过【属性】面板，可以设置实例的类型、为实例指定不同的元件以及修改实例的宽高度、坐标、色彩效果和播放方式等。

- 【图形】卷展栏：单击该按钮，在弹出的下拉列表中选择实例在舞台上的类型，如图 3-30 所示。
- 【交换】按钮：单击该按钮，用于给实例指定不同的元件，从而在舞台上显示不同的实例，并保留所有的原始实例属性。
- 【X】/【Y】：用于显示或修改实例中心点在舞台中的 x 坐标和 y 坐标。
- 【宽】/【高】：用于显示或修改实例的高度和宽度。

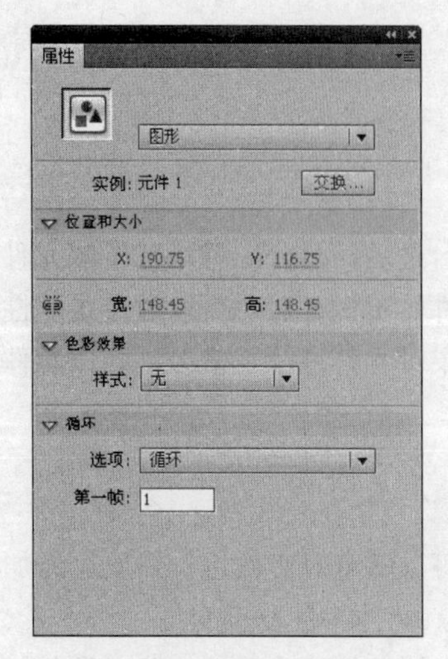

图 3-29

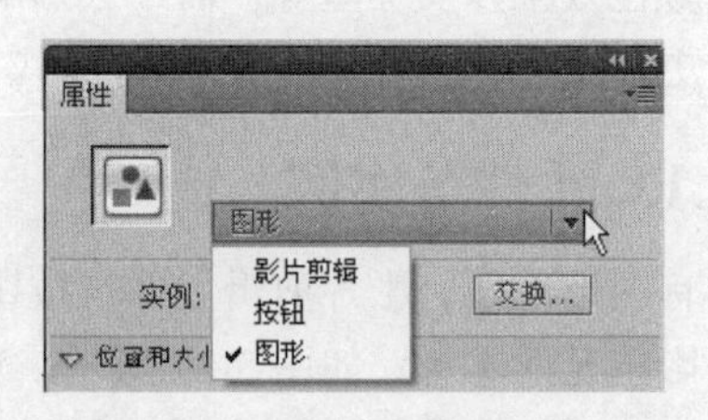

图 3-30

- 【色彩效果】：在【样式】下拉列表中用于改变实例的色彩效果，如图 3-31 所示。
- 【循环】：设置实例跟随动画播放的方式，在其下拉列表中可选择相应方式，如图 3-32 所示。

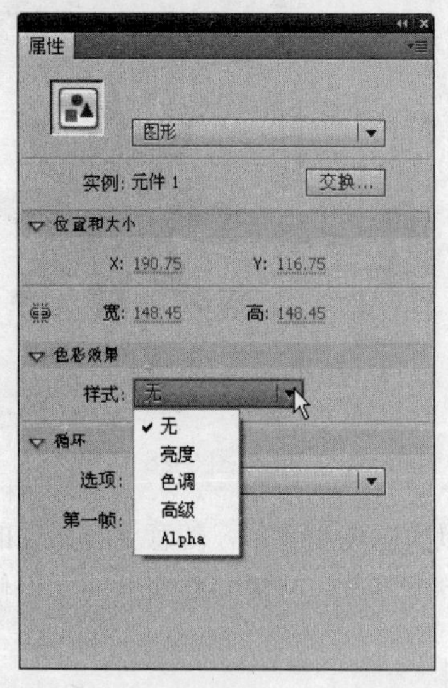

图 3-31

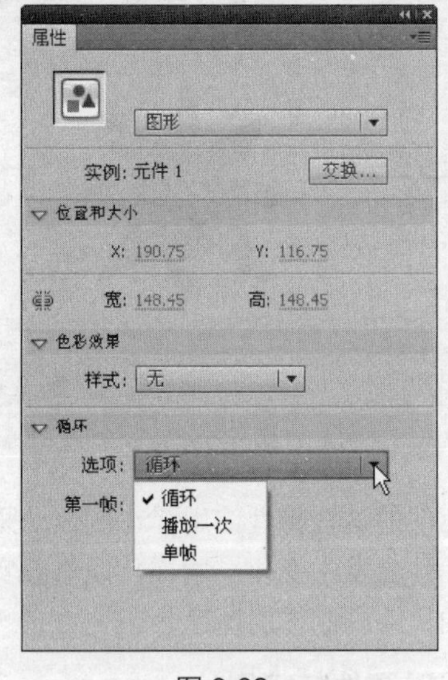

图 3-32

2. 影片剪辑与实例

影片剪辑拥有自己独立的时间轴，其播放与主时间轴没有直接关系，其【属性】面板如图 3-33 所示。

在 Flash 中，影片剪辑也是一种类型的对象，用户可以在【实例名称】文本输入框中为影片剪辑命名，还可以和图形元件的实例一样调整大小、位置、色彩效果等。另外，与图形实例不同的是，影片剪辑实例可以进行 3D 定位和查看，添加“滤镜”“混合”等效果，同时对鼠标事件进行响应，具有交互功能。

3. 按钮元件与实例

按钮实际上是一个 4 帧的影片剪辑，可以感知用户的鼠标动作，并触发相应的事件，其实例的【属

性】面板如图 3-34 所示。

在 Flash 中，按钮元件实例与影片剪辑实例相似，可以命名、添加滤镜和设置混合模式、缓存为位图，也可以对鼠标事件进行响应，具有交互功能。其【音轨】卷展栏中的【选项】是按钮的特殊属性，这个选项用于控制鼠标事件的分配，如图 3-35 所示。

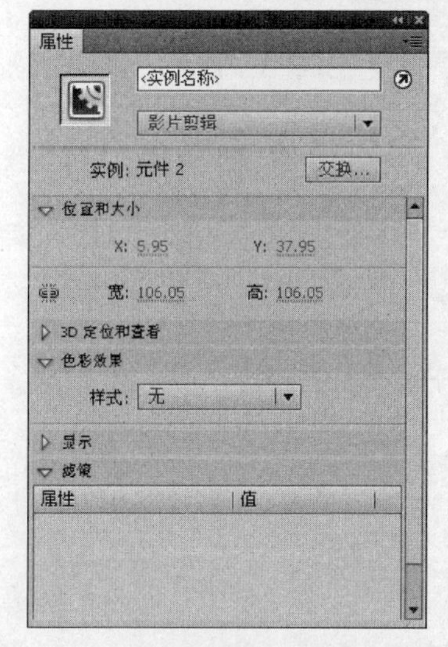

图 3-33

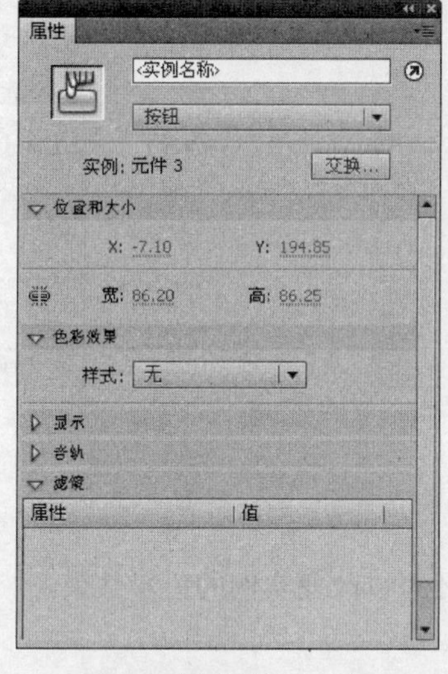

图 3-34

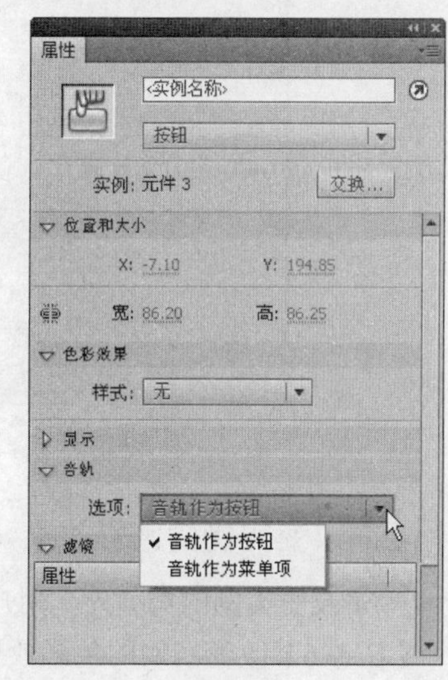

图 3-35

- 【音轨作为按钮】: 按钮实例的行为和普通按钮类似。
- 【音轨作为菜单项】: 无论鼠标是在按钮上还是在其他部分按下，按钮实例都可以接收。该选项一般用来制作菜单系统和电子商务应用。

3.5.2　改变与设置实例

我们知道，每一个元件实例都有独立于该元件的属性，因此可以重新定义实例类型、调整颜色以及设置动画在图形实例内的播放形式，也可以缩放、旋转实例以及为实例添加滤镜等，这样并不会影响元件本身。

1. 改变实例的类型

用户可以通过改变实例的类型，重新定义实例在 Flash 中的行为。例如，如果一个图形实例包含想要独立于主时间轴播放的动画，那么可以将该图形实例重新定义为影片剪辑实例。

【任务 5】将图形实例重新定义为影片剪辑实例。

Step 1　在舞台绘制一个星形。

Step 2　按【F8】键打开【转换为元件】对话框，选择【类型】为“图形”，如图 3-36 所示。

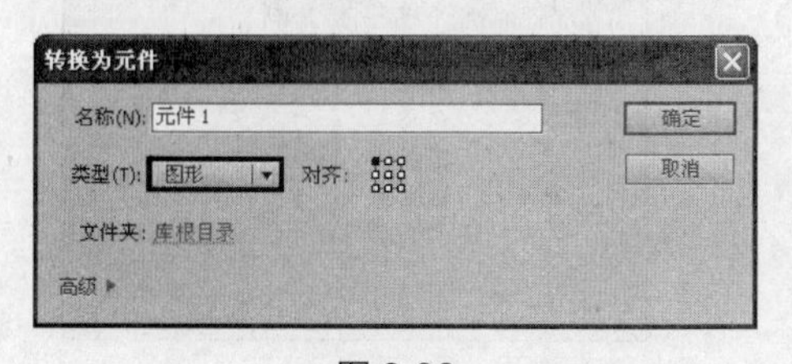

图 3-36

Step 3　确认将该图形转换为图形元件，此时其【属性】面板如图 3-37 所示。

Step 4　在【属性】面板单击【图形】下拉按钮，在其下拉列表中选择实例类型为【影片剪辑】，如图 3-38 所示。此时该实例类型被改变。

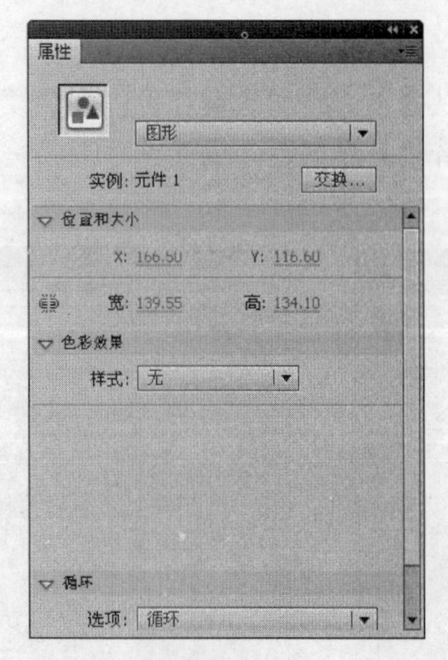

图 3-37

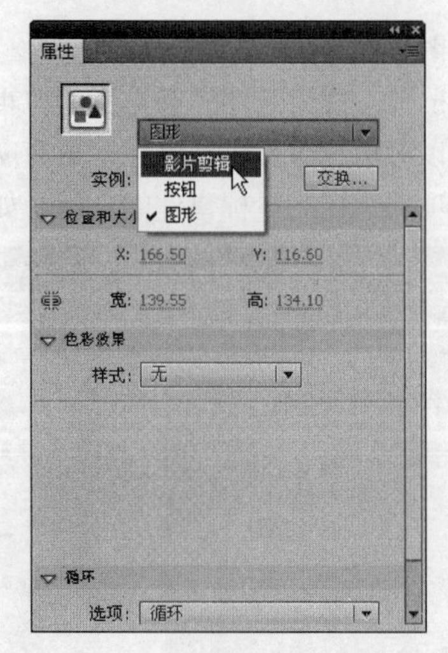

图 3-38

2. 改变实例的色彩效果

除了改变实例的类型外，用户还可以改变实例的色彩效果。

【任务 6】改变实例的色彩效果。

Step 1 继续任务 5 的操作。在【属性】面板单击【样式】下拉按钮，在弹出的下拉列表中设置亮度、色调以及 Alpha 等值，如图 3-39 所示。

- 【亮度】：用于调整实例的亮度。亮度值可以设置为-100%～100%，当该值为 0 时，实例的亮度为本身的亮度值；当该值为 100%时，亮度值最高，为白色；当该值为-100%时，亮度值最低，为黑色，如图 3-40 所示。

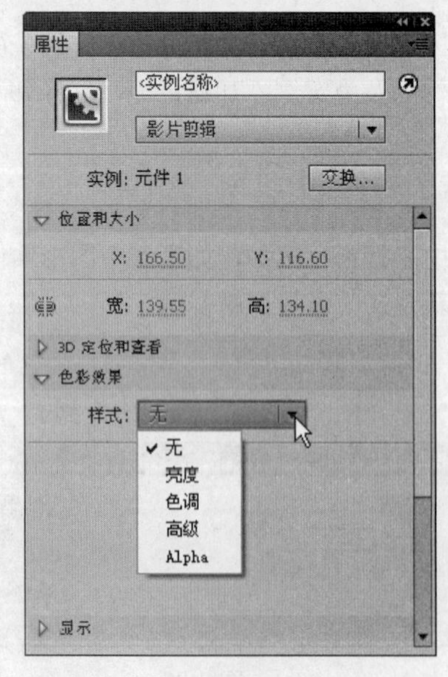

图 4-39

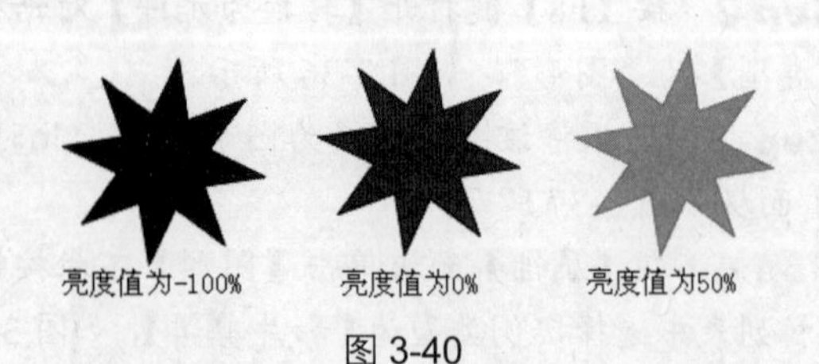

图 3-40

- 色调：用于调整实例的颜色。通过输入颜色值或使用【颜色拾取器】调整颜色，以改变实例的颜色，如图 3-41 所示。
- 【Alpha】：用于设置实例的透明度，值为 0 时完全透明，值为 100%时完全不透明，如图 3-42 所示。

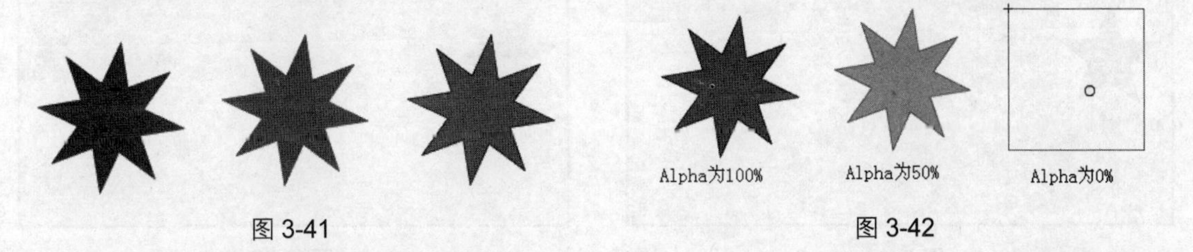

图 3-41　　　　图 3-42

Step 2　选择【色调】，然后调整各参数，改变实例的颜色，如图 3-43 所示。此时实例的颜色由原来的绿色被调整为蓝色，如图 3-44 所示。

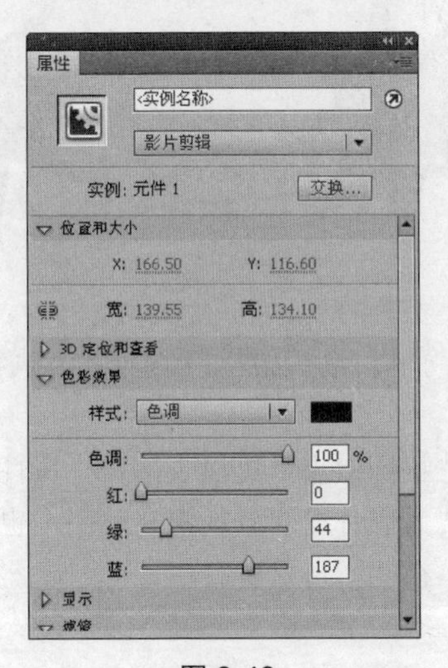

图 3-43

图 3-44

3. 交换实例

另外，也可以根据需要，为创建的实例指定不同的元件，从而在舞台上显示不同的实例，并保留所有原始实例的属性。

【任务 7】交换实例。

Step 1　在舞台上绘制一个八角星形图形，并将其创建为按钮元件，如图 3-45 所示。

图 3-45

Step 2 在舞台中选择原来的五角星形的影片剪辑实例，在其【属性】面板单击【交换】按钮，打开【交换元件】对话框，如图 3-46 所示。在该对话框选择名为“元件 2”的按钮元件，如图 3-47 所示。

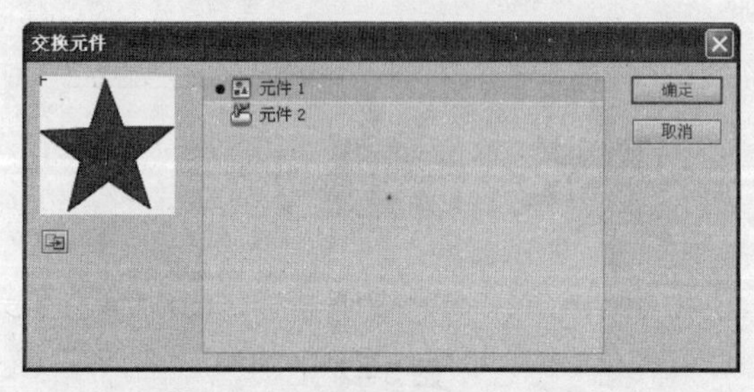

图 3-46

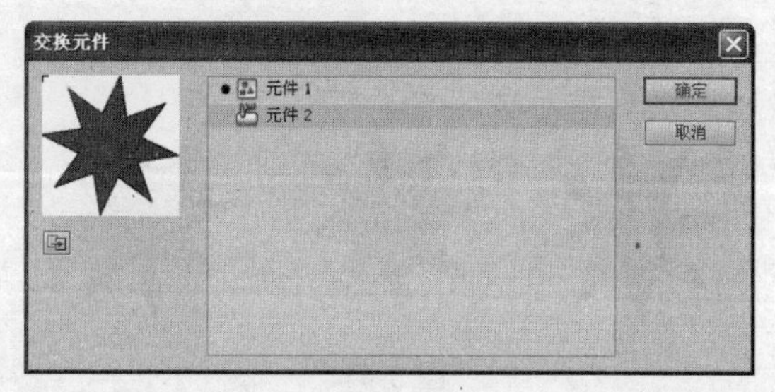

图 3-47

Step 3 确认进行实例的交换，结果原来的五角星形实例被交换为了八角星形实例，如图 3-48 所示。

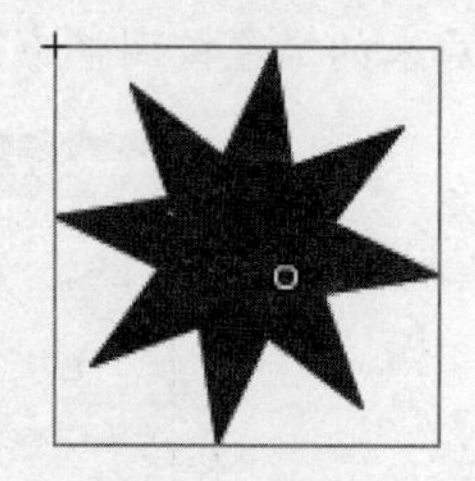

图 3-48

4. 分离实例、添加滤镜与设置混合模式

如果要分离实例，则可以使用【打散】命令，将实例打散成为形状，这样会使实例与元件的联系被切断，但不会影响元件本身和该元件的其他实例。

打散实例一般用在制作形状补间动画时，操作方法很简单，选择要打散的实例，执行【修改】/【分离】命令即可。

如果要为影片剪辑、按钮和图形添加滤镜，以实现某些特殊效果，可以直接在【属性】面板中添加，方法与为文本添加滤镜效果的方法相同。另外，如果要为影片剪辑添加混合效果，也可以在【属性】面板的【显示】下拉列表进行设置，方法也比较简单，在此不再赘述。

3.6 上机实训

3.6.1 实训 1——创建动态文字按钮

1. 实训目的

本实训要求创建一个简单的动态文字按钮。通过本例的操作，熟练掌握动态文字按钮的创建方法。具体实训目的如下。

- 掌握文字的创建技能。
- 掌握按钮元件的创建技能。

2. 实训要求

首先创建舞台，并新建按钮元件，然后输入文本，最后设置简单动画。本例最终效果如图 3-49 所示。

正常效果　　　　光标经过

按下鼠标 文字按钮

图 3-49

具体要求如下。

（1）启动 Flash CS5 软件并新建场景文件。

（2）创建按钮元件，并输入文字内容。

（3）插入关键帧，然后制作简单动画。

（4）将动画文件保存。

3. 完成实训

效果文件	效果文件\ 动态文字按钮.fla
动画文件	效果文件\ 动态文字按钮.swf
视频文件	视频文件\ 动态文字按钮.swf

（1）新建场景文件并设置属性

Step 1 新建文件。启动 Flash CS5 软件，执行【文件】/【新建】命令，打开【新建文档】对话框，在【常规】选项卡中的【类型】列表中选择【ActionScript 3.0】选项，如图 3-50 所示。

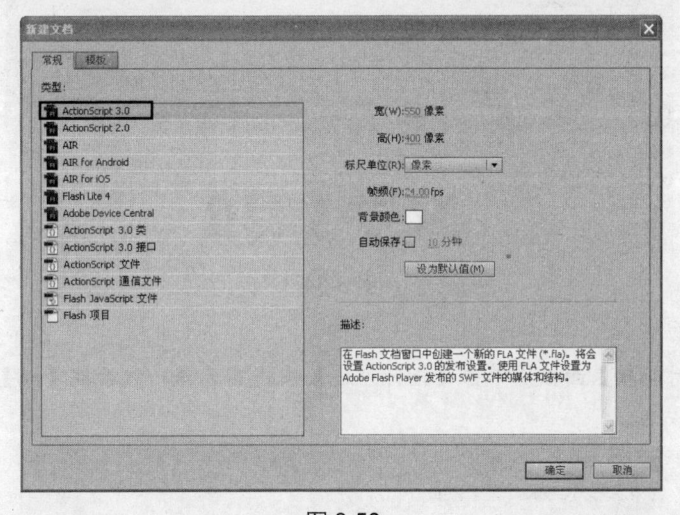

图 3-50

Step 2 单击【确定】按钮确认新建一个 Flash 文档。

（2）新建元件按钮

Step 1 执行【插入】/【新建元件】命令，打开【创建新元件】对话框，在【名称】文本输入框中输入“文字按钮”，然后选择【类型】为【按钮】，如图 3-51 所示。

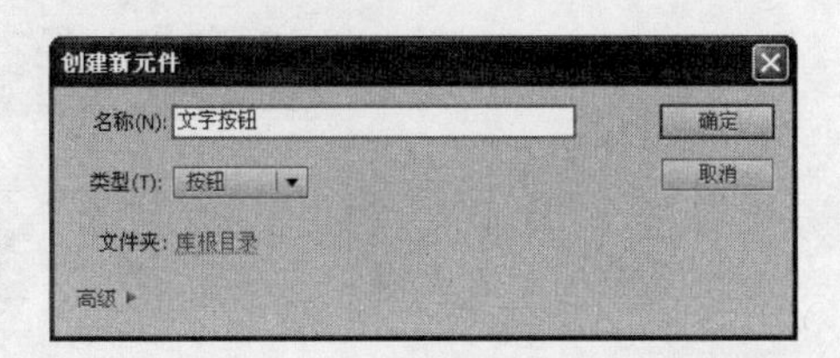

图 3-51

Step 2 确认进入按钮的编辑界面。按钮名称出现在

【场景】按钮的右边，同时在工作区中出现一个“十”字，代表该元件的注册中心点，如图 3-52 所示。

（3）输入文本

Step 1 激活【文本工具】T，在【属性】面板中选择文字类型为【传统文本】，并设置适合的字符属性，如图 3-53 所示。

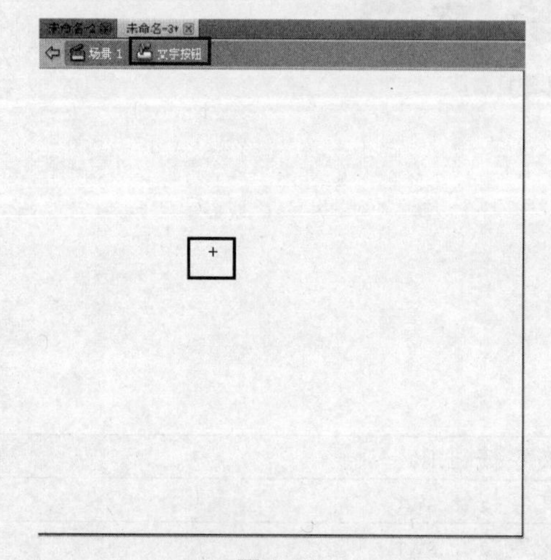

图 3-52

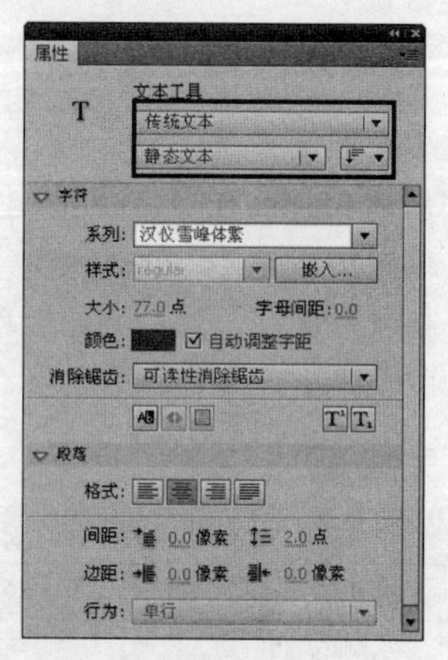

图 3-53

Step 2 在舞台中单击，然后输入“文字按钮”文字内容，如图 3-54 所示。

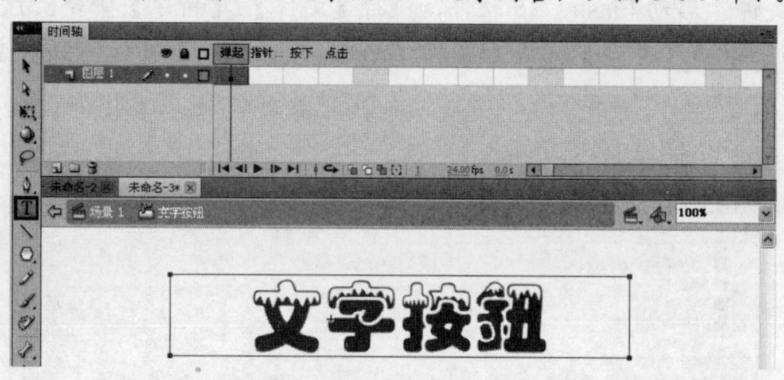

图 3-54

（4）插入关键帧

Step 1 在【时间轴】面板中单击【指针经过】帧将其选择，然后按【F6】键插入一个关键帧，如图 3-55 所示。

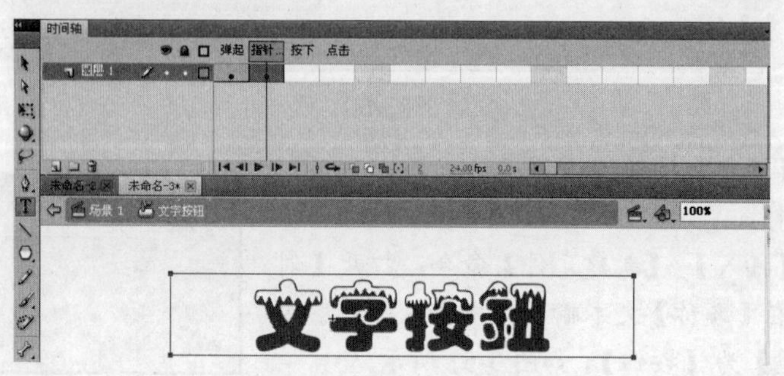

图 3-55

Step 2 使用相同的方法，分别在【按下】帧和【点击】帧各插入一个关键帧，效果如图 3-56 所示。

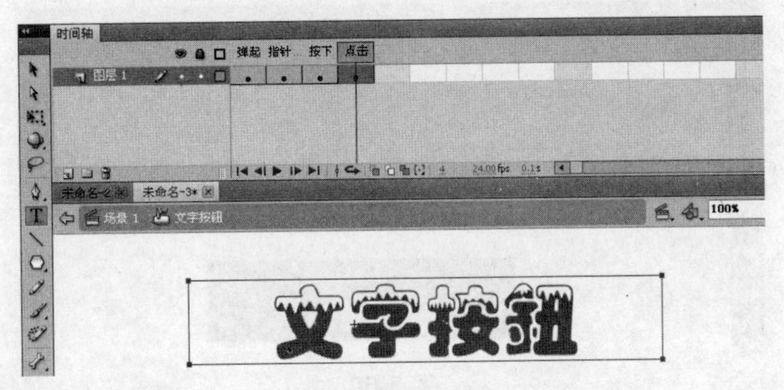

图 3-56

（5）修改文本属性

Step 1 选择【指针经过】帧，然后选择舞台上的文字，如图 3-57 所示。

Step 2 在【属性】面板中设置文字的颜色为红色，如图 3-58 所示。

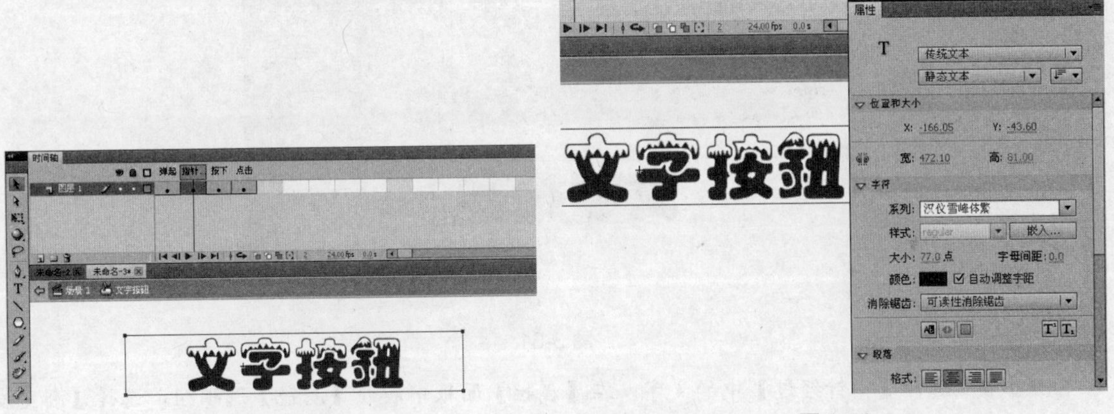

图 3-57　　图 3-58

Step 3 选择【按下】帧，选择舞台上的文字，然后按【Ctrl+T】组合键打开【变形】面板，激活【约束】按钮，然后设置文字的大小为 90%，如图 3-59 所示。

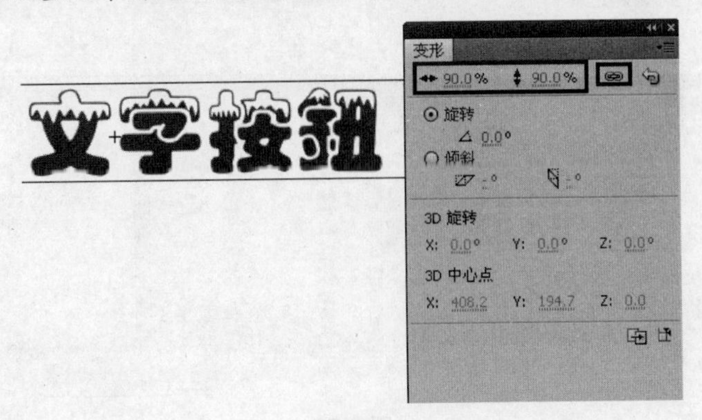

图 3-59

Step 4 继续选择【点击】帧，然后选择【矩形工具】，在文字上面绘制一个任意颜色的矩形，将文字覆盖，如图 3-60 所示。

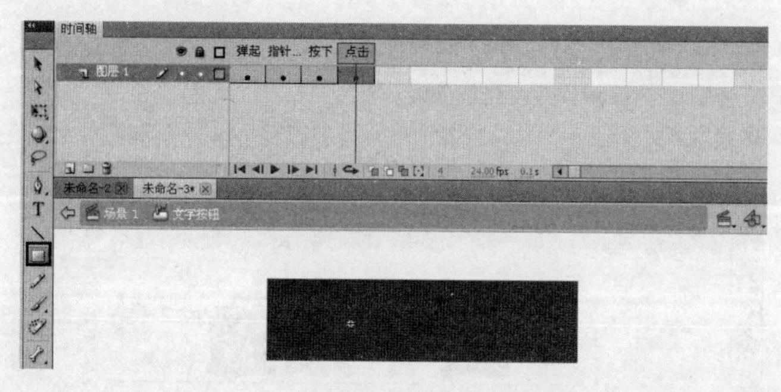

图 3-60

（6）为文字添加滤镜

Step 1 选择【弹起】帧的文字，在【属性】面板中展开【滤镜】选项组，然后选择【投影】滤镜，如图 3-61 所示。

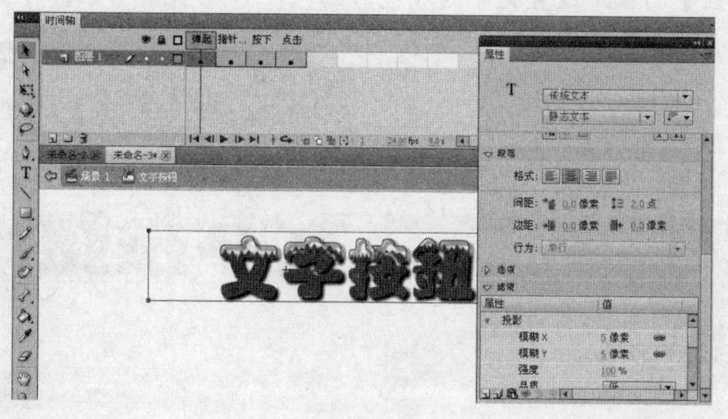

图 3-61

Step 2 选择【指针经过】中的文字，在【属性】面板中展开【滤镜】选项组，选择【渐变发光】滤镜，设置【角度】为 20、【距离】为 3、【类型】为“全部”，然后在渐变色带上单击将其打开，添加一个色标，并设置颜色分别为红、黄、绿，如图 3-62 所示。

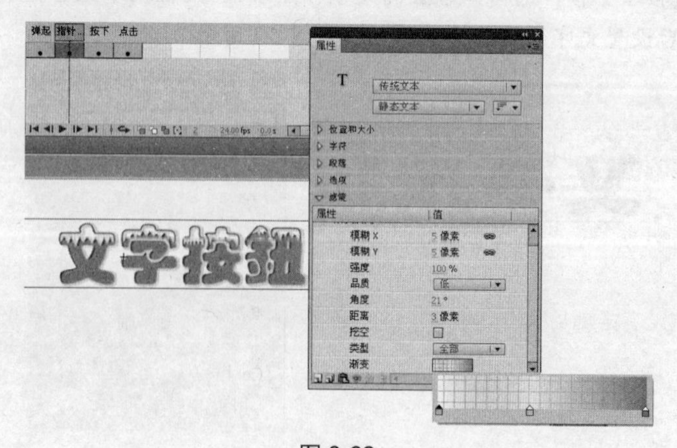

图 3-62

（7）创建按钮实例

Step 1 单击【场景1】按钮返回场景。

Step 2 按【Ctrl+L】组合键打开【库】面板，将“文字按钮”按钮从【库】面板拖入舞台，如图3-63所示。

Step 3 至此，动态文字按钮制作完毕，按【Ctrl+S】组合键将场景保存为“文字按钮.fla”文件。

Step 4 执行菜单栏中的【控制】/【启动简单按钮】命令，然后在舞台上测试按钮，效果如图3-64所示。

图 3-63

图 3-64

Step 5 按【Ctrl+Enter】组合键可以测试影片，效果如图3-65所示。

Step 6 执行【文件】/【发布设置】命令打开【发布设置】对话框，设置参数如图3-66所示。

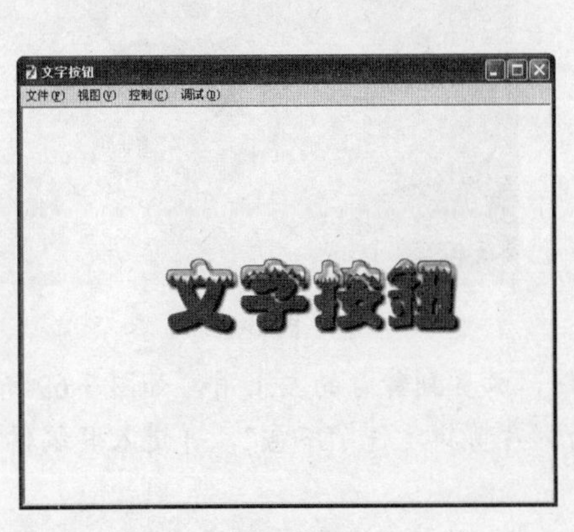

图 3-65

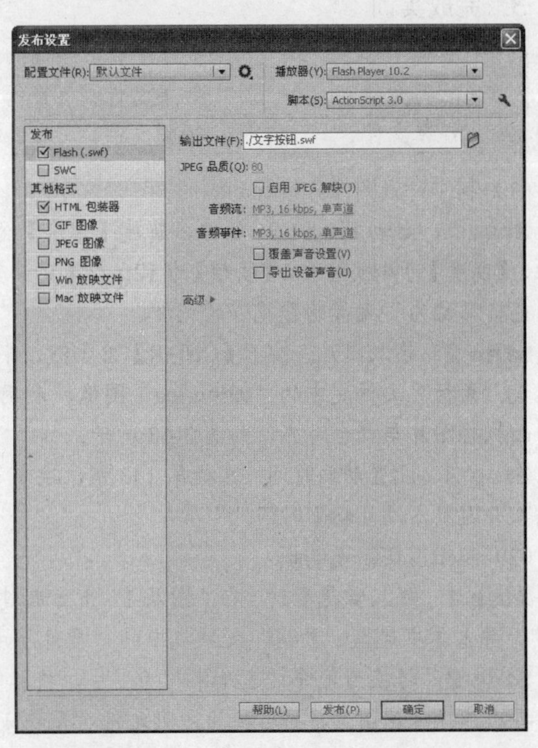

图 3-66

Step 7 确认将其输出为“文字按钮.swf”文件。

3.6.2 实训 2——创建飞舞的雪花

1. 实训目的

本实训要求创建一个飞舞的雪花动画效果。通过本例的操作，熟练掌握元件的创建、编辑以及【库】面板的应用等相关技能。具体实训目的如下。

- 掌握元件的创建技能。
- 掌握按钮元件的编辑技能。
- 掌握基本动画的制作技能

2. 实训要求

首先创建舞台，并制作背景效果，然后新建元件，并制作雪花飞舞动画。本例最终效果如图 3-67 所示。

图 3-67

具体要求如下。

（1）启动 Flash CS5 软件并新建场景文件。

（2）导入背景素材，然后创建元件。

（3）插入关键帧，然后制作雪花飞舞动画。

（4）将动画文件保存。

3. 完成实训

效果文件	效果文件\ 飞舞的雪花.fla
动画文件	效果文件\ 飞舞的雪花.swf
视频文件	视频文件\ 飞舞的雪花.swf

（1）制作背景图像并设置动画时间

Step 1 启动 Flash CS5 软件，新建【宽度】为 524 像素、【高度】为 419 像素、【帧频】为 12fps、【背景颜色】为白色、名称为“飞舞的雪花”的文件。

Step 2 导入图片。按下【Ctrl+R】组合键，导入本书光盘“素材”文件夹中的“029tu.jpg”图像，利用【对齐】面板将图片与舞台对齐，如图 3-68 所示。

图 3-68

Step 3 设置动画时间。选择第 143 帧，按下【F5】键插入普通帧，设置动画时间。

（2）制作雪花飘飞动画

Step 1 导入雪花素材。在“图层 1”上方新建“图层 2”，导入本书光盘“素材”文件夹中的“雪片.swf”文件，放置到舞台的左上角，如图 3-69 所示。

Step 2 转换为元件。选择导入的图片，将其转换为影片剪辑元件“下雪”，并进入其编辑窗口中，再次选择雪花图片，将转换为图形元件“元件 1”。

Step 3 创建动画。在“图层 1”的第 60 帧处插入普通帧，将播放头调整到第 1 帧处，选择“元

件1”实例，单击鼠标右键，在弹出的快捷菜单中选择【创建补间动画】命令，创建补间动画。

Step 4 继续在【属性】面板中设置【样式】为Alpha，并设置Alpha值为90%，使其产生透明效果。

Step 5 调整实例。将播放头调整到第60帧处，将“元件1”实例向下拖动，并在【属性】面板中设置其Alpha值为0%，这时会产生一条运动路径，如图3-70所示。

图3-69

图3-70

Step 6 修改路径。将鼠标指针指向运动路径，当指针变为形状时拖动鼠标，将运动路径调整出一点弧度，如图3-71所示。

Step 7 设置动画属性。选择第1帧，在【属性】面板中设置【旋转】为1次、【方向】为“顺时针”，如图3-72所示，这样就制作出了雪花飘落的动画效果。

图3-71

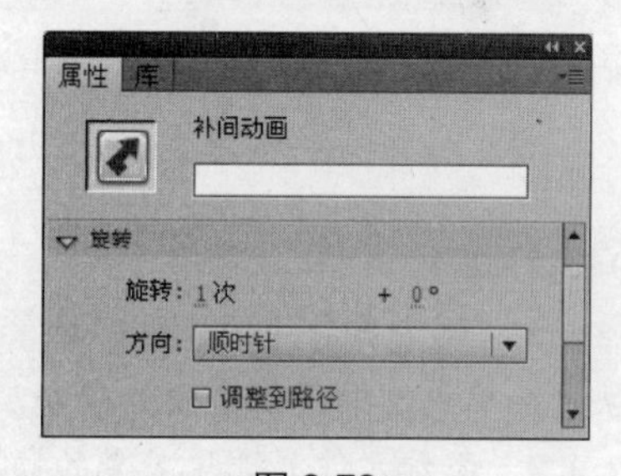

图3-72

Step 8 复制动画帧。在“图层1”上方新建“图层2”，选择“图层1”中的动画帧，按住【Alt】键将其拖动到“图层2”中，复制动画帧，如图3-73所示。

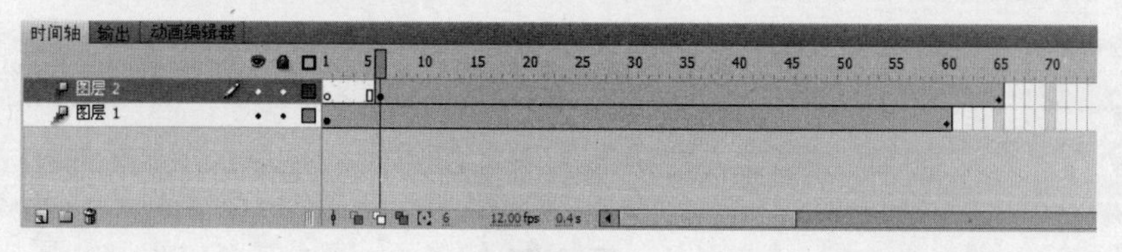

图3-73

Step 9 调整运动轨迹。使用【部分选取工具】调整运动轨迹的端点位置和轨迹的形状，如图 3-74 所示。

Step 10 调整实例属性。将播放头调整到第 1 帧处，选择“元件 1”实例，在【属性】面板中设置 Alpha 值为 60%，在【变形】面板中设置比例大小为 50%，如图 3-75 所示。再将播放头调整到第 65 帧处，对“元件 1”实例做相同的处理。

图 3-74

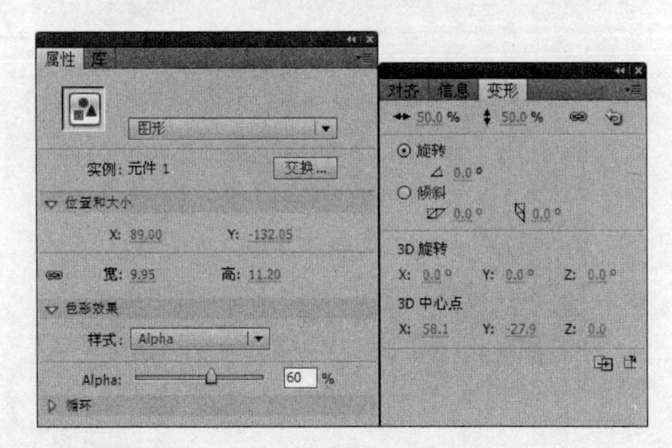

图 3-75

Step 11 制作其他动画。用同样的方法，通过改变雪花的大小、透明度以及运动轨迹，再创建多个雪花飘落的动画图层，如图 3-76 所示。这样就可以模拟出飘雪的效果。

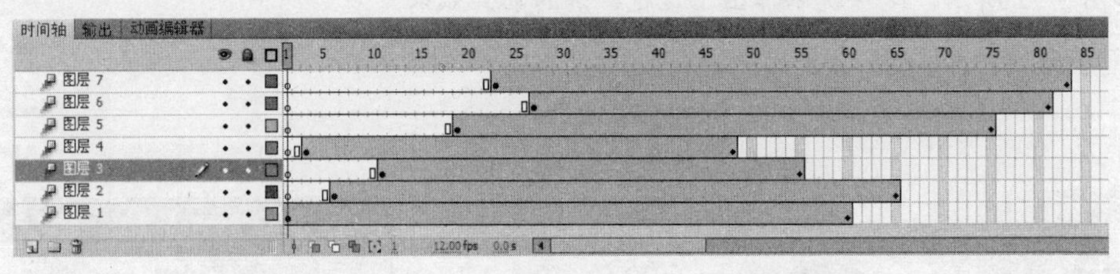

图 3-76

（3）完善动画

Step 1 删除多余的帧。返回场景，选择“图层 2”第 84 帧以后的所有帧，单击鼠标右键，在弹出的快捷菜单中选择【删除帧】命令，删除选择的帧。

Step 2 添加元件并删除多余的帧。在“图层 2”上方新建“图层 3”，在第 30 帧处插入关键帧，将“下雪”元件从【库】面板中拖动到舞台中，然后将第 113 帧以后的帧全部删除。

Step 3 添加元件。在“图层 3”上方新建“图层 4”，在第 60 帧处插入关键帧，将“下雪”元件从【库】面板中拖动到舞台中，此时的【时间轴】面板如图 3-77 所示，至此完成了动画的制作。

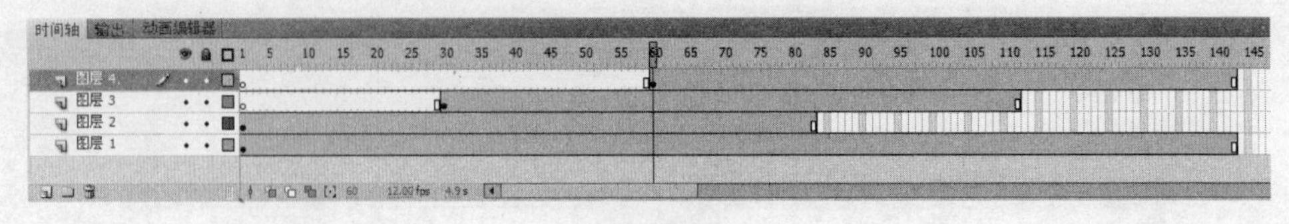

图 3-77

注意：“图层2”“图层3”与“图层4”中的“下雪”实例要错开摆放，位置不要相同，这样产生的飘雪动画效果会更加地自然。

Step 4 测试动画。按下【Ctrl+Enter】组合键，测试动画效果，然后保存文件。

3.7 自我检测

1. 选择题

（1）Flash元件的类型有（　　）种。

A．3　　B．4　　C．5　　D．6

（2）在Flash中，可以添加滤镜和混合模式的元件是（　　）。

A．按钮元件和影片剪辑元件　　B．图形元件和按钮元件

C．图形元件和影片剪辑元件　　D．按钮元件、图形元件和影片剪辑元件

（3）在Flash中，（　　）元件实际上是一个4帧的影片剪辑。

A．按钮　　B．图形　　C．影片剪辑　　D．文字动画

2. 简答题

简述使用元件的好处以及元件的类型和特点。

3. 操作题

利用所学知识，创建如图3-78所示的动态按钮，当鼠标指针移至按钮上时按钮显示英文，按下后显示中文。

图3-78

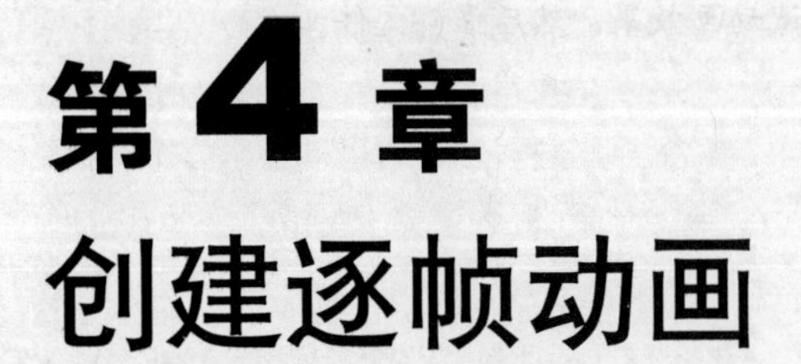

第 4 章 创建逐帧动画

📖 学习目标

了解动画的原理、Flash 动画的制作环境，掌握时间轴、帧、图层等操作基础，掌握逐帧动画的制作方法。

📖 学习重点

掌握 Flash 动画制作环境、时间轴、图层的操作技能以及逐帧动画的制作技能。

📖 主要内容

- 传统动画与 Flash 动画
- 时间轴与帧
- 认识图层
- 关于逐帧动画
- 上机实训
- 自我检测

4.1 传统动画与 Flash 动画

简单地说，动画就是通过连续播放一系列静止的画面，通过我们眼睛所看到的画面就是动画。动画具有悠久的历史，在我国民间的走马灯以及皮影戏其实就是动画的一种形式。真正意义上的动画是在摄影机出现后才发展起来的。随着科技的不断发展，动画无论是制作成本还是质量都得到了长足的发展。

传统动画以绘画形式作为表现手段来绘制动画，通过为原画添加中间画的手段，绘制出一张张逐步变化的动态原画，在经过摄影机、电脑等逐一拍摄或扫描，然后以 24 格/秒或 25 格/秒的速度连续播放，使其画面的动作连续起来，这就是动画片。例如，一个正方形到圆形，其中间画会有六边形、八边形、十二边形等多个中间图形，直到成为一个圆形，如图 4-1 所示。

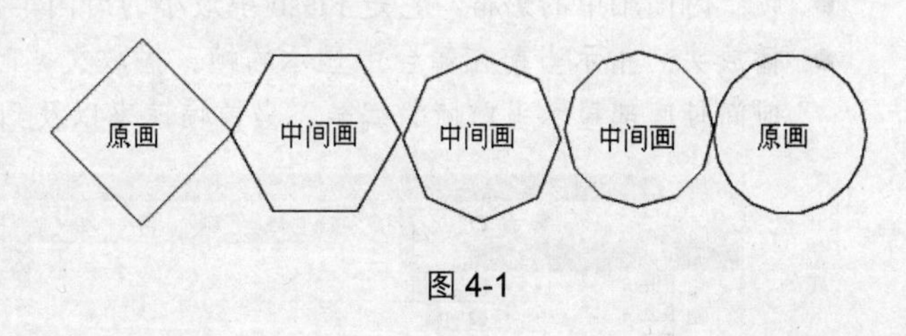

图 4-1

使用 Flash 制作动画，与传统动画一样，利用帧将一定的时间进行划分，每一个帧就代表了传统动画片中的一个画面，当这些帧连续播放时，就形成了一个 Flash 影片，也就是动画，如图 4-2 所示。

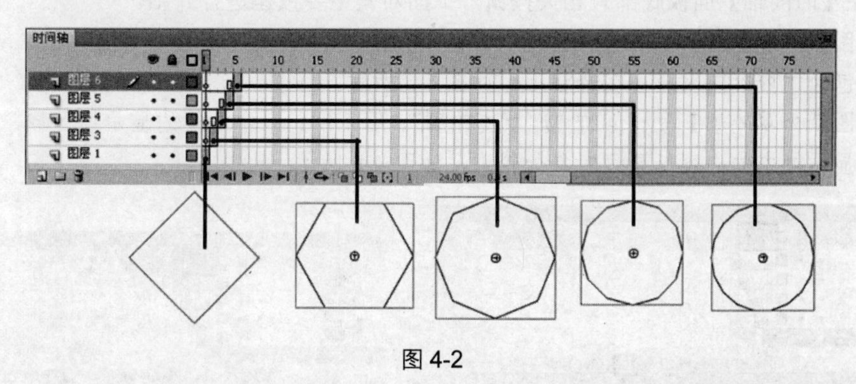

图 4-2

4.2 时间轴与帧

时间轴是 Flash 中合成动画的主要场所时间轴上的每一个影格称之为帧，帧是最小的时间单位。动画的播放效果和质量，在很大程度上取决于时间轴和帧的使用结果，因此，时间轴和帧是制作动画最重要的操作对象。

4.2.1 认识【时间轴】面板

在 Flash 中，时间轴是控制和组织一定时间内图层和帧中文档内容的主要组件。【时间轴】面板包括时间轴、图层、帧和播放头等部分，如图 4-3 所示。

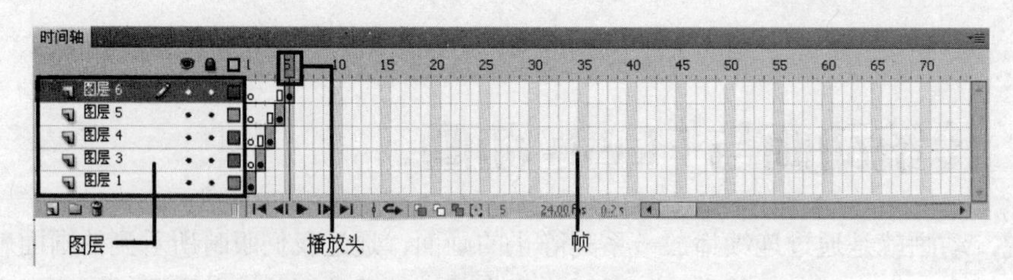

图 4-3

- 图层：图层像堆叠在一起的多张幻灯片，每一个图层都包含一个显示在舞台上的不同图像，它是时间轴的重要组件之一。
- 帧：时间轴中的影格，它是 Flash 中最小的时间单位。
- 播放头：指示当前在舞台中显示的帧。播放文档时，播放头从左向右通过时间轴，同时会在时间轴底部显示当前帧的编号、当前帧速率以及到当前帧为止的运动时间，如图 4-4 所示。

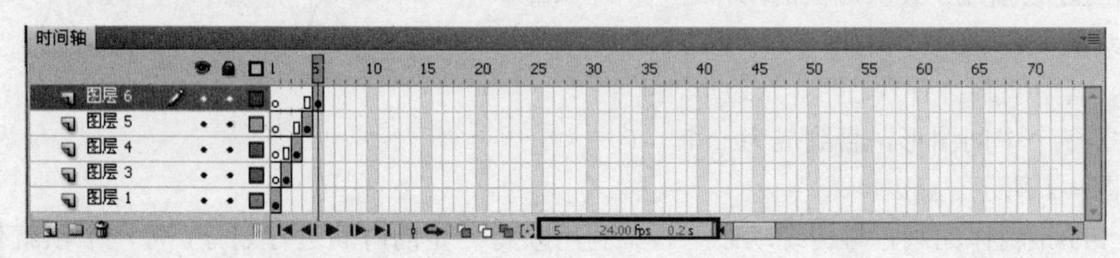

图 4-4

另外，在【时间轴】面板底部有相关按钮，下面对其主要按钮进行介绍。

- 【绘图纸外观】：俗称“洋葱皮”，用于在时间线上设置一个连续的显示帧区域，区域内的帧所包含的内容同时显示在舞台上。如图 4-5 所示。
- 【绘图纸外观轮廓】：俗称“洋葱皮轮廓”，用于设置一个连续的显示帧区域，除当前帧外，其余显示帧中的内容仅显示对象外轮廓，如图 4-6 所示。

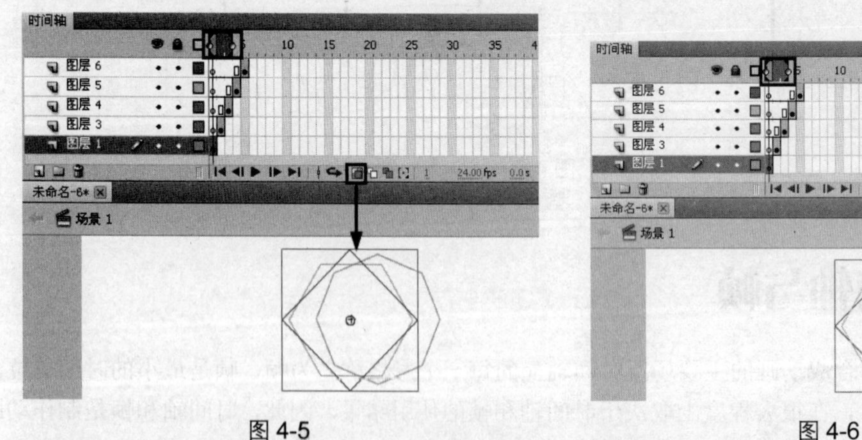

图 4-5

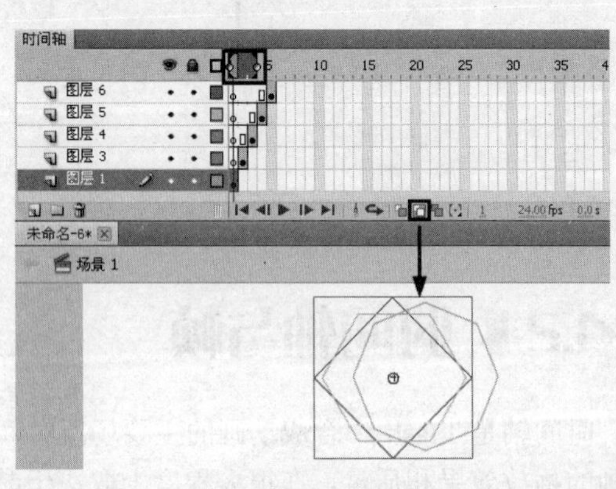

图 4-6

- 【编辑多个帧】：用于设置一个连续的编辑帧区域，区域内的帧的内容可以同时显示和编辑，如图 4-7 所示。
- 【修改标记】：单击该按钮出现一个多帧显示选项菜单，定义显示绘图纸范围的内容，如图 4-8 所示。

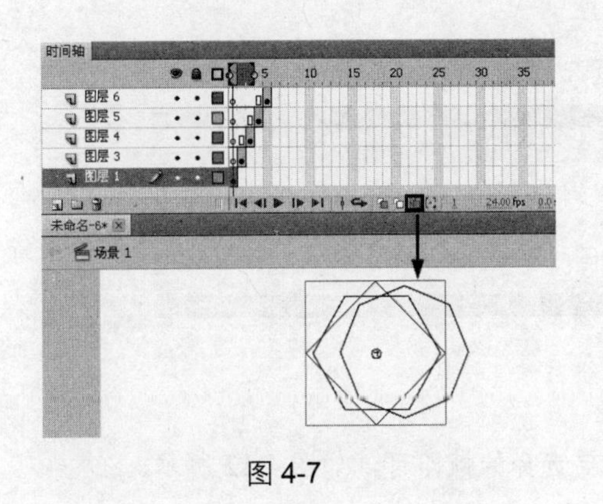

图 4-7

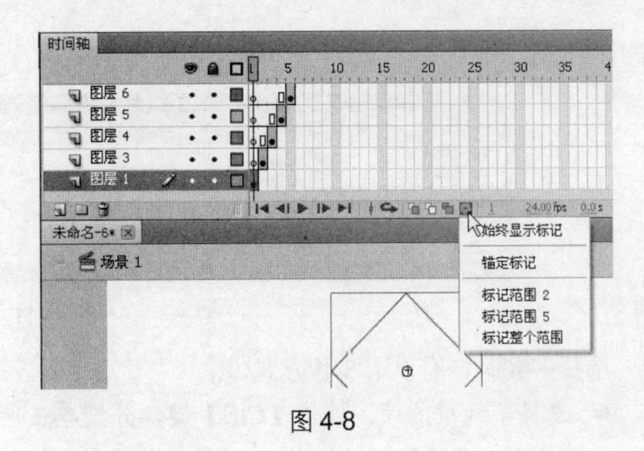

图 4-8

4.2.2　关于帧频

帧频是指动画播放的速度，以每秒播放的帧数为度量单位。帧频太慢则动画看起来不流畅，帧频太快又使动画细节变得模糊。Flash 默认下帧频为 24fps，这种帧频通常可以在 Web 上提供最佳效果，也是标准的动画速率。

在制作动画时，一般只能给整个 Flash 文档指定一个帧频，因此在制作动画之前就要先设置好帧频。方法比较简单，执行【修改】/【文档】命令打开【文档设置】对话框，在【帧频】选项中设置文档的帧频即可，如图 4-9 所示。

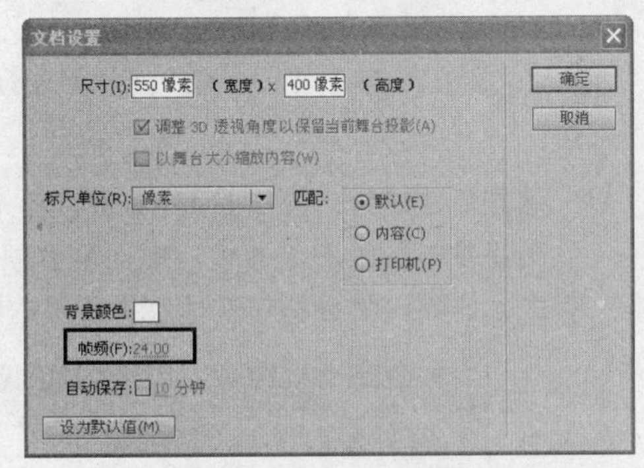

图 4-9

4.2.3　帧的类型

帧是动画的最小单元，时间轴上的每一个影格就是帧。根据帧的作用不同，可以将帧分为 3 类。

- 关键帧：即在动画制作过程中，在某一时刻需要定义对象的某种新状态，这个时刻所对应的帧称为关键帧，如补间动画的起点和终点、逐帧动画的每一帧等都是关键帧。

关键帧是特殊的帧，其中包括关键帧、空白关键帧和属性关键帧。在时间轴上，黑色实心圆点表示有内容的关键帧；空心圆点表示无内容的关键帧，即空白关键帧；黑色菱形点表示实例属性发生改变的关键帧，即属性关键帧。

- 补间帧：作为补间动画的一部分的任何帧，包括形状补间帧和动画补间帧。
- 静态帧：不作为补间动画的一部分的任何帧，静态帧的作用只能是将关键帧的状态进行延续，一般用来将元素保持在舞台上。

4.2.4　编辑帧

可以选择、创建、删除、剪切、复制以及粘贴帧，也可以将其他帧转化为关键帧。在时间轴任意位置单击鼠标右键，在弹出的快捷菜单中执行相应命令，即可完成对帧的编辑操作，如图 4-10 所示。

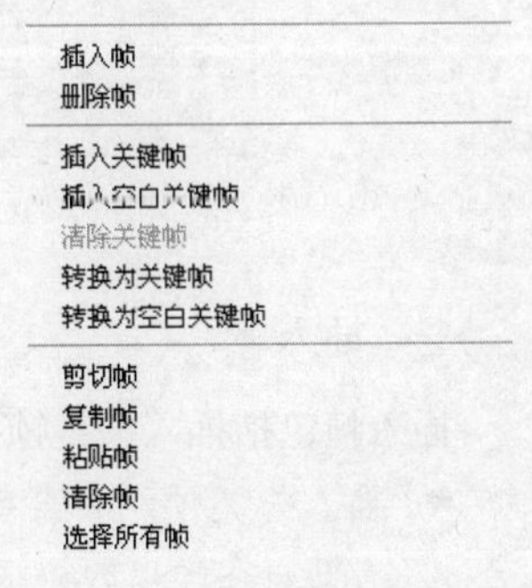

图 4-10

1. 选择帧

帧被选择后显示深蓝色。选择单帧时，直接单击即可将其选择，如

图 4-11 所示。

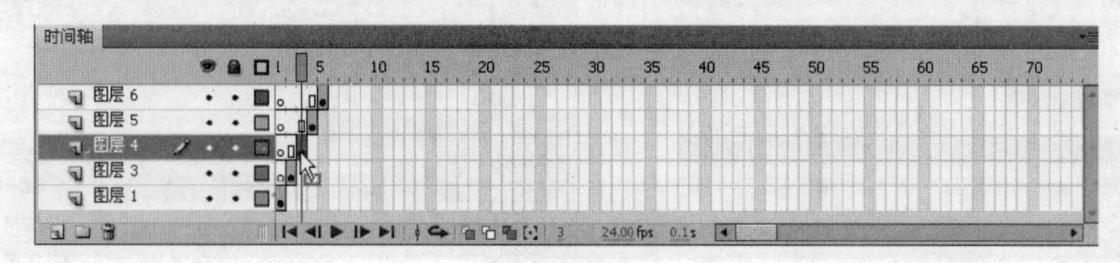

图 4-11

选择多帧时，有以下 3 种方式。

- 选择不连续的帧：按住【Ctrl】键，分别单击所要选择的帧即可，如图 4-12 所示。

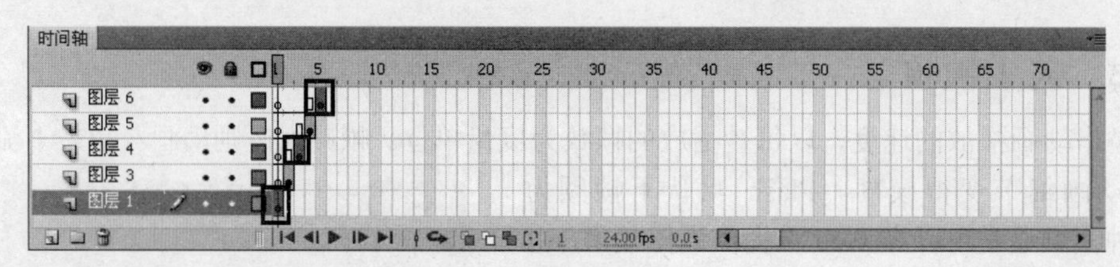

图 4-12

- 选择连续的帧：按住【Shift】键，首先单击所要选择的连续帧的最左边的帧，再单击所要选择的连续帧的最右边的帧，中间所有帧均会被选择；或者使用鼠标单击所要选择的连续帧的最左边的帧，然后拖曳鼠标，将所用的帧选择，如图 4-13 所示。

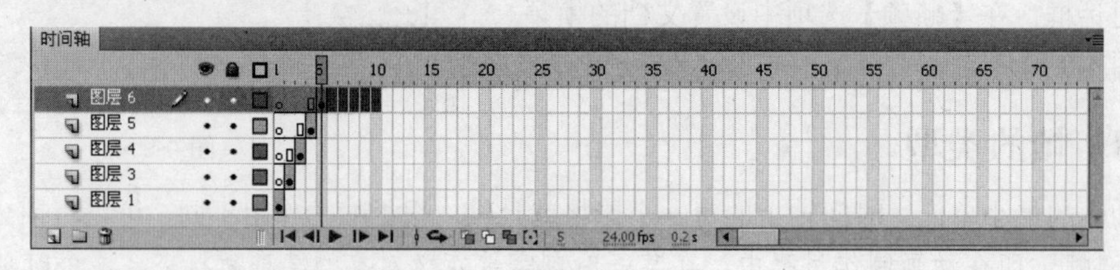

图 4-13

- 选择全部帧：执行【编辑】/【时间轴】/【选择所有帧】命令，或者在时间轴上单击鼠标右键，在弹出的快捷菜单中选择【选择所有帧】命令，所有帧将被选择，如图 4-14 所示。

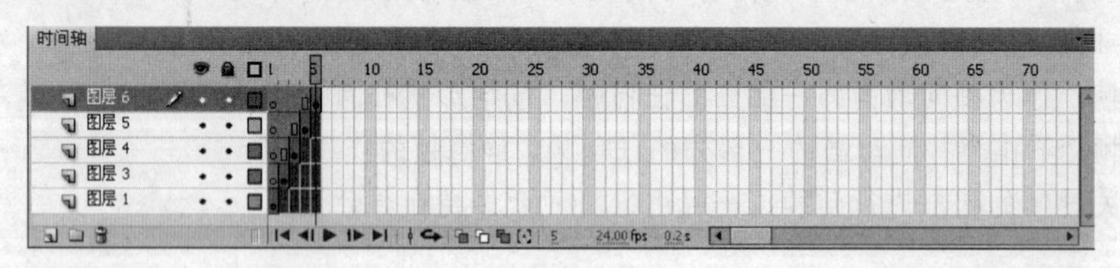

图 4-14

2. 插入帧

插入帧包括插入关键帧、插入空白关键帧以及延长帧等内容。

- 插入关键帧：在需要插入关键帧的帧上单击将其选择，然后按【F6】键，或在帧上单击鼠标右键，在弹出的快捷菜单中选择【插入关键帧】命令，如图 4-15 所示，这样即可插入关键帧，插入结果如图 4-16 所示。

- 插入空白关键帧：在需要插入空白关键帧的帧上单击将其选择，然后按【F7】键，或在帧上单击鼠标右键，在弹出的快捷菜单中选择【插入空白关键帧】命令，如图4-17所示，这样即可插入空白关键帧，插入结果如图4-18所示。

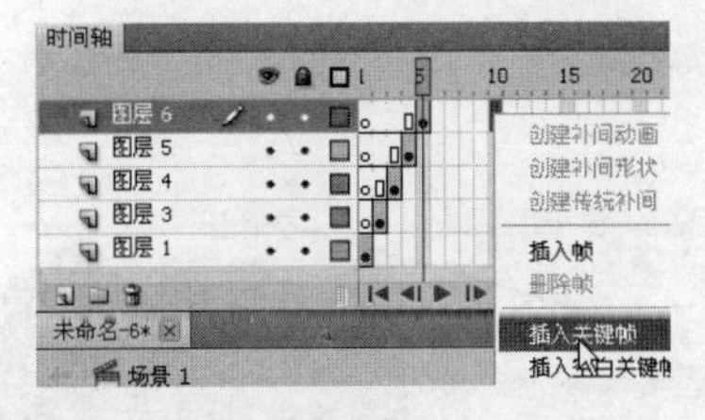
图4-15

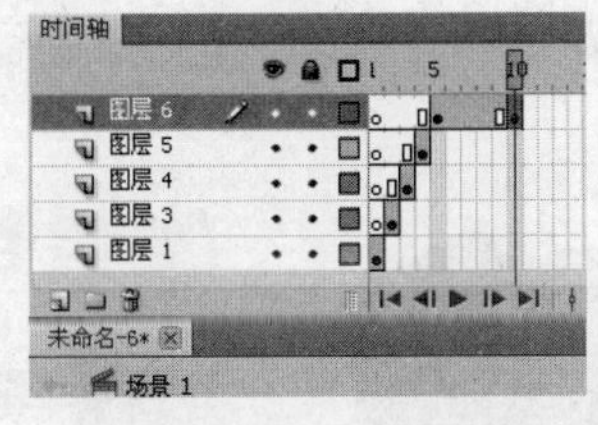
图4-16

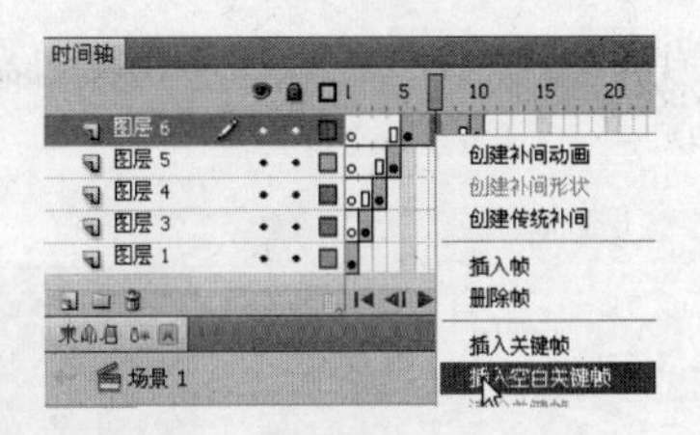
图4-17

- 延长帧：选择要延长的帧，然后按【F5】键，或在帧上单击鼠标右键，在弹出的快捷菜单中选择【插入帧】命令，如图4-19所示，这样即可插入帧，插入结果如图4-20所示。

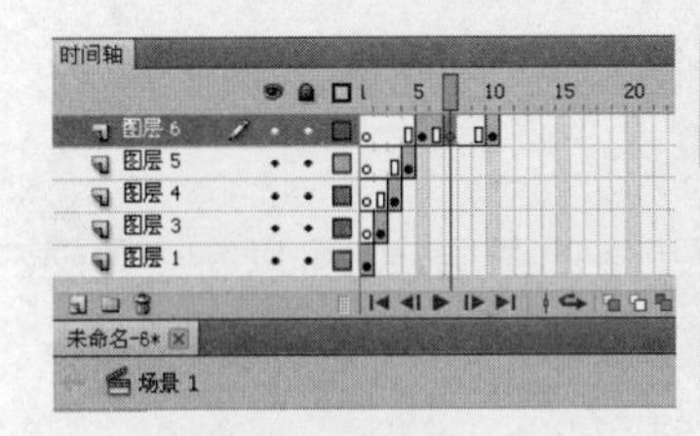
图4-18

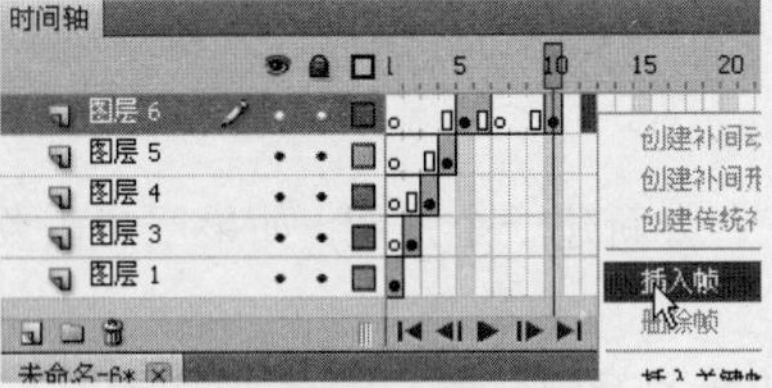
图4-19

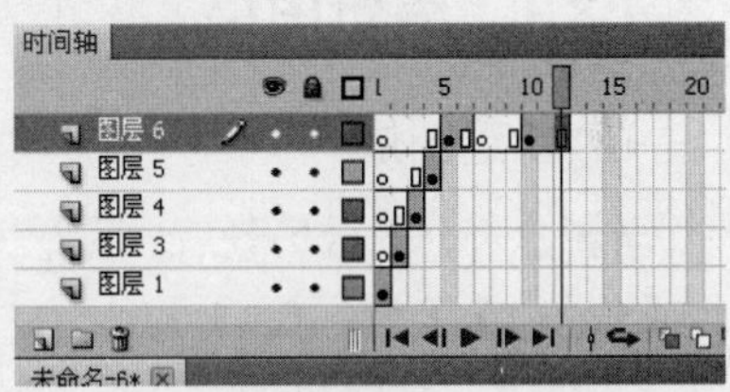
图4-20

需要说明的是，延长帧时，延长的帧将继承该关键帧的内容，因此，一般需要将对象保持在舞台上时延长帧。

3. 清除帧

可以清除关键帧、普通帧以及删除帧等。清除关键帧时，选择要清除的帧，单击鼠标右键，在弹出的快捷菜单中选择【清除关键帧】命令即可；如果要清除普通帧，则需选择【清除帧】命令；如果要删除帧，则选择【删除帧】命令即可。

4. 复制、剪切和粘贴帧

同样可以复制、剪切以及粘贴帧。方法是选择帧并单击鼠标右键，使用弹出的快捷菜单中的相应命令即可。

5. 多帧编辑功能

多帧编辑功能主要用在同时处理多个帧的情况下，这是整体修改动画的一个便捷的手段，如图4-21所示，其具体操作会在后面章节进行详细介绍。

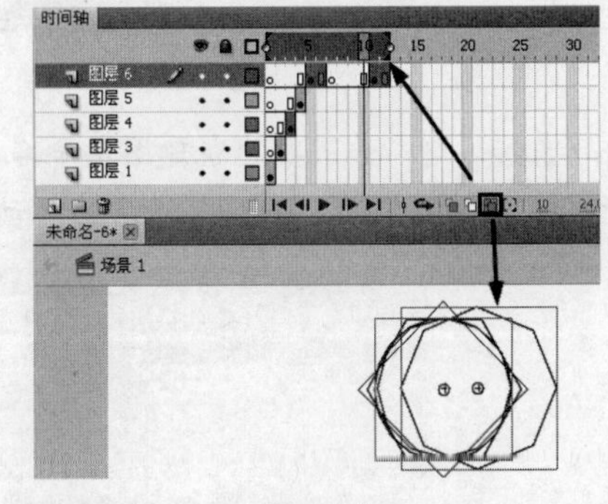
图4-21

4.3 认识图层

Flash中的图层与Photoshop中的图层一样，就像透明的纸张，一层层叠加在一起，通过上面一张

空白的部分就可以看到下面的内容。用户可以通过改变图层的叠放顺序，新建、删除图层，来改变场景内容，如图 4-22 所示。

图层可以帮助用户组织、管理舞台上的元件以及其他动画元素，因此，用户可以新建更多的图层、删除图层、关闭图层、锁定图层、改变图层的叠放次序等操作。如图 4-23 所示，当关闭“图层 2”后，“图层 2”上的对象将不可见。

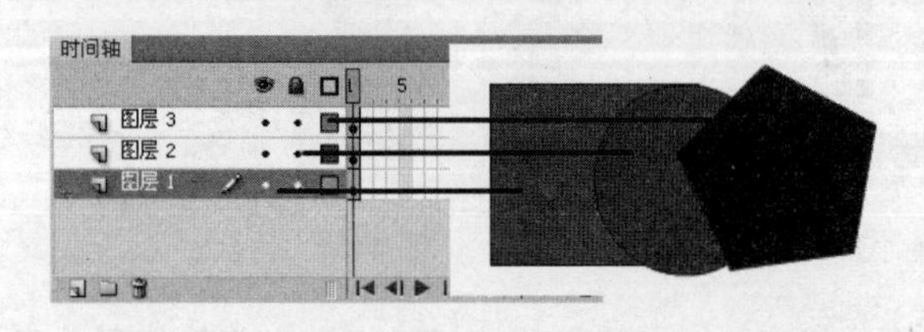

图 4-22

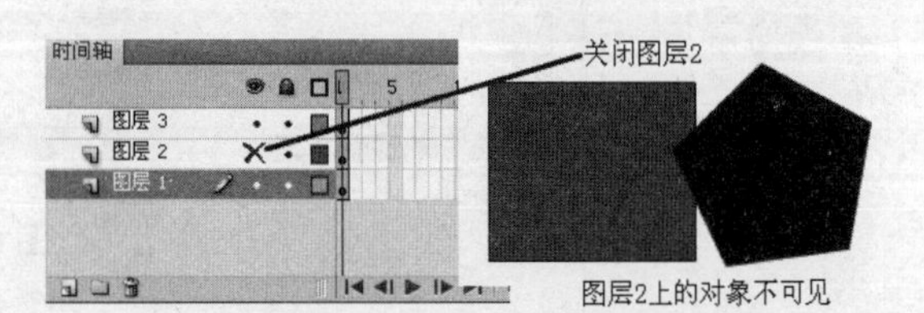

图 4-23

4.3.1 编辑图层

1. 新建图层

当新建一个舞台场景后，系统默认会新建一个图层。如果用户需要更多的图层，则可以新建图层。

【任务 1】新建图层。

Step 1 新建 Flash 文档，该文档只有默认的“图层 1”，如图 4-24 所示。

Step 2 单击面板左下角的【新建图层】按钮，即可新建一个图层，图层名以原有图层延续，为“图层 2”，如图 4-25 所示。

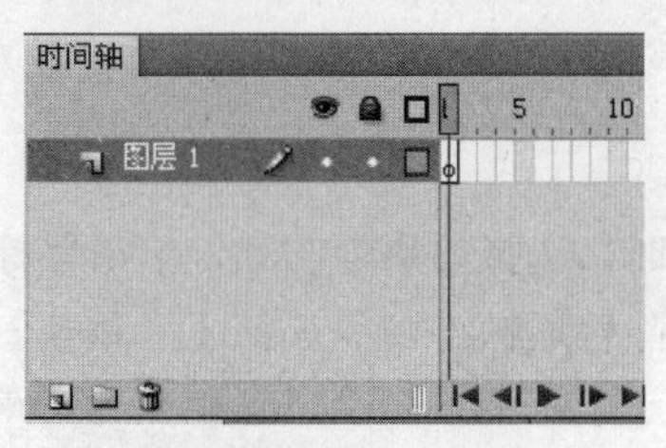

图 4-24

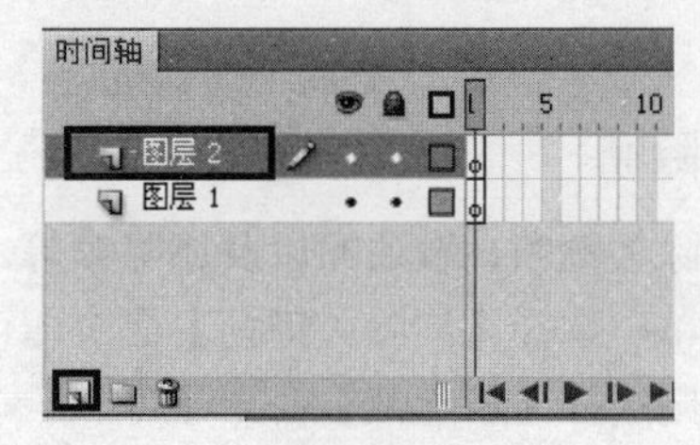

图 4-25

Step 3 如果要为新建图层命名，可以在图层名位置单击，使其反白显示，如图 4-26 所示。然后输入新的图层名，如将其命名为“动画元素”，如图 4-27 所示。

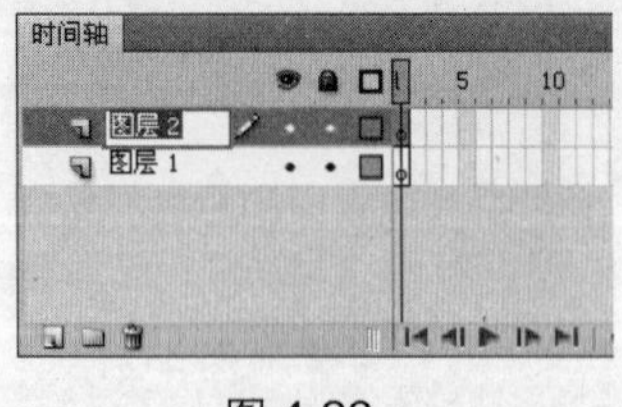

图 4-26

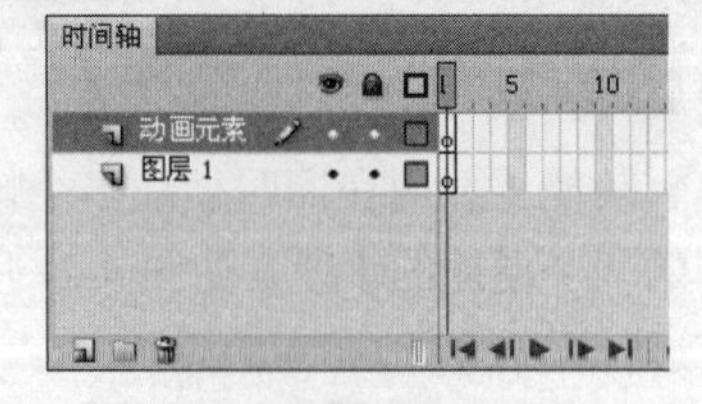

图 4-27

2. 新建图层文件夹

用户也可以新建图层文件夹，然后将新建的图层放置在该文件夹下，便于对图层进行管理。

【任务 2】新建图层文件夹。

Step 1 继续任务 1 的操作。在面板下方单击【新建文件夹】按钮新建图层文件夹，如图 4-28 所示。

Step 2　依照为图层命名的方法，为该文件夹命名为“广告动画”，然后单击文件夹左侧的三角按钮将其打开，如图 4-29 所示。

Step 3　将鼠标指针移到“动画元素”图层上，按住鼠标将其向上拖曳到“广告动画”文件夹位置，此时发现出现一条直线，如图 4-30 所示。

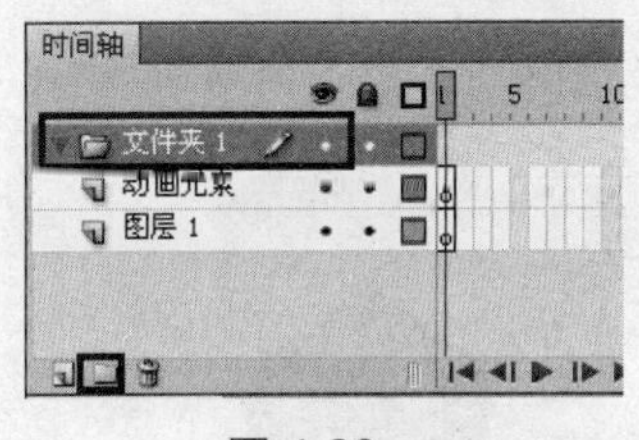

图 4-28

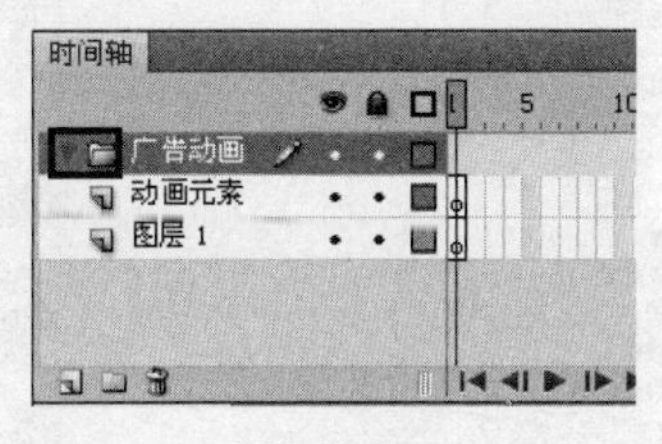

图 4-29

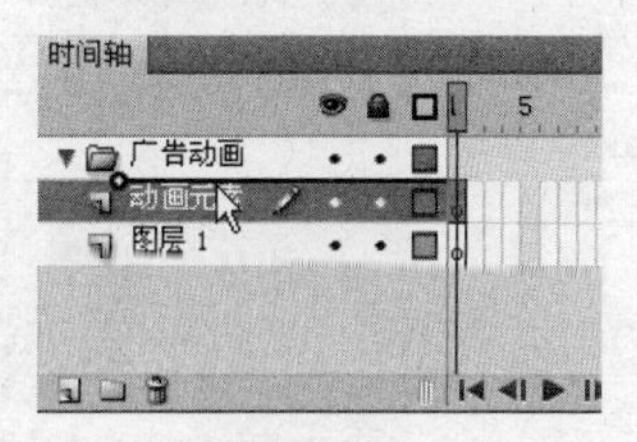

图 4-30

Step 4　释放鼠标，此时“动画元素”图层被放置在“广告动画”文件夹下，如图 4-31 所示。

Step 5　单击“广告动画”文件夹前面的三角按钮关闭该文件夹，此时发现“动画元素”图层不见了，如图 4-32 所示。

Step 6　再次单击“广告动画”文件夹前面的三角按钮打开该文件夹，此时发现“动画元素”图层又出现了，如图 4-33 所示。

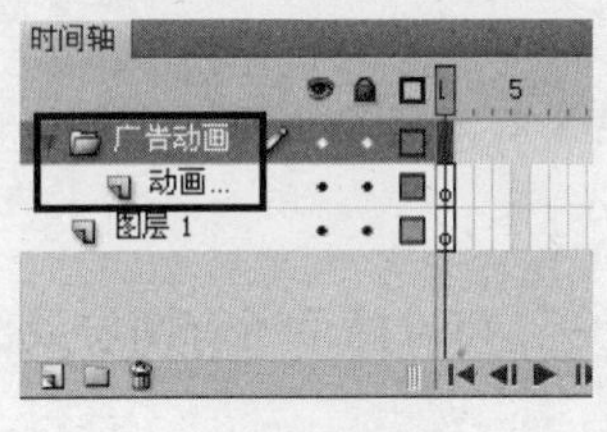

图 4-31

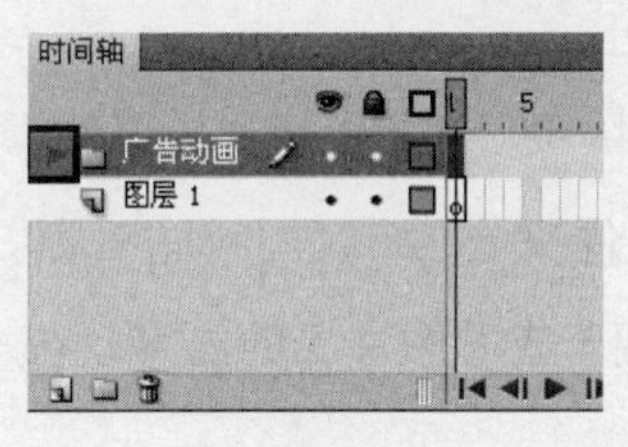

图 4-32

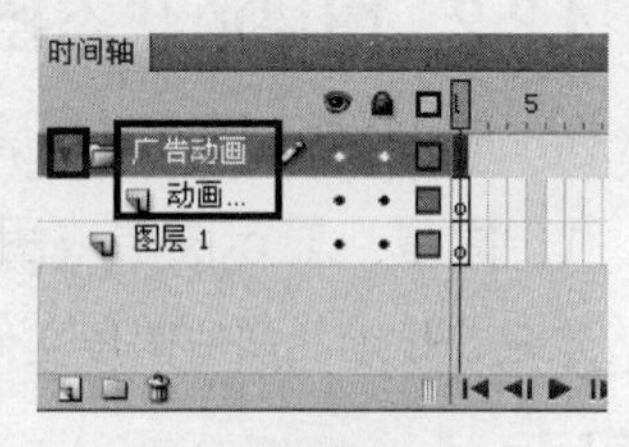

图 4-33

3. 复制、粘贴图层

用户也可以复制、粘贴图层，复制、粘贴图层则相当于复制、粘贴该层上的帧。

【任务 3】复制、粘贴图层。

Step 1　继续任务 2 的操作。在“图层 1”中绘制一个多边形，如图 4-34 所示。

Step 2　单击“图层 1”名称，将该层上的所有帧选择。

Step 3　在该层的时间轴上单击鼠标右键，在弹出的快捷菜单中选择【复制帧】命令，如图 4-35 所示。

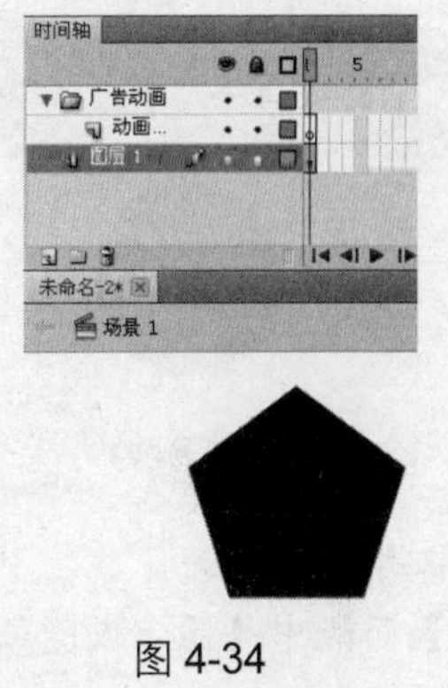

图 4-34

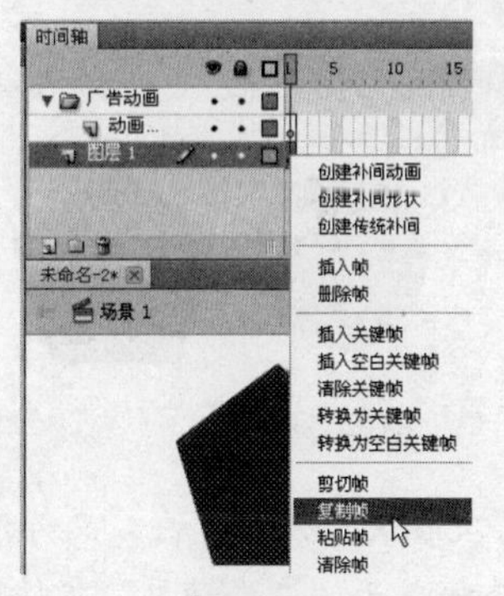

图 4-35

Step 4 新建或者打开一个 Flash 文档，在其时间轴上单击鼠标右键，在弹出的快捷菜单中选择【粘贴帧】命令，如图 4-36 所示。这样就将该图层进行了复制，如图 4-37 所示。

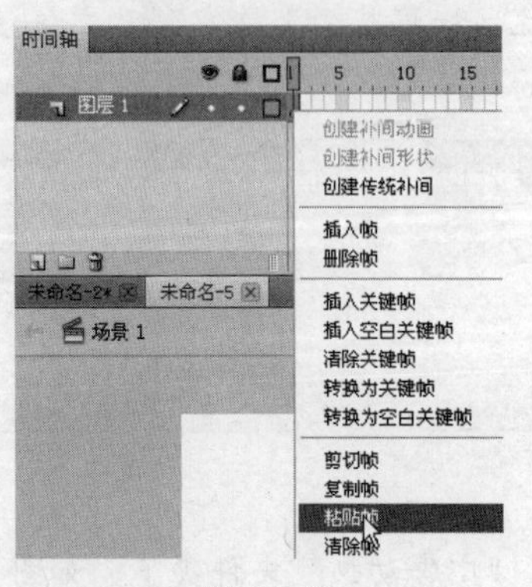

图 4-36

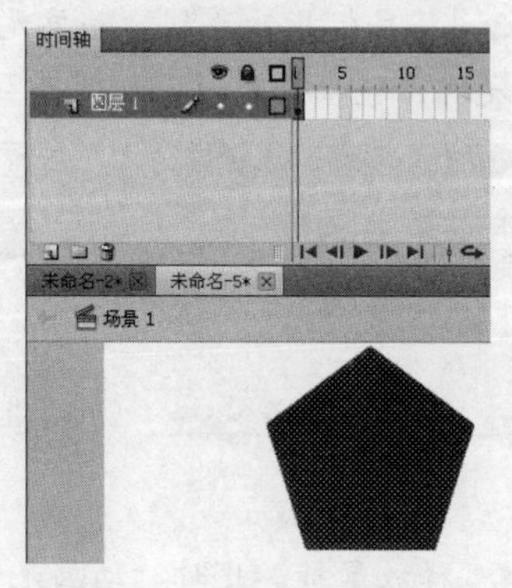

图 4-37

4. 删除图层

用户也可以删除多余的图层，该操作比较简单，选择要删除的图层，单击【删除图层】按钮即可。

4.3.2 图层的状态控制

图层的状态控制是指对图层进行隐藏、锁定等操作，以便于更好地编辑、修改动画。

1. 隐藏、显示图层或图层文件夹

隐藏、显示图层或图层文件夹便于查看图层上的内容。在 Flash 中，可以隐藏所有图层或部分图层。

【任务 4】隐藏图层。

Step 1 继续 4.3.2 小节的操作。在“图层 1”中绘制一个多边形，在“动画元素”层绘制一个圆，如图 4-38 所示。

Step 2 激活“图层 1”，在【时间轴】面板中【显示或隐藏所有图层】按钮下方对应的“图层 1”位置单击，此时该位置出现叉号，表示该层被隐藏，此时该层上的对象不可见，如图 4-39 所示。

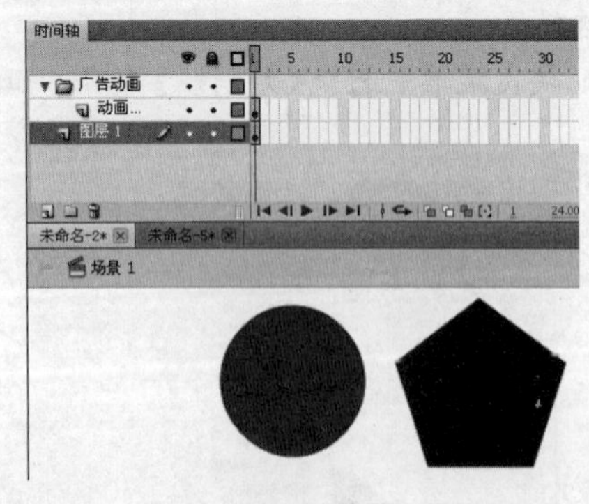

图 4-38

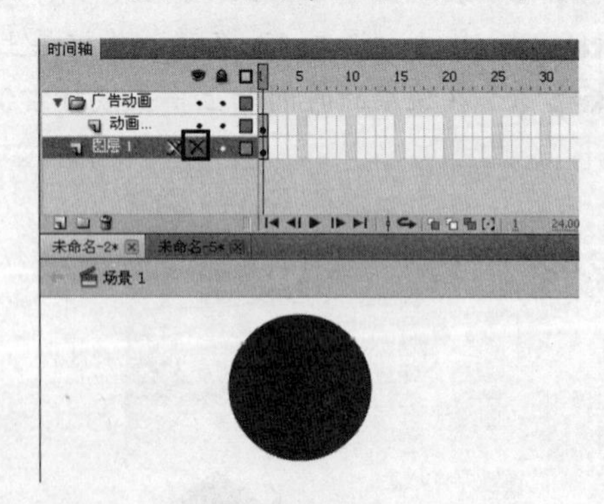

图 4-39

Step 3 再次在叉号位置单击，叉号消失，表示该图层取消隐藏。

Step 4 继续激活“广告动画”文件夹层，在【时间轴】面板中【显示或隐藏所有图层】按

钮下方对应的“广告动画”文件夹位置单击，此时该文件夹连同其下的“动画元素”图层位置均出现叉号，表示该文件夹层连同其下的“动画元素”层被隐藏，此时该文件夹下的图层上的对象不可见，如图 4-40 所示。

Step 5　再次在“广告动画”文件夹位置的叉号位置单击，所有叉号消失，表示该图层文件夹取消隐藏，所有在该文件夹下的图层均可见，如图 4-41 所示。

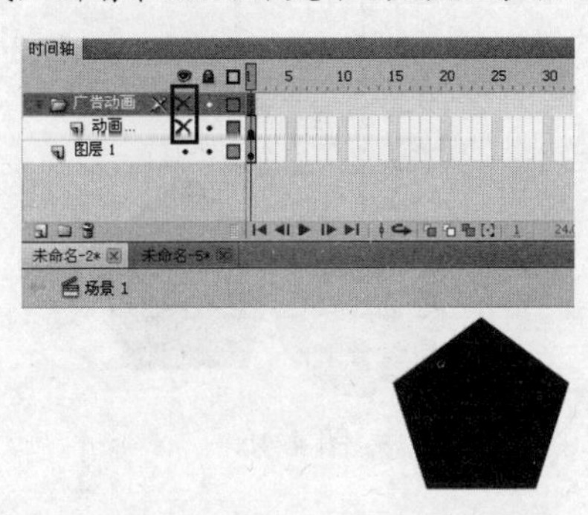

图 4-40

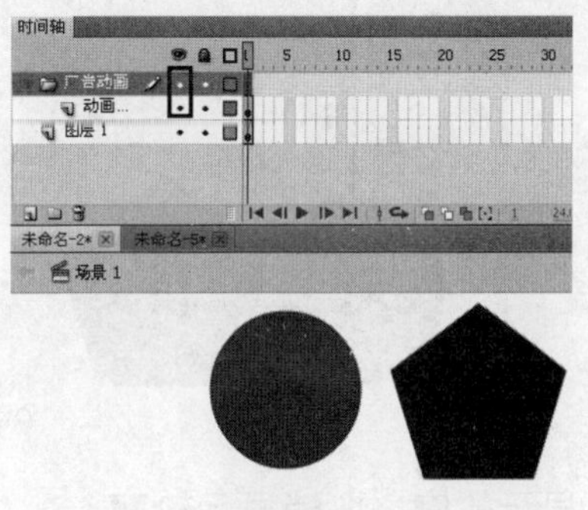

图 4-41

2. 锁定、解锁图层或图层文件夹

用户也可以锁定、解锁图层或图层文件夹，锁定的图层不能移动和编辑，这样便于编辑其他图层上的元素而不受影响。

【任务 5】锁定、解锁图层或图层文件夹。

Step 1　继续任务 4 的操作。激活“图层 1”，在【时间轴】面板中【锁定或解锁所有图层】按钮下方对应的“图层 1”位置单击，此时该位置出现一个图标，表示该层被锁定，此时移动该层上的对象，发现不能移动，如图 4-42 所示。

Step 2　再次在该位置单击，图标消失，表示该层解锁，此时移动该层上的对象，发现对象可以移动，如图 4-43 所示。

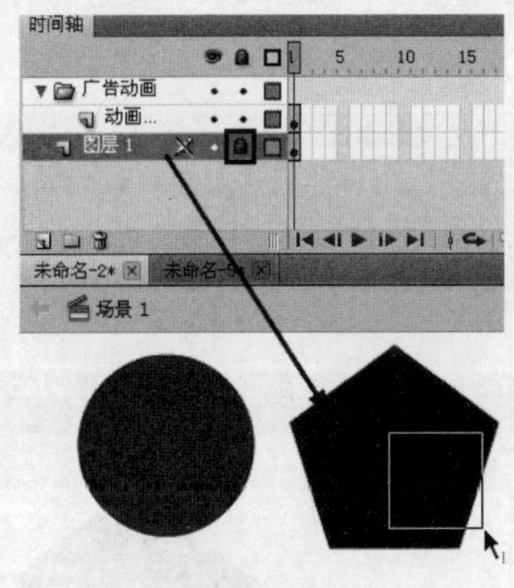

图 4-42

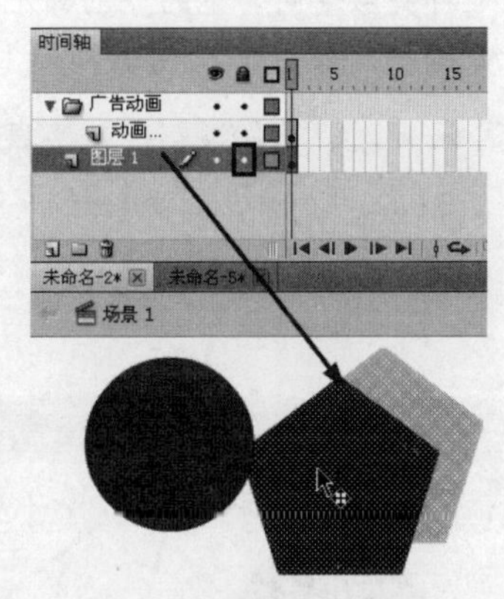

图 4-43

Step 3　激活“广告动画”文件夹层，在【时间轴】面板中【锁定或解锁所有图层】按钮下方对应的“广告动画”文件夹位置单击，此时该文件夹连同其下的“动画元素”图层位置均出现图标，表示该文件夹层连同其下的“动画元素”层被锁定，此时该文件夹下的图层上的对象不可编辑，如图 4-44 所示。

Step 4 再次在“广告动画”文件夹位置的图标位置单击，所有图标消失，表示该图层文件夹取消锁定，所有在该文件夹下的图层均可编辑，如图 4-45 所示。

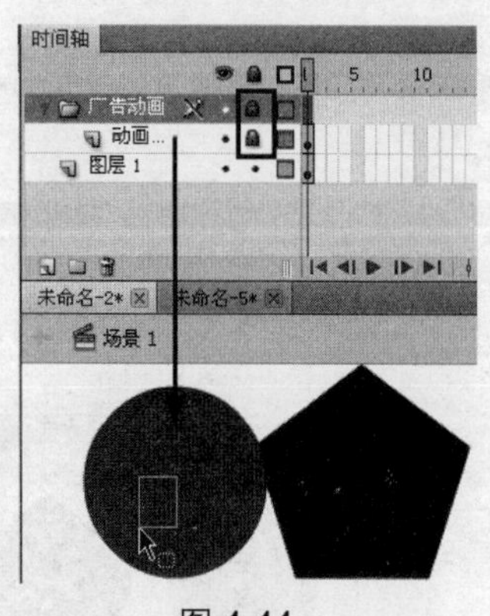

图 4-44

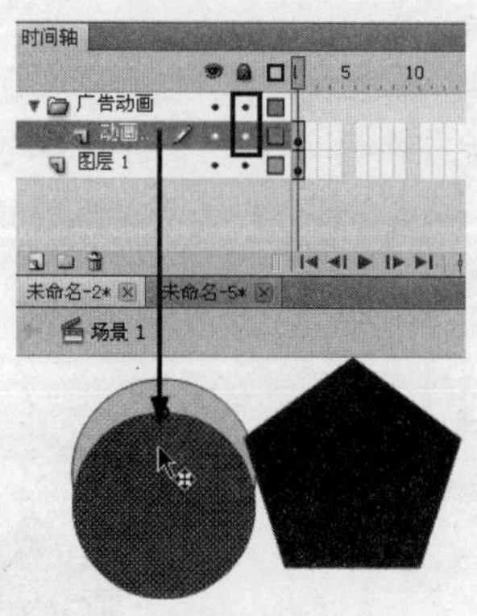

图 4-45

3. 显示轮廓、取消显示轮廓

用户也可以显示对象的轮廓，或取消显示对象的轮廓，这样便于快速查看对象。

【任务 6】显示轮廓、取消显示轮廓。

Step 1 继续任务 5 的操作。激活“图层 1”，在【时间轴】面板中【将所有图层显示为轮廓】按钮下方对应的“图层 1”位置单击，此时该位置只显示方框，表示该层只显示对象轮廓，此时该层上的对象也只显示轮廓，如图 4-46 所示。

Step 2 再次在该位置单击，该位置出现原来的方框图标，表示该层取消显示轮廓锁，此时该层上的对象恢复到原来状态。

Step 3 激活“广告动画”文件夹层，在【时间轴】面板中【将所有图层显示为轮廓】按钮下方对应的“广告动画”文件夹位置单击，此时该文件夹连同其下的“动画元素”图层位置只显示方框，表示该文件夹层连同其下的“动画元素”层均只显示对象轮廓，此时该文件夹下的图层上的对象也只显示对象轮廓，如图 4-47 所示。

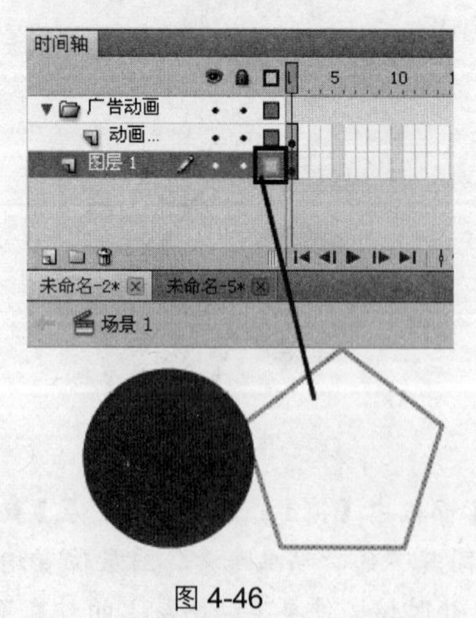

图 4-46

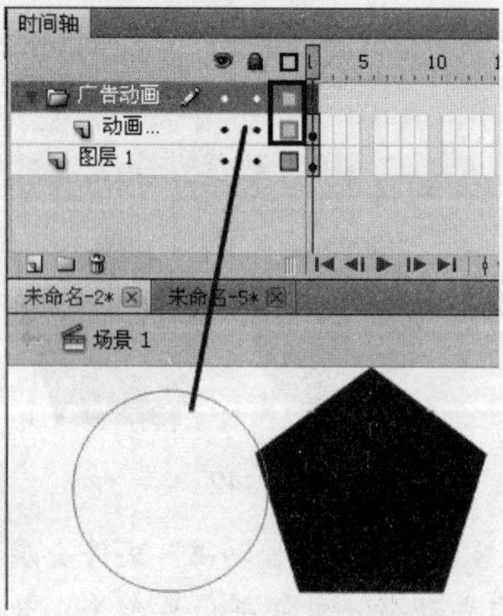

图 4-47

Step 4 再次在该位置单击，该位置出现原来的方框图标，表示该层取消显示轮廓锁，此时该层上的对象恢复到原来状态。

4.3.3 引导层和运动引导层

引导层和运动引导层是两种比较特殊的图层，也是Flash动画制作中不可缺少的图层。

1. 引导层

引导层可以帮助用户对绘制的对象进行对齐。用户可以将任何图层创建为引导层，引导层不会导出，因此引导层不会出现在发布后的影片中。

【任务7】创建引导层。

Step 1 继续任务6的操作。选择“图层1”，并在该层上单击鼠标右键，在弹出的快捷菜单中选择【引导层】命令，如图4-48所示。

Step 2 此时“图层1”名称左侧出现图标，表明该层为引导层，如图4-49所示。

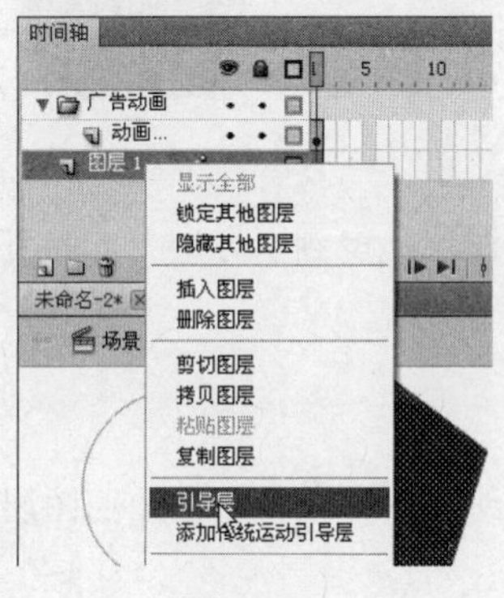

图4-48

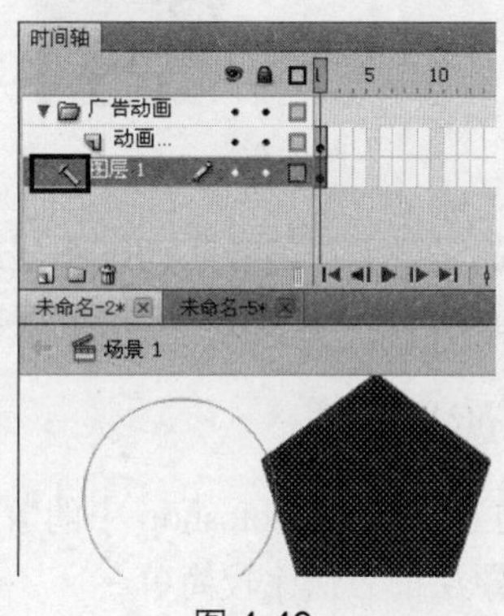

图4-49

2. 运动引导层

运动引导层则是在制作传统的补间动画时，用于控制传统补间动画中对象的移动，制作出沿定义路径进行运动的动画。

【任务8】创建运动引导层。

Step 1 继续任务7的操作。在“动画元素”图层上单击鼠标右键，在弹出的快捷菜单中选择【添加传统运动引导层】命令，如图4-50所示。此时在该图层的上面会添加一个运动引导层，如图4-51所示。

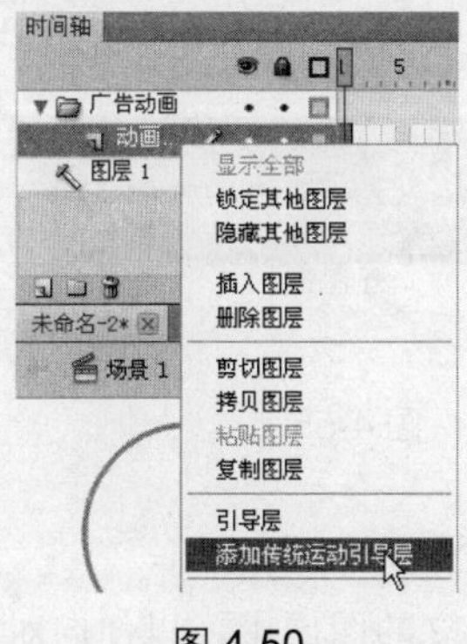

图4-50

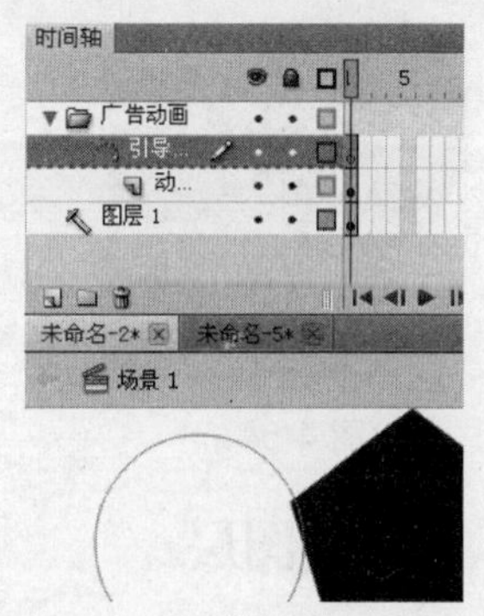

图4-51

Step 2 当将一般图层拖到引导层上时，引导层将转换为运动引导层，并将常规层链接到新的

运动引导层，如在“图层 1”上方新建“图层 2”，如图 4-52 所示。

Step 3 将“图层 2”拖到“图层 1”引导层上，此时“图层 1”引导层转换为运动引导层，并将“图层 2”链接到“图层 1”运动引导层上，如图 4-53 所示。

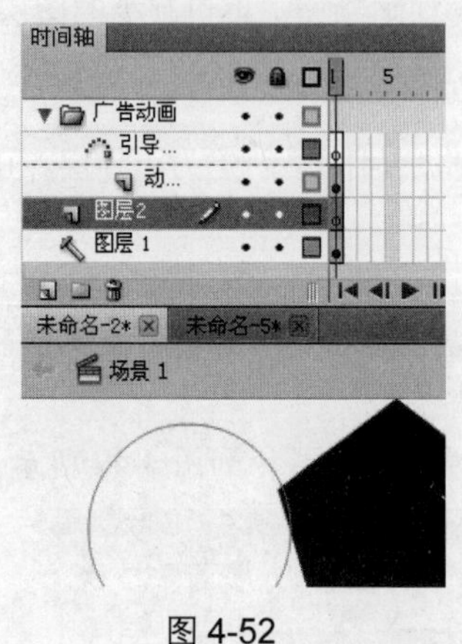

图 4-52

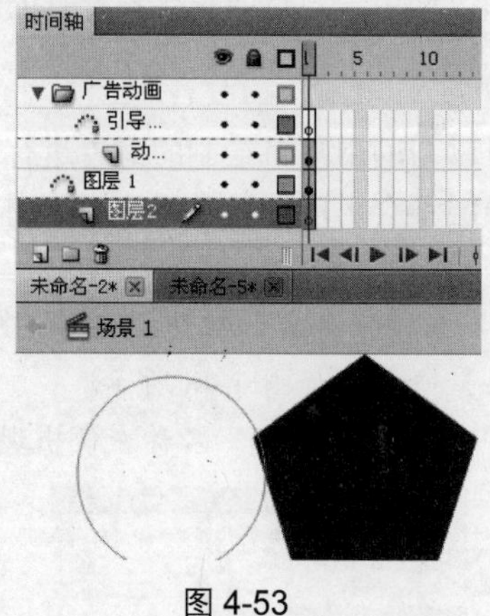

图 4-53

需要说明的是，无法将补间动画图层或者反向运动姿势图层拖曳到引导层上。为了防止意外转换引导层，可以将所有引导层放在图层顺序的底部。

4.3.4 遮罩层

Flash 中的遮罩层与 Photoshop 中的蒙版概念非常相似，遮罩层可以使它下面的图层成为被遮罩的图层。创建遮罩层的方法比较简单。

【任务 9】创建遮罩层。

Step 1 新建场景文件。

Step 2 新建“图层 1”和“图层 2”。

Step 3 在“图层 1”中绘制一个矩形，在“图层 2”中绘制一个圆，如图 4-54 所示。

Step 4 在“图层 2”上单击鼠标右键，在弹出的快捷菜单中选择【遮罩层】命令，此时发现“图层 1”中的矩形只显示被“图层 2”中的圆遮罩住的部分，同时“图层 1”与“图层 2”被锁定，如图 4-55 所示。

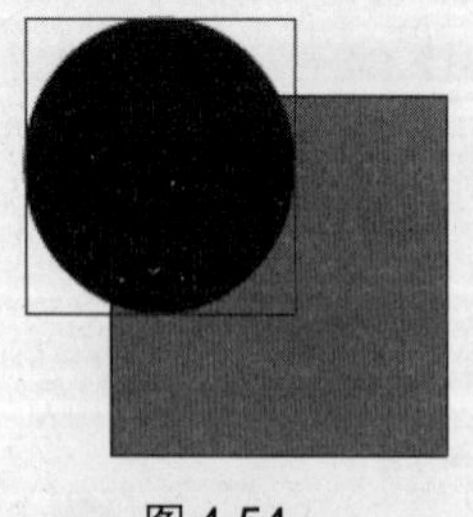

图 4-54

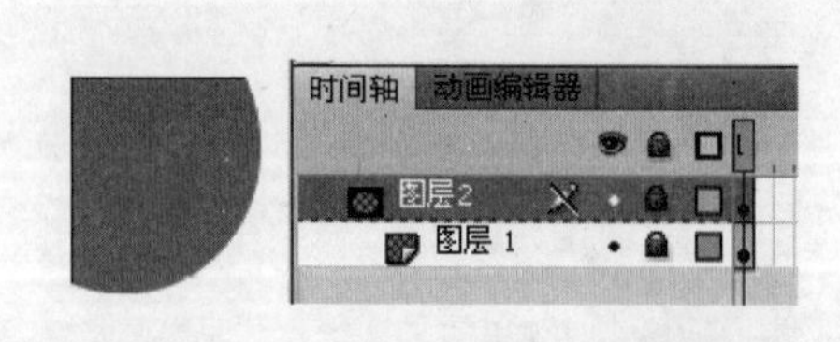

图 4-55

4.3.5 分散到图层

分散到图层是指将一个帧或几个帧中的所选对象分散到独立的图层中，以便向对象应用补间动画。可以对舞台上的任何类型的对象应用【分散到图层】命令，如图形对象、实例、位图、视频剪辑

以及文字对象等。对文字应用该命令，可以制作文字动画。

【任务 10】分散到图层。

Step 1　新建场景文件。

Step 2　在“图层 1”中输入文字“分散到图层”，如图 4-56 所示。

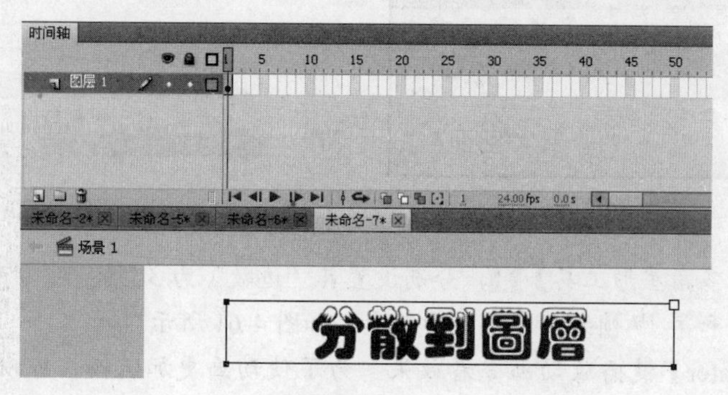

图 4-56

Step 3　按【Ctrl+B】组合键将文字分离，这时文本块中的每一个字符会被放置在一个单独的文字块中，如图 4-57 所示。

Step 4　保持这些文本块被选中，执行【修改】/【时间轴】/【分散到图层】命令，这时每一个文本块会被迅速放在一个个单独的图层上，这样方便制作每一个文字的动画，如图 4-58 所示。

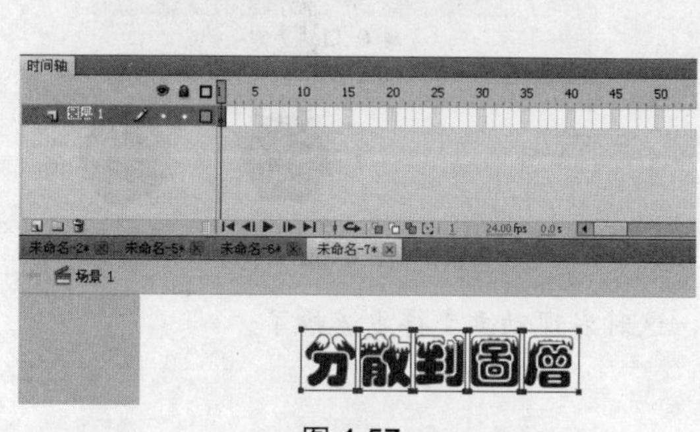

图 4-57

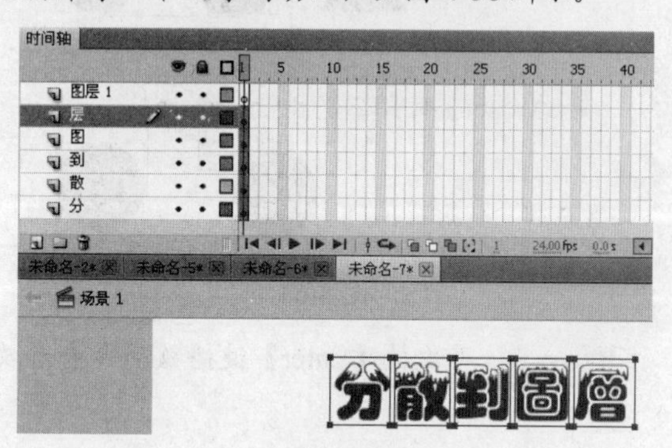

图 4-58

4.4 关于逐帧动画

逐帧动画的制作方法与传统动画的制作方法类似，我们知道，传统动画是给原画添加中间过渡画，如一个三角形变形到十二边图形，是由四边形、五边形、六边形等过渡而来，而中间画就是指这些四边形、五边形、六边形等。在 Flash CS5 中，逐帧动画的制作比较复杂，需要为时间轴中的每一个帧制作不同的图形元素。

下面通过一个简单操作，学习逐帧动画的制作方法。

【任务 11】制作逐帧动画。

Step 1　创建一个新文档，然后按【Ctrl+F8】组合键打开【创建新元件】对话框，设置相关参

数，如图 4-59 所示。

Step 2 确认进入影片剪辑元件的编辑界面，然后在第 5 帧、第 9 帧、第 13 帧和第 17 帧按【F7】键创建空白关键帧，如图 4-60 所示。

图 4-59

图 4-60

Step 3 激活【多角星形工具】，分别设置其"边数"为 3、5、7、9 和 11，在第 1 帧、第 5 帧、第 9 帧、第 13 帧和第 17 帧绘制多角星形图形，如图 4-61 所示。

Step 4 按【Enter】键播放动画查看效果。为了使动画更加流畅，可以在原画帧之间插入动画帧。

Step 5 打开"洋葱皮"功能，然后在第 3 帧、第 7 帧、第 11 帧和第 15 帧再次插入空白关键帧，并分别绘制"边数"为 4、6、8 和 10 的多角星形图形，如图 4-62 所示。

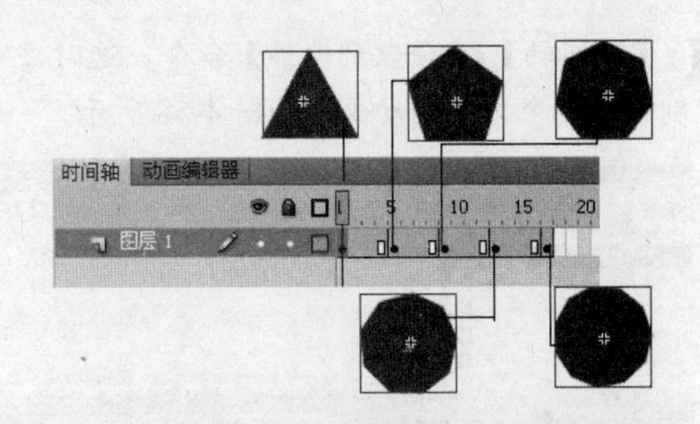

图 4-61

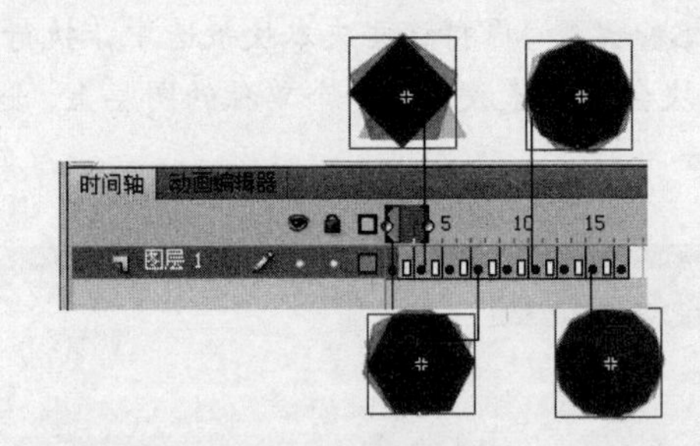

图 4-62

Step 6 再次按【Enter】键播放动画查看效果，这时发现动画变得更流畅了。

4.5 上机实训

4.5.1 实训 1——制作某房地产横幅广告动画

1. 实训目的

本实训要求创建一个某房地产横幅广告动画。通过本例的操作，熟练掌握基本图形的绘制、变形，复制帧，设置实例样式，遮罩层的应用，逐帧动画、补间动画的制作技能。具体实训目的如下。

- 掌握文字的创建技能。
- 掌握复制帧的技能。
- 掌握遮罩层的应用技能。
- 掌握逐帧动画和补间动画的制作技能。

2. 实训要求

首先创建舞台，并新建按钮元件，制作楼盘名称动画、水波动画、广告语动画等，完成该动画的制作。本例最终效果如图 4-63 所示。

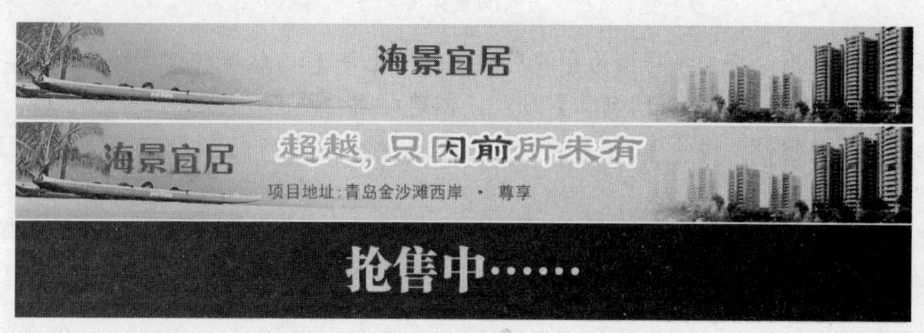

图 4-63

具体要求如下。

（1）启动 Flash CS5 软件并新建场景文件。

（2）创建楼盘名称动画。

（3）制作水波动画，增加动画效果。

（4）制作广告语动画。

（5）测试动画并将动画文件保存。

3. 完成实训

素材文件	“素材”文件夹下
效果文件	效果文件\ 地产横幅广告.fla
动画文件	效果文件\ 地产横幅广告.swf
视频文件	视频文件\ 地产横幅广告.swf

（1）制作楼盘名称动画

Step 1　新建文件。启动 Flash CS5 软件，在欢迎界面中单击【ActionScript 3.0】选项，新建【宽度】为 950 像素、【高度】为 100 像素、【帧频】为 24fps、【背景颜色】为白色、名称为“地产广告”的文件。

Step 2　导入图片。按键盘上的【Ctrl+R】组合键，导入本书光盘“素材”文件夹中的“地产.jpg”图像，如图 4-64 所示。

图 4-64

Step 3　设置动画时间。选择“图层 1”的第 120 帧，按下【F5】键，设置动画播放时间。

Step 4　输入文字。在“图层 1”上方新建“图层 2”，激活【文本工具】T，设置适当的字符属性，输入文字“海景宜居”，如图 4-65 所示。

图 4-65

Step 5 创建动画。将文字转换为影片剪辑元件“元件 1”，然后在“元件 1”上单击鼠标右键，在弹出的快捷菜单中选择【创建补间动画】命令，创建补间动画。

Step 6 插入关键帧。按住【Ctrl】键分别选择第 9 帧、第 25 帧和第 30 帧，按下【F6】键插入关键帧。

Step 7 调整实例。将播放头调整到第 1 帧处，在【变形】面板中缩小实例，如图 4-66 所示，然后在【属性】面板中设置【样式】为 Alpha，并设置 Alpha 值为 0，使其完全透明，如图 4-67 所示。

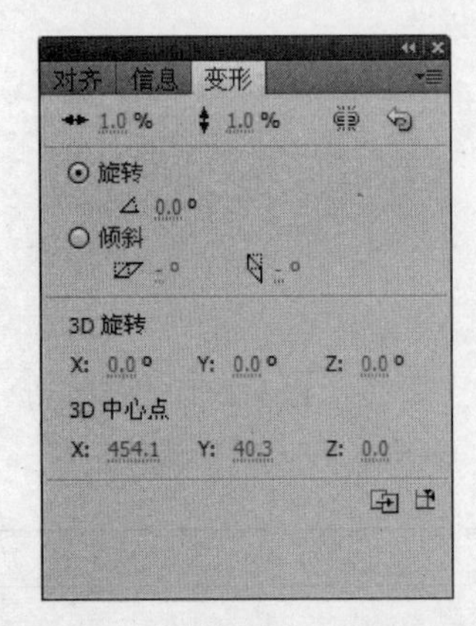

图 4-66

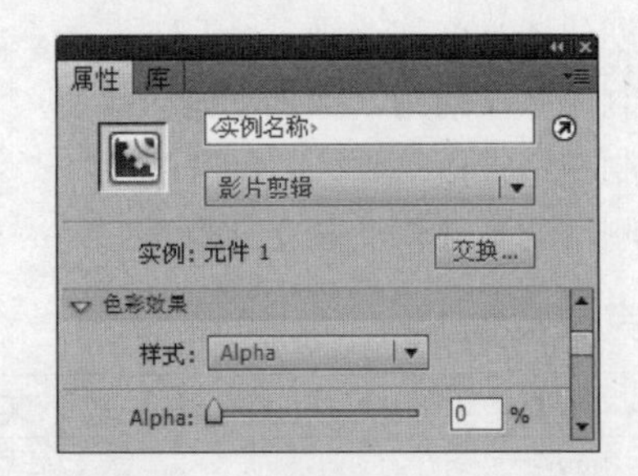

图 4-67

Step 8 调整透明度。将播放头调整到第 9 帧处，在【属性】面板中修改 Alpha 值为 100%。

Step 9 调整实例位置。将播放头调整到第 30 帧处，水平向左调整实例的位置如图 4-68 所示。

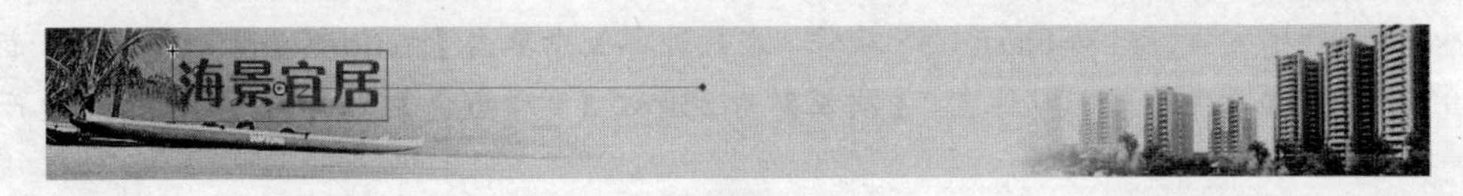

图 4-68

Step 10 复制实例。选择“图层 2”第 10 帧中的“元件 1”实例，按下【Ctrl+C】组合键复制实例。

Step 11 粘贴实例。在“图层 2”上方新建“图层 3”，在第 10 帧处插入关键帧，按下【Ctrl+Shift+V】组合键，在当前位置粘贴实例，然后在【属性】面板中设置【样式】为“色调”，并设置参数如图 4-69 所示。

图 4-69

Step 12 插入关键帧。分别在第 12 帧、第 14 帧处插入关键帧，再分别在第 11 帧、第 13 帧和第 15 帧处按下【F7】键，插入空白关键帧，如图 4-70 所示，这样就制作了一个闪动的动画。

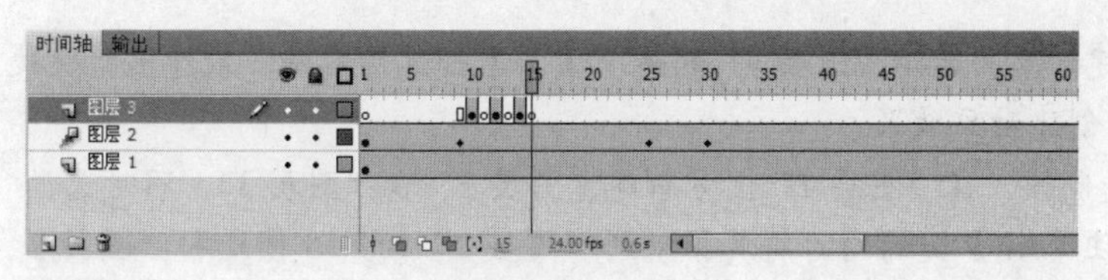

图 4-70

（2）制作水波动画

Step 1 复制并粘贴实例。选择“图层 2”第 30 帧中的“元件 1”实例，按下【Ctrl+C】组合键复制实例。在“图层 3”上方新建“图层 4”，在第 30 帧处插入关键帧，按下【Ctrl+Shift+V】组合键，在当前位置粘贴实例。

Step 2 分离为图形。连续按下【Ctrl+B】组合键，将其分离为图形。

Step 3 添加边框。激活【墨水瓶工具】，在【属性】面板中设置【笔触颜色】为白色，【笔触】值为 1，如图 4-71 所示，在文字图形的边缘单击鼠标，为文字添加白色的边框，如图 4-72 所示。

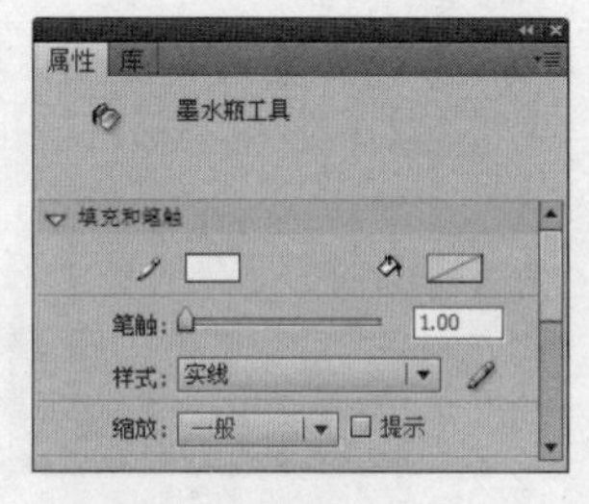

图 4-71

图 4-72

Step 4 删除文字图形。按下【Delete】键删除分离后的文字图形，这样就制作了一个白色的空心文字效果。

Step 5 转换元件。选择空心文字，按下【F8】键，将其转换为影片剪辑元件“元件 2”，并进入其编辑窗口中，再次选择空心文字，将其转换为影片剪辑元件“元件 3”。

Step 6 设置透明度。选择“元件 3”实例，在【属性】面板中设置【样式】为 Alpha，并设置 Alpha 值为 50%，如图 4-73 所示。

Step 7 插入关键帧。选择“图层 1”的第 10 帧，按下【F6】键插入关键帧。

Step 8 设置实例属性。选择“元件 3”实例，在【属性】面板中修改 Alpha 值为 0，然后按下【Ctrl+T】组合键打开【变形】面板，设置缩放比例为 150%，如图 4-74 所示。

图 4-73

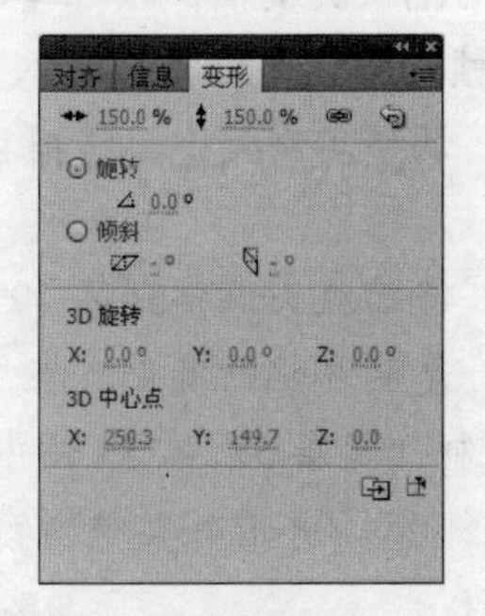

图 4-74

Step 9 创建动画。选择“图层1”的第1帧，单击鼠标右键，在弹出的快捷菜单中选择【创建传统补间】命令，创建动画效果。

Step 10 复制帧。在“图层1”上方新建“图层2”和“图层3”，同时选择“图层1”中的第1帧～第10帧，按住【Alt】键的同时将其推动到“图层2”的第5帧处和“图层3”的第10帧处，这样就复制了所选帧，如图4-75所示。

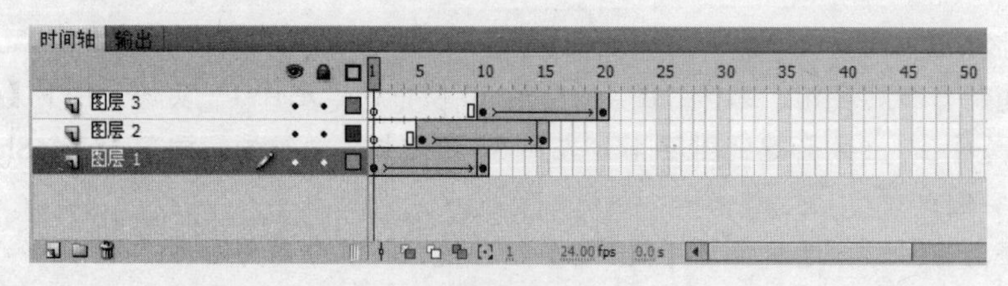

图4-75

Step 11 返回场景。单击窗口左上方的场景 1按钮返回到场景中。

（3）制作广告语动画

Step 1 导入图片。在“图层4”上方新建“图层5”，在第30帧处插入关键帧，导入本书光盘“素材”文件夹中的“地产广告语.png”图像，如图4-76所示。

图4-76

Step 2 创建动画。将导入的图片转换为影片剪辑元件“元件4”，在“元件4”实例上单击鼠标右键，在弹出的快捷菜单中选择【创建补间动画】命令，创建补间动画。将播放头调整到第34帧处，将实例向下调整，如图4-77所示。

图4-77

Step 3 插入关键帧。按住【Ctrl】键分别选择“图层5”的第38帧、第41帧、第45帧、第49帧、第53帧，按下【F6】键插入关键帧。

Step 4 调整实例大小。将播放头调整到第41帧处，在【变形】面板中将实例缩小，如图4-78所示。

Step 5 将播放头调整到第49帧处，在【变形】面板中将实例缩小，如图4-79所示。

Step 6 复制并粘贴实例。在“图层5”上方新建“图层6”，在第53帧处插入关键帧。参照前面的方法，复制“图层5”第53帧中的“元件4”实例，将其粘贴到当前位置，然后将其转换为影片剪辑元件“元件5”，并进入其编辑窗口中，在第30帧处插入普通帧。

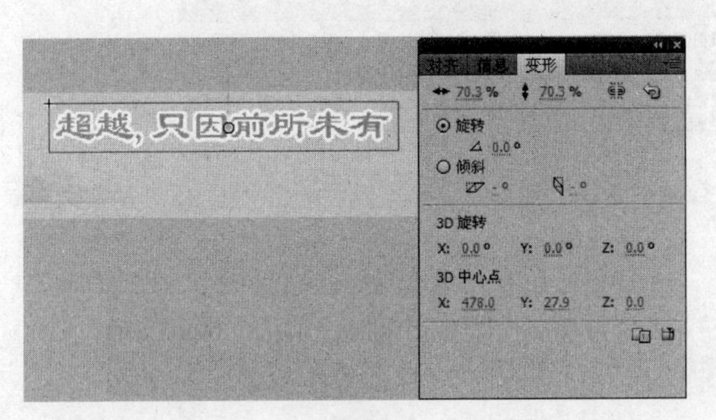

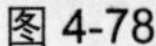
图 4-78

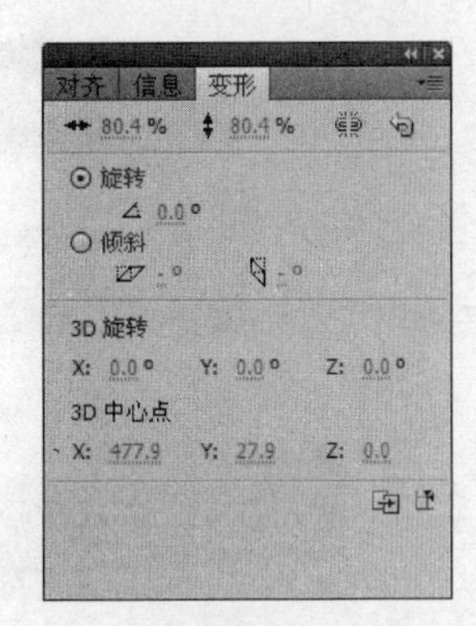

图 4-79

Step 7　输入文字。在“图层 1”上方新建“图层 2”，激活【文本工具】T，设置适当的字符属性，如图 4-80 所示；然后输入文字“超越，只因前所未有”，并使其与“元件 4”实例位置重合，如图 4-81 所示。

图 4-80

图 4-81

Step 8　绘制遮罩圆形。在“图层 2”上方新建“图层 3”，使用【椭圆工具】绘制一个【笔触颜色】为无色、【填充颜色】为任意色的圆形，并将其转换为影片剪辑元件“元件 6”，大小与位置如图 4-82 所示。

Step 9　调整实例位置。在“图层 3”的第 30 帧中插入关键帧，将圆形水平向右移动，位置如图 4-83 所示。

图 4-82

图 4-83

Step 10　创建动画。在“图层 3”的第 1 帧上单击鼠标右键，在弹出的快捷菜单中选择【创建传统补间】命令，创建传统补间动画。

Step 11　创建遮罩动画。在“图层 3”上单击鼠标右键，在弹出的快捷菜单中选择【遮罩层】命令，创建遮罩动画，如图 4-84 所示。

Step 12　输入文字。返回场景，在“图层 6”上方新建“图层 7”，在第 53 帧处插入关键帧。使用【文本工具】T输入地址和电话，如图 4-85 所示。

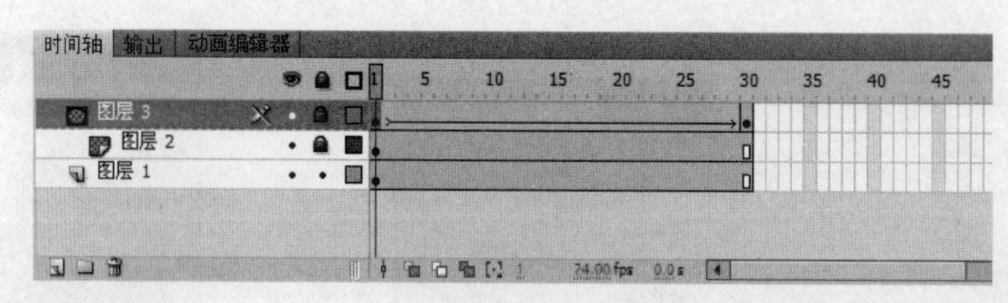

图 4-84

图 4-85

Step 13 转换为元件。选择输入的文字，将其转换为影片剪辑元件“元件 7”，并进入其编辑窗口中。

Step 14 制作逐帧动画。同时在第 2 帧～第 29 帧插入关键帧，然后将播放头调整到第 1 帧处，删除多余的文字，只保留“项”字；将播放头调整到第 2 帧处，删除多余的文字，只保留“项目”二字；用同样的方法，依次删除其他帧中多余的文字，使每帧中的文字比上一帧中多一个字，这样就制作出了打字效果的逐帧动画，如图 4-86 所示为第 7 帧中文字。

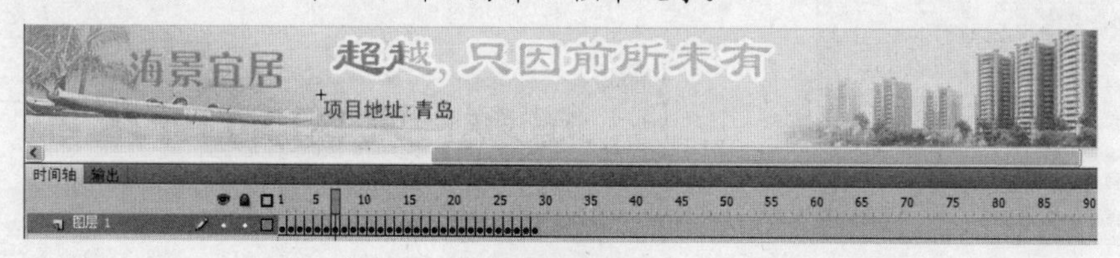

图 4-86

Step 15 返回场景。单击窗口左上方的场景 1按钮返回到场景中。

（4）制作“抢售中”动画

Step 1 绘制矩形。在“图层 7”上方新建“图层 8”，在第 90 帧处插入关键帧。激活【矩形工具】，设置【笔触颜色】为无色、【填充颜色】为深红色（#990000），绘制一个与舞台大小一致的矩形，如图 4-87 所示。

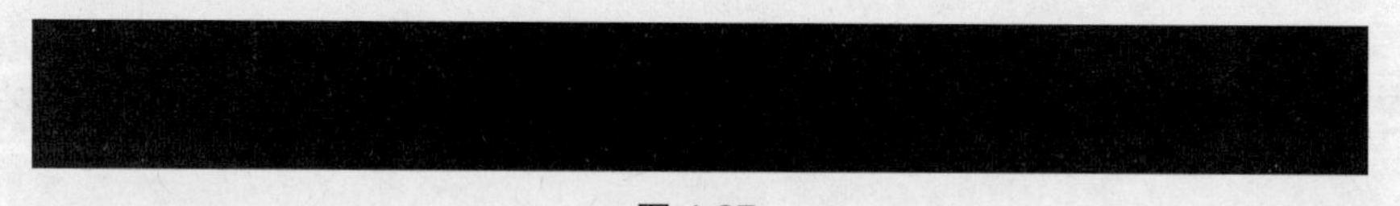

图 4-87

Step 2 创建动画。在“图层 8”的第 95 帧处插入关键帧，将播放头调整到第 90 帧处，使用【任意变形工具】调整矩形的大小，并更改为白色，如图 4-88 所示。在第 90 帧处单击鼠标右键，在弹出的快捷菜单中选择【创建补间形状】命令，创建补间形状动画。

图 4-88

Step 3　输入文字。在“图层 8”上方新建“图层 9”，在第 95 帧处插入关键帧，激活【文本工具】T，设置适当的字符属性，在舞台中输入文字，如图 4-89 所示。

抢售中……

图 4-89

Step 4　保存文件。至此完成了动画制作，【时间轴】面板如图 4-90 所示。按下【Ctrl+Enter】组合键可以测试影片，最后保存动画文件即可。

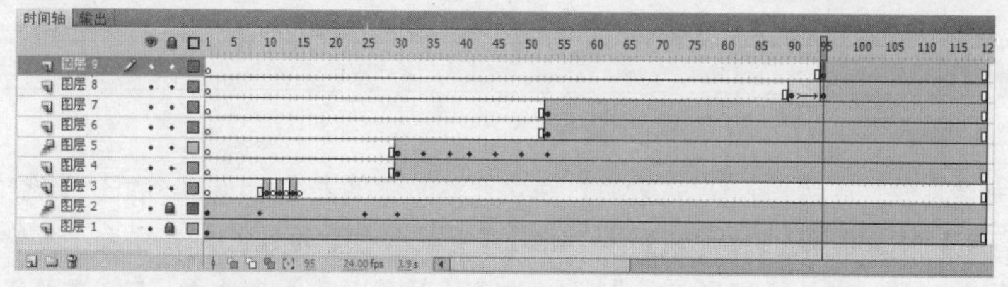

图 4-90

4.5.2　实训 2——制作汽车销售广告动画

1. 实训目的

本实训要求制作一个汽车销售广告动画，通过本例的操作，熟练掌握 Flash 中文本工具的使用，影片剪辑元件的创建、编辑以及传统补间动画的制作技能。具体实训目的如下。

- 掌握文字的创建技能。
- 掌握影片剪辑元件的创建技能。
- 掌握传统补间动画以及逐帧动画的制作技能。

2. 实训要求

首先创建舞台并制作背景，然后添加相关素材，并输入相应广告语文字等，最后设置动画效果，完成该动画的制作。本例最终效果如图 4-91 所示。

图 4-91

具体要求如下。

（1）启动 Flash CS5 软件并新建场景文件。

（2）制作背景文件。

（3）输入文字并制作字母动画效果。
（4）添加素材并制作入场动画效果。
（5）制作汽车灯光动画效果。
（6）制作广告语以及汽车信息动画效果。
（7）测试动画并将动画文件保存。

3. 完成实训

素材文件	“素材”文件夹下
效果文件	效果文件\ 汽车销售广告.fla
动画文件	效果文件\ 汽车销售广告.swf
视频文件	视频文件\ 汽车销售广告.swf

（1）制作广告背景

Step 1 新建文件。启动Flash CS5软件，在欢迎界面中单击【ActionScript 3.0】选项，新建【宽度】为300像素、【高度】为300像素、【帧频】为24fps、【背景颜色】为黑色、名称为“汽车广告”的文件。

Step 2 绘制矩形。激活【矩形工具】，设置【笔触颜色】为无色、【填充颜色】为任意颜色，然后在舞台中拖动鼠标，绘制一个与舞台大小一致的矩形。

Step 3 填充渐变色。选择矩形，打开【颜色】面板，在【颜色类型】下拉列表中选择“径向渐变”，设置左侧色标为红色（#FF3300），右侧色标为深红色（#990000），如图4-92所示，则矩形效果如图4-93所示。

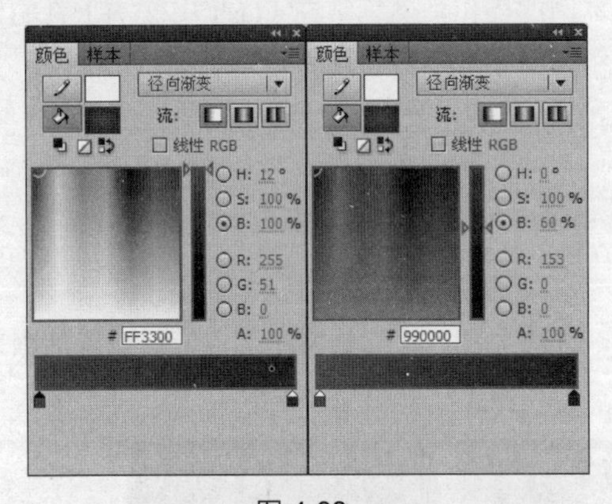

图4-92

图4-93

Step 4 设置动画时间。选择“图层1”的第120帧，按键盘上的【F5】键，设置动画播放时间。

（2）制作字母动画

Step 1 输入文字。在“图层1”上方新建“图层2”，激活【文本工具】T，设置适合的字符属性，在舞台中输入大写字母“FOCUS”，如图4-94所示。

Step 2 分离文字。选择输入的字母，连续两次按下【Ctrl+B】组合键，将其分离为单个的字母图形。

Step 3 填充轮廓。选择所有的字母图形，激活【墨水瓶工具】，设置【笔触颜色】为黄色（#FFFF00）、【笔触】为1.5，在字母边缘上依次单击鼠标填充黄色，再按下【Delete】键，删除字母图形，则得到空心字母，如图4-95所示。

Step 4 转换为元件。分别选择字母图形“F”“O”“C”“U”和“S”，将其分别转换为相同名称的图形元件。

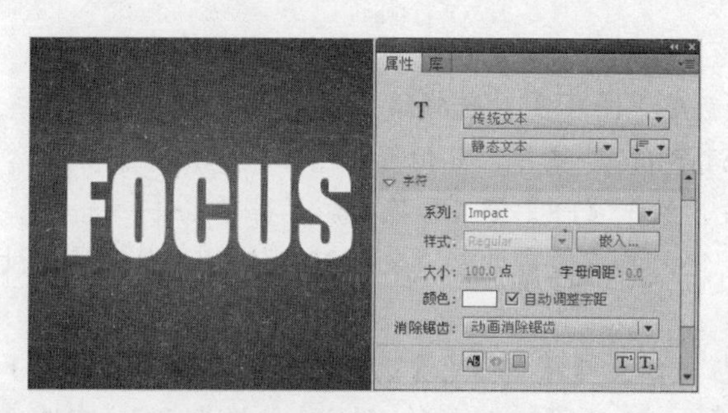

图 4-94

图 4-95

Step 5 分散到图层。确保所有的实例处于选中状态，执行菜单栏中的【修改】/【时间轴】/【分散到图层】命令，将每个实例分散到一个独立的图层上，这时“图层2”变为空层，如图 4-96 所示。

Step 6 删除图层。选择“图层2”，单击【删除图层】按钮将其删除。

Step 7 创建动画。同时选择图层“F”～图层“S”的第 5 帧、第 20 帧、第 30 帧，按下【F6】键插入关键帧，然后再分别同时选择第 1 帧和第 20 帧，单击鼠标右键，在弹出的快捷菜单中选择【创建传统补间】命令，创建传统补间动画，如图 4-97 所示。

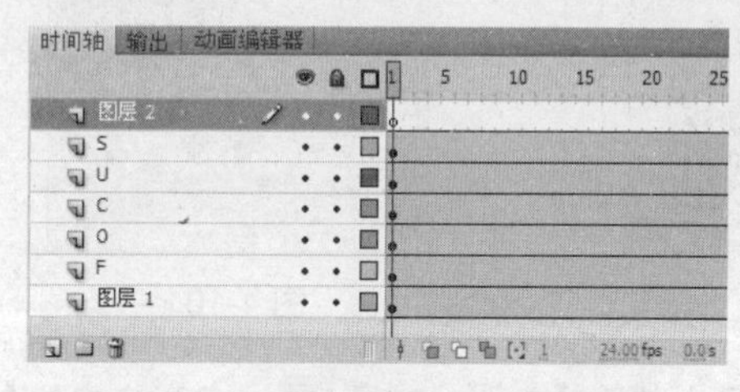

图 4-96

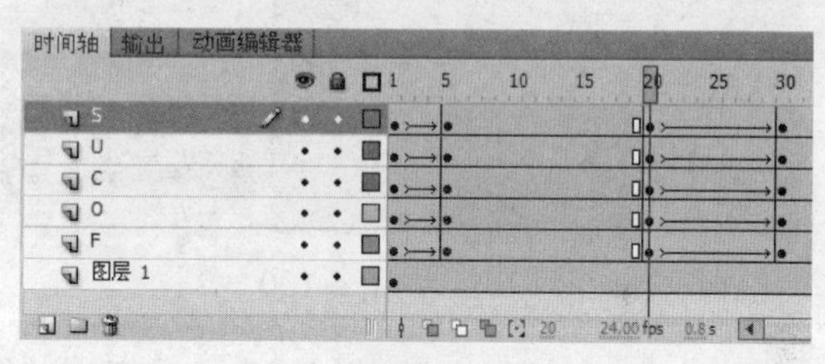

图 4-97

Step 8 调整实例位置。将播放头调整到第 1 帧处，使用【选择工具】将各帧中的实例分别调整到舞台外侧，如图 4-98 所示。

Step 9 调整实例位置与方向。将播放头调整到第 30 帧处，使用【任意变形工具】分别调整各实例的位置与方向，如图 4-99 所示。

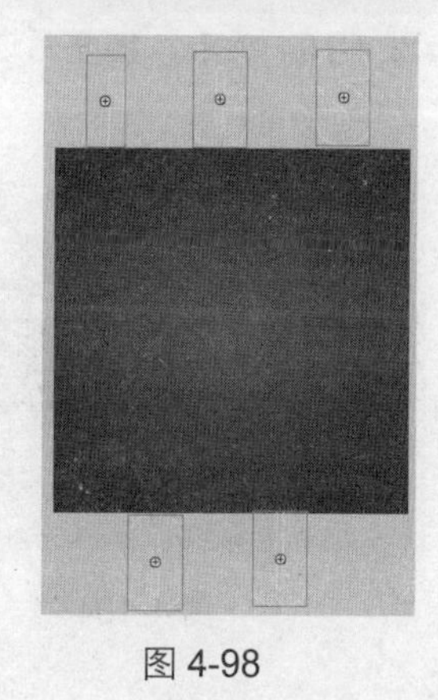

图 4-98

图 4-99

Step 10 设置透明度。同时选择第 30 帧处的所有实例，在【属性】面板中设置【样式】为 Alpha，并设置 Alpha 值为 0，使其完全透明。

（3）制作汽车入场与出场动画

Step 1 导入汽车图片。在“S”层上方新建“图层 8”，选择第 28 帧，按下【F6】键插入关键帧，然后导入本书光盘“素材”文件夹中的“汽车.png”图像，其位置如图 4-100 所示。

Step 2 转换为元件。选择“汽车”图片，按下【F8】键，转换为影片剪辑元件“汽车”。

Step 3 编辑元件。双击“汽车”实例，进入其编辑窗口中，在第 20 帧处插入普通帧，设置动画播放时间。

Step 4 编辑渐变色。打开【颜色】面板，设置【笔触颜色】为无色，在【颜色类型】下拉列表中选择“线性渐变”，设置 3 个色标均为白色，左、右两个色标的 Alpha 值均为 0%，中间色标的 Alpha 值为 50%，如图 4-101 所示。

图 4-100

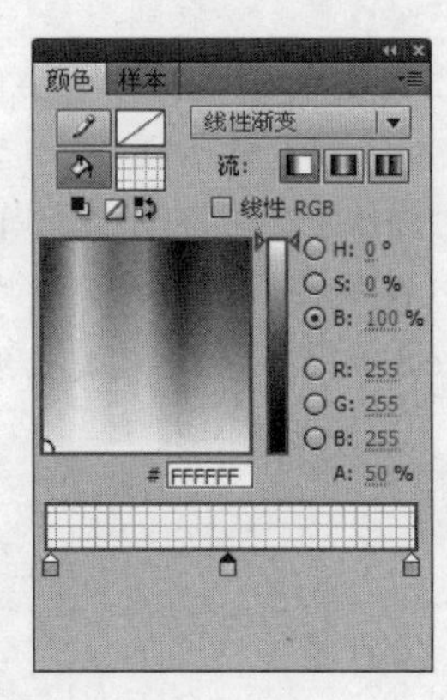

图 4-101

Step 5 绘制矩形。在“图层 1”上方新建“图层 2”，激活【矩形工具】，在窗口中绘制一个矩形，使用【任意变形工具】调整矩形角度如图 4-102 所示。

Step 6 创建动画。在“图层 2”的第 20 帧处插入关键帧，调整矩形的位置如图 4-103 所示，然后在第 1 帧～第 20 帧之间创建补间形状动画。

Step 7 复制并粘贴帧。在“图层 2”上方新建“图层 3”，同时选择“图层 2”的第 1 帧～第 20 帧，按住【Alt】键的同时将其推动到“图层 3”的第 1 帧处，这样就复制了选择的帧。

Step 8 调整矩形位置。在窗口中调整第 1 帧中的矩形位置如图 4-104 所示。调整第 20 帧中的矩形位置如图 4-105 所示。

图 4-102

图 4-103

图 4-104

Step 9 绘制遮罩图形。在“图层3”上方新建“图层4”，激活【钢笔工具】，在窗口中绘制一个图形，使其遮住车身，如图4-106所示。

Step 10 创建遮罩动画。在“图层4”上单击鼠标右键，在弹出的快捷菜单中选择【遮罩层】命令，将该层转换为遮罩层，“图层3”变为遮罩层，创建遮罩动画。

Step 11 转换为被遮罩层。在“图层2”上单击鼠标右键，在弹出的快捷菜单中选择【属性】命令，在打开的【图层属性】对话框中选择【被遮罩】选项，将该层也转换为被遮罩层，如图4-107所示，这样就完成了“汽车”元件的制作，【时间轴】面板如图4-108所示。

图4-105

图4-106

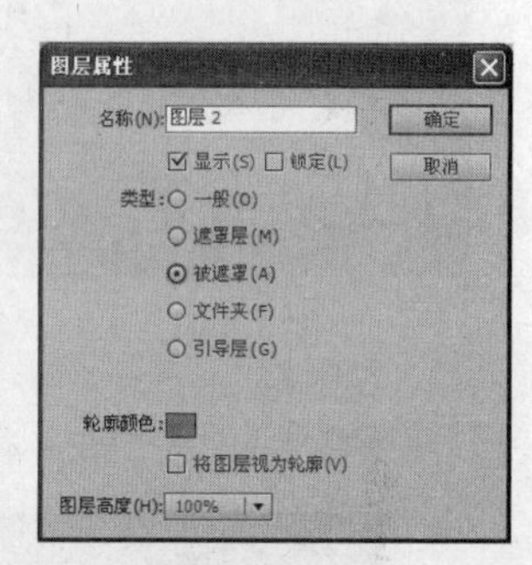

图4-107

Step 12 插入关键帧。返回场景中，在“图层8”的第33帧处插入关键帧。

Step 13 添加滤镜。将播放头调整到第28帧处，选择“汽车”实例，在【属性】面板的【滤镜】组中单击【添加滤镜】按钮，选择【模糊】选项，为实例添加模糊滤镜，并设置参数如图4-109所示。

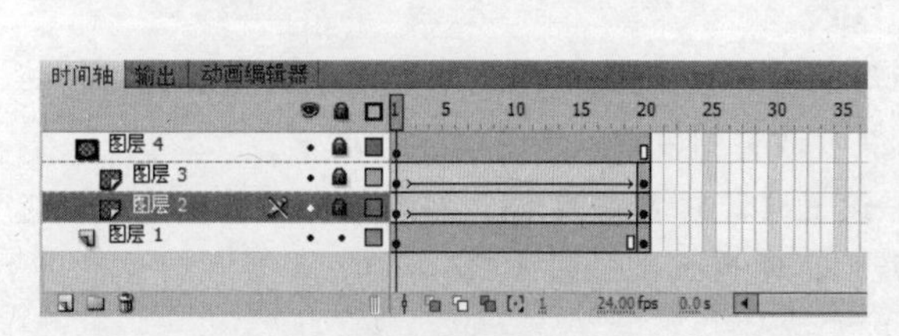

图4-108

图4-109

Step 14 创建汽车入场动画。将播放头调整到第33帧处，水平向左调整“汽车”实例的位置如图4-110所示，然后在第28帧～第33帧之间创建传统补间动画。

Step 15 插入关键帧。在“图层8”的第81帧、第86帧处插入关键帧。

Step 16 创建汽车离场动画。将播放头调整到第86帧处，水平向左调整“汽车”实例的位置如图4-111所示，然后在第81帧～第86帧之间创建传统补间动画。

（4）制作旋转光束动画

Step 1 新建元件。按下【Ctrl+F8】组合键，新建一个影片剪辑元件“星形光束”，并进入其编辑窗口中。

Step 2 编辑渐变色。打开【颜色】面板，设置【笔触颜色】为无色，在【颜色类型】下拉列

表中选择“线性渐变”，设置左、右两个色标均为白色，左侧色标的 Alpha 值为 100%，右侧色标的 Alpha 值为 0，如图 4-112 所示。

图 4-110

图 4-111

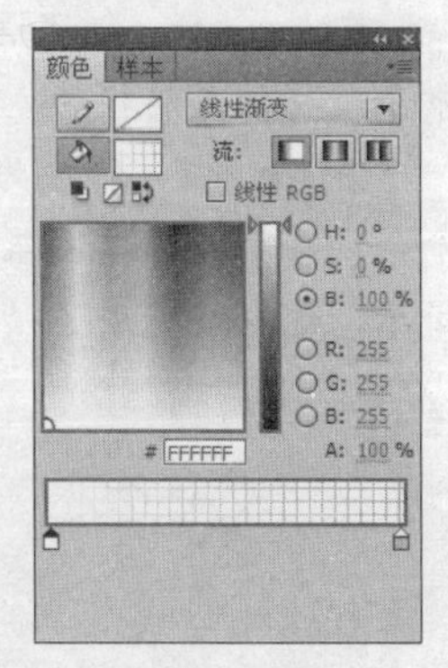

图 4-112

Step 3 绘制矩形。激活【矩形工具】，绘制一个矩形，大小与位置如图 4-113 所示。

图 4-113

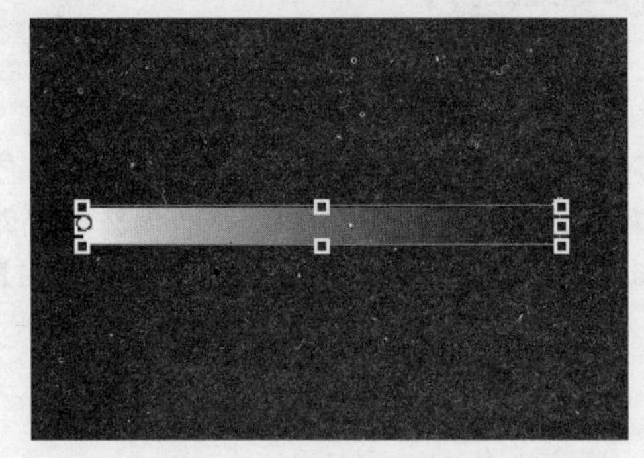

图 4-114

Step 4 调整元件的旋转中心。选择绘制的矩形，按下【F8】键，将其转换为影片剪辑元件“矩形条”，激活【任意变形工具】，将元件的旋转中心调整到左侧，如图 4-114 所示。

Step 5 旋转复制矩形。打开【变形】面板，设置【旋转】值为 18，然后单击【重置选区和变形】按钮多次，如图 4-115 所示，旋转复制多个矩形，图形效果如图 4-116 所示。

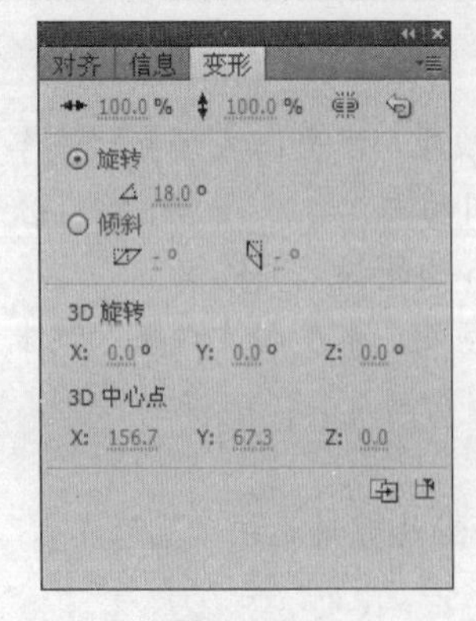

图 4-115

图 4-116

提示：很多绘图软件都具有“重复变换”的功能，让变换操作更加精确与一致。在 Flash CS5 的【变形】面板中设定旋转角度后，连续单击【重置选区和变形】按钮，可以按设定的角度连续复制并旋转对象。

Step 6 新建元件。按下【Ctrl+F8】组合键，新建一个影片剪辑元件“动态背景”，并进入其编辑窗口中，将“星形光束”元件从【库】面板中拖动到窗口中。

Step 7 放大实例。选择“星形光束”实例，在【变形】面板中设置缩放比例为 240%，如图 4-117 所示。

Step 8 创建动画。在“图层 1”的第 297 帧处插入关键帧。然后在第 1 帧上单击鼠标右键，在弹出的快捷菜单中选择【创建传统补间】命令，创建传统补间动画。接着在【属性】面板中设置【旋转】为“顺时针”且 1 次，如图 4-118 所示。

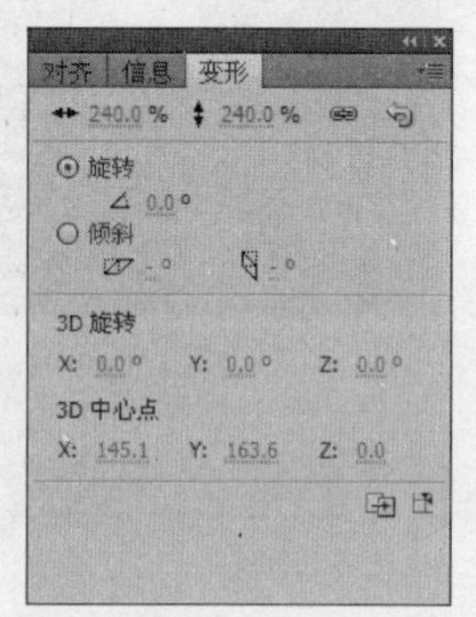

图 4-117

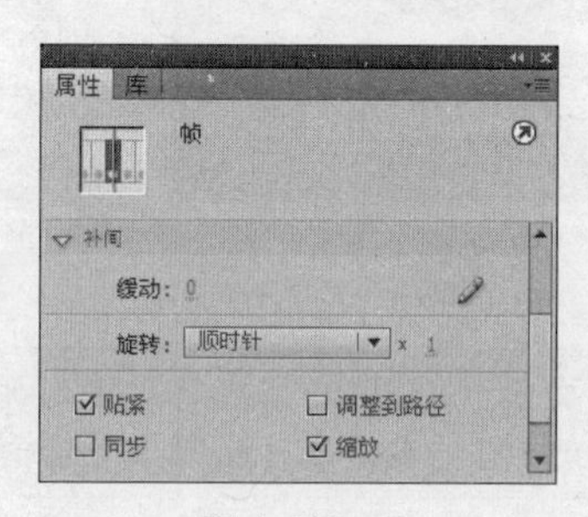

图 4-118

Step 9 调整实例。选择第 1 帧中的“星形光束”实例，在【属性】面板中设置【样式】为 Alpha，并设置 Alpha 值为 16%，使其产生半透明效果，如图 4-119 所示。

Step 10 返回场景。单击窗口左上方的按钮返回到场景中。

Step 11 添加元件。在“图层 8”上方新建“图层 9”，在第 32 帧处插入关键帧，将“动态背景”元件从【库】面板中拖动到舞台中，位置如图 4-120 所示。

图 4-119

图 4-120

Step 12 调整图层顺序。将“图层 9”调整到“图层 8”的下方，舞台效果如图 4-121 所示。然后在“图层 9”的第 81 帧处插入空白关键帧。

（5）制作车灯光动画

Step 1 新建元件。按下【Ctrl+F8】组合键，新建一个图形元件“星”，并进入其编辑窗口中。

Step 2 编辑渐变色。打开【颜色】面板，设置【笔触颜色】为无色，在【颜色类型】下拉列表中选择“径向渐变”，设置左、右两个色标均为白色，左侧色标的 Alpha 值为 100%，右侧色标的 Alpha 值为 0，如图 4-122 所示。

Step 3 绘制圆形。激活【椭圆工具】，在窗口中绘制一个虚光的圆形，如图 4-123 所示。

图 4-121

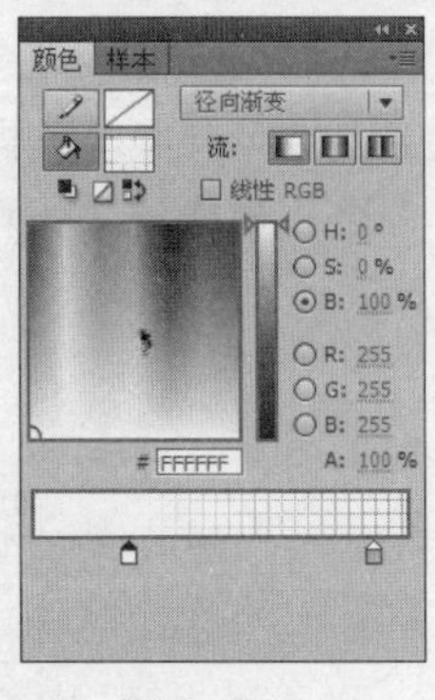

图 4-122

图 4-123

提示：在 Flash 中要得到图形的虚边效果，除了可以使用径向渐变色来完成外，使用【模糊】滤镜、【柔化填充边缘】命令效果也不错。

Step 4 绘制矩形。激活【矩形工具】，并按下【对象绘制】按钮，绘制一个矩形，大小与位置如图 4-124 所示。

Step 5 旋转复制矩形。打开【变形】面板，设置【旋转】值为 45，然后单击【重置选区和变形】按钮 3 次，如图 4-125 所示，旋转复制 3 个矩形，则产生了星形效果，如图 4-126 所示。

Step 6 变形图形。选择两个倾斜的矩形，使用【任意变形工具】将其适当缩小，结果如图 4-127 所示，这样就完成了“星”元件的制作。

图 4-124

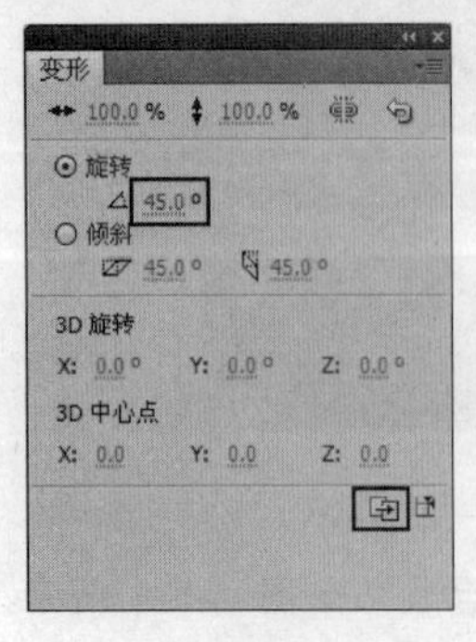

图 4-125

图 4-126

图 4-127

Step 7　新建元件。创建一个新的影片剪辑元件“车灯光”，并进入其编辑窗口中。

Step 8　调整实例。将“星”元件从【库】面板中拖动到窗口中，在第 65 帧处插入关键帧，选择该帧处的“星”实例，在【属性】面板中设置【样式】为 Alpha，并设置 Alpha 值为 0，使其完全透明。

Step 9　创建动画。在第 1 帧上单击鼠标右键，在弹出的快捷菜单中选择【创建传统补间】命令，创建传统补间动画，在【属性】面板中设置【旋转】为“顺时针”且 1 次，如图 4-128 所示。

Step 10　添加实例。返回场景中，在“图层 8”上方新建“图层 10”，在第 33 帧处插入关键帧，将“车灯光”实例从【库】面板中拖动到舞台中的两个车灯处，并调整到合适大小，如图 4-129 所示，然后在第 81 帧处插入空白关键帧。

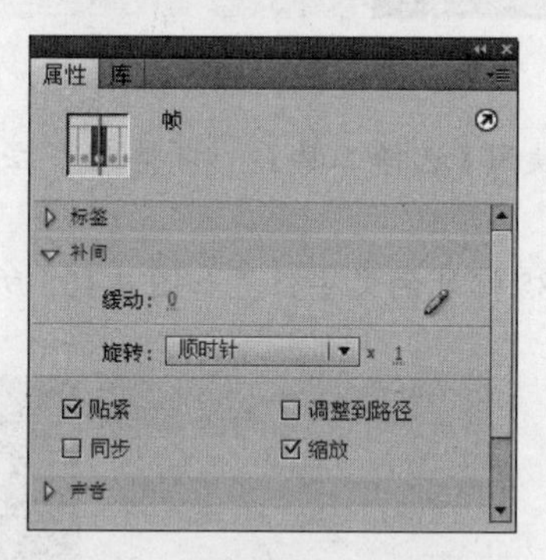

图 4-128

图 4-129

（6）制作广告语入场及出场动画

Step 1　输入左侧文字。在“图层 10”上方新建“图层 11”，在第 33 帧处插入关键帧，激活【文本工具】T，设置适当的字符属性，在舞台左侧输入文字，位置如图 4-130 所示。

Step 2　调整文字位置。在第 39 帧处插入关键帧，使用【选择工具】调整文字位置如图 4-131 所示；在第 81 帧、第 85 帧插入关键帧，调整第 85 帧处的文字位置如图 4-132 所示。

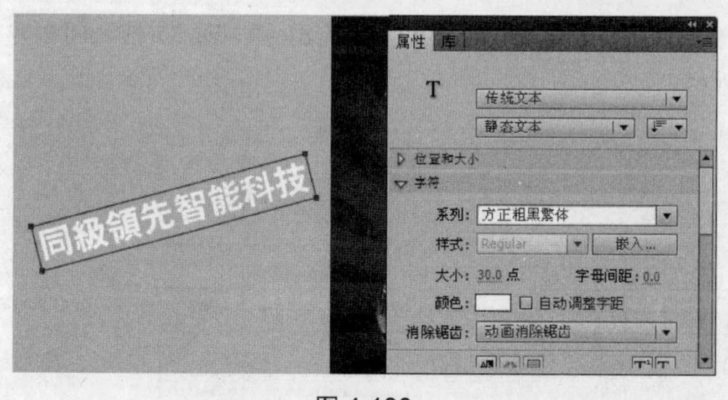

图 4-130

图 4-131

Step 3　创建动画。分别在“图层 11”的第 33 帧～第 39 帧、第 81 帧～第 85 帧之间创建传统补间动画。

Step 4　输入右侧文字。在“图层 11”上方新建“图层 12”，在第 33 帧处插入关键帧，使用【文本工具】T输入文字，位置如图 4-133 所示。

图 4-132

图 4-133

Step 5 调整文字位置。在第 39 帧处插入关键帧，使用【选择工具】调整文字位置如图 4-134 所示。

Step 6 在第 81 帧、第 85 帧插入关键帧，调整第 85 帧处的文字位置如图 4-135 所示。

图 4-134

图 4-135

Step 7 创建动画。分别在“图层 12”的第 33 帧～第 39 帧、第 81 帧～第 85 帧之间创建传统补间动画，【时间轴】面板如图 4-136 所示。

图 4-136

Step 8 输入文字。在“图层 12”上方新建“图层 13”，在第 39 帧处插入关键帧，使用【文本工具】输入文字“五星汽车”，位置如图 4-137 所示。

Step 9 绘制图形。使用【椭圆工具】在文字左侧绘制一个圆环，再使用【多角星形工具】绘制一个五角星，大小与位置如图 4-138 所示。

图 4-137

图 4-138

Step 10 转换为元件。同时选择圆环和五角星，按下【F8】键，将其转换为影片剪辑元件“标志”，然后在“图层 13”的第 81 帧处插入空白关键帧。

（7）制作车企信息动画

Step 1 添加标志并输入文字。在“图层 13”上方新建“图层 14”，在第 85 帧处插入关键帧，将“标志”元件从【库】面板中添加到舞台中，然后使用【文本工具】T输入相应文字，如图 4-139 所示。

图 4-139

Step 2 转换为元件。同时选择“标志”实例和输入的文字，将其转换为影片剪辑元件“元件 1”。

Step 3 创建动画。在“图层 14”的第 94 帧处插入关键帧，将播放头调整到第 85 帧处，在【属性】面板中设置“元件 1”实例的【样式】为 Alpha，并设置 Alpha 值为 0，使其完全透明，然后在第 85 帧～第 94 帧之间创建传统补间动画。

Step 4 新建元件。创建一个新的影片剪辑元件“闪烁的星”，并进入其编辑窗口中。

Step 5 制作动画。将“星”元件从【库】面板中拖动到窗口中，在第 20 帧处插入关键帧，然后在第 1 帧～第 20 帧之间创建传统补间动画，在【属性】面板中设置【旋转】为“顺时针”且 1 次，如图 4-140 所示。

Step 6 设置实例属性。选择第 1 帧中的“星”实例，在【属性】面板中设置【样式】为 Alpha，并设置 Alpha 值为 0，使其完全透明，如图 4-141 所示。

Step 7 设置实例属性。选择第 20 帧中的“星”实例，在【属性】面板中修改 Alpha 值为 50%，使其产生半透明效果，如图 4-142 所示。

Step 8 添加实例。返回场景中，在“图层 14”上方新建“图层 15”，在第 94 帧处插入关键帧，将“闪烁的星”元件从【库】面板中拖动到舞台中，位置如图 4-143 所示。

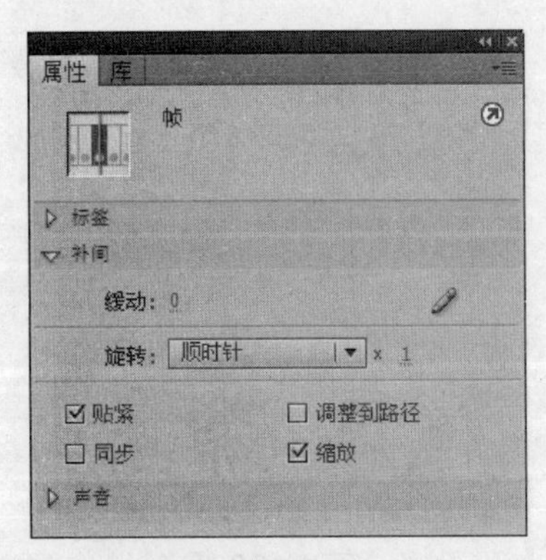

图 4-140

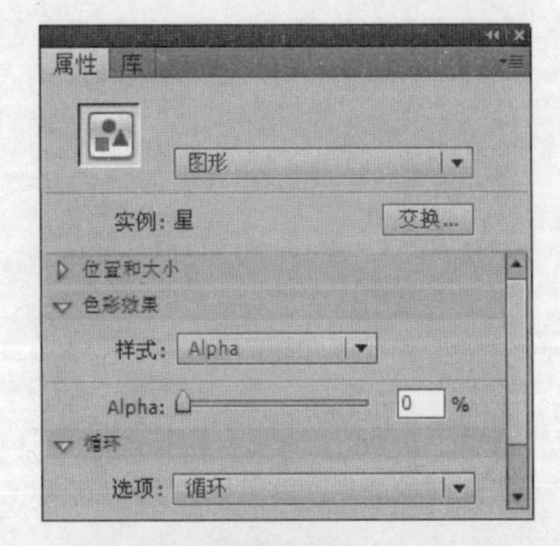

图 4-141

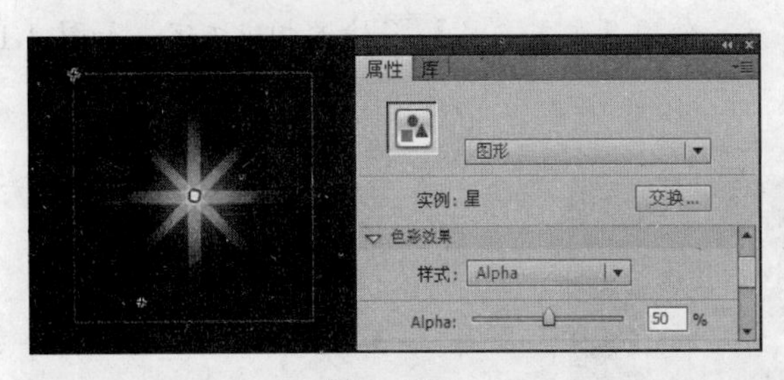

图 4-142

图 4-143

Step 9 测试动画。至此完成了汽车广告的制作，其【时间轴】面板如图 4-144 所示。按下【Ctrl+Enter】组合键可以测试影片，如果比较满意，保存动画即可。

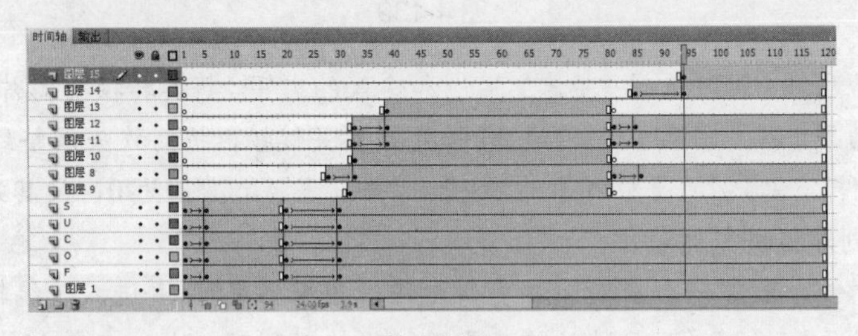

图 4-144

4.6 自我检测

1. 选择题

(1) 在 Flash 中，如果要选取所有层中的所有对象，那么可以（　　）。

A. 在按住【Shift】键的同时进行选取

B．选择菜单栏中的【编辑】/【时间轴】/【选择所有帧】命令

C．选择菜单栏中的【视图】/【选择所有帧】命令

D．在时间轴上单击帧

（2）在 Flash 的【插入】菜单中，【时间轴】/【关键帧】命令表示（　　）。

A．删除当前帧或选定的帧序列

B．在时间轴上当前位置插入一个新的关键帧

C．在时间轴上当前位置的后面一帧插入一个帧

D．清除当前位置上的关键帧并在它的后面插入一个新的关键帧

（3）在 Flash 中可以通过两种方式来查看轮廓，一种是选择菜单栏中的【视图】/【预览模式】/【轮廓】命令，另一种是在【时间轴】面板中的外框线显示。对比这两种方法，以下说法正确的是（　　）。

A．前一种对整个文件都有作用，后一种只对当前层起作用

B．后一种对整个文件都有作用，前一种只对当前层起作用

C．两种方法效果一样

D．以上说法都不对

2. 简答题

简述“洋葱皮”的功能和作用。

3. 操作题

利用所学知识，创建如图 4-145 所示的蝴蝶，并制作蝴蝶翅膀煽动的动画效果。

图 4-145

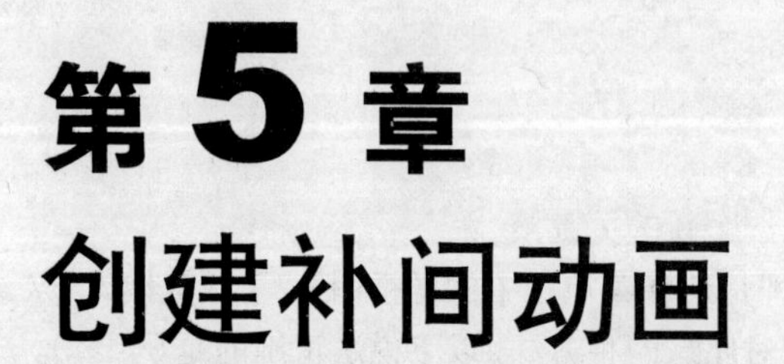

第5章 创建补间动画

📖 学习目标

了解补间动画的原理，掌握传统补间、补间形状、遮罩动画的制作技能，掌握应用【动画编辑器】和【动画预设】面板创建动画的技能。

📖 学习重点

重点掌握补间动画和传统补间的区别以及制作方法，掌握遮罩动画的制作技能。

📖 主要内容

- 关于补间动画
- 创建补间动画
- 创建补间形状动画
- 创建遮罩动画
- 编辑动画
- 应用动画预设
- 上机实训
- 自我检测

5.1 关于补间动画

比起逐帧动画，补间动画简化了动画的制作步骤，补间动画只需要制作出开始和结束两个帧的动画内容，计算机就会根据这两个关键帧计算出中间的过渡帧的内容。开始关键帧是补间动画播放前的显示帧，是动画的开始，结束关键帧则是补间动画播放结束后显示的帧，是动画的末尾，而补间帧则是计算机根据补间动作绘制的从开始关键帧变化到结束关键帧整个过程的中间画，因此，补间帧越多，补间动画越精细。

5.1.1 了解补间动画的特点

补间动画的主体是元件实例，是实例属性变化过渡的一种动画形式，也就是说，是将实例属性过度前和过度后的中间过度帧显示出来，形成的一种动画。在 Flash 中，可以为影片剪辑、图形、按钮元件以及文本创建补间动画，可用于补间的对象属性包括位置、旋转、缩放、倾斜、颜色效果以及滤镜等。下面只对常用的几种属性进行讲解。

1. 位置补间

位置补间是指元件实例的位置发生变化所产生的动画效果。

【任务 1】位置补间。

Step 1 新建 Flash 文档。

Step 2 执行【插入】/【新建元件】命令，打开【创建新元件】对话框，将其元件命名为“位置补间”，并设置【类型】为【影片剪辑】，如图 5-1 所示。

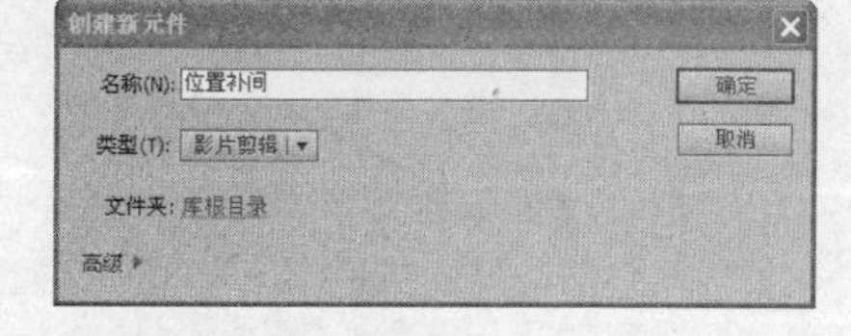

图 5-1

Step 3 确认进入影片剪辑元件编辑界面。

Step 4 在舞台绘制一个圆形，如图 5-2 所示。

Step 5 单击【场景 1】按钮返回场景，然后打开【库】面板，将创建的名为“位置补间”的影片剪辑元件拖到舞台左下方位置，如图 5-3 所示。

图 5-2

图 5-3

Step 6 在时间轴选择第 30 帧，单击鼠标右键，在弹出的快捷菜单中选择【插入空白关键帧】命令，插入一个空白关键帧，如图 5-4 所示。

Step 7 继续选择第 1 帧～第 30 帧之间的任意一帧，单击鼠标右键，在弹出的快捷菜单中选择

【创建补间动画】命令，创建补间动画，如图 5-5 所示。

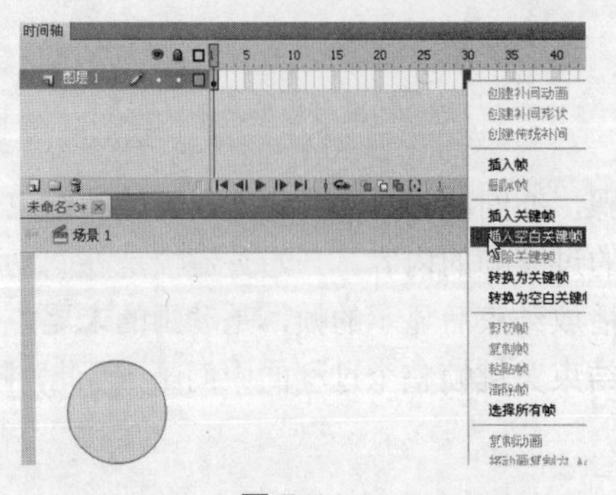

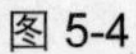
图 5-4

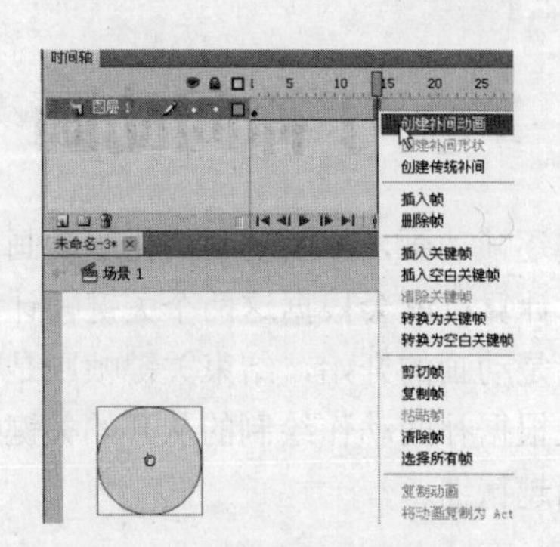

图 5-5

Step 8 继续选择第 10 帧，然后在舞台上选择圆，将其向右上方拖曳到合适位置，此时在第 10 帧插入一个属性关键帧，如图 5-6 所示。

Step 9 继续选择第 20 帧，再次将圆向右拖曳到合适位置，此时在第 20 帧插入一个属性关键帧，如图 5-7 所示。

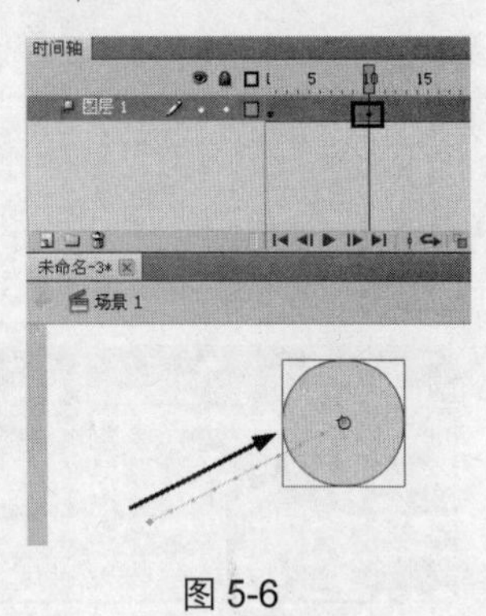

图 5-6

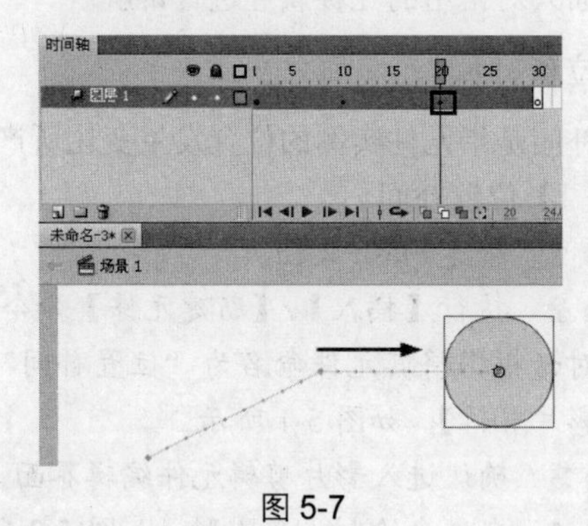

图 5-7

Step 10 至此，位置补间动画制作完毕，按【Enter】键播放动画查看效果，发现圆从舞台左下方向右上方做位置移动的动画。

2. 旋转补间

旋转补间是指元件实例依据指定的中心点进行旋转的动画，此时元件实例的位置不发生变化。

【任务 2】旋转补间。

Step 1 新建 Flash 文档。

Step 2 依照前面的操作，创建名为“旋转补间”的星形影片剪辑元件，并将该元件拖到舞台，如图 5-8 所示。

Step 3 在第 30 帧插入一个关键帧，然后选择第 1 帧～第 30 帧之间的任意一帧，单击鼠标右键，在弹出的快捷菜单中选择【创建补间动画】命令，创建补间动画，如图 5-9 所示。

Step 4 选择第 14 帧，打开【变形】面板，设置其【旋转】角度为 180°，此时在第 14 帧插入一个属性关键帧，如图 5-10 所示。

Step 5 继续选择第 29 帧，设置其【旋转】角度为−180°，此时在第 29 帧插入一个属性关键帧，如图 5-11 所示。

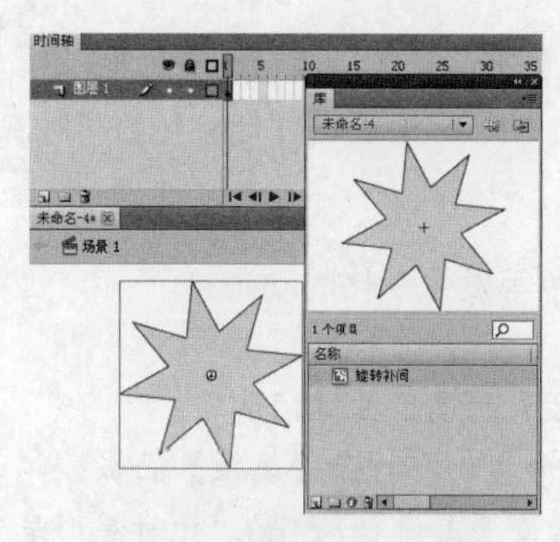

图 5-8

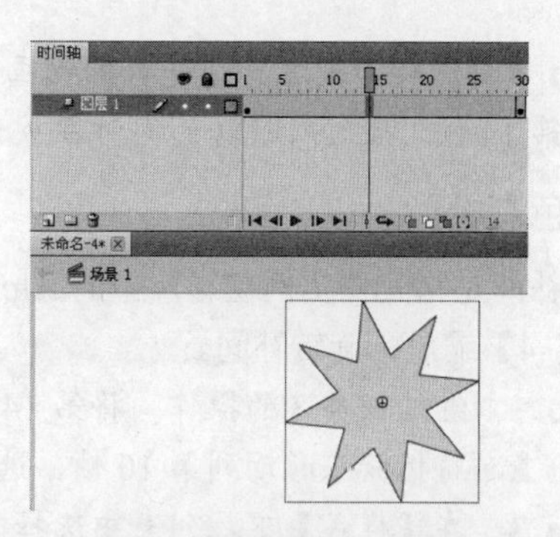

图 5-9

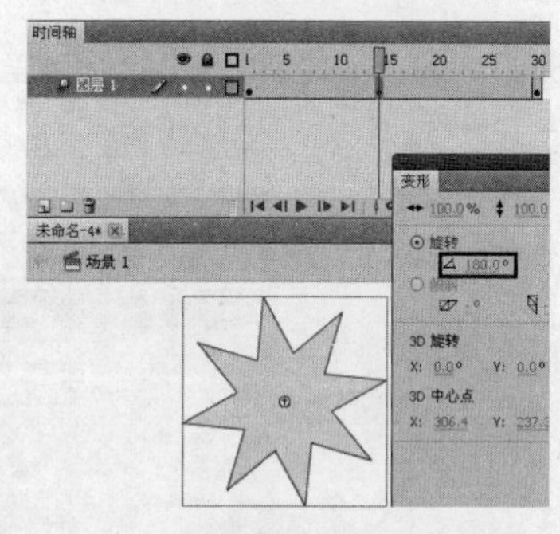

图 5-10

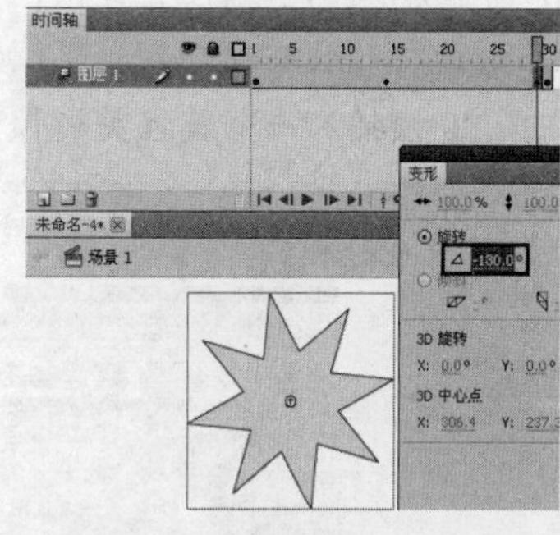

图 5-11

Step 6　至此，旋转补间动画制作完毕，按【Enter】键播放动画查看效果，发现星形从第 1 帧～第 14 帧沿顺时针旋转，从第 15 帧～第 29 帧沿逆时针旋转。

3. 缩放补间

缩放补间是指元件实例依据指定的缩放比例进行缩放的动画。在制作缩放动画的同时，也可以设置旋转动画。

【任务 3】缩放、旋转补间。

Step 1　继续任务 2 的操作。将第 14 帧和第 29 帧位置的属性关键帧清除。

Step 2　选择第 14 帧，打开【变形】面板，设置其【缩放宽度】和【缩放高度】均为 150%，设置【旋转】角度为 180°，此时在第 14 帧插入一个属性关键帧，如图 5-12 所示。

Step 3　继续选择第 29 帧，设置其【缩放宽度】和【缩放高度】均为 50%，设置其【旋转】角度为−180°，此时在第 29 帧插入一个属性关键帧，如图 5-13 所示。

图 5-12

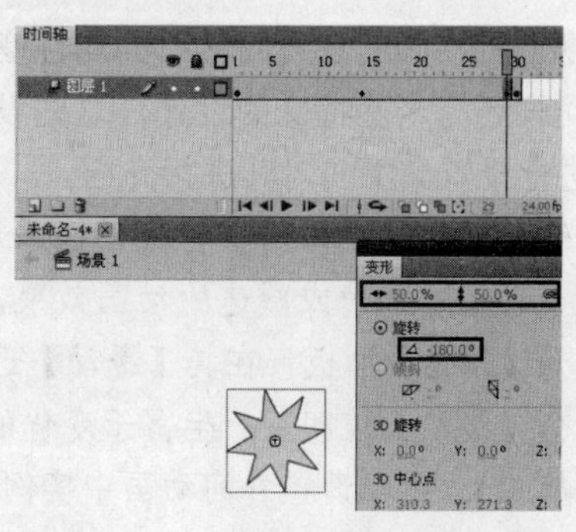

图 5-13

Step 4 这样，缩放、旋转补间动画制作完毕，按【Enter】键播放动画查看效果，发现星形从第1帧～第14帧沿顺时针旋转的同时在放大，从第15帧～第29帧沿逆时针旋转的同时在缩小。

4. 色彩补间

色彩补间是指元件实例在影片中的Alpha、亮度、彩色等发生变化的动画。

【任务4】缩放、旋转补间。

Step 1 继续任务3的操作。将第14帧和第29帧位置的属性关键帧清除。

Step 2 将播放头移动到第10帧，选择舞台上的星形实例，打开【属性】面板。

Step 3 在【样式】下拉列表中选择【Alpha】，然后设置其参数为0%，此时星形呈完全透明状态，同时在第10帧插入一个属性关键帧，如图5-14所示。

Step 4 继续将播放头移动到第20帧，设置其【Alpha】参数为100%，此时星形呈完全不透明状态，同时在第20帧插入一个属性关键帧，如图5-15所示。

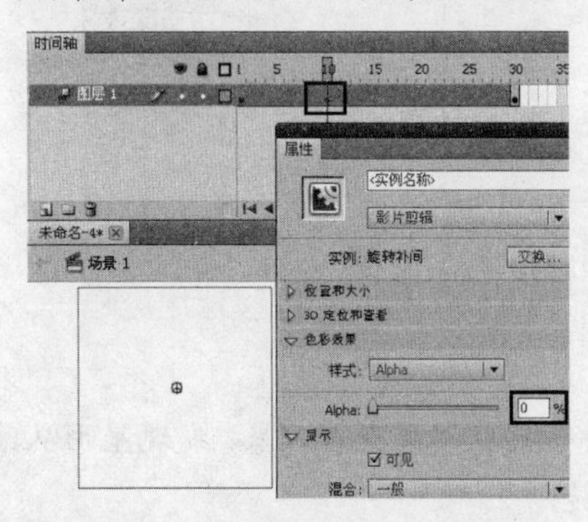

图5-14

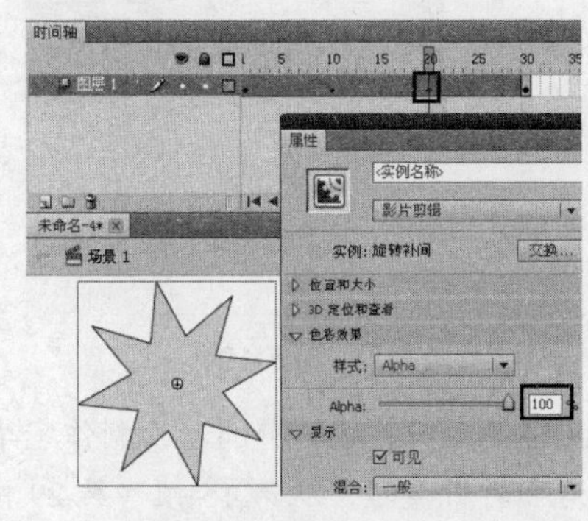

图5-15

Step 5 继续将播放头移动到第29帧，设置其【Alpha】参数为0%，此时星形呈完全透明状态，同时在第29帧插入一个属性关键帧，如图5-16所示。

Step 6 至此，色彩补间动画制作完毕，按【Enter】键播放动画查看效果，发现星形从第1帧～第10帧由不透明到完全透明，再从第10帧～第20帧由完全透明到完全不透明，最后从第20帧～第29帧由完全不透明到完全透明。

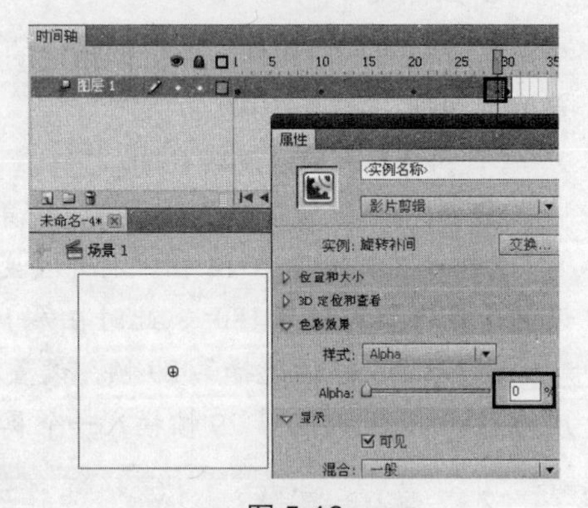

图5-16

5. 补间动画的特殊设置

除了以上所讲的通过设置简单的属性变化制作补间动画外，补间动画还有一些特殊的设置，这些设置都可以在【属性】面板进行设置。下面对其进行介绍。

- 【缓动】：一般情况下，补间动画采用的是线性插值的方式，也就是说，补间的变化是均匀的。对于希望有加速或减速的动画效果，这时就需要设置“缓动”值，产生不规则的变化效果。打开【属性】面板，在其【缓动】选项下设置【缓动】值，默认为0，可以根据需要重新设置一个【缓动】值即可产生富于变化的运动效果，如图5-17所示。
- 【旋转】：用于设置补间动画中实例的旋转控制，包括设置旋转的次数以及方向等，单击【方向】下拉按钮，可在其下拉列表选择旋转的方向，如图5-18所示。

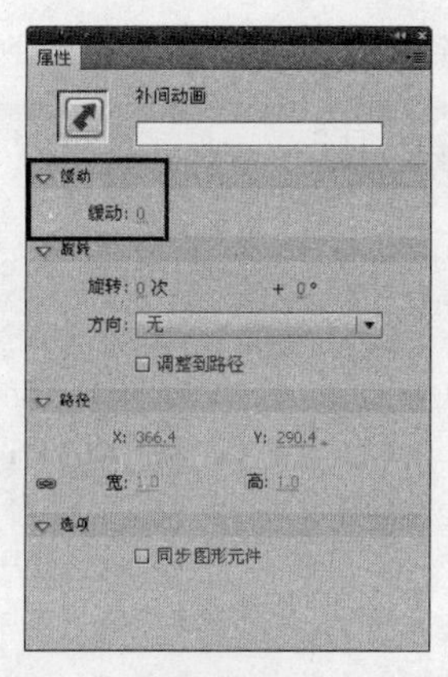
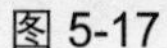

图 5-17

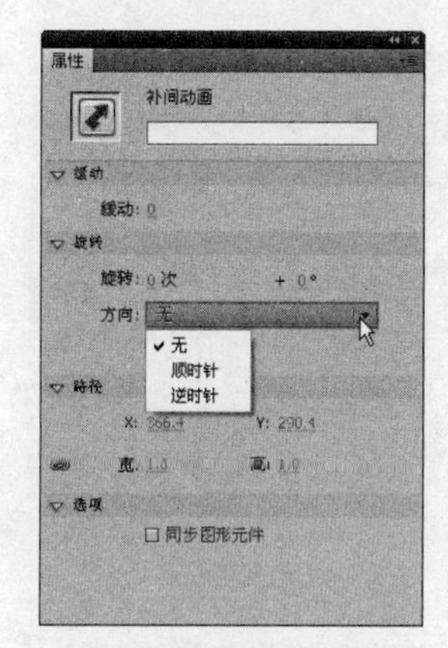

图 5-18

- 【调整到路径】：勾选该选项，可以在补间帧中保持实例和路径的相对夹角。
- 【路径】：用于设置路径的 x、y 坐标位置等。
- 【同步图形元件】：将动画补间和运动引导线两端对齐。

5.1.2 补间动画和传统补间

补间动画和传统补间是 Flash 中的两种不同类型的动画形式。

1. 补间动画

补间动画是在 Flash 新版本中引入的，其功能强大，且操作简单，易于对动画进行控制。这种补间动画模型基于对象本身，它将补间直接应用于对象，同时自动记录运动路径并添加属性关键帧。

2. 传统补间

传统补间是非面向对象运动的动画，创建传统补间动画时，首先在时间轴创建关键帧，然后更改实例的属性，再在两个关键帧间直接应用补间动画。

【任务 5】使用传统补间制作位置补间动画。

Step 1 将元件实例拖入舞台，在第 15 帧和第 30 帧分别插入关键帧，如图 5-19 所示。

Step 2 在第 1 帧～第 15 帧、第 15 帧～第 30 之间分别单击右键，在弹出的快捷菜单中选择【创建传统补间】命令，创建传统补间，如图 5-20 所示。

图 5-19

图 5-20

Step 3 选择第 15 帧位置的实例，将其向右移动到合适位置，如图 5-21 所示。

Step 4 继续选择第30帧的实例，继续将其向右移动到合适位置，如图5-22所示。

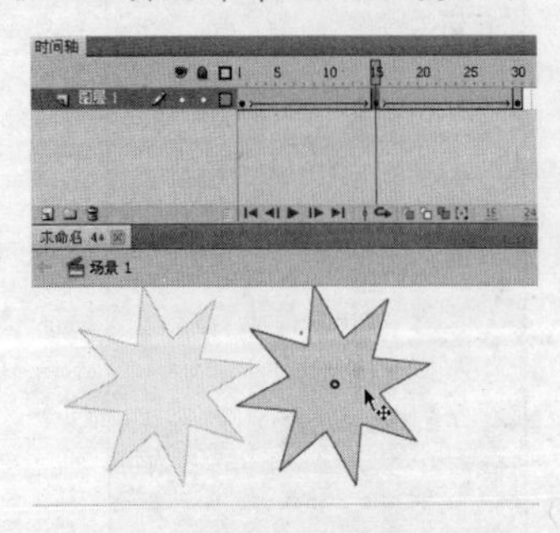

图5-21

图5-22

Step 5 这样就完成了补间动画的制作，按【Enter】键播放动画查看效果，发现星形由左向右进行移动。

由此可见，传统补间动画的创建更为复杂，它仅提供了用户可能希望使用的某些特定功能，而补间动画则提供了更多的补间控制。总之，补间动画和传统补间动画之间存在很大的差异，用户可以根据自己的喜好或习惯，选择制作哪种补间动画。

5.2 创建补间动画

前面章节了解了补间动画和传统补间的特点与区别，这一节通过两个简单操作，学习创建补间动画和传统补间动画的方法。

5.2.1 创建补间动画

【任务6】创建补间动画。

Step 1 新建Flash文档，然后在舞台中单击鼠标右键，在弹出的快捷菜单中选择【文档属性】命令，在打开的【文档属性】对话框中设置【背景颜色】为黑色，如图5-23所示。

Step 2 单击【确定】按钮确认。

Step 3 激活【多角星形工具】，在【属性】面板中设置填充颜色和笔触颜色，然后单击【选项】按钮，在打开的【工具设置】对话框中设置【边数】为12，其他设置默认，如图5-24所示。

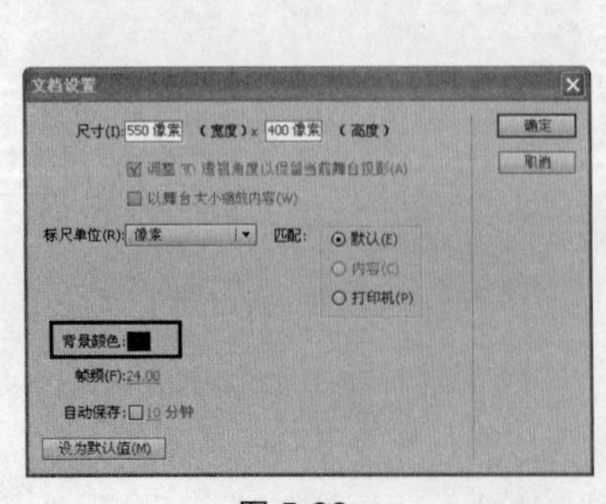

图5-23

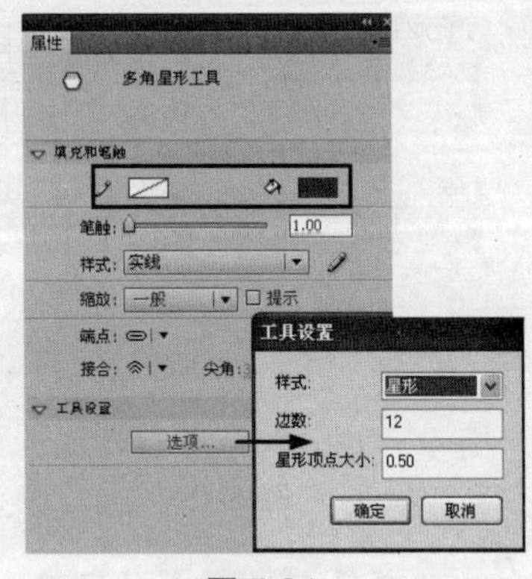

图5-24

Step 4 单击【确定】按钮确认，然后在舞台中拖曳鼠标绘制一个多角星形图形，如图 5-25 所示。

Step 5 选择绘制的星形图形，按【F8】键打开【转换为元件】对话框，设置相关参数如图 5-26 所示。

图 5-25

图 5-26

Step 6 单击【确定】按钮确认完成转换。

Step 7 双击舞台上的元件进入该元件的编辑界面，选择"星形"元件，单击鼠标右键，在弹出的快捷菜单中选择【创建补间动画】命令，如图 5-27 所示。此时弹出提示信息对话框，如图 5-28 所示。

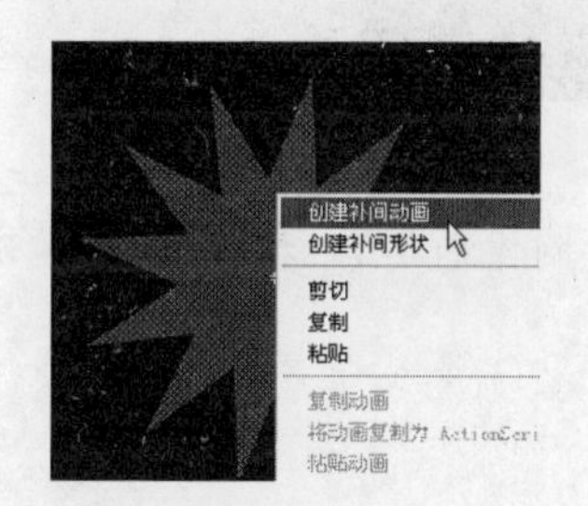

图 5-27

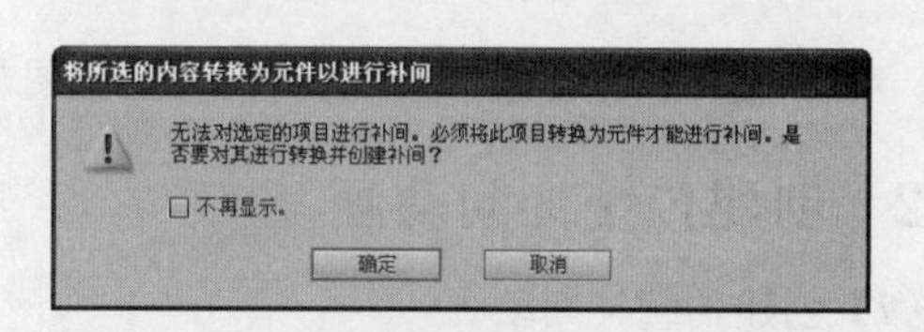

图 5-28

Step 8 单击【确定】按钮，此时 Flash 自动将星形图形转换为一个影片剪辑元件，同时当前图层被转换为"补间"图层，并延长帧至 24 帧，以便开始对实例制作动画，如图 5-29 所示。

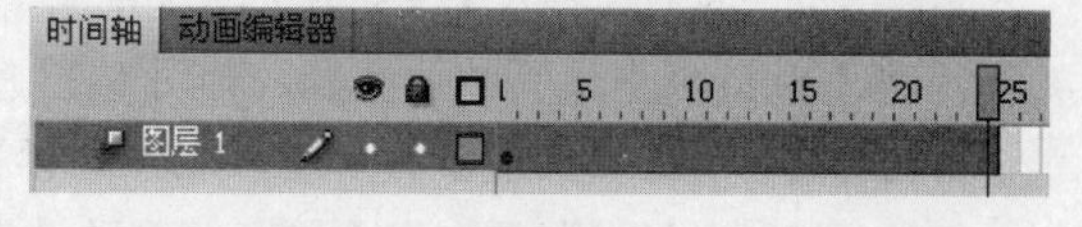

图 5-29

Step 9 单击时间轴的第 25 帧，按【F6】键插入一个关键帧，然后单击选择第 12 帧，选择舞台上的星形对象，在【变形】面板设置其缩放为 50%，此时 Flash 自动在第 12 帧处创建一个关键帧，如图 5-30 所示。

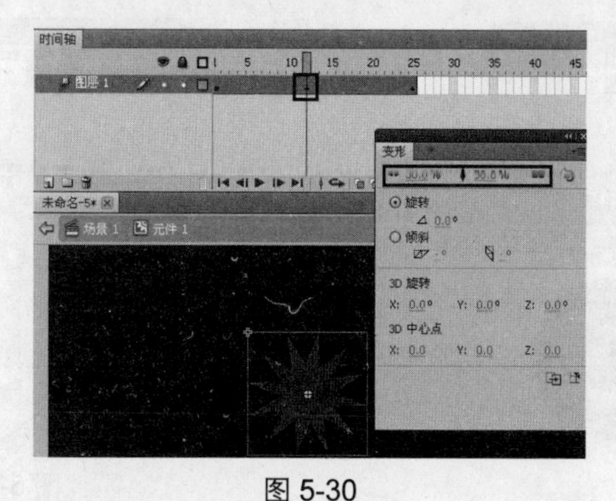

图 5-30

提示：在创建补间动画后，只要改变时间轴上任何一帧的实例的属性，Flash 都会在该帧自动创建一个属性关键帧，这就是 Flash CS5 补间动画的便捷之处，同时也是补间动画与传统补间的最大区别。

Step 10 继续选择第 24 帧上的对象，在【属性】面板的【色彩效果】组下的【样式】下拉列表中选择【Alpha】，并设置其值为 0%，使舞台上的对象完全透明，如图 5-31 所示。

Step 11 继续选择任意一帧，在【旋转】组中设置“顺时针”旋转 1 次，其他设置默认，如图 5-32 所示。

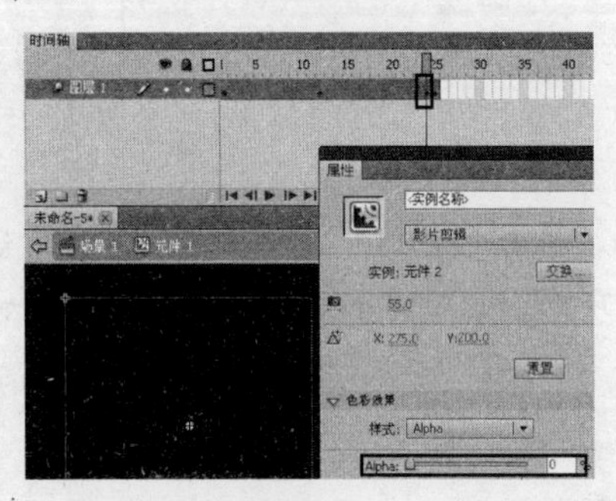

图 5-31

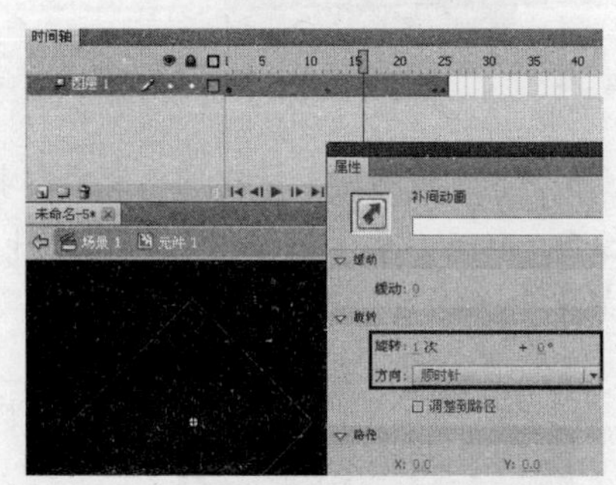

图 5-32

Step 12 这样一个旋转、缩放并消失的星形图形的动画就制作完成了。按【Enter】键测试动画。

5.2.2 创建传统补间动画

【任务 7】创建传统补间动画。

Step 1 新建 Flash 文档。

Step 2 执行【插入】/【新建元件】命令，在打开的【创建新元件】对话框中设置相关参数，如图 5-33 所示。

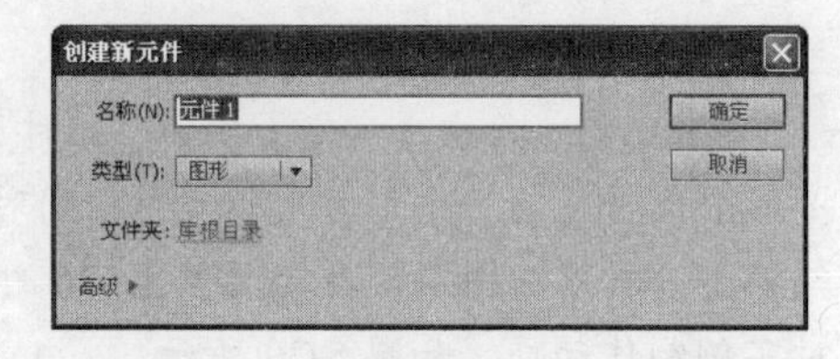

图 5-33

Step 3 单击【确定】按钮进入元件编辑界面。

Step 4 激活【椭圆工具】，在舞台中绘制一个圆，如图 5-34 所示。

Step 5 单击舞台左上角的【场景 1】按钮回到场景，打开【库】面板，将“元件 1”拖到舞台的右侧，如图 5-35 所示。

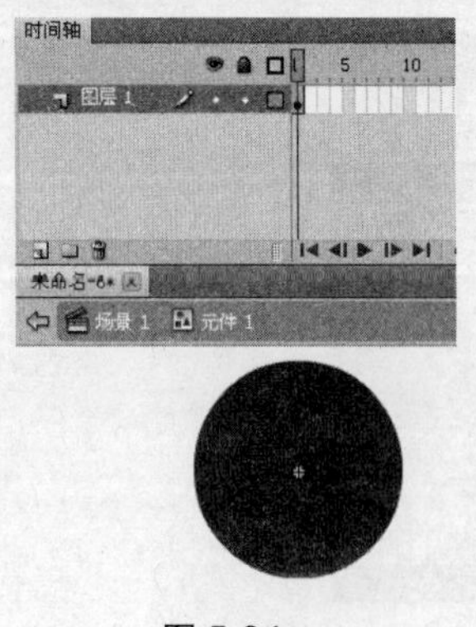

图 5-34

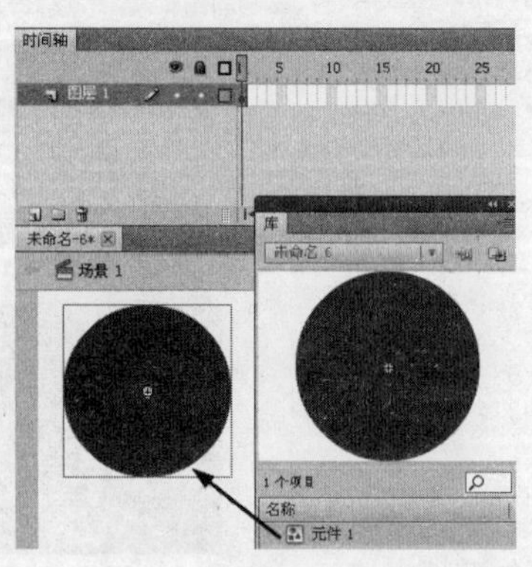

图 5-35

Step 6 分别选择第 10 帧和第 30 帧，按【F6】键插入关键帧，如图 5-36 所示。

Step 7 选择第 10 帧的圆，将其沿水平方向移动到舞台中间位置，如图 5-37 所示。

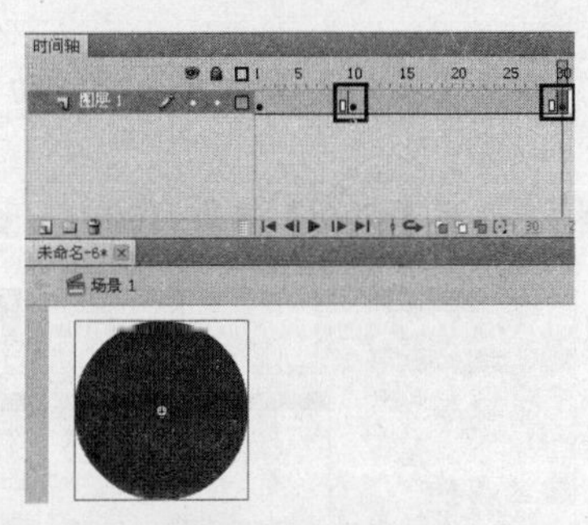

图 5-36

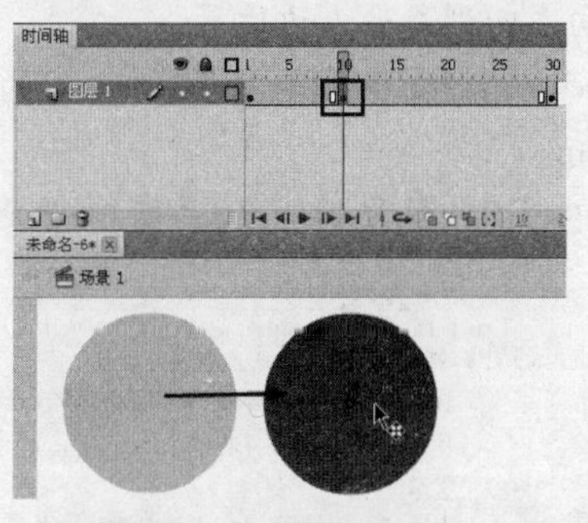

图 5-37

Step 8 继续选择第 20 帧，按【F6】键插入关键帧，如图 5-38 所示。

Step 9 这样，让该圆在第 10 帧到第 20 帧之间保持静止，然后选择第 30 帧的圆，将其移动到舞台的左边位置，如图 5-39 所示。

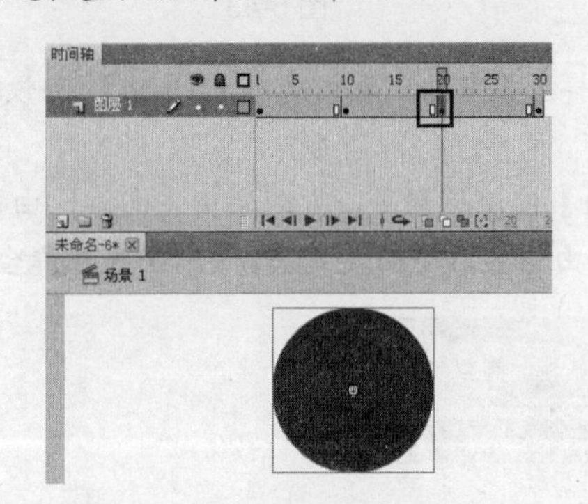

图 5-38

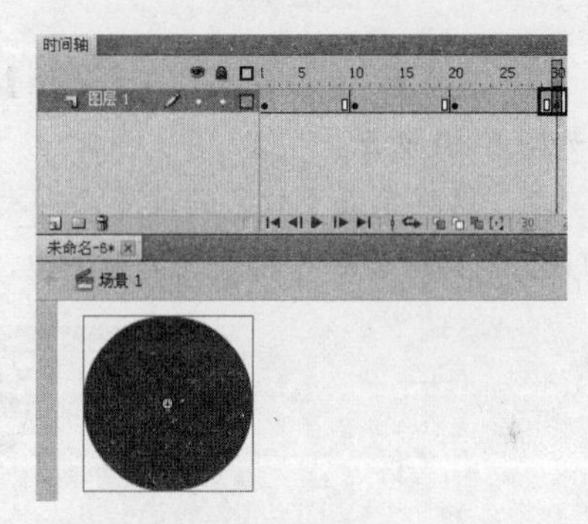

图 5-39

Step 10 鼠标右键单击第 1 帧到第 10 帧的任意一帧，在弹出的快捷菜单中选择【创建传统补间】命令，如图 5-40 所示。

Step 11 此时第 1 帧到第 10 帧之间出现浅蓝色背景与一条长的黑色箭头，这表示动画创建成功，如图 5-41 所示。

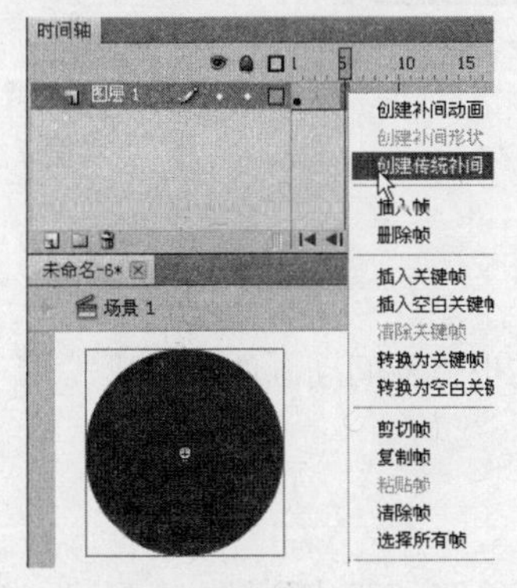

图 5-40

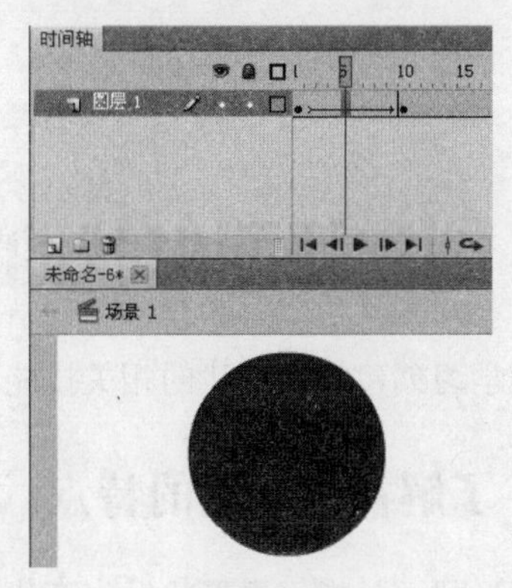

图 5-41

Step 12 使用相同的方法，在第 20 帧与第 30 帧之间也创建传统补间动画，如图 5-42 所示。

Step 13 按【Enter】键播放动画查看效果，发现圆由左向右移动到舞台右边后稍作停留，然后再快速由右向左回到舞台左边位置。

Step 14 选择第 1 帧与第 10 帧之间的任意一帧，然后在【属性】面板设置“缓动”值为 100，如图 5-42 所示。

Step 15 再次选择第 20 帧与第 30 帧之间的任意一帧，设置【缓动】值为-100，如图 5-43 所示。

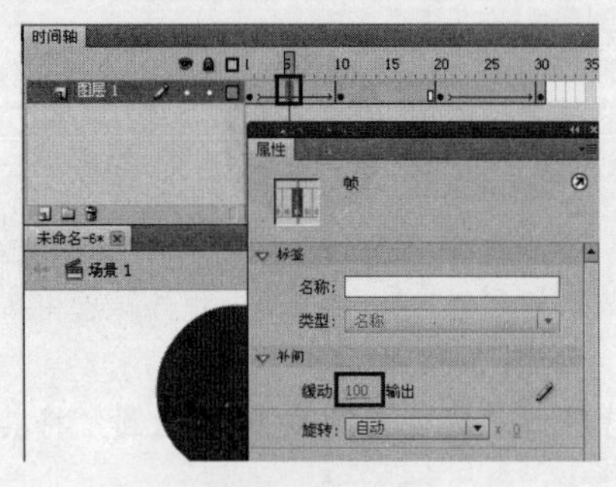

图 5-42

图 5-43

Step 16 选择第 30 帧的圆，在【属性】面板的【样式】下拉列表中选择【Alpha】，并设置 Alpha 值为 0%，如图 5-44 所示。

Step 17 这样完成了效果的设置，再次按【Enter】键测试动画，发现圆由左向右、由快变慢运动到舞台中间，稍作停留后再运到到舞台右边，之后继续由舞台右边由慢变快，逐渐消失在舞台的左侧。

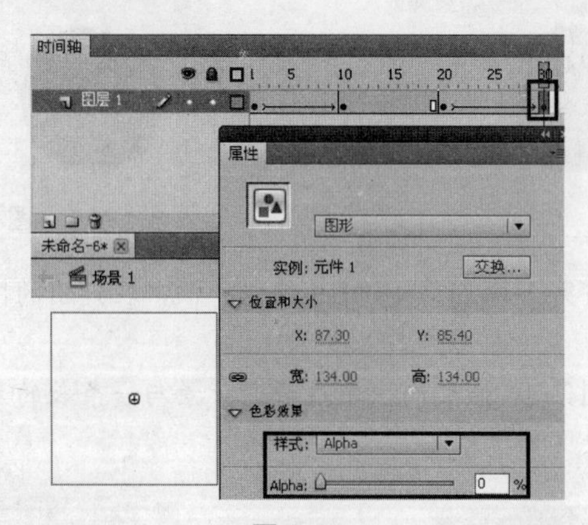

图 5-44

5.3 创建补间形状动画

本节继续学习创建补间形状的相关技能，补间形状其实也是补间动画的一种形式。

5.3.1 了解补间形状的特点

所谓补间形状，是指元素形状发生变化的动画，即从一个形状变化到另一个形状。补间帧的内容

是依靠两个关键帧上的形状进行计算得到的。

补间形状与补间动画有所不同，补间形状所需元素必须是非成组、非元件的矢量图形，如果需要形状补间的对象是成组或元件，那么需要使用【分离】命令将其分离。

另外，在制作补间形状动画时，可以为元素添加控制点来控制变形，在创建好补间形状后，执行【修改】/【形状】/【添加形状提示】命令，即可为变形的对象添加控制点。

5.3.2　创建补间形状动画

【任务 8】创建补间形状动画。

Step 1　新建 Flash 文档。

Step 2　使用【多角星形工具】在舞台中绘制一个无填充色的红色边框的星形图形，如图 5-45 所示。

Step 3　在第 30 帧上按【F7】键插入一个空白关键帧，然后单击【时间轴】面板底部的【绘图纸外观】按钮启用洋葱皮功能，如图 5-46 所示。

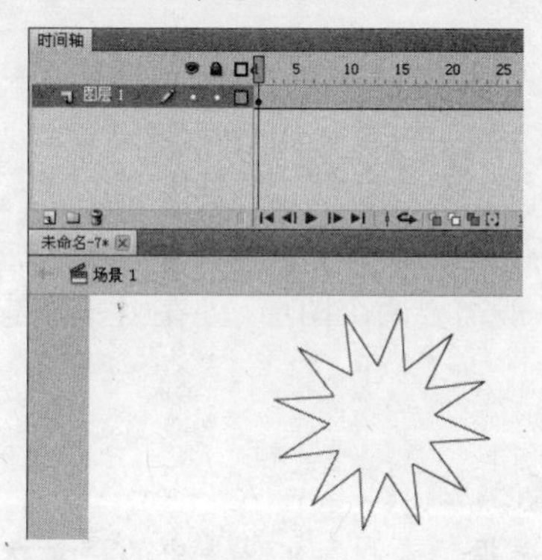

图 5-45

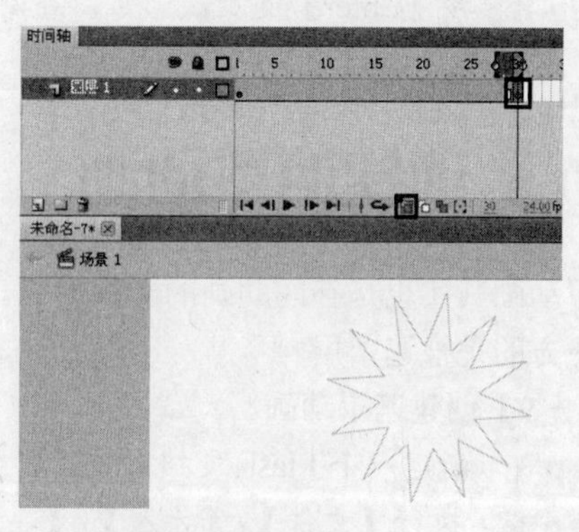

图 5-46

Step 4　激活【文字工具】，在星形图形下方输入相关文字，如图 5-47 所示。

Step 5　选择输入的文字，按【Ctrl+B】组合键两次将文字打散，然后激活【墨水瓶工具】，设置【笔触】颜色为红色，逐一单击文字，为其进行描边，最后删除文字内部的填充颜色，结果如图 5-48 所示。

图 5-47

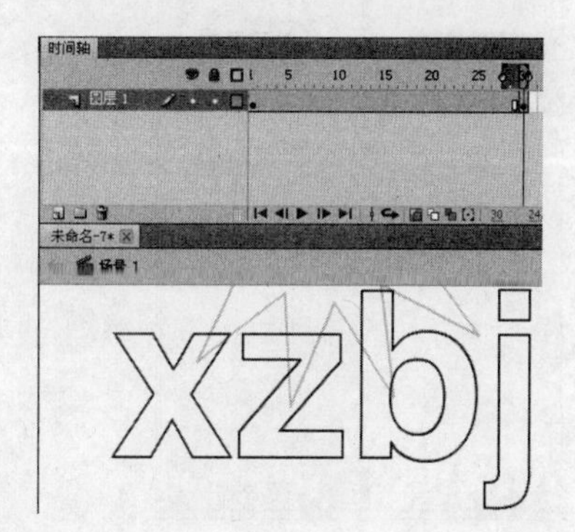

图 5-48

Step 6　在第 1 帧～第 30 帧之间的任意一帧上单击鼠标右键，在弹出的快捷菜单中选择【创建

补间形状】命令，如图5-49所示。

Step 7 这时在第1帧和第30帧之间出现浅绿色背景和长的黑色箭头，表示补间形状制作完毕，同时舞台中出现图形到文字的变化效果，如图5-50所示。

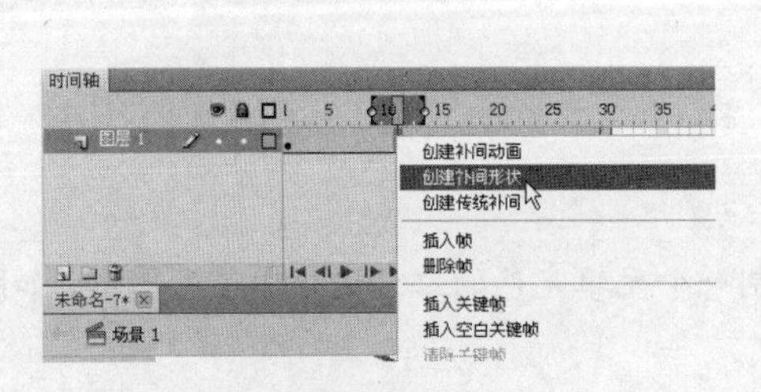

图 5-49

图 5-50

Step 8 按【Enter】键测试影片，查看补间形状动画效果。

5.4 创建遮罩动画

遮罩动画其实也是补间动画的一种形式。制作遮罩动画一般需要两个图层，处在上方的是遮罩层，而处于下方的是被遮罩层。

【任务9】创建遮罩动画。

Step 1 新建一个Flash文档，并设置文档的背景为黑色。

Step 2 执行【文件】/【导入】/【导入到库】命令，选择"素材"文件夹中的"素材.jpg"和"素材1.jpg"两幅素材文件，将其导入到库中，如图5-51所示。

Step 3 从【库】面板中将"素材.jpg"拖入到舞台，然后在【对齐】面板中勾选【与舞台对齐】选项，之后设置【水平中心】与【垂直中心】对齐方式，将位图对齐到舞台的中心，如图5-52所示。

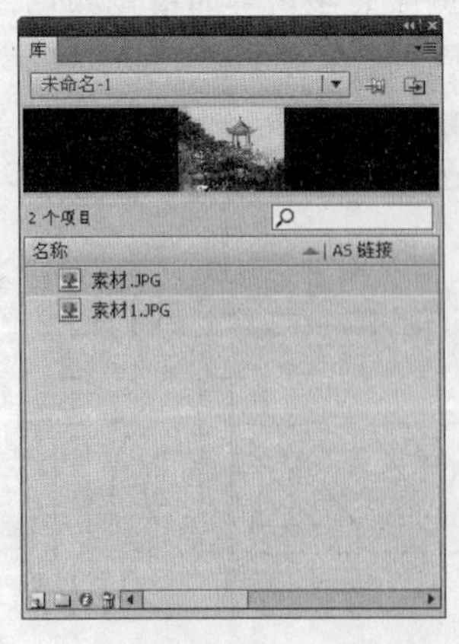

图 5-51

图 5-52

Step 4 在"图层1"的第50帧按【F6】键插入关键帧，并在第100帧按【F5】键延长帧，如

图 5-53 所示。

Step 5　选择第 50 帧的舞台上的位图，在【属性】面板中单击【交换】按钮，从打开的【交换位图】对话框中选择“素材 1.jpg”文件，如图 5-54 所示。

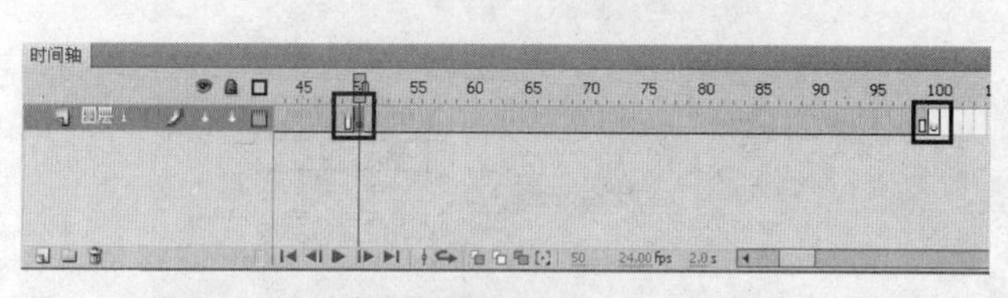

图 5-53

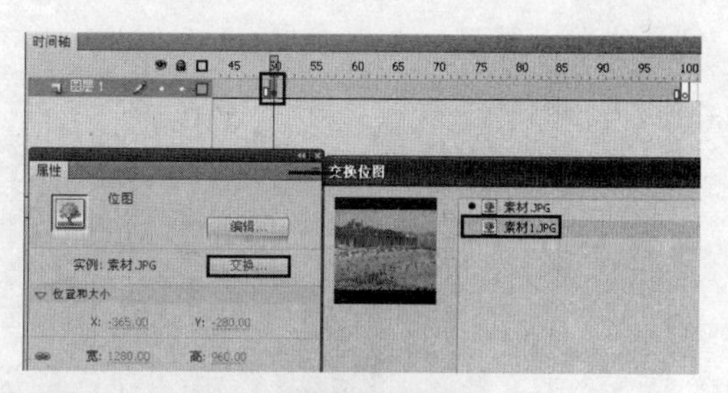

图 5-54

Step 6　单击【确定】按钮，替换原舞台上的位图，结果如图 5-55 所示。

Step 7　新建图层 2。使用【多角星形工具】绘制一个星形图形，如图 5-56 所示。

图 5-55

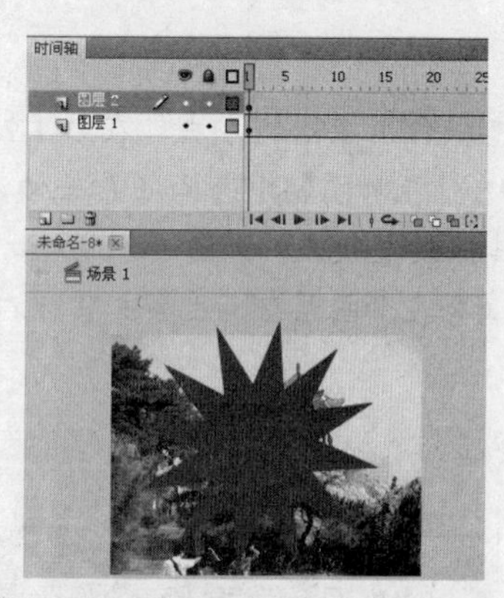

图 5-56

Step 8　选择绘制的星形图形，单击鼠标右键，在弹出的快捷菜单中选择【创建补间动画】命令，如图 5-57 所示。

Step 9　此时弹出信息提示框，单击【确定】按钮，Flash 自动将所选内容转换为元件，并将其保存在【库】面板中，另外也会将当前图层转换为“补间”图层，如图 5-58 所示。

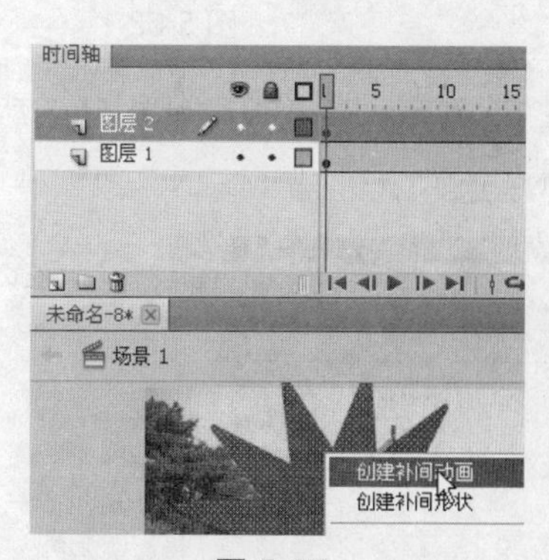

图 5-57

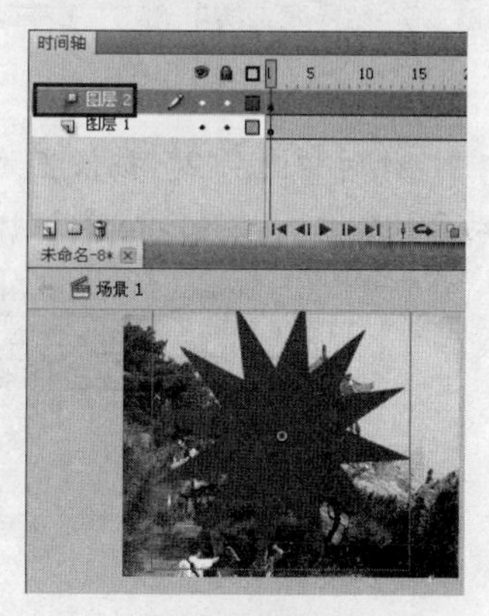

图 5-58

Step 10 选择“图层 2”中第 25 帧的实例，在【变形】面板中设置其缩放比例为 150%，同时在第 25 帧创建一个关键帧，如图 5-59 所示。

Step 11 继续选择第 50 帧的实例，在【变形】面板中设置其缩放比例为 1%，同时在第 50 帧创建一个关键帧，如图 5-60 所示。

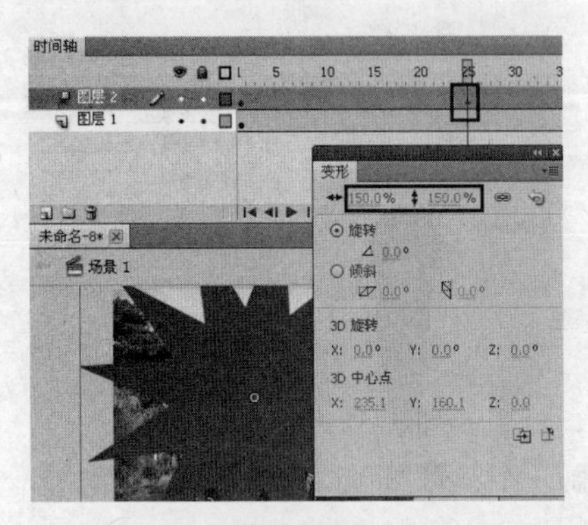

图 5-59

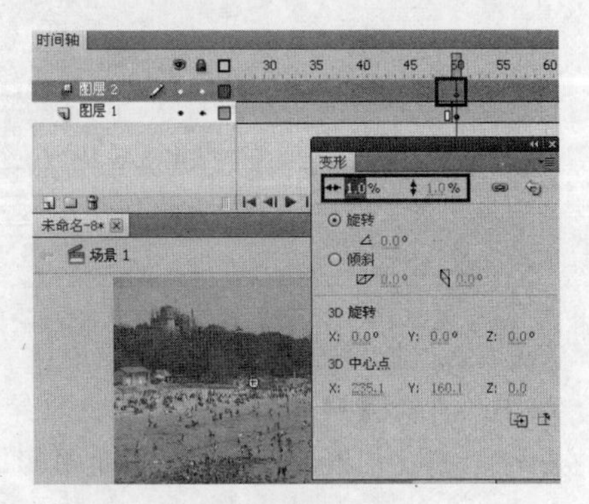

图 5-60

Step 12 使用相同的方法，在第 1 帧设置缩放比例为 1%；在第 100 帧设置缩放比例为 150%。

Step 13 在时间轴中选择任意一帧，在【属性】面板中设置【旋转】为【顺时针】，并设置次数为 3 次，其他设置默认，如图 5-61 所示。

Step 14 在“图层 2”上单击鼠标右键，在弹出的快捷菜单中选择【遮罩层】命令，如图 5-62 所示。

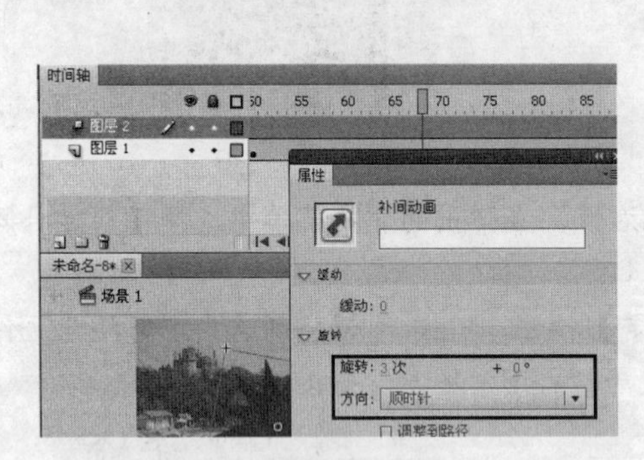

图 5-61

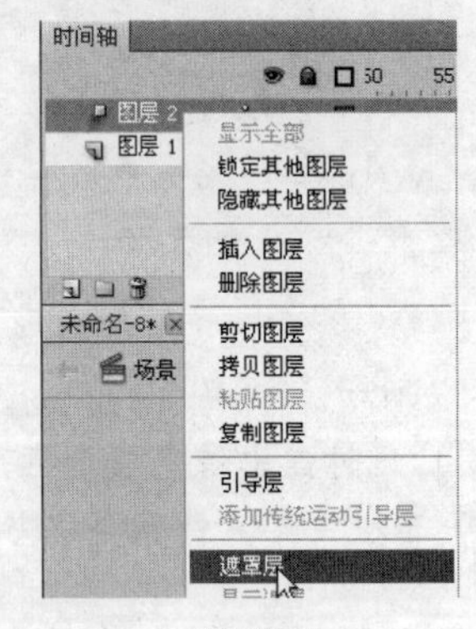

图 5-62

Step 15 此时“图层 2”被设置为遮罩层，“图层 1”则为被遮罩层，如图 5-63 所示。这样就完成了遮罩动画的制作，按【Enter】键播放动画查看效果。

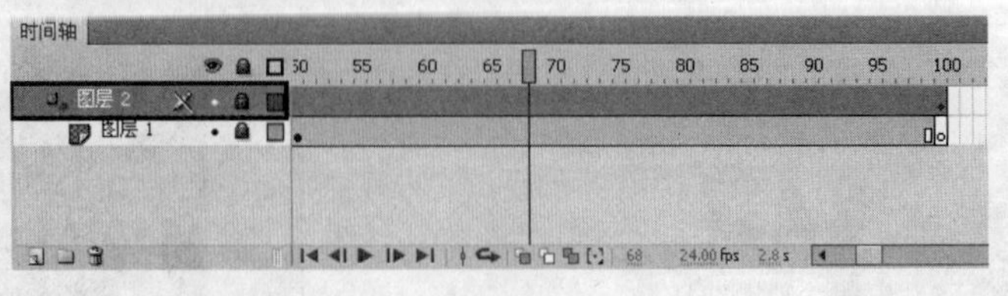

图 5-63

5.5 编辑动画

5.5.1 认识【动画编辑器】

在【动画编辑器】面板中，可以添加、删除、移动属性关键帧。当创建了补间后，在【时间轴】面板中单击【动画编辑器】选项卡，或者执行【窗口】/【动画编辑器】命令，打开【动画编辑器】面板，如图 5-64 所示。

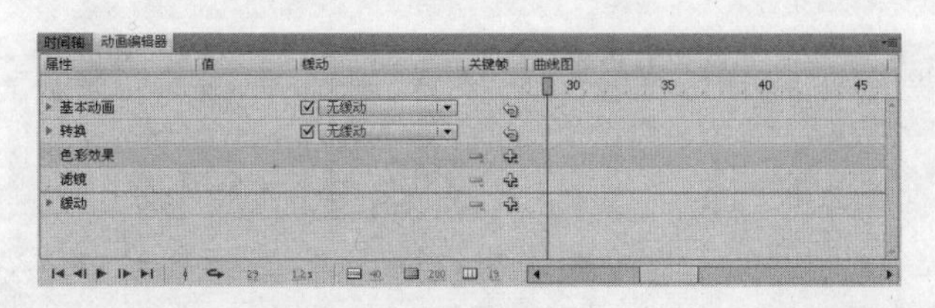

图 5-64

该面板左边显示【属性】可扩展列表以及【值】和【缓动】选项，右边显示了关键帧以及曲线图，用于更改动画关键帧以及动画运动曲线。单击左边的三角按钮，可以折叠或展开相关类型，以便查看和编辑，如图 5-65 所示。

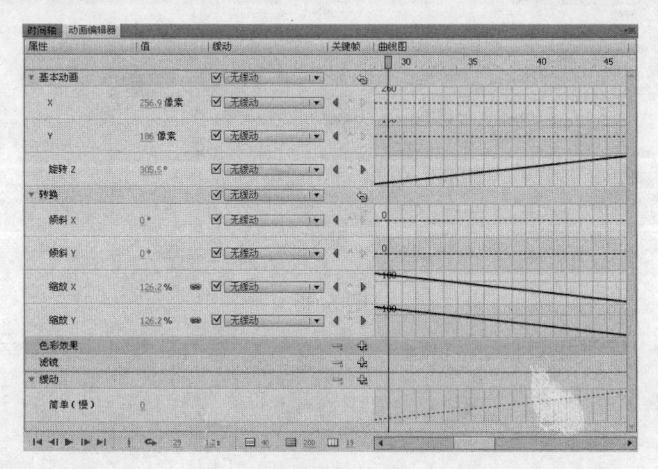

图 5-65

5.5.2 编辑属性关键帧

1. 添加或删除属性关键帧

【任务 10】添加、删除属性关键帧。

Step 1 将红色播放头拖到要添加关键帧的位置，如将播放头拖到第 5 帧，单击鼠标右键，在弹出的快捷菜单中选择【添加关键帧】命令，如图 5-66 所示。此时该位置添加了关键帧，如图 5-67 所示。

Step 2 在要删除的关键帧上单击鼠标右键，在弹出的快捷菜单中选择【删除关键帧】命令，

如图 5-68 所示。此时在该位置的关键帧被删除，如图 5-69 所示。

图 5-66

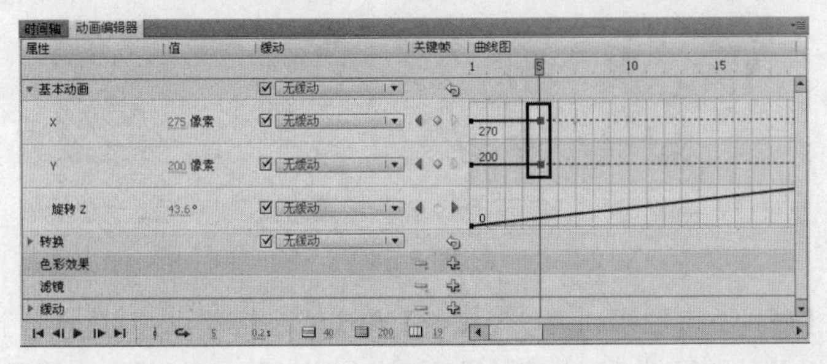

图 5-67

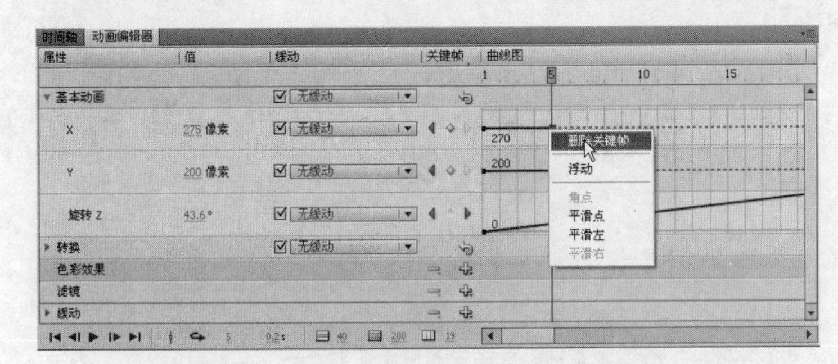

图 5-68

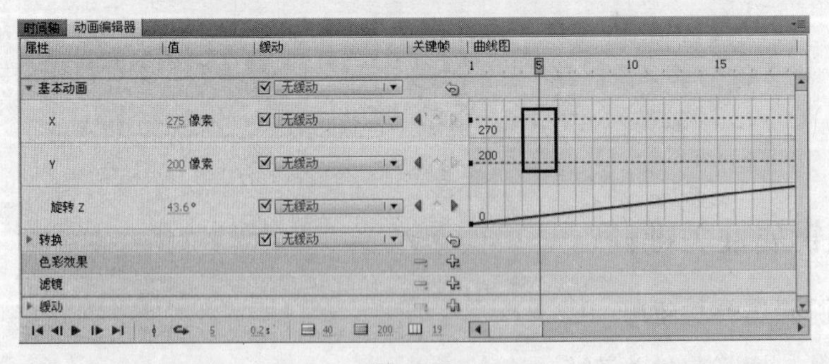

图 5-69

2. 移动属性关键帧

移动属性关键帧的方法也很简单，直接设置【X】或【Y】的值，即可调整属性关键帧处元件实例的位置。

5.5.3　编辑元件实例的属性

1. 改变元件实例的位置

要想改变元件实例的位置，可以通过调整 x 或 y 曲线中关键帧节点的垂直位置。

【任务 11】改变元件实例的位置。

Step 1　继续任务 10 的操作，原来的元件实例在舞台中心位置，如图 5-70 所示。

Step 2　选择 x 轴中的关键帧节点，沿垂直方向向上拖曳，此时元件实例从舞台中心位置移动到了舞台右边位置，如图 5-71 所示。

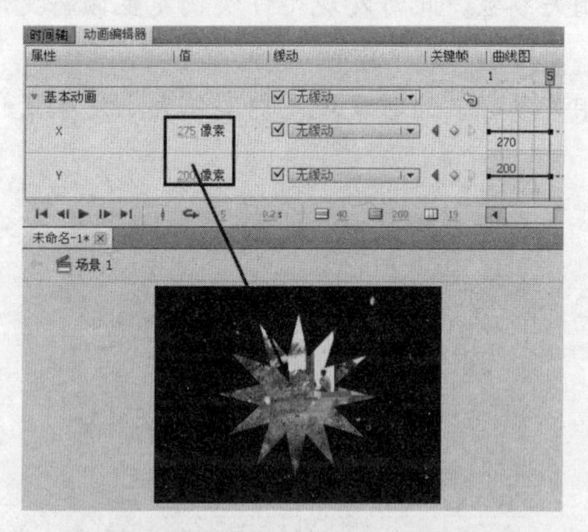

图 5-70

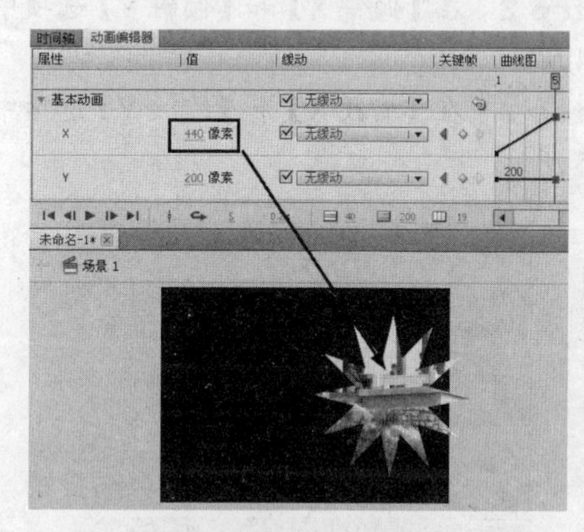

图 5-71

Step 3　继续选择 y 轴的关键帧节点，垂直向下拖曳，此时元件实例移动到了舞台右上角位置，如图 5-72 所示。

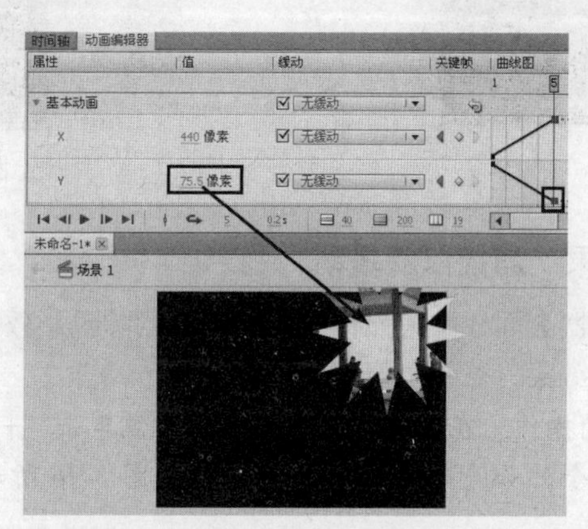

图 5-72

2. 转换元件实例的形状

可以在【动画编辑器】面板中调整动画元件实例的形状，包括缩放比例、倾斜角度等。

【任务 12】转换元件实例的形状。

Step 1　继续任务 11 的操作。在【动画编辑器】面板中单击【转换】选项左侧的三角按钮将其展开，如图 5-73 所示。

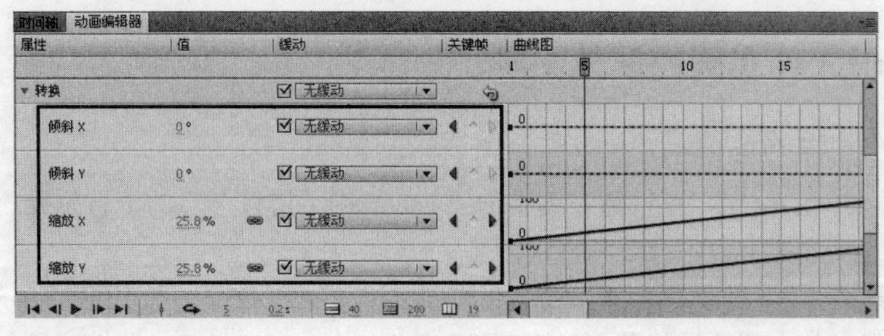

图 5-73

Step 2 在【倾斜 X】和【倾斜 Y】选项中输入相关参数，此时发现元件实例发生倾斜变形，如图 5-74 所示。

Step 3 在【缩放 X】和【缩放 Y】选项中输入相关参数，此时发现元件实例大小发生变化，如图 5-75 所示。

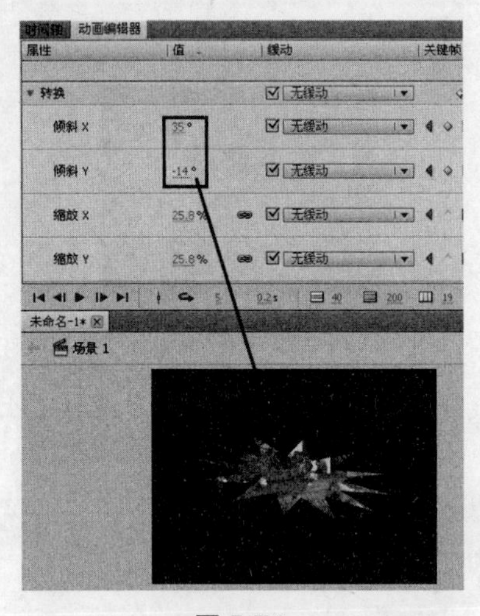

图 5-74

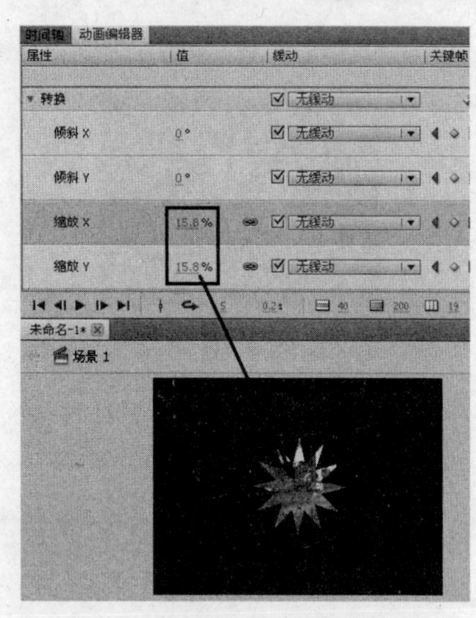

图 5-75

3. 添加或删除色彩效果、滤镜以及缓动

用户也可以在【动画编辑器】面板中为元件实例添加或删除色彩效果或滤镜。

【任务 13】添加/删除色彩效果、滤镜以及缓动。

Step 1 继续任务 12 的操作。在【色彩效果】选项右侧单击“+”号按钮，在弹出的下拉菜单中可以选择相应的色彩效果命令，如选择【Alpha】选项，如图 5-76 所示。

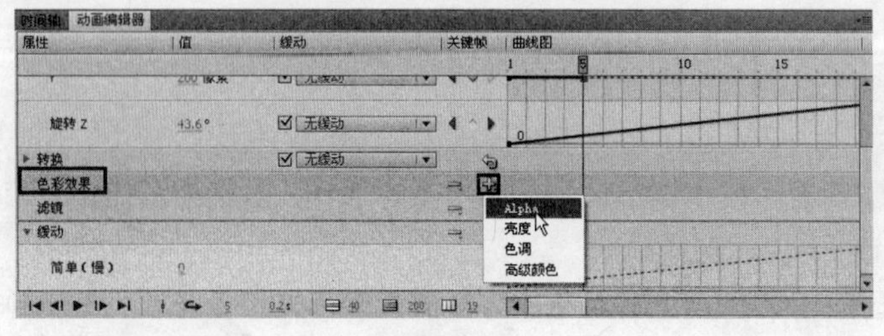

图 5-76

Step 2　此时添加了“Alpha”色彩效果，然后设置【Alpha】的值，对元件实例的色彩进行调整，如图 5-77 所示。

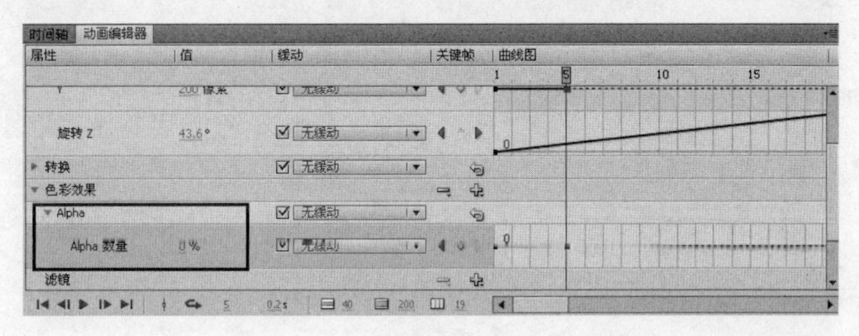

图 5-77

Step 3　如果要删除添加的“Alpha”色彩效果，可以在【色彩效果】右侧单击“–”号按钮，在弹出的下拉菜单中选择【Alpha】选项，如图 5-78 所示。这样即可将添加的色彩效果删除，如图 5-79 所示。

图 5-78

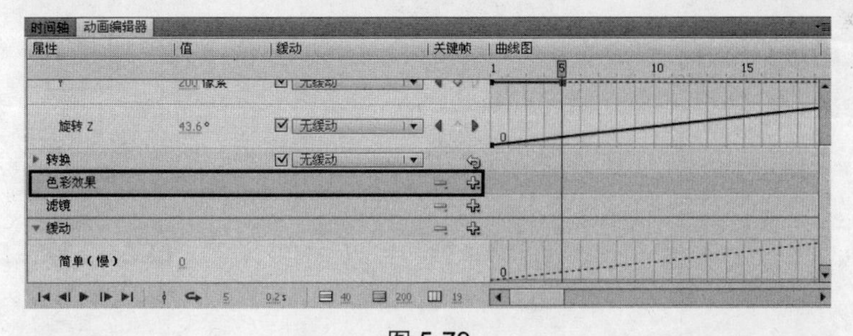

图 5-79

Step 4　使用同样的方法，为元件实例添加或删除滤镜效果，如图 5-80 所示。

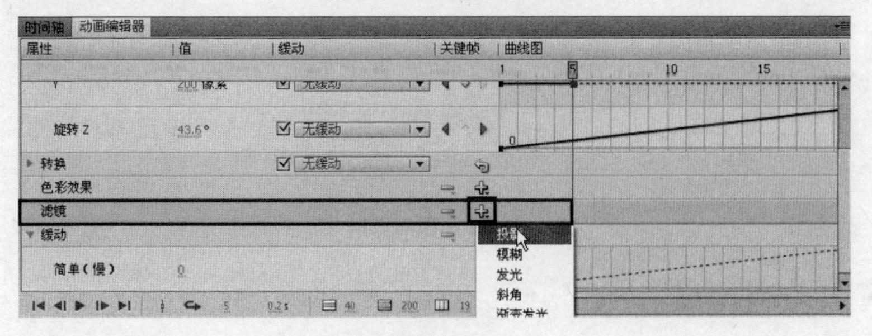

图 5-80

Step 5 继续使用同样的方法，可以为元件实例添加或删除缓动，如图 5-81 所示。

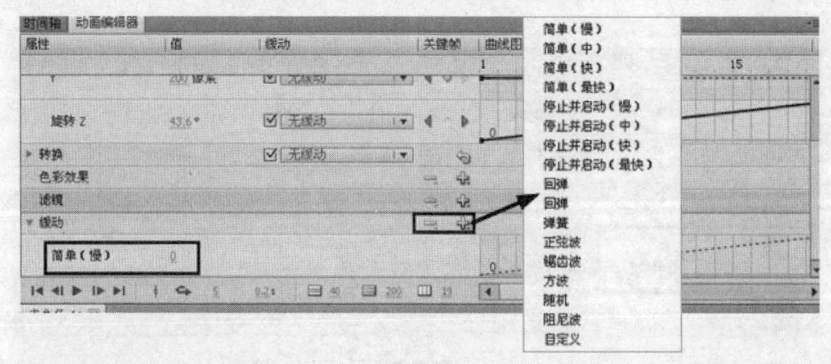

图 5-81

5.6 应用动画预设

动画预设是 Flash 内置的补间动画，可以将其应用于舞台上的对象。Flash 内置的每一个动画预设都可以在【动画预设】面板中进行预览，方便选择合适的动画预设。

执行菜单栏中的【窗口】/【动画预设】命令打开【动画预设】面板，如图 5-82 所示。

展开“默认预设”文件夹，系统提供了 32 个动画预设项目，如图 5-83 所示。

从该面板中的“默认预设”文件夹中选择一个动画预设，即可在面板顶部预览，如图 5-84 所示。

图 5-82

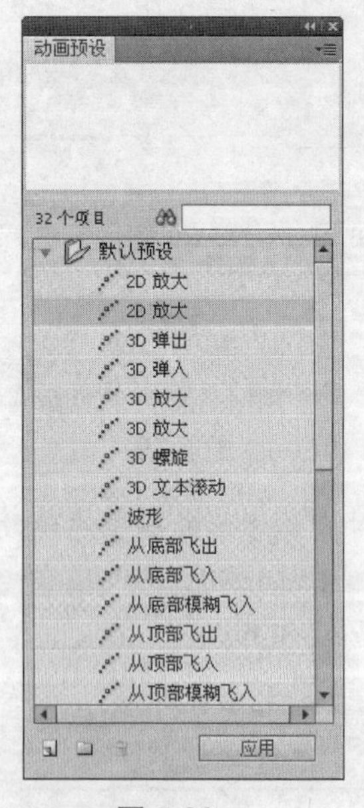

图 5-83

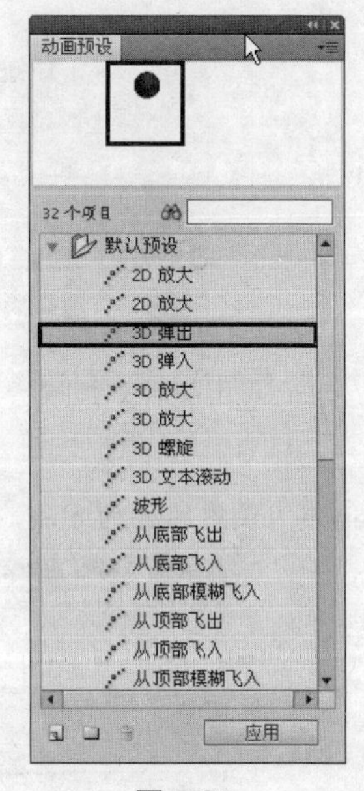

图 5-84

5.6.1 应用动画预设

要应用动画预设，首先必须创建元件，并选择元件实例，然后选择动画预设项目，将其应用给动

画元件实例。

【任务14】应用动画预设。

Step 1 创建一个新文档，然后按【Ctrl+F8】组合键打开【创建新元件】对话框，设置相关参数如图5-85所示。

Step 2 确认进入影片剪辑元件的编辑界面，使用【椭圆工具】，设置【笔触颜色】为无色，设置【填充颜色】为一种红色渐变色，如图5-86所示。

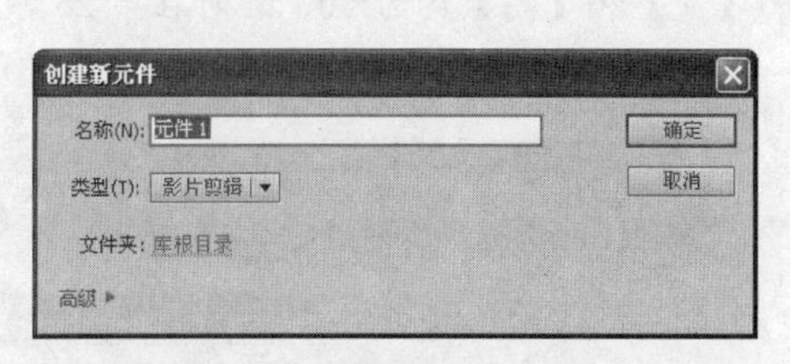

图5-85

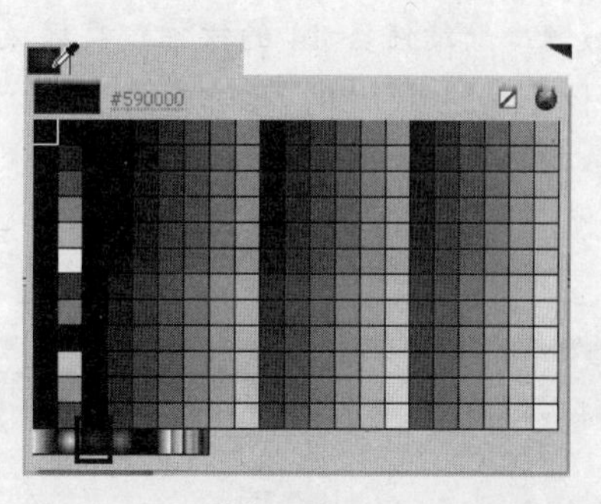

图5-86

Step 3 在舞台中拖曳鼠标指针绘制一个圆球，如图5-87所示。

Step 4 单击【场景1】按钮返回场景，然后在【库】面板中将创建的元件拖入舞台。

Step 5 选择该圆球实例，在【动画预设】面板中选择【3D弹入】动画预设，如图5-88所示。

Step 6 单击【应用】按钮，将该动画预设应用给圆球实例，此时在【时间轴】面板的时间线上自动添加了相关关键帧，并在舞台出现球体的浅绿色运动轨迹线，如图5-89所示。

图5-87

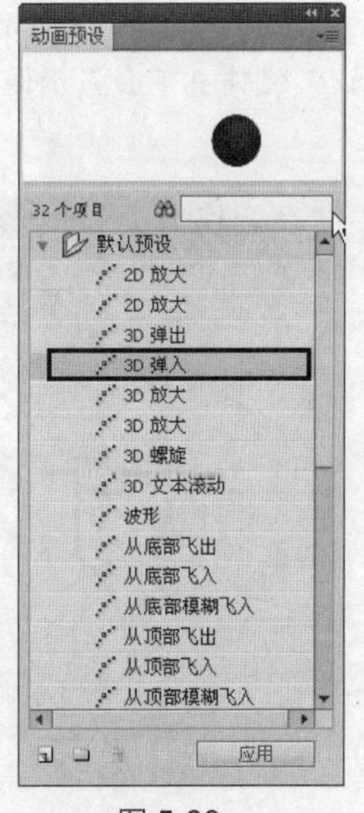

图5-88

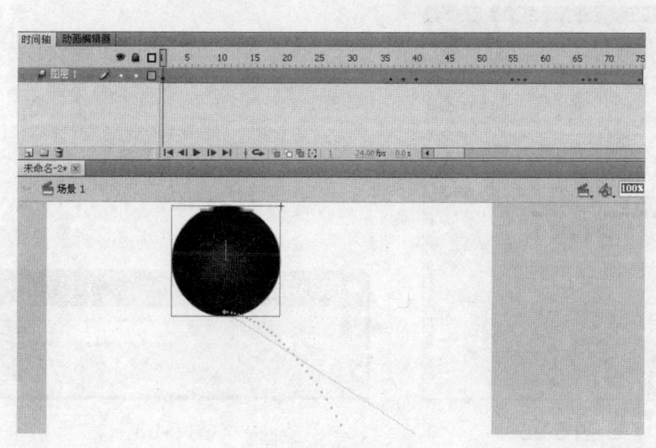

图5-89

Step 7 按【Enter】键播放动画，观看球体弹跳的动画效果。

5.6.2 保存自定义动画预设

用户可以将创建的补间动画保存为动画预设，保存的动画预设会显示在【动画预设】面板的"自定义预设"文件夹中。

【任务 15】保存自定义动画预设。

Step 1 继续任务 14 的操作。将播放头调整到第 15 帧，然后在【属性】面板中调整圆球实例的【宽】和【高】均为 80，此时在第 15 帧添加一个属性关键帧，如图 5-90 所示。

Step 2 继续在第 25 帧位置调整圆球实例的【宽】和【高】均为 30，此时在第 25 帧添加一个属性关键帧，如图 5-91 所示。

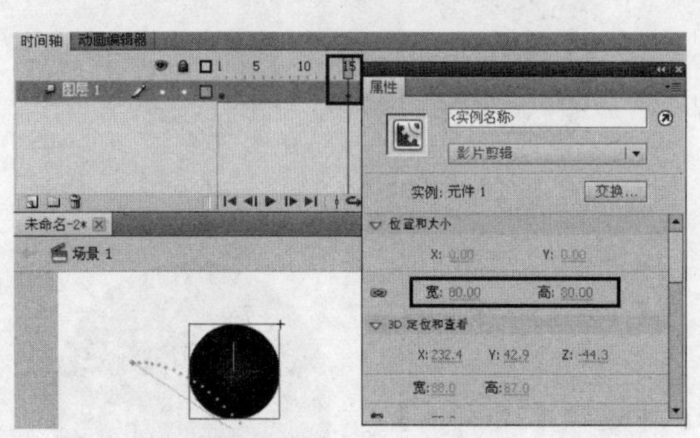

图 5-90

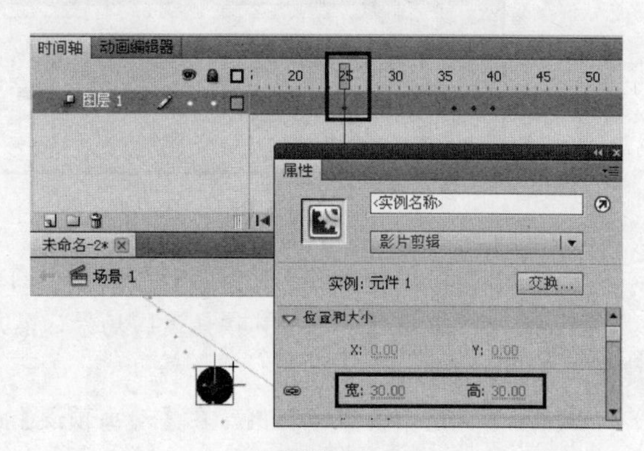

图 5-91

Step 3 按【Enter】键播放动画进行预览。

Step 4 打开【动画预览】面板，单击该面板下方的【将选区另存为预设】按钮，如图 5-92 所示。

Step 5 在打开的【将预设另存为】对话框中为其命名为"弹跳的圆球"，如图 5-93 所示。

Step 6 确认将其保存，此时在【动画预设】面板的"自定义预设"文件夹下会显示保存的预设，如图 5-94 所示。

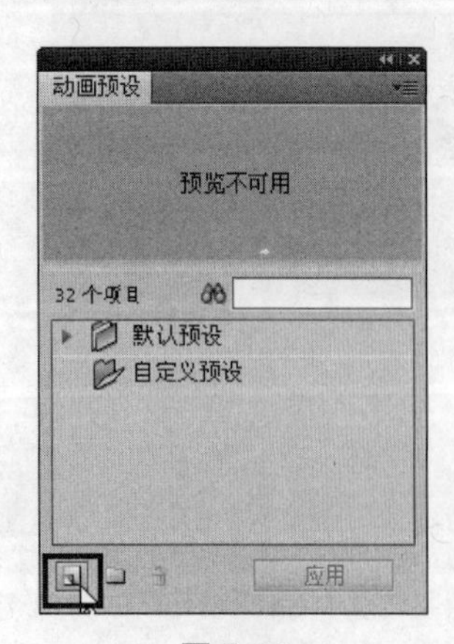

图 5-92

图 5-93

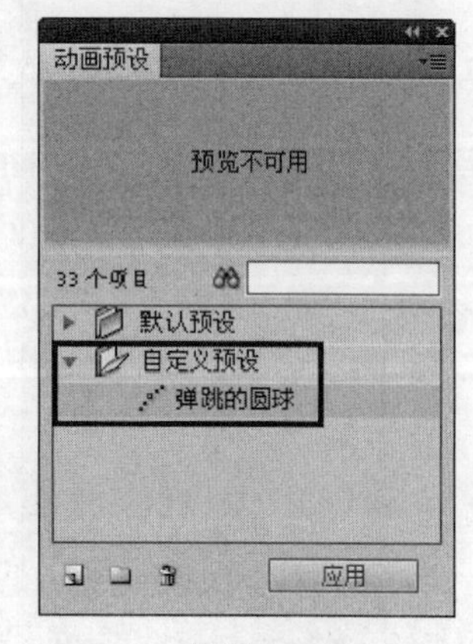

图 5-94

5.7 上机实训

5.7.1　实训 1——制作招生广告动画

1. 实训目的

本实训将创建一个招生广告动画。通过本例的操作，熟练掌握补间动画的制作技能。具体实训目的如下。

- 掌握文字的创建技能。
- 掌握补间动画的制作技能。
- 掌握传统补间动画的制作技能。
- 掌握【动画预设】功能的应用技能。

2. 实训要求

首先创建舞台并制作背景，然后输入相关文字，绘制各元素并制作动画效果，完成该动画的制作。本例最终效果如图 5-95 所示。

具体要求如下。

（1）启动 Flash CS5 软件并新建场景文件。

（2）制作背景图像。

（3）输入文字并制作广告词动画效果。

（4）制作培训科目动画效果。

（5）制作报名电话动画效果。

（6）测试动画并将动画文件保存。

图 5-95

3. 完成实训

素材文件	“素材”文件夹下
效果文件	效果文件\ 招生广告.fla
动画文件	效果文件\ 招生广告.swf
视频文件	视频文件\ 招生广告.swf

（1）制作广告背景

Step 1　新建文件。启动 Flash CS5 软件，在欢迎界面中单击【ActionScript 3.0】选项，新建【宽度】为 160 像素、【高度】为 360 像素、【帧频】为 24fps、【背景颜色】为白色、名称为“招生广告”的文件。

Step 2　绘制矩形。激活【矩形工具】，设置【笔触颜色】为无色、【填充颜色】为任意色，绘制一个与舞台大小一致的矩形。

Step 3　编辑渐变色。按键盘上的【Alt+Shift+F9】组合键，打开【颜色】面板，在【颜色类型】下拉列表中选择【线性渐变】，设置左侧色标为浅蓝色（#33CCFF），右侧色标为深蓝色（#3366CC），

并按下【反射颜色】按钮，如图 5-96 所示。

Step 4 填充渐变色。激活【颜料桶工具】，按住【Shift】键在矩形内由下向上拖动鼠标，填充线性渐变色，矩形效果如图 5-97 所示。

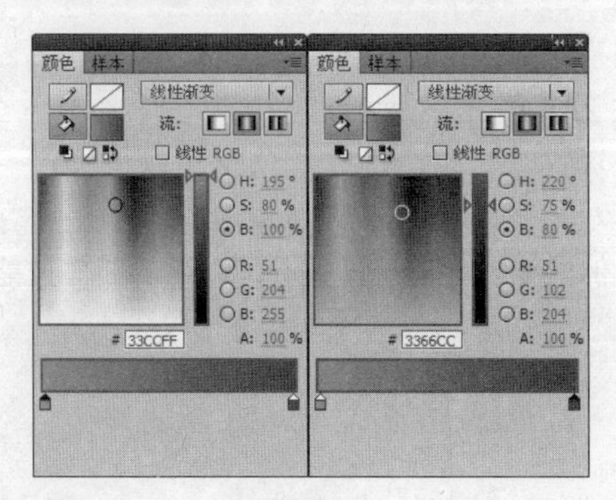

图 5-96

图 5-97

Step 5 绘制矩形。激活【矩形工具】，在工具箱下方按下【对象绘制】按钮，选择对象绘制模式，设置【笔触颜色】为无色、【填充颜色】为黄色（#FFCC00），再绘制一个矩形，如图 5-98 所示。

Step 6 修整黄色矩形。使用【选择工具】双击黄色矩形，进入绘制对象模式，然后向上拖动白色矩形的右下角，改变其形状，结果如图 5-99 所示。

Step 7 设置动画时间。返回场景中，选择“图层 1”的第 200 帧，按下【F5】键插入普通帧，设置动画播放时间。

（2）制作广告词显示动画

Step 1 输入文字。在“图层 1”上方新建“图层 2”，激活【文本工具】，设置适当的字符属性，输入文字“IT 技术免费”，如图 5-100 所示。

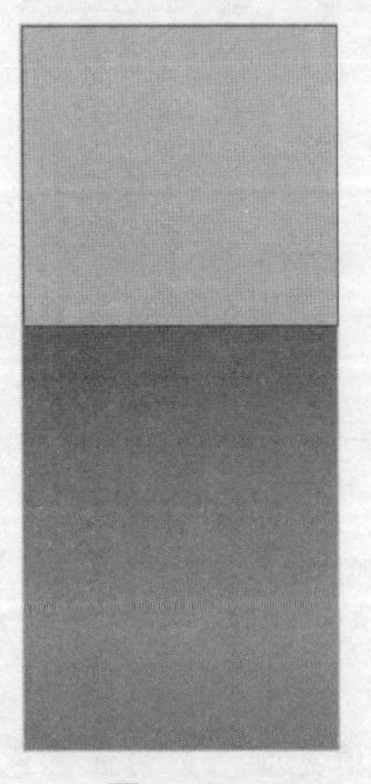

图 5-98

图 5-99

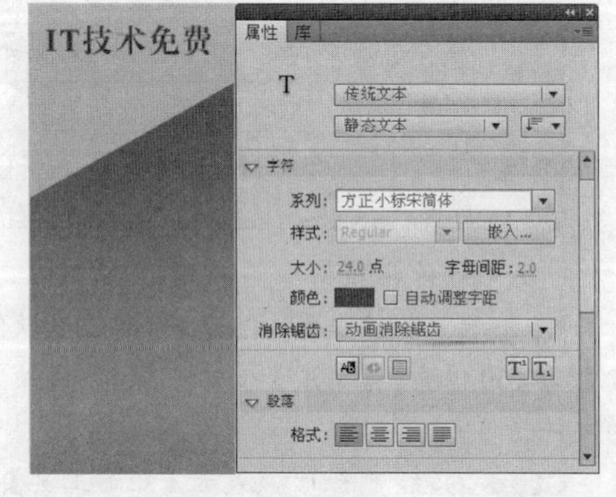

图 5-100

Step 2 转换为元件。选择输入的文字，按下【F8】键，将其转换为影片剪辑元件“IT 技术”，并进入其编辑窗口。

Step 3　分散到图层。按下【Ctrl+B】组合键将文本分离为单个的文字，然后执行菜单栏中的【修改】/【时间轴】/【分散到图层】命令，将每个文字分散到一个独立的图层上，同时“图层 1”变成了空层，如图 5-101 所示。

Step 4　应用动画预设。选择所有的文字，执行【窗口】/【动画预设】命令，打开【动画预设】面板，选择【默认预设】中的【从左边模糊飞入】动画，单击 应用 按钮，将其应用到所有文字上，这时【时间轴】面板中自动产生了动画帧，如图 5-102 所示。

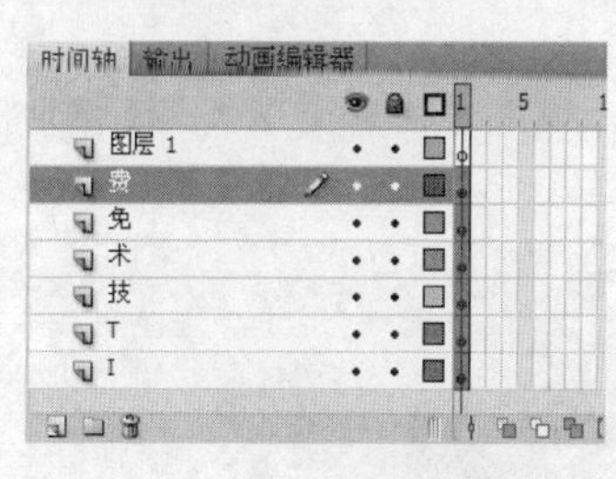

图 5-101

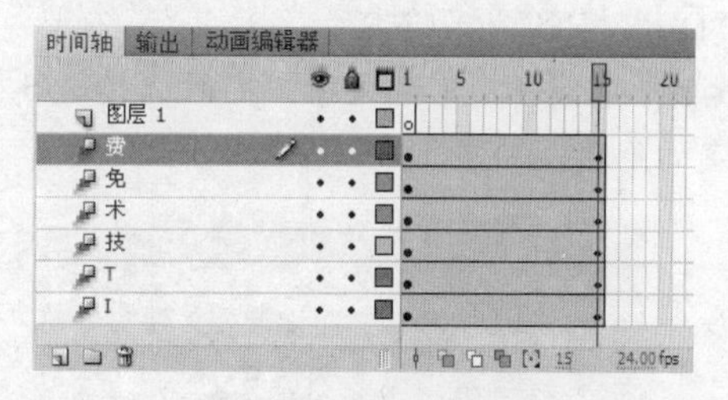

图 5-102

Step 5　翻转路径。在“费”层的动画帧上单击鼠标右键，在弹出的快捷菜单中选择【运动路径】/【翻转路径】命令，翻转路径；用同样的方法，分别在“免”“术”“技”“T”和“I”层上执行【翻转路径】命令，翻转路径，这样就改变了动画的运动方向。

Step 6　调整动画顺序。分别按住【Ctrl】键选择各层的第 15 帧，将其移动到第 5 帧处，再将每一层的动画起始帧向后错开 2 帧，然后同时选择各层（“图层 1”除外）的第 200 帧，按下【F5】键插入普通帧，【时间轴】面板如图 5-103 所示。

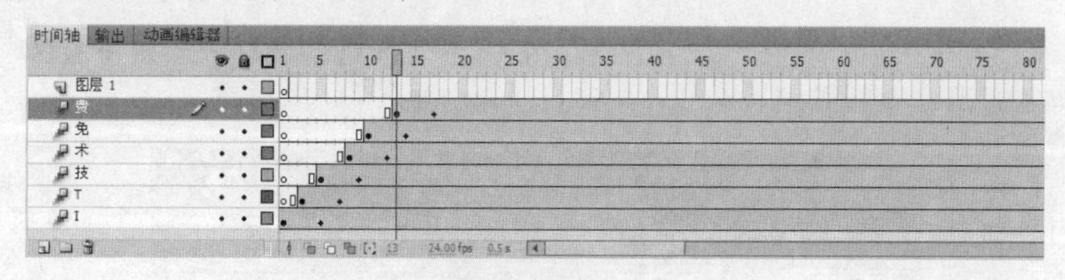

图 5-103

Step 7　返回场景。单击窗口左上方的 场景 1 按钮返回到场景中。

Step 8　绘制圆形并输入文字。在“图层 2”上方新建“图层 3”，在第 15 帧处插入关键帧，使用【椭圆工具】绘制一个【笔触颜色】为无色，【填充颜色】为蓝色（#3397E4）的圆形；再使用【文本工具】输入一个白色的文字“学”，如图 5-104 所示。

Step 9　转换为元件。同时选择圆形和文字，将其转换为影片剪辑元件“学”。

Step 10　应用动画预设。选择第 15 帧中的“学”实例，在【动画预设】面板中选择【默认预设】中的【2D 放大】动画，如图 5-105 所示，单击 应用 按钮，将其应用到实例上，然后在“图

图 5-104

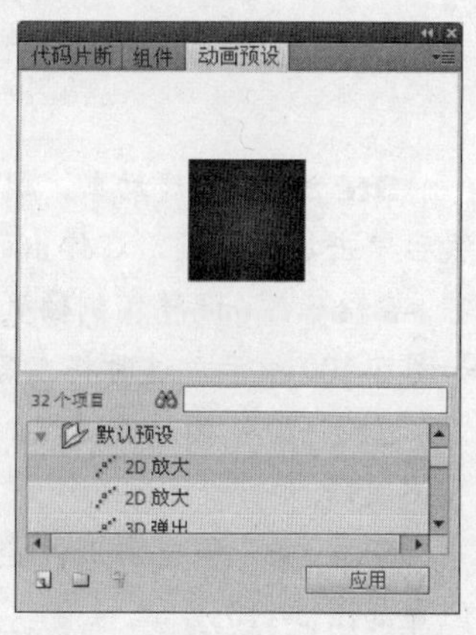

图 5-105

层3”的第200帧处插入普通帧。

（3）制作培训科目动画

Step 1 绘制矩形并输入文字。在“图层3”上方新建“图层4”，使用【矩形工具】在舞台右侧绘制5个黄色、白色交替摆放的矩形，再使用【文本工具】在每个矩形上输入文字，如图5-106所示。

Step 2 转换为元件。分别选择每个矩形及其上方的文字，将其转换为影片剪辑元件“PM”“WY”“DH”“BG”和“YS”。

Step 3 旋转图形和文字。同时选择这5个元件的实例，使用【任意变形工具】将其逆时针旋转一定的角度，如图5-107所示。

图5-106

图5-107

Step 4 分散到图层。执行菜单栏中的【修改】/【时间轴】/【分散到图层】命令，将每个实例分散到一个独立的图层上，同时“图层4”变成了空层，如图5-108所示。

图5-108

Step 5 创建动画。删除“图层4”，同时选择“PM”～“YS”层的第1帧，向后移至第20帧处，然后单击鼠标右键，在弹出的快捷菜单中选择【创建补间动画】命令，创建补间动画。

Step 6 调整实例位置。将播放头调整到第24帧处，将舞台中的5个实例向左下方移动，位置如图5-109所示，这时将在各图层的该帧处插入关键帧。

Step 7 插入关键帧。按住【Ctrl】键分别选择“PM”～“YS”层的第75帧，按下【F6】键插入关键帧。

Step 8 调整实例位置。将播放头调整到第90帧处，将舞台中的5个实例继续向左下方移动，位置如图5-110所示。

Step 9 设置实例属性。在【属性】面板中设置各个实例的【样式】为Alpha，并设置Alpha值

为 0，使其完全透明。然后将播放头调整到第 75 帧处，将各个实例的 Alpha 值设置为 100%。

图 5-109

图 5-110

Step 10　调整动画顺序。按住【Ctrl】键在“WY”层的第 24 帧～第 29 帧之间任选一帧，按下【F5】键 5 次，将关键帧向右移动 5 帧；用同样的方法，分别将“DH”～“YS”层的动画帧依次向右错开 5 帧，然后删除“PM”～“YS”层第 125 帧以后的所有帧，结果如图 5-111 所示。

图 5-111

（4）制作报名电话动画

Step 1　导入图片。在“YS”层上方新建“图层 10”，在第 112 帧处插入关键帧，导入本书光盘“素材”文件夹中的“电话.png”图像，如图 5-112 所示。

Step 2　转换为元件。将导入的图片转换为影片剪辑元件“电话”，并进入其编辑窗口中，在第 30 帧处插入普通帧，设置动画时间。

Step 3　创建电话动画。在“图层 1”的第 19 帧～第 21 帧处插入关键帧，然后选择第 20 帧处的电话，激活【任意变形工具】，将其逆时针稍作旋转，如图 5-113 所示。

Step 4　输入文字。返回场景，在“图层 10”上方新建“图层 11”，在第 112 帧处插入关键帧，激活【文本工具】T，设置适当的字符属性，输入相关文字，如图 5-114 所示。

Step 5　创建动画。将输入的文字转换为影片剪辑元件“元件 1”，然后在“元件 1”实例上单击鼠标右键，在弹出的快捷菜单中选择【创建补间动画】命令，创建补间动画。

Step 6　插入关键帧。将播放头调整到第 125 帧处，按下【F6】键插入关键帧，然后选择“元件 1”实例，在【属性】面板中设置【样式】为 Alpha，并设置 Alpha 值为 100。

Step 7　设置透明度。将播放头调整到第 112 帧处，选择“元件 1”实例，在【属性】面板中修改 Alpha 值为 0，使其完全透明，这样就完成了招生广告的制作，【时间轴】面板如图 5-115 所示。

Step 8　测试动画。按下【Ctrl+Enter】组合键测试动画，并保存动画文件。

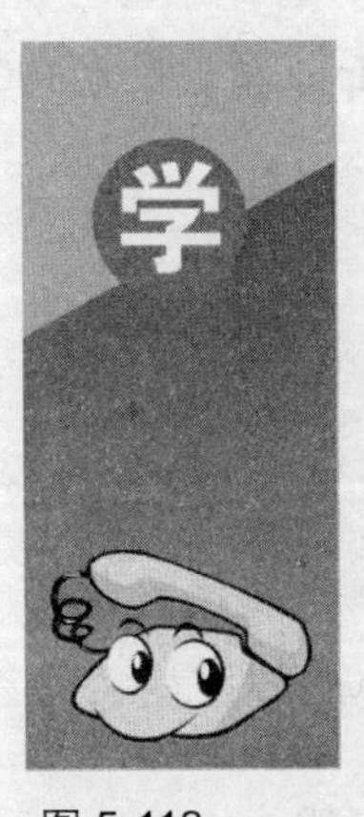

图 5-112

图 5-113

图 5-114

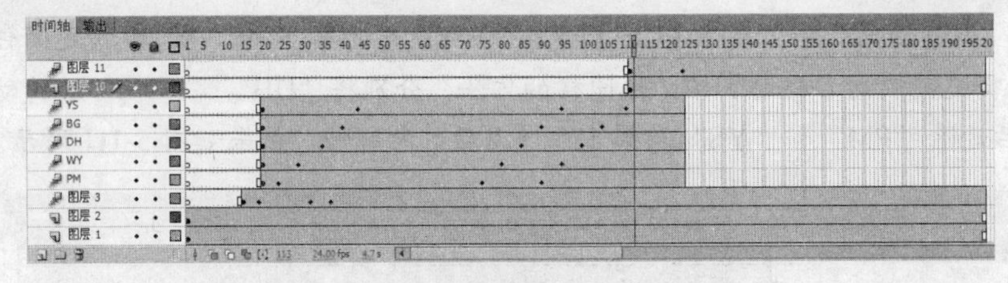

图 5-115

5.7.2 实训 2——制作百叶窗特效广告动画

1. 实训目的

本实训制作一个百叶窗特效的广告动画。通过本例的操作，熟练掌握遮罩动画以及补间动画的制作技能。具体实训目的如下。

- 掌握遮罩动画的创建技能。
- 掌握影片剪辑元件的创建技能。
- 掌握复制元件、编辑元件、交换元件的操作技能。
- 掌握传统补间动画以及逐帧动画的制作技能。

2. 实训要求

首先创建舞台并导入相关素材文件，然后创建元件并制作遮罩动画，最后设置动画效果，完成该动画的制作。本例最终效果如图 5-116 所示。

图 5-116

具体要求如下。

（1）启动 Flash CS5 软件并新建场景文件。

（2）导入素材文件并创建元件。

（3）复制实例并制作遮罩动画。

（4）测试动画并将动画文件保存。

3. 完成实训

素材文件	“素材”文件夹下
效果文件	效果文件\ 百叶窗特效广告.fla
动画文件	效果文件\ 百叶窗特效广告.swf
视频文件	视频文件\ 百叶窗特效广告.swf

（1）制作广告背景

Step 1 新建文件。启动 Flash CS5 软件，新建【宽度】为 400 像素、【高度】为 265 像素、【帧频】为 24fps、【背景颜色】为白色、名称为“百叶窗”的文件。

Step 2 导入图片。按键盘上的【Ctrl+R】组合键，导入本书光盘“素材”文件夹中的“TU01.jpg”图像。

Step 3 对齐到舞台。按键盘中的【Ctrl+K】组合键，打开【对齐】面板，勾选【与舞台对齐】选项，然后分别单击【水平中齐】按钮和【垂直中齐】按钮，将图片与舞台对齐，如图 5-117 所示。

图 5-117

Step 4 转换为元件。选择图片，按下【F8】键，将其转换为图形元件“图像 1”。

Step 5 设置动画播放时间。在“图层 1”的第 280 帧处插入普通帧，设置动画的播放时间。

（2）制作百叶窗动画

Step 1 导入图片。在“图层 1”上方新建“图层 2”，在第 40 帧处插入关键帧，导入本书光盘“素材”文件夹中的“TU02.jpg”图像，将其与舞台对齐，如图 5-118 所示。

Step 2 转换为元件。选择图片，按下【F8】键，将其转换为影片剪辑元件“元件 1”，并进入其编辑窗口中，再次将图片转换为图形元件“图像 2”，然后在第 100 帧处插入普通帧。

Step 3 绘制遮罩矩形。在“图层 1”上方新建“图层 2”，激活【矩形工具】，绘制一个【笔触颜色】为无色、【填充颜色】为任意色的矩形，使其遮住舞台左侧，如图 5-119 所示。

图 5-118

图 5-119

Step 4 转换为元件。选择矩形，按下【F8】键，将其转换为图形元件“遮条”。

Step 5 复制实例。激活【选择工具】，将“遮条”实例水平向右复制9个，将舞台完全覆盖，如图5-120所示。

Step 6 分散到图层。选择所有“遮条”实例，执行菜单栏中的【修改】/【时间轴】/【分散到图层】命令，将每个实例分散到一个独立的图层上，其名称均为“遮条”，同时“图层2”变成了空层，将“图层2”删除。

Step 7 插入关键帧。分别在“图层1”的第10帧和第30帧处插入关键帧。

Step 8 调整第1帧中的实例属性。选择“图层1”第1帧中的“图像2”实例，在【属性】面板中设置【X】为-10，将其水平左移一小段距离，然后在【属性】面板中设置【Alpha】值为0，使其完全透明，如图5-121所示。

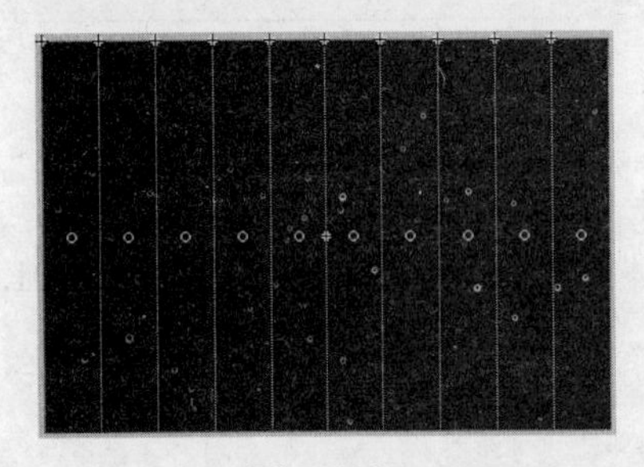

图5-120

图5-121

提示：由于设置了“图像2”实例的【Alpha】值为0，所以“图像2”实例完全透明，这时在舞台中看到的是“图像1”实例，而蓝色的线框代表的是“图像2”实例。

Step 9 调整第10帧中的实例属性。选择“图层1”第10帧处的“图像2”实例，将“图像2”实例水平右移一小段距离，如图5-122所示。

图5-122

Step 10 创建动画。分别选择“图层1”的第1帧和第10帧，单击鼠标右键，在弹出的快捷菜单中选择【创建传统补间】命令，创建传统补间动画。

Step 11 创建遮罩动画。在“图层1”上方的“遮条”层上单击鼠标右键，在弹出的快捷菜单中选择【遮罩层】命令，将“遮条”层转换为遮罩层，此时的【时间轴】面板如图5-123所示。

Step 12 复制帧。按住【Shift】键分别单击“图层1”的第1帧～第30帧，将其同时选择，然后单击鼠标右键，在弹出的快捷菜单中选择【复制帧】命令。

Step 13 粘贴帧。在最下面的“遮条”层上方新建“图层2”，在第5帧处单击鼠标右键，在弹出的快捷菜单中选择【粘贴帧】命令，粘贴复制的帧。

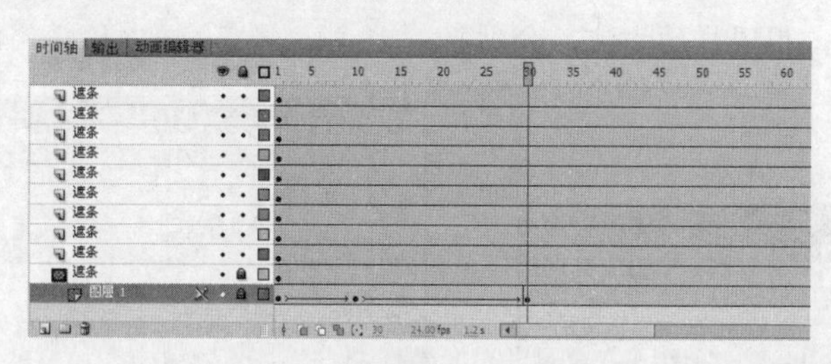

图 5-123

Step 14　创建遮罩动画。在“图层 2”上方的“遮条”层上单击鼠标右键，在弹出的快捷菜单中选择【遮罩层】命令，从而创建遮罩动画。

Step 15　创建其他遮罩动画。用同样的方法，分别新建“图层 3”～“图层 10”，并在不同帧中粘贴复制的动画帧，然后将所有“遮条”层设为遮罩层，创建遮罩动画，最后将各层第 101 帧后的所有帧删除，【时间轴】面板如图 5-124 所示。

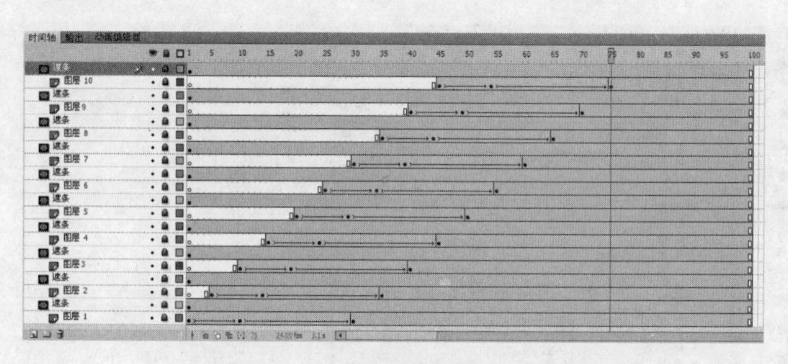

图 5-124

提示：在粘贴动画帧时，每一个动画层都依次向后错开 5 帧。另外，粘贴帧时会产生一些多余的帧，最后要将它们删除，确保总时长为 100 帧。

（3）制作另一个百叶窗动画

Step 1　添加元件。返回场景，在“图层 2”上方新建“图层 3”，在第 116 帧处插入关键帧，将“图像 2”元件从【库】面板中拖动到舞台中，并将其与舞台对齐，如图 5-125 所示。

图 5-125

Step 2　复制元件。在【库】面板中的“元件 1”上单击鼠标右键，在弹出的快捷菜单中选择【直接复制】命令，在打开的【直接复制元件】对话框中设置【名称】为“元件 2”，其他保持不变，如图 5-126 所示，单击 确定 按钮复制元件。

Step 3　编辑元件。在【库】面板中的“元件 2”上双击鼠标，进入其编辑窗口中，在【时间轴】面板中隐藏除“图层 1”外的所有图层，并将该层解锁。

Step 4　交换元件。选择“图层 1”第 1 帧中的“图像 2”实例，单击鼠标右键，在弹出的快捷

菜单中选择【交换元件】命令，在打开的【交换元件】对话框中选择“图像1”，如图5-127所示，单击 确定 按钮交换元件。用同样的方法，分别将第10帧、第30帧中的实例做相同的处理。

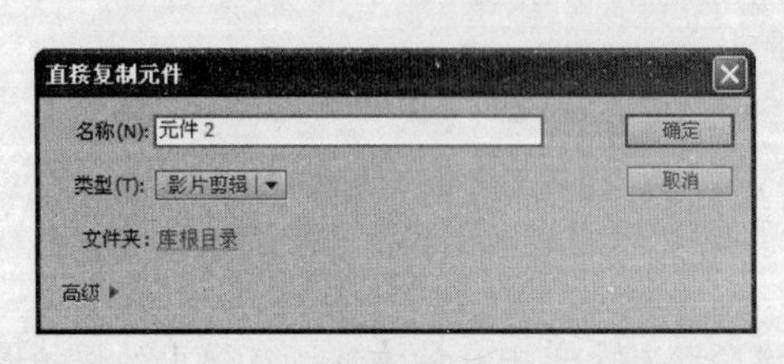

图5-126

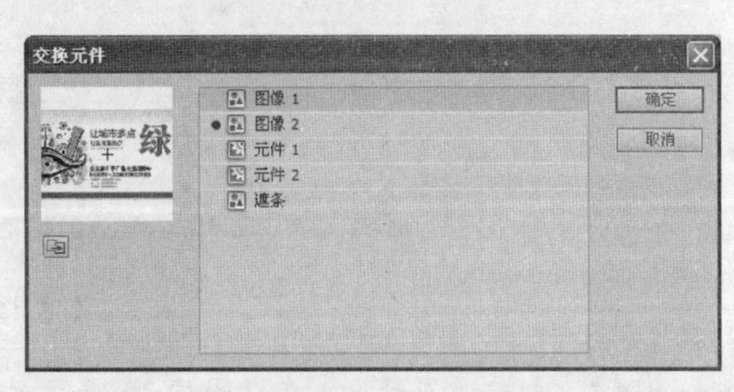

图5-127

Step 5 交换其他图层中的元件。在【时间轴】面板中显示“图层2”，并将该层解锁，将该层各关键帧中的“图像2”实例交换为“图像1”。用同样的方法，分别显示并解锁“图层3”～“图层10”，并对各关键帧中的实例做相同的处理，最后重新锁定所有图层，【时间轴】面板如图5-128所示。

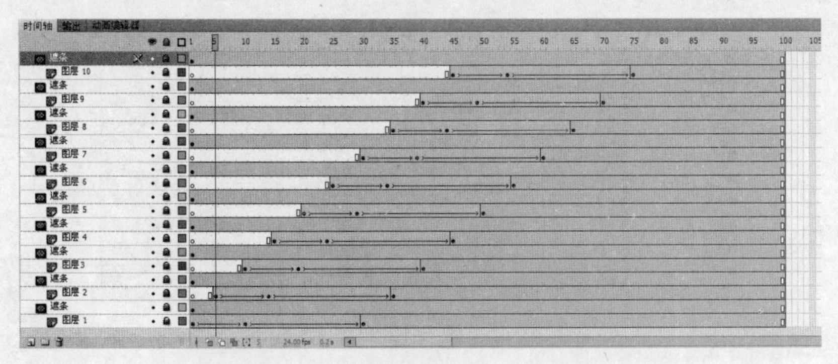

图5-128

Step 6 添加元件。返回场景，在“图层3”上方新建“图层4”，在第190帧处插入关键帧，将“元件2”从【库】面板中拖动到舞台中，并对齐到舞台的左侧，如图5-129所示，蓝色线框代表“元件2”实例。

图5-129

Step 7 测试动画。返回场景，按下【Ctrl+Enter】组合键对影片进行测试，如果满意保存动画即可。

5.8 自我检测

1. 选择题

（1）在 Flash 中，补间动画是基于（　　）的。

A．对象　　B．关键帧　　C．属性关键帧　　D．对象和关键帧

（2）在 Flash 中，传统补间是（　　）。

A．非面向对象　　B．关键帧　　C．属性关键帧　　D．对象和关键帧

（3）在 Flash 中，补间动画是（　　）变化的一种动画。

A．实例属性　　B．关键帧　　C．对象　　D．以上说法都不对

（4）在 Flash 中，制作遮罩动画至少需要两个图层，处在上方的是（　　）。

A．遮罩层　　B．被遮罩层　　C．任意图层　　D．引导层

2. 简答题

简述补间动画与传统补间的区别。

3. 操作题

利用所学知识，使用“素材”文件夹下的“火 1.png”和“火 2.jpg”素材文件创建如图 5-130 所示的火焰动画效果。

图 5-130

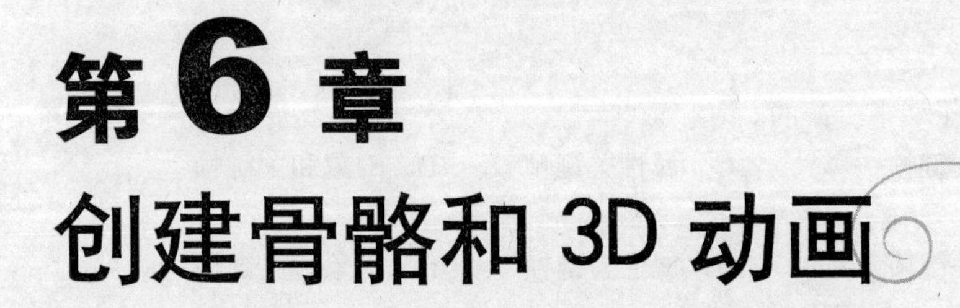

第 6 章 创建骨骼和 3D 动画

📖 学习目标

了解 Flash 动画中骨骼的添加和编辑、骨骼动画的创建以及 3D 动画的创建和编辑等技能。

📖 学习重点

重点掌握骨骼的添加和编辑、骨骼动画的创建、3D 动画的创建和编辑的方法等知识。

📖 主要内容

- 关于骨骼动画
- 创建与编辑骨骼动画
- 创建 3D 动画
- 上机实训
- 自我检测

6.1 关于骨骼动画

骨骼动画是一种依靠反向运动学原理建立的、应用于计算机动画的新技术，这种技术可以开发出模拟各种动物和机械运动的复杂动画。

6.1.1　正向运动学与反向运动学

运动学分为正向运动学和反向运动学，正向运动学是指对于有层级关系的对象来说，当对父对象进行位移、旋转或缩放操作时，其子对象也会同时进行相应的运动，但是，当对子对象进行位移、旋转、缩放操作时，其父对象不产生任何影响，也就是说，当一个人的身体运动时，他的手臂、腿部都会一起运动，而当他的手臂或腿部运动时，其身体并不会运动。而反向运动学正好相反，它的运动传递是双向的，即当对子对象进行移动、旋转、缩放时，同样会对父对象产生影响。反向运动是通过一种连接各种物体的辅助工具来实现反向运动的，这种工具就是 IK 骨骼，使用 IK 骨骼制作的反向运动学动画，就是骨骼动画。

6.1.2　骨骼动画的制作特点

在骨骼动画中，骨骼链就是骨架，相连的两个物体被称之为父子层级结构，占主导地位的是父对象，而从属于父对象的就是子对象，骨骼的作用就是将父对象和子对象彼此相连。

在 Flash 中，有两种方式使用 IK。第一种方式是通过添加将每个实例与其他实例连接在一起的骨骼，用关节连接一系列的元件实例，骨骼允许元件实例链一起移动。例如，在一组影片剪辑中，每个影片剪辑都表示人体的不同部分，通过将上臂、下臂、手等连接在一起，创建人物手臂运动的动画效果。第二种方式是在形状对象的内部添加骨骼，通过骨骼，可以移动形状的各个部分并对其进行动画设置，而无须绘制形状的不同形状或者创建补间形状。

当用户向元件实例或形状添加骨骼时，Flash 会新建图层，并将实例或形状以及关联的骨架都放在该层中，此图层就是姿势图层。一个姿势图层只能包含一个骨架及其关联的实例或形状，如图 6-1 所示。

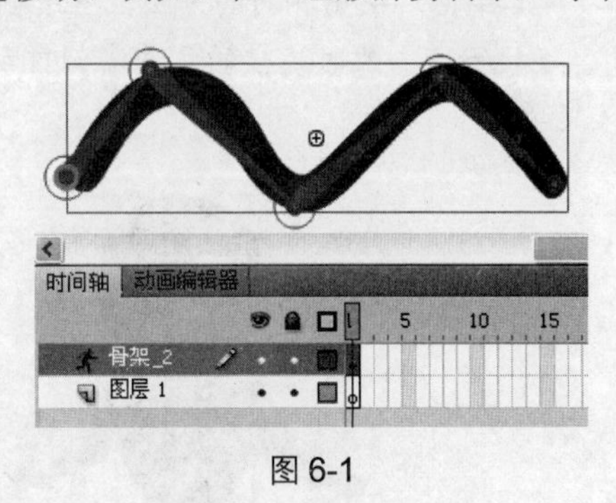

图 6-1

6.2 创建与编辑骨骼动画

6.2.1　创建骨骼动画

在 Flash 中，有两个用于处理 IK 的工具，分别是【骨骼工具】和【绑定工具】，【骨骼工具】用于向元件实例或形状添加骨骼，而【绑定工具】可以调整形状对象的各个骨骼和控制点之间的关系。在时间轴中对骨骼及其关联的元件或形状进行动画处理，通过在不同的帧中为骨骼定义不同的

姿势，就可以出现不同的效果。

【任务 1】创建骨骼动画。

Step 1 新建 Flash 文档。

Step 2 执行【文件】/【打开】命令，打开“素材”文件夹中的“小人.fla”文件，或者运用前面所学知识，快速创建一个小人的卡通图形，小人的每一个部位都是一个单独的元件实例，如图 6-2 所示。

Step 3 激活工具箱中的【骨骼工具】，由躯干中心向头部拖曳鼠标，添加一个骨骼，将身体和头部链接在一起，如图 6-3 所示。

Step 4 继续由躯干的位置向肩部拖曳鼠标指针，创建分支骨骼，如图 6-4 所示。

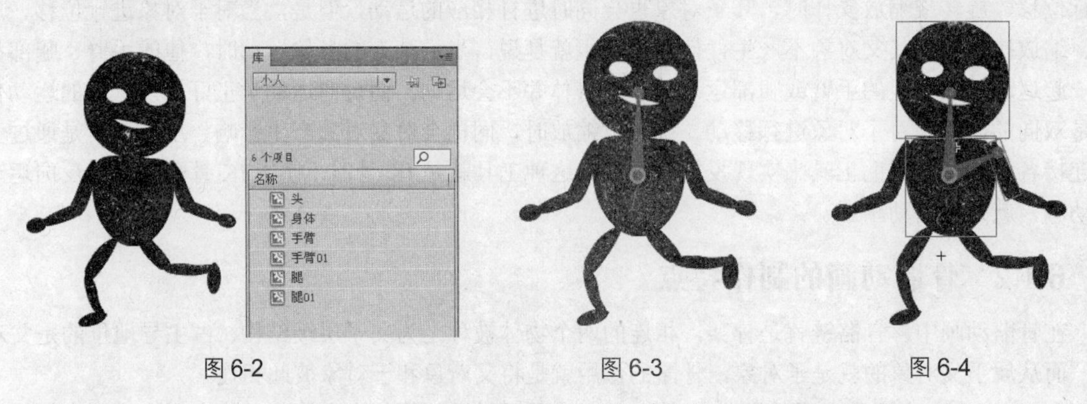

图 6-2　图 6-3　图 6-4

Step 5 继续由该骨骼的尾部向下臂的肘部拖曳，创建分支的第 2 个骨骼，如图 6-5 所示。

Step 6 使用相同的方法，继续创建出其他分支骨骼，如图 6-6 所示。

Step 7 此时连接的元件实例自动移动到时间轴的新图层中，如图 6-7 所示。这样，IK 骨骼定义完毕。

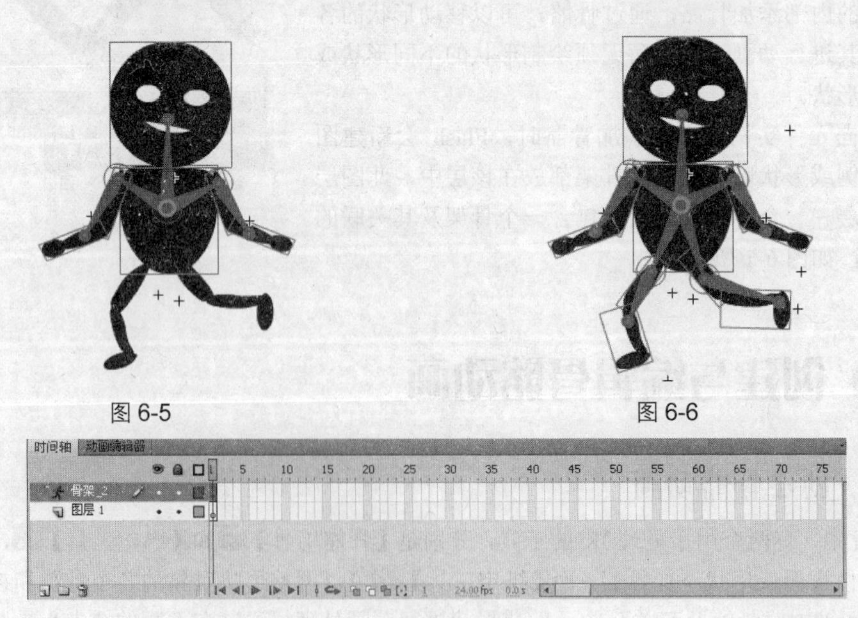

图 6-5　图 6-6

图 6-7

需要注意的是，当创建骨骼后，实例的前后排列顺序可能会被打乱，可以使用选择工具选择舞台上的实例，按【Ctrl+↓】键或其他方向键，逐一调整各实例的排列顺序，将其恢复到原来的效果。

6.2.2　编辑 IK 骨骼和对象

当创建 IK 骨骼后，可以对骨骼进行编辑，如重新定义骨骼关联的对象、移动骨骼、删除骨骼等。需要注意的是，只能在第 1 帧仅包含骨骼初始姿态的姿势图层中编辑 IK 骨骼。

【任务 2】编辑 IK 骨骼。

Step 1　继续任务 1 的操作。使用选择工具单击某骨骼将其选择，此时被选择的骨骼显示其所在层颜色的相反色，如图 6-8 所示。

Step 2　打开【属性】面板查看该骨骼的属性，如图 6-9 所示。

Step 3　如果要选择所有骨骼，可按住【Shift】键单击需要选择的骨骼，或双击某一个骨骼，如图 6-10 所示。

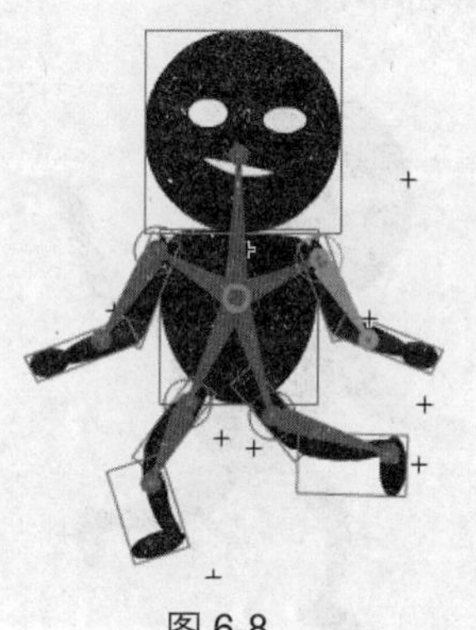

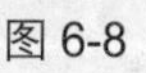

图 6-8

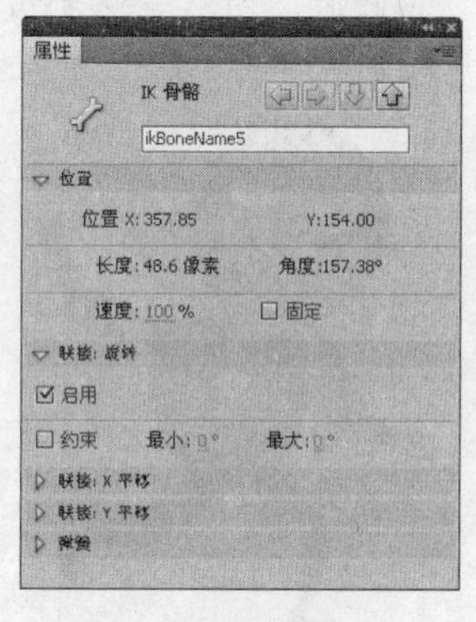

图 6-9

图 6-10

Step 4　如果要选择某一个相邻的骨骼，在【属性】面板单击【上一个同级】、【下一个同级】、【子级】、【父级】按钮，可以快速选择相邻的骨骼，如图 6-8 所示。选择手臂位置的子级骨骼，单击【父级】按钮，则会选择各骨骼的父级骨骼，如图 6-11 所示。

Step 5　如果要选择整个骨架并显示骨架的属性及其姿势图层，可以单击姿势图层中包含骨架的帧，此时在【属性】面板中将显示 IK 骨架的属性，如图 6-12 所示。

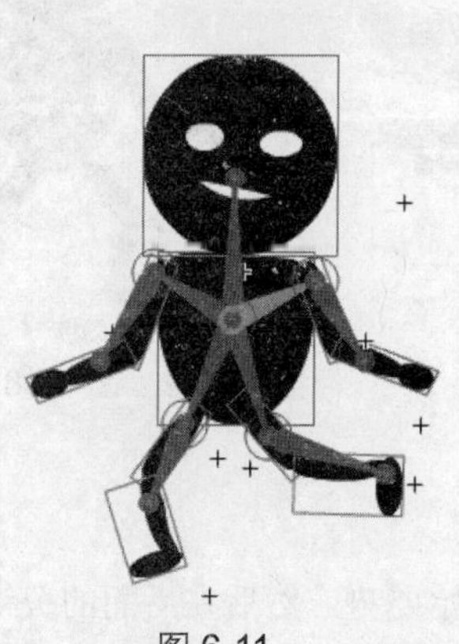

图 6-11

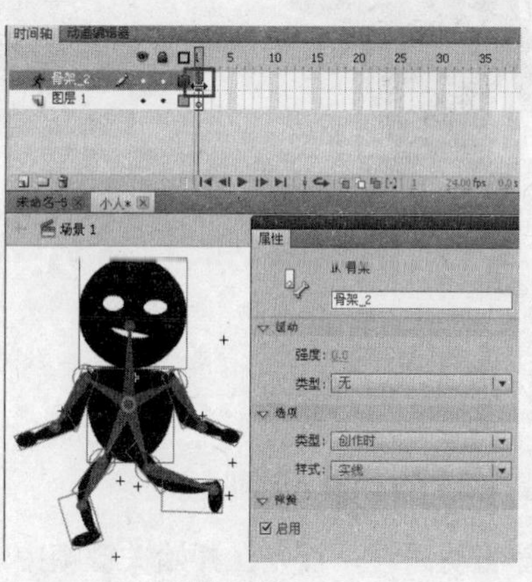

图 6-12

Step 6 如果要重新定义骨骼，可以直接拖曳任何骨骼；如果骨架已经链接到元件实例，则可以拖曳实例，还可以相对其骨骼旋转实例，如图 6-13 所示。

Step 7 如果要重新定位骨架的某个分支，可以直接拖曳分支中的任意骨骼，该分支中的所有骨骼都将移动，骨架的其他分支中的骨骼不会移动，如图 6-14 所示。

注意：需要注意的是，在反向运动学中，当子级骨骼运动时，其父级骨骼将随着子级骨骼的运动而发生改变。如果要将某一个骨骼与其子骨骼一起移动而不移动父级骨骼，可以按住【Shift】键的同时拖曳该骨骼即可，但在正向运动学中，子级骨骼的运动不会影响到父级骨骼。

Step 8 如果要删除单个骨骼及其所有子级，选择该骨骼后按【Delete】键即可，如选择右侧手臂位置的骨骼，如图 6-15 所示，单击【Delete】键，即可将该骨骼删除，如图 6-16 所示。

Step 9 如果要删除所有骨骼，可以右键单击姿势图中包含骨骼的帧，从弹出的快捷菜单中选择【删除骨架】命令，如图 6-17 所示。单此时，所有骨骼都被删除，如图 6-18 所示。

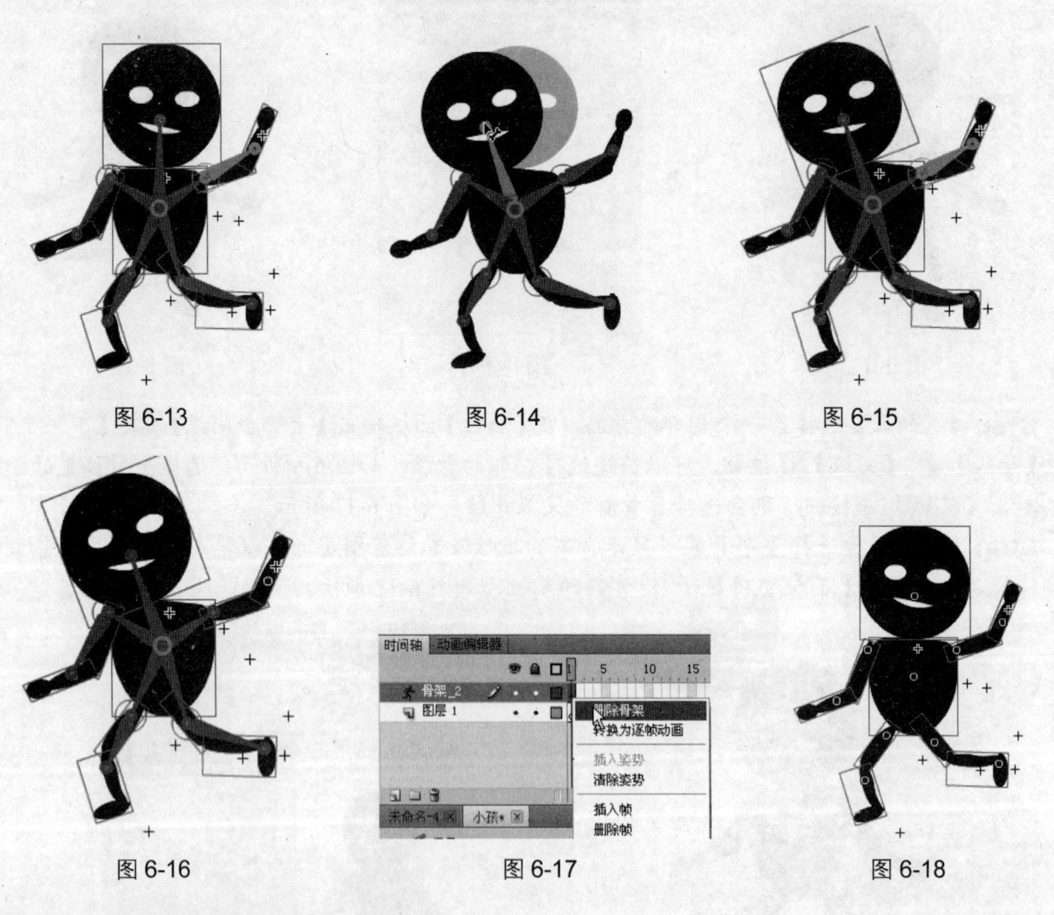

图 6-13　　图 6-14　　图 6-15

图 6-16　　图 6-17　　图 6-18

6.2.3 设置骨骼动画

在制作骨骼动画时，首先在开始关键帧中调整好对象的初始姿势，然后在后面的关键帧中设置不同阶段的姿势，Flash 会使用反向运动学原理计算出所有连接点的不同角度，从而得到一个完整的动画。

【任务 3】设置骨骼动画。

Step 1 继续任务 2 的操作。在姿势图的第 50 帧单击鼠标右键，在弹出的快捷菜单中选择【插入姿势】命令，如图 6-19 所示。

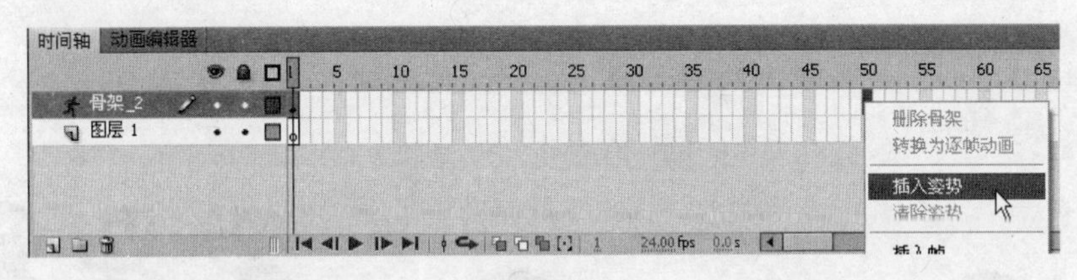

图 6-19

Step 2 这样就将第 1 帧的姿势复制到了第 50 帧，其时间轴如图 6-20 所示。

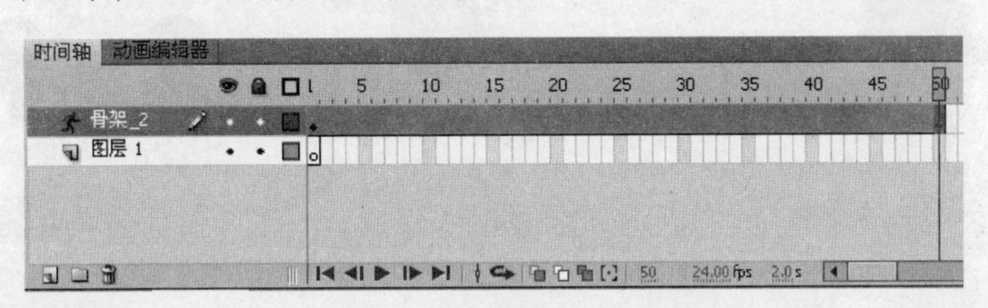

图 6-20

Step 3 选择第 10 帧，然后按住【Shift】键，使用选择工具选择头部实例的骨骼，将其头部实例进行旋转，如图 6-21 所示。

Step 4 继续选择右胳膊的骨骼，按住【Shift】键，使用选择工具选择胳膊实例的骨骼，将其胳膊实例进行旋转，如图 6-22 所示。

图 6-21

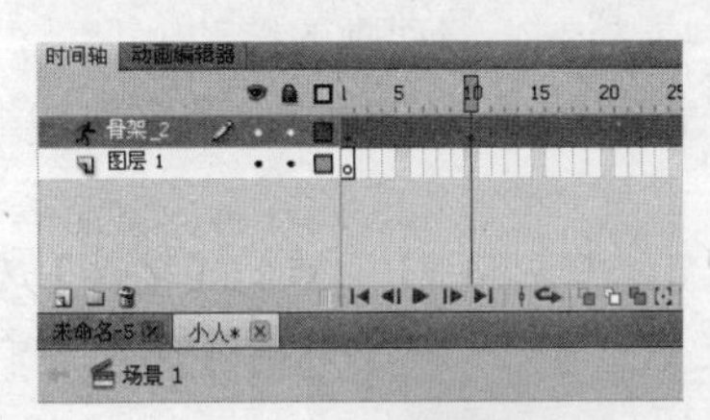

图 6-22

Step 5 继续选择右腿部的骨骼，按住【Shift】键，使用选择工具选择腿部实例的骨骼，将其腿部实例进行旋转，如图 6-23 所示。

Step 6 继续选择左腿部的骨骼，按住【Shift】键，使用选择工具选择腿部实例的骨骼，将其腿部实例进行旋转，如图 6-24 所示。

Step 7 使用相同的方法，在其他帧继续调整人物的运动姿势，完成骨骼动画的设置。

Step 8 按【Enter】键播放动画查看效果，结果如图 6-25 所示。如果不满意，可以继续在姿势图中重新调整人物的运动状态，直到满意为止。

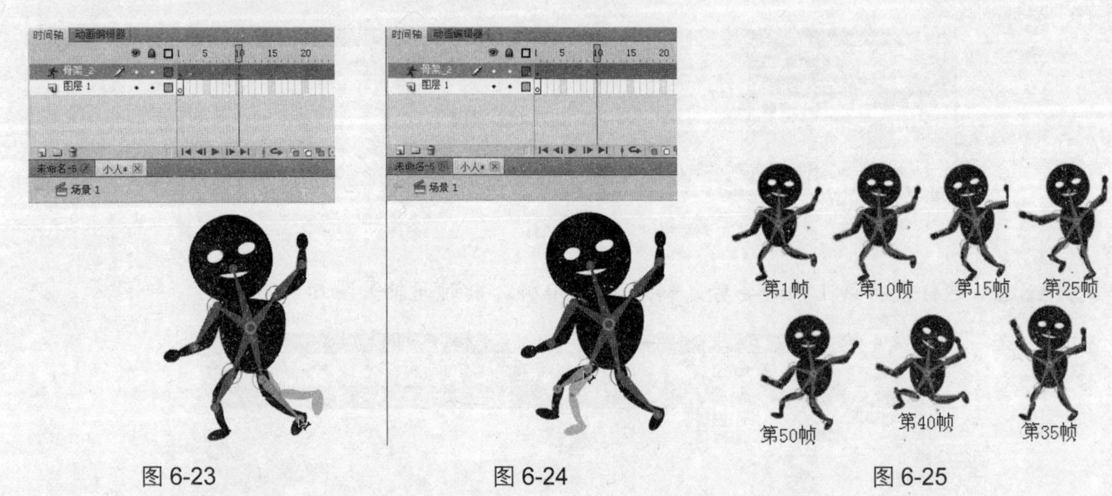

图 6-23　　图 6-24　　图 6-25

6.2.4 控制骨骼动画的缓动

我们知道，补间动画的缓动是在【动画编辑器】面板中调整的，其缓动的高级设置并不能应用于骨骼动画，但【属性】面板提供了几种用于调整骨骼缓动的设置，用户可以通过该设置来控制骨骼动画的加速、减速。

【任务 4】控制骨骼动画的缓动。

Step 1 继续任务 3 的操作。在第 10 帧～第 15 帧之间选择任意一帧。

Step 2 在【属性】面板的【缓动】选项组下的【类型】下拉列表中选择一种类型，如选择【简单（中）】选项，如图 6-26 所示。

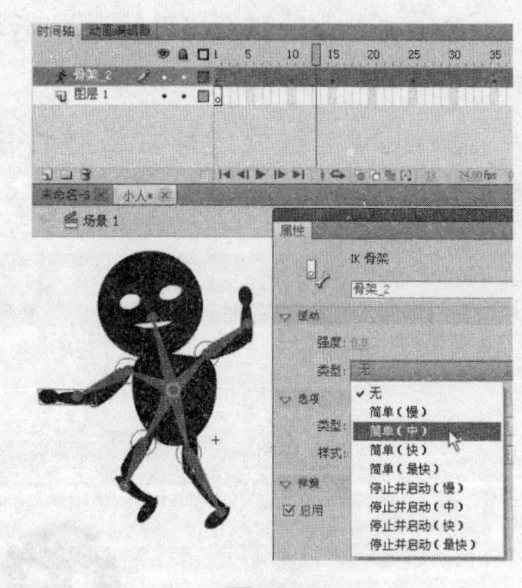

图 6-26

Step 3 测试影片会发现人物的运动速度变慢了，用户可以尝试其他几种类型，看看人物的运动有什么变化。

6.2.5 约束连接点的旋转

默认设置下，新建的 IK 骨骼不会约束连接点的旋转，用户可以随意使其旋转多少度，但这并不符合实际情况。这时，我们可以在【属性】面板中对其进行设置，使其根据需要在某一角度内旋转。

【任务 5】约束连接点的旋转。

Step 1 继续任务 4 的操作。选择小人右臂位置的骨骼。

Step 2 在【属性】面板中的【联接：旋转】选项组下勾选【约束】选项，然后设置【最小】和【最大】角度值即可，如图 6-27 所示。

Step 3 这时会发现，连接点上的角度指示器显示允许的角度，如图 6-28 所示。

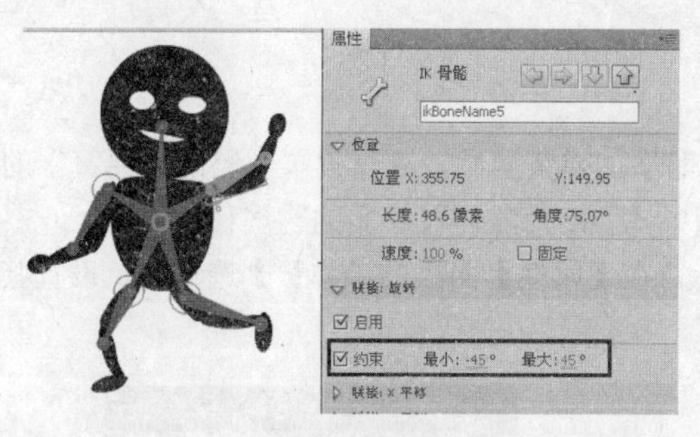

图 6-27

图 6-28

Step 4　再次拖动该骨骼进行旋转，发现手臂只能在设定的角度内旋转，如图 6-29 所示。

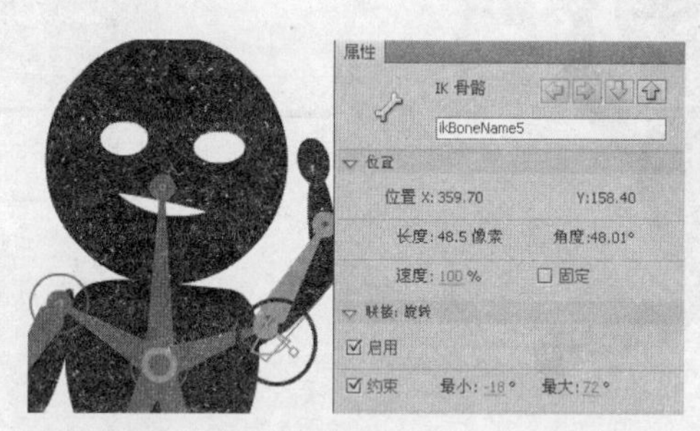

图 6-29

6.2.6　设置连接点的平移

默认设置下，新建 IK 骨骼只开启了旋转的连接方式，也就是说，用户只能根据骨骼的连接点进行旋转。如果用户想要连接点在 x 轴、y 轴方向上平移，同时设置该连接点的平移距离，则需在【属性】面板中设置相关参数。

【任务 6】设置连接点的平移。

Step 1　继续任务 5 的操作。选择小人的右腿骨骼。

Step 2　在【属性】面板的【联接：X 平移】和【联接：Y 平移】选项组下勾选【启用】和【约束】选项，然后设置【最小】和【最大】距离值，如图 6-30 所示。

Step 3　此时连接点上的横条指示器指示该骨骼在 x 轴和 y 轴方向上可以平移多远的距离。按住【Shift】键拖曳该骨骼，进行水平和垂直的平移，此时发现受到了约束，如图 6-31 所示。

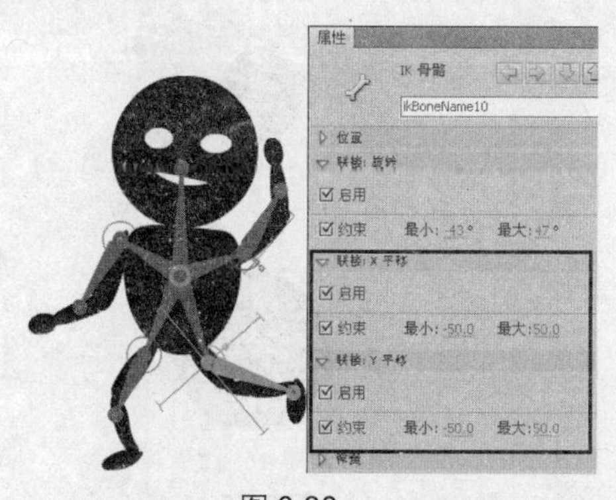

图 6-30

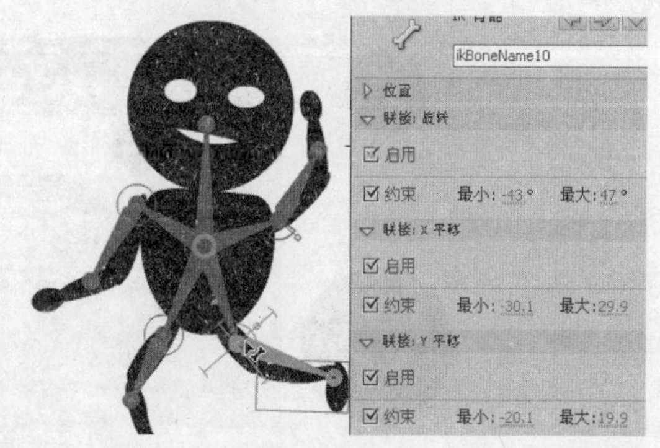

图 6-31

6.2.7 添加弹簧属性

除了设置旋转角度和平移距离外，还可以为骨骼添加弹簧属性，通过设置骨骼的“弹簧”的“强度”和“阻尼”值，会将动态物理集成到 IK 骨骼中，使 IK 骨骼体现真实的物理移动效果。

首先选择小人左臂位置的骨骼，如图 6-32 所示。在【属性】面板的【弹簧】选项下，设置其【强度】和【阻尼】的值，如图 6-33 所示。

图 6-32

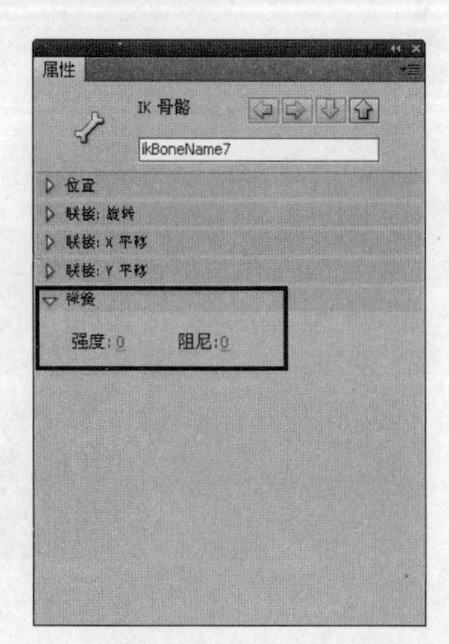

图 6-33

其中，【强度】用于设置弹簧的强度，值越高其创建的弹簧效果越强，反之，弹簧效果越弱。【阻尼】用于设置弹簧效果的衰减率，值越高弹簧属性减小的越快，反之越慢，如果值为 0，则弹簧属性在姿势图层的所有帧中保持其最大强度。

【任务 7】骨骼弹簧属性的设置和应用。

Step 1 新建一个场景文件。

Step 2 创建一个圆球，将其转换为元件。

Step 3 在【库】面板中将该元件实例拖入舞台和舞台外，并调整其大小，如图 6-34 所示。

Step 4 选择【骨骼工具】，在舞台外的球体上单击并拖曳鼠标到舞台内的球体上，创建一个骨骼，如图 6-35 所示。

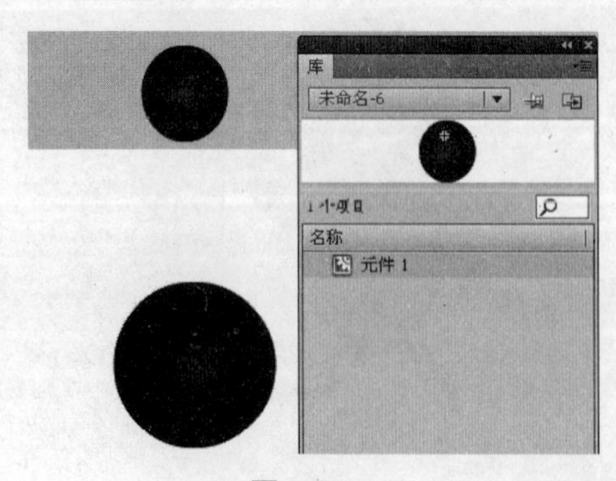

图 6-34

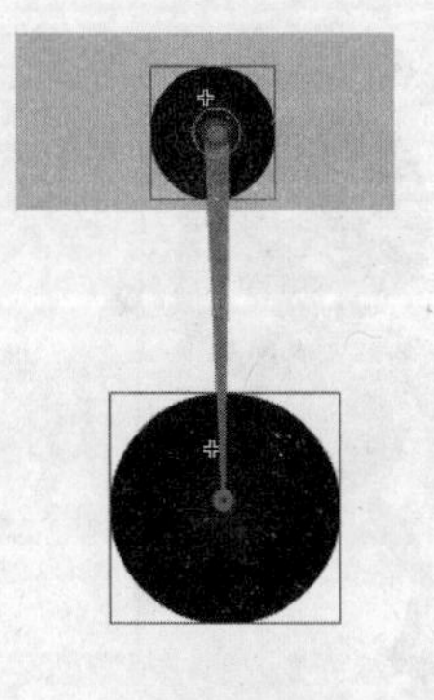

图 6-35

Step 5　此时创建一个姿势图层【骨骼 1】，如图 6-36 所示。

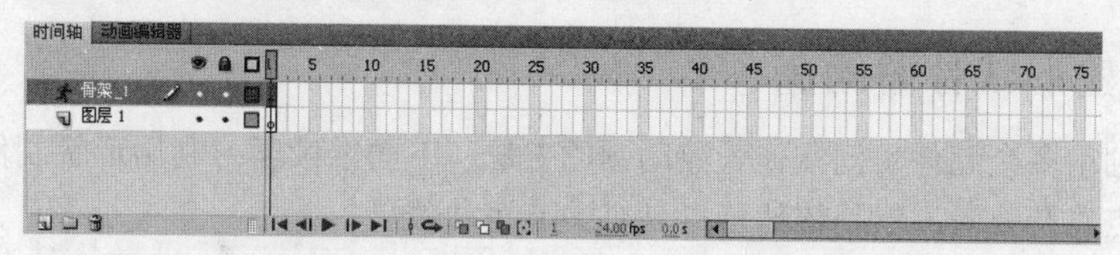

图 6-36

Step 6　选择“图层 1“和姿势图层的第 70 帧，按【F5】键延长帧，结果如图 6-37 所示。

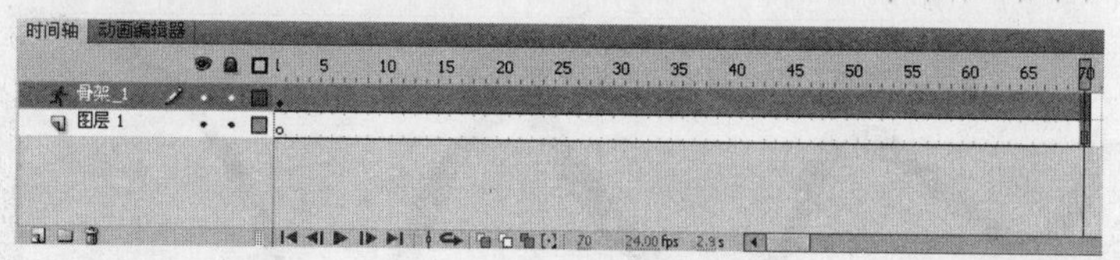

图 6-37

Step 7　选择姿势图层的第 1 帧，使用【选择工具】调整骨骼沿逆时针方向旋转，结果如图 6-38 所示。

Step 8　选择姿势图层的第 10 帧，使用【选择工具】调整骨骼，使其恢复到初始位置，结果如图 6-39 所示。

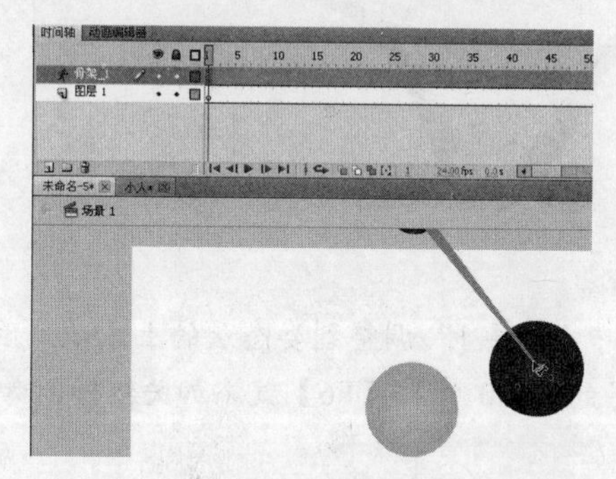

图 6-38

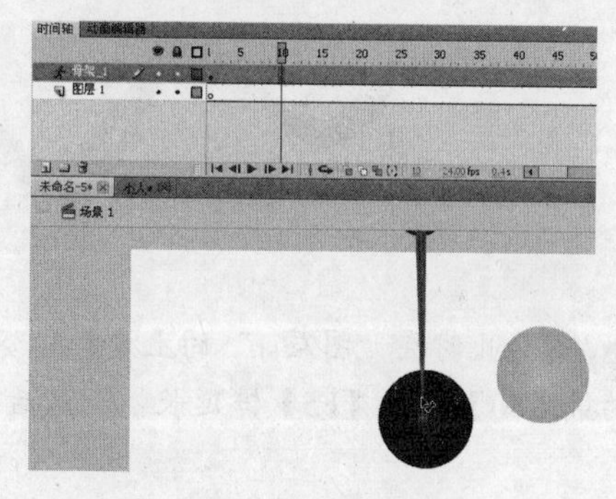

图 6-39

Step 9　播放动画，发现动画在第 1 帧～第 10 帧之间有运动效果，第 10 帧之后没有动画效果。

Step 10　在【属性】面板中展开【弹簧】选项组，然后设置【强度】为 12，如图 6-40 所示。

Step 11　再次播放动画，发现由于没有阻力，圆球在不断左右运动。

Step 12　在【属性】面板中设置【阻尼】值为 30，如图 6-41 所示。

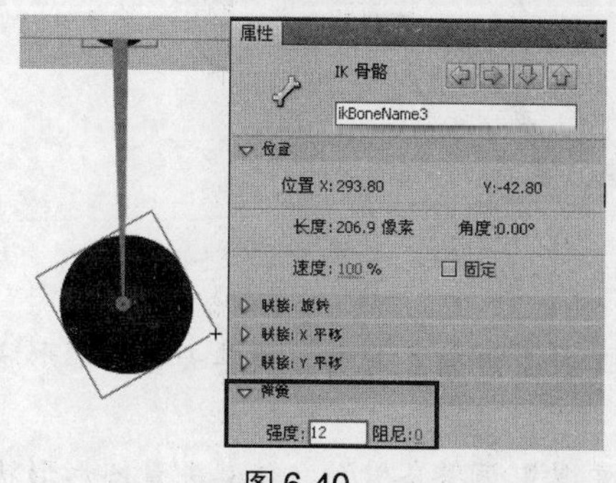

图 6-40

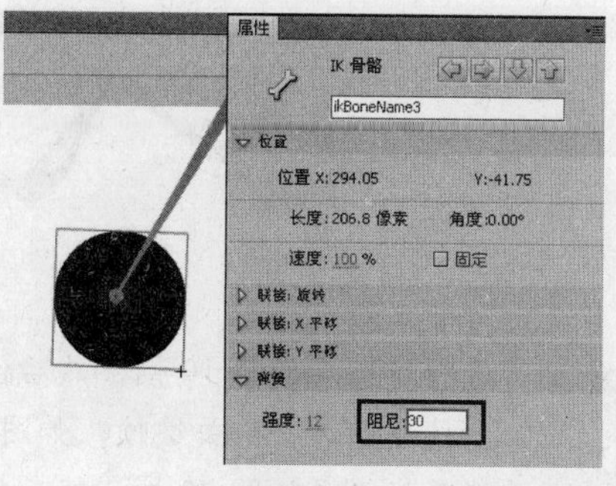

图 6-41

Step 13 再次测试，发现圆球一边左右运动一边慢慢地停下来。

6.2.8 创建形状骨骼动画

前面讲解了利用多个元件实例制作骨骼动画的方法，下面继续学习利用形状制作骨骼动画。形状无需明显的连接点以及分段，但是依然可以具有关节运动效果。

【任务 8】创建形状骨骼动画。

Step 1 新建文档，然后使用【刷子工具】绘制一个矢量图形，如图 6-42 所示。

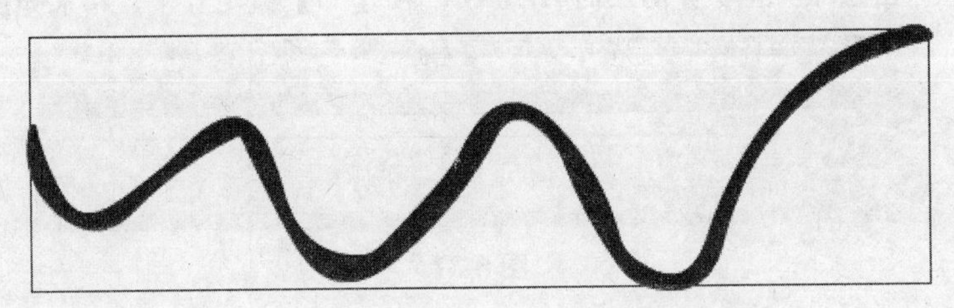

图 6-42

Step 2 依照前面的操作，使用【骨骼工具】在矢量图形上拖曳创建骨骼，如图 6-43 所示。

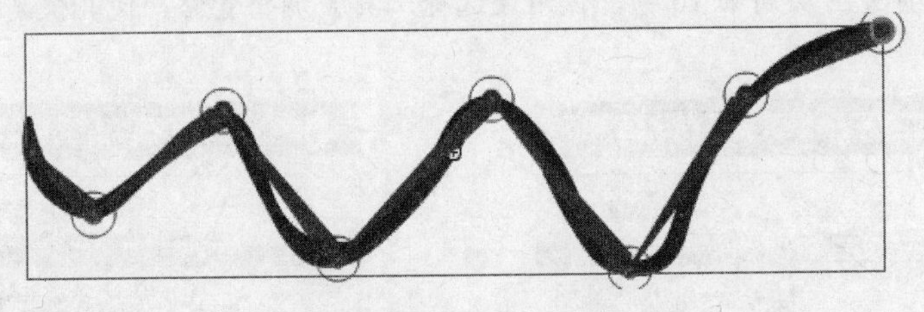

图 6-43

Step 3 此时在“图层 1”的上方新建姿态层，将“图层 1”调整到姿态层的上方，然后在“图层 1”的第【50】帧按【F5】键延长帧，然后在姿态层的第 50 帧按【F6】键添加关键帧，如图 6-44 所示。

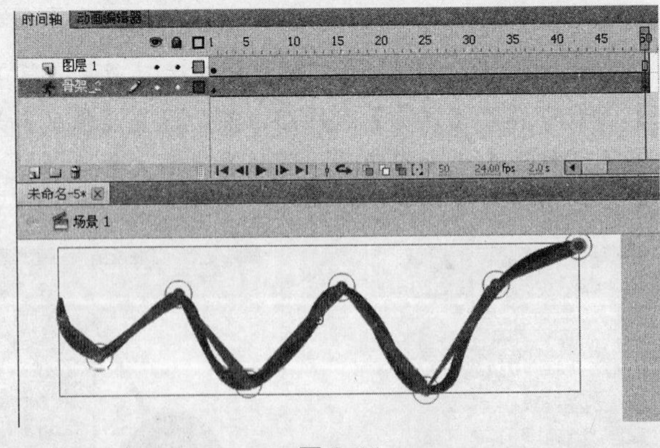

图 6-44

Step 4 选择姿态层的第 10 帧，然后使用【选择工具】调整各骨骼，使其矢量图形形状发生变化，此时在第 10 帧处添加一个关键帧，如图 6-45 所示。

Step 5 选择姿态层的第 20 帧，然后使用【选择工具】调整各骨骼，使其矢量图形形状发生变化，此时在第20帧处添加一个关键帧，如图6-46所示。

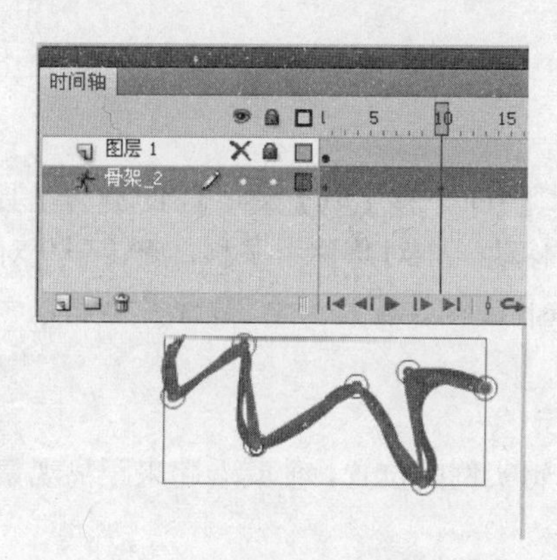

图6-45

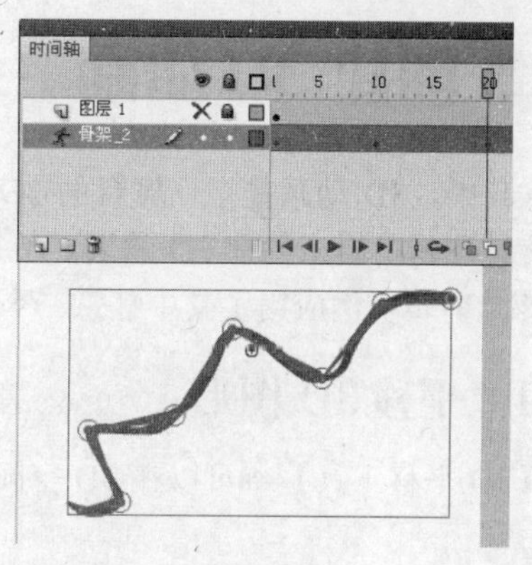

图6-46

Step 6　依次方法，继续在第30帧和第40帧处调整各骨骼，添加关键帧，制作矢量图形形状发生变化的动画效果，如图6-47和如图6-48所示。

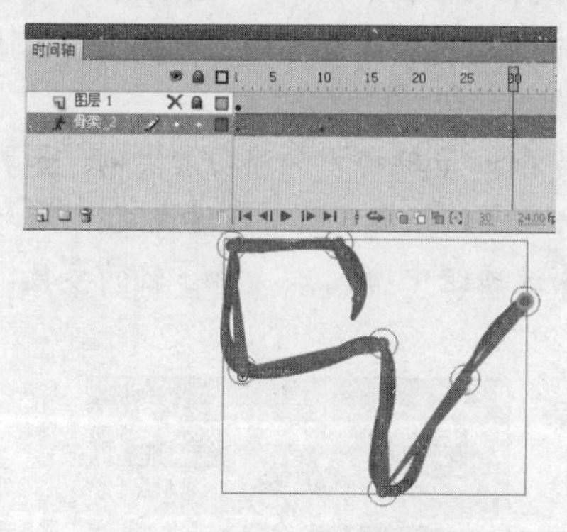

图6-47

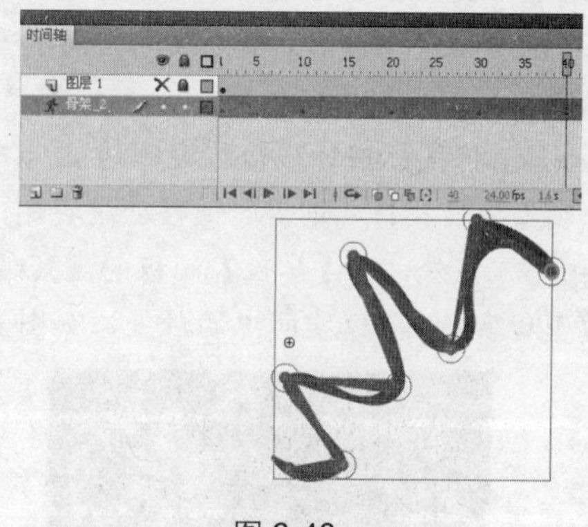

图6-48

Step 7　按【Enter】键播放动画查看效果。

Step 8　在制作形状骨骼动画时，为了防止IK骨骼在为矢量图形变形时影响矢量图形的部分形状，可以使用【绑定工具】将其绑定。方法是，激活【绑定工具】，单击形状中的要绑定的骨骼，此时该骨骼上以黄色显示形状上所有相连的控制点，如图6-49所示。

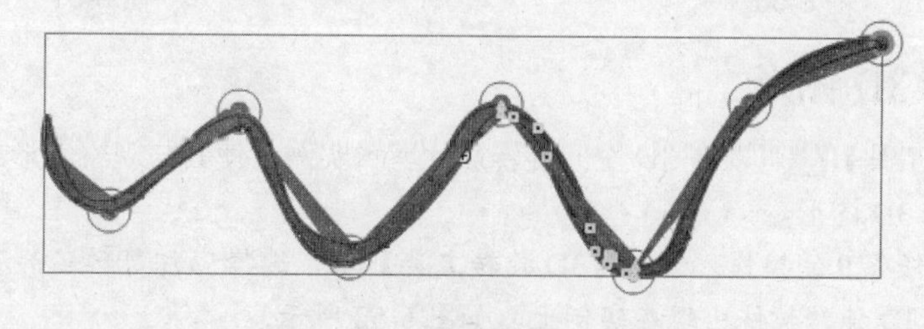

图6-49

Step 9　单击选中一个控制点，并从该控制点向骨骼的连接点方向拖曳，将控制点与骨骼绑定，绑定之后，在拖曳骨骼时，该控制点附近的图形填充和笔触将保持与骨骼相对距离不变。

6.3 创建 3D 动画

在 Flash 中，3D 动画是指在舞台的 3D 空间中使用【3D 平移工具】、【3D 旋转工具】沿 z 轴移动、旋转影片剪辑来创建 3D 效果。在 3D 空间中，移动一个对象称为平移，旋转一个对象称为变形。在对影片剪辑实例应用了其中任意一个效果后，Flash 会将其视为一个 3D 影片剪辑。

6.3.1 平移 3D 图形

使用【3D 平移工具】可以在 3D 空间移动影片剪辑实例的位置，使其看起来距离观察者更近或更远。

【任务 9】平移 3D 图形。

Step 1 新建文档，绘制一个矩形矢量图形，并将其转换为影片剪辑元件。

Step 2 从【库】面板中将影片剪辑实例拖到舞台中。

Step 3 激活【3D 平移工具】，在舞台上选择该实例，此时该影片剪辑实例的 x、y 和 z 轴将显示在实例的中间，其中，x 轴为红色指向水平右方向，y 轴为绿色指向垂直向上方向，而 z 轴则为一个黑色的点，如图 6-50 所示。

Step 4 将鼠标指针移动到实例的 x、y 轴上，可以沿着 x、y 轴的方向移动该实例；如果将指针移动到 z 轴上拖曳指针，则沿 z 轴移动该实例，此时看起来该实例距离观察者或远或近。

Step 5 另外，在【属性】面板的【3D 定位和查看】选项组中输入 x、y 和 z 轴的参数，也可以改变影片剪辑实例在 3D 空间中的位置，如图 6-51 所示。

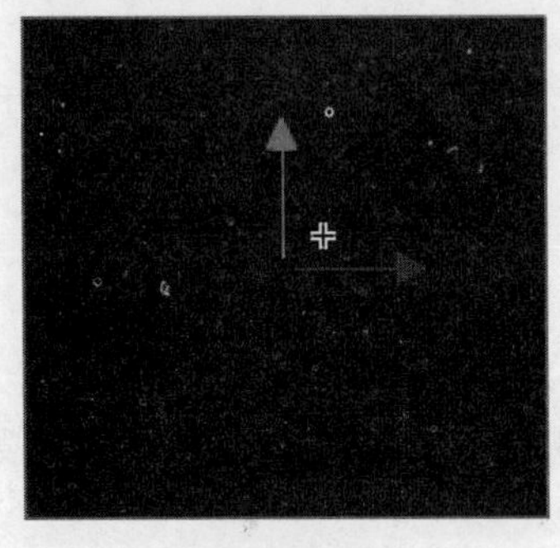

图 6-50

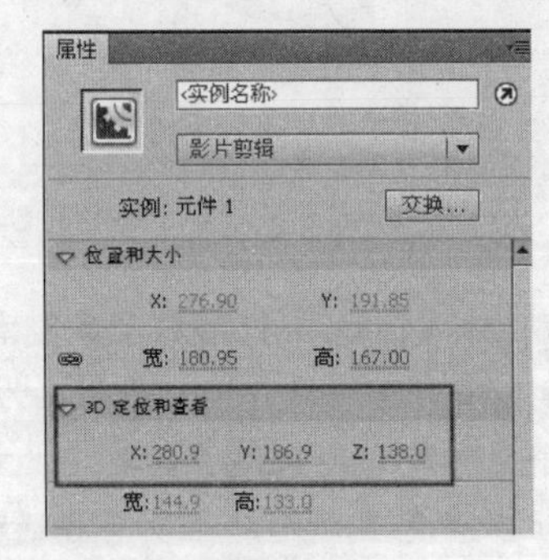

图 6-51

6.3.2 旋转 3D 图形

使用【3D 旋转工具】可以在 3D 空间旋转影片剪辑实例，使其与观察者形成一定的角度。

【任务 10】旋转 3D 图形。

Step 1 继续任务 9 的操作。激活【3D 旋转工具】，选择影片剪辑实例。

Step 2 此时 3D 旋转控件出现在实例上，如图 6-52 所示。

Step 3 其中红色垂直线为 x 轴，绿色水平线为 y 轴，而蓝色圆环则为 z 轴，最外侧的橙色圆环则是 xy 轴，如图 6-53 所示。

Step 4 如图 6-54 所示是沿 x 轴和沿 xy 轴旋转影片剪辑的效果。

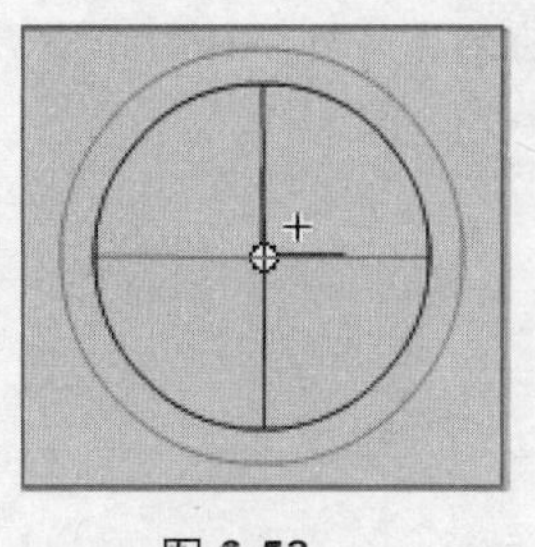
图 6-52

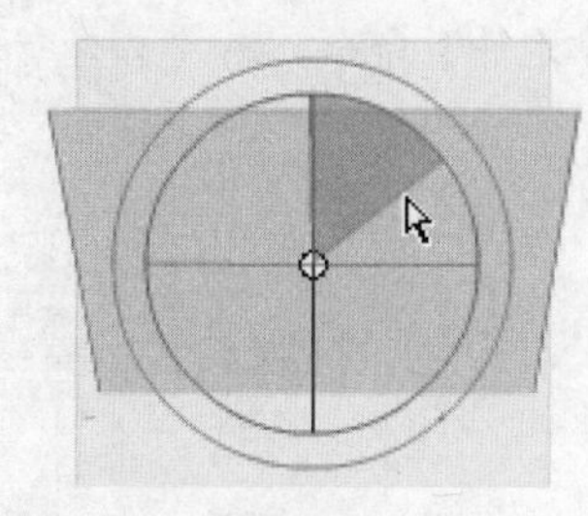
图 6-53

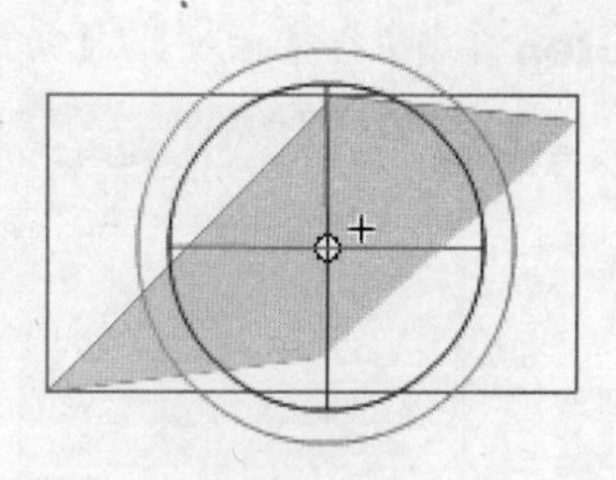
图 6-54

Step 5 可以拖曳旋转控件的中心点，以调整旋转的位置。

Step 6 打开【变形】面板，在【3D旋转】以及【3D中心点】选项组下，可以设置旋转的轴向、角度以及调整旋转中心的位置，如图6-55所示。

6.3.3 调整透视角度与消失点

Flash文件的“透视角度”属性控制3D影片剪辑视图在舞台上的外观视角，增大透视角度可使对象看起来更接近观察者，减小透视角度则使对象看起来更远。

【任务11】调查透视角度与消失点。

继续任务10的操作。选择舞台上的3D影片剪辑，在【属性】面板的【透视角度】选项中输入透视角度值，系统默认为55°，如图6-56所示。

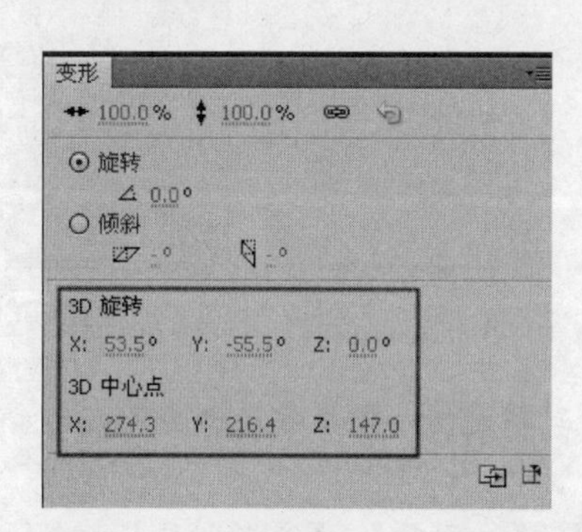

图 6-55

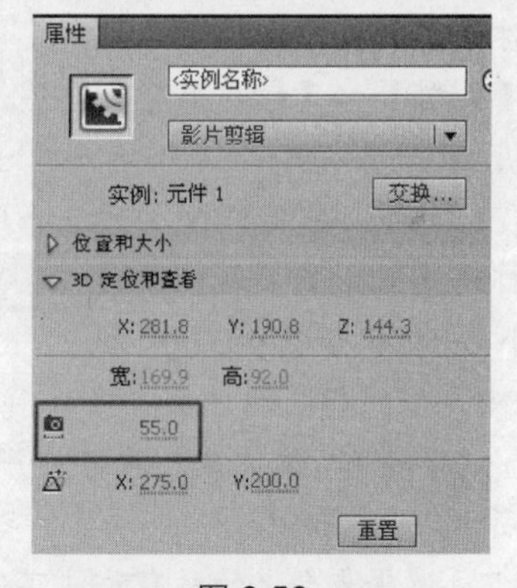

图 6-56

注意：【消失点】是一个文档属性，默认位置为舞台的中心，它会影响所有应用了 z 轴平移或旋转的影片剪辑，但不会影响其他影片剪辑。通过重新设置【消失点】的方向能够更改沿 z 轴平移对象的移动方向。如果调整【消失点】的位置，还可以精确控制舞台上3D对象的外观和动画。

6.3.4 制作3D动画

【任务12】制作3D动画。

Step 1 新建一个文档。

Step 2 执行【文件】/【导入】/【导入到库】命令，导入“素材”文件夹中的“素材1.jpg”～“素材6.jpg”6张素材文件，如图6-57所示。

Step 3 执行【插入】/【新建元件】命令，新建名为“元件 1”的影片剪辑，如图 6-58 所示。

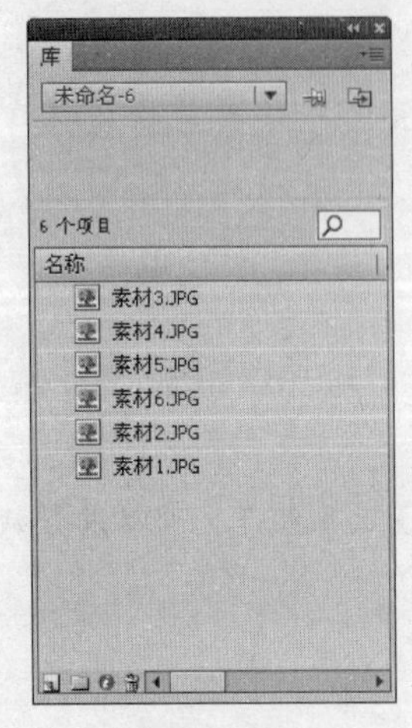

图 6-57

图 6-58

Step 4 进入该元件的编辑界面，在【库】面板中将“素材 1”拖入舞台，然后执行【修改】/【转换为元件】命令，在打开的【转换为元件】对话框将其命名为“素材 1”，设置【类型】为【影片剪辑】，如图 6-59 所示。

Step 5 确认将其转换为元件，然后打开【变形】面板，调整其缩放大小为 10%，如图 6-60 所示。

图 6-59

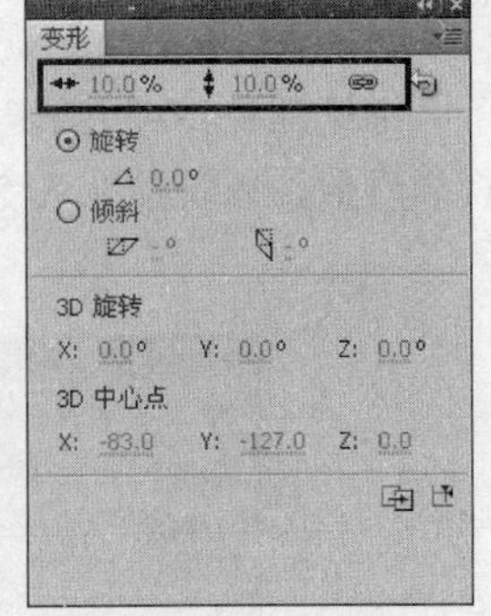

图 6-60

Step 6 依照相同的方法，将“素材 2”～“素材 6”依次拖入舞台，并将其转换为影片剪辑元件，设置大小并排列在舞台中，效果如图 6-61 所示。

Step 7 选择舞台上的所有元件实例，执行【修改】/【时间轴】/【分散到层】命令，将其分散到各层，如图 6-62 所示。

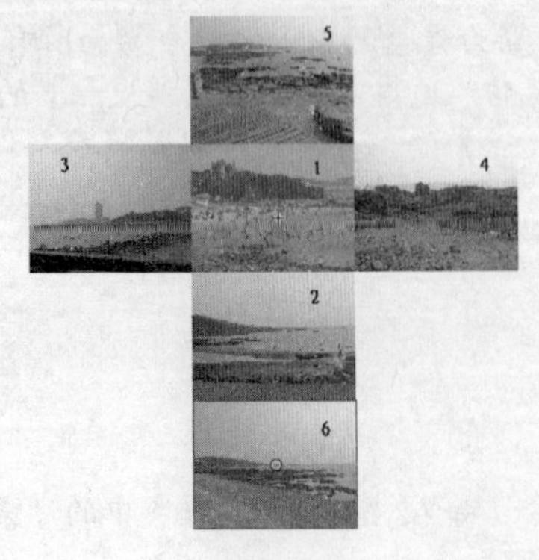

图 6-61

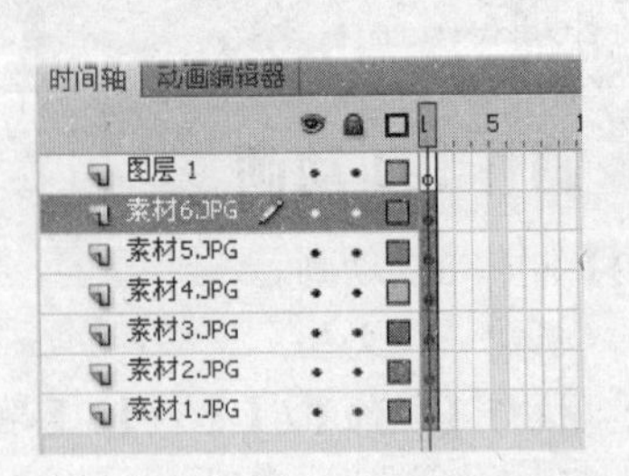

图 6-62

Step 8　将“图层 1”删除，然后调整各图层的位置，从上到下依次为 1、3、4、5、6、2，如图 6-63 所示。

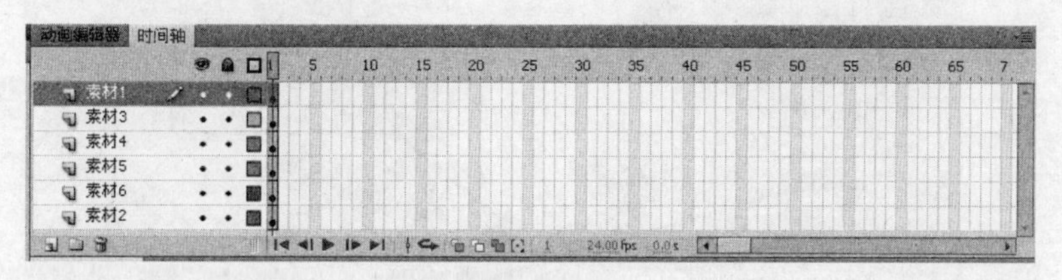

图 6-63

Step 9　选择舞台上的“素材 1”实例，在【属性】面板中设置其 3D 坐标为（0，0，−100），设置【Alpha】的值为 80%，如图 6-64 所示。

Step 10　选择舞台上的“素材 2”实例，在【属性】面板中设置其 3D 坐标为（0，0，100），设置【Alpha】的值为 80%，如图 6-65 所示。

图 6-64　　　　图 6-65

Step 11　选择“素材 3”实例，在【变形】面板中设置 *y* 轴的旋转度为 90°，并在【属性】面板中设置 3D 坐标为（−100，0，0），如图 6-66 所示。

图 6-66

Step 12　选择“素材 4”实例，在【变形】面板中设置 *y* 轴的旋转度为−90°，并在【属性】面板中设置 3D 坐标为（100，0，0），如图 6-67 所示。

Step 13　选择“素材 5”实例，在【变形】面板中设置 *x* 轴的旋转度为 90°，并在【属性】面板中设置 3D 坐标为（0，−100，0），如图 6-68 所示。

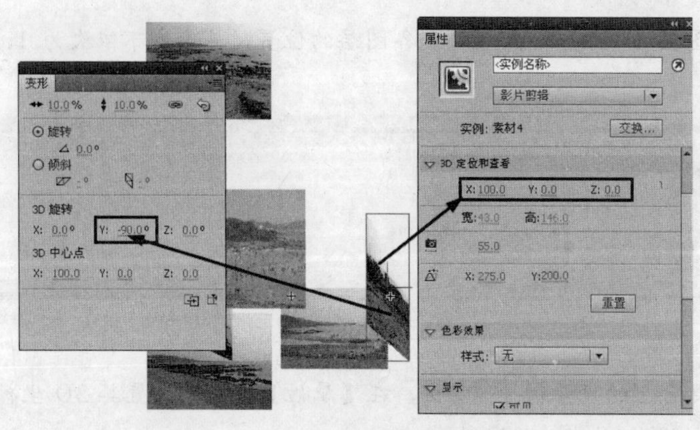

图 6-67

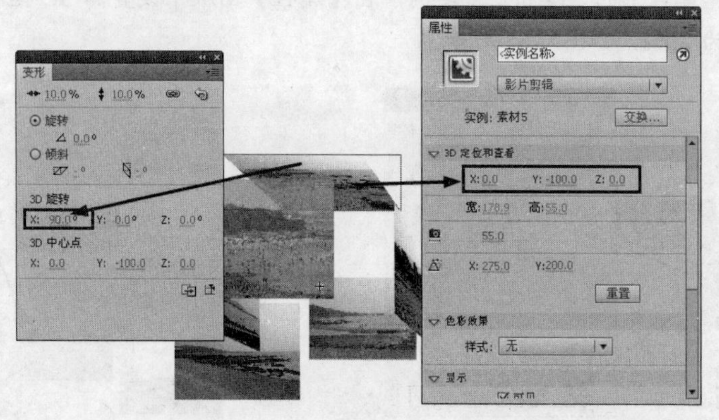

图 6-68

Step 14 选择“素材 6”实例，在【变形】面板中设置 x 轴的旋转度为 90°，并在【属性】面板中设置 3D 坐标为（0，100，0），如图 6-69 所示。此时，各图形排列效果如图 6-70 所示。

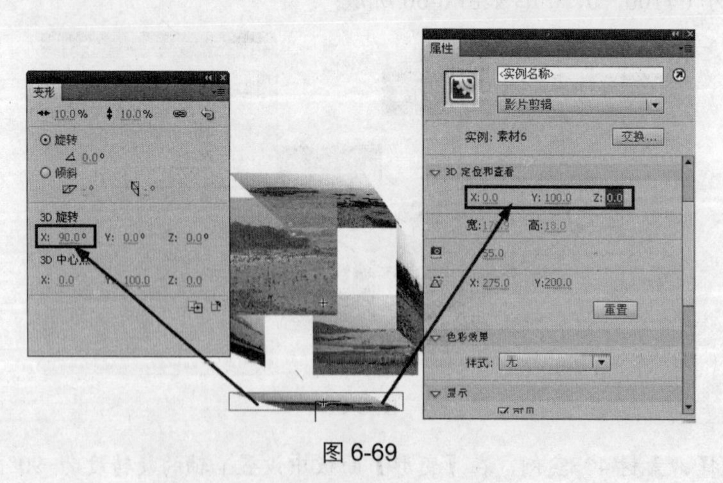

图 6-69

Step 15 回到场景，在【库】面板将“元件 1”拖入舞台，然后单击鼠标右键，在弹出的快捷菜单中选择【创建补间动画】命令，创建补间动画，如图 6-71 所示。

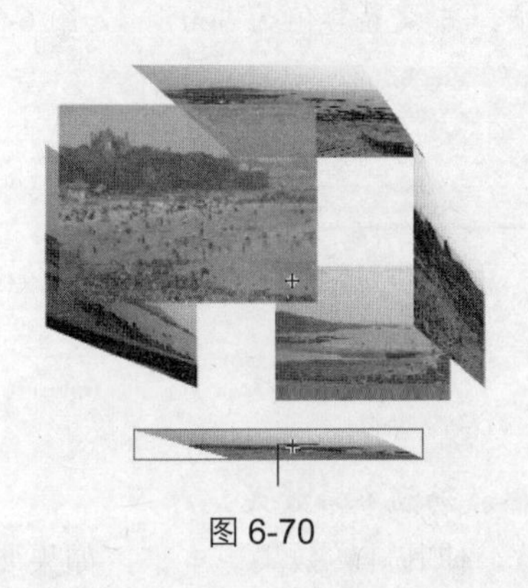

图 6-70

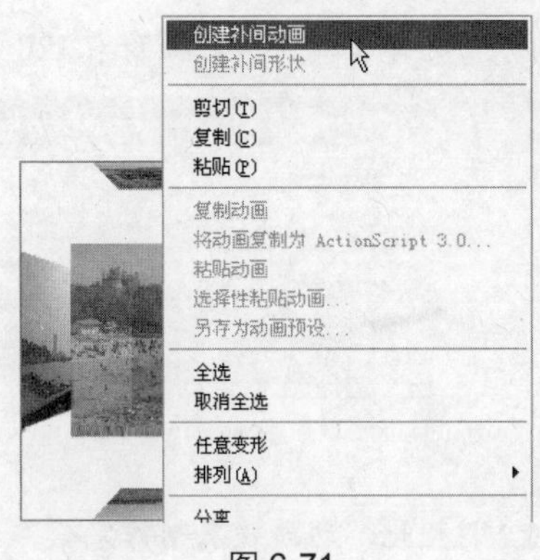

图 6-71

Step 16　在时间轴的任意帧上单击鼠标右键，在弹出的快捷菜单中选择【3D 补间】命令，如图 6-72 所示。

Step 17　选择时间轴的第 150 帧，按【F6】键插入关键帧，如图 6-73 所示。

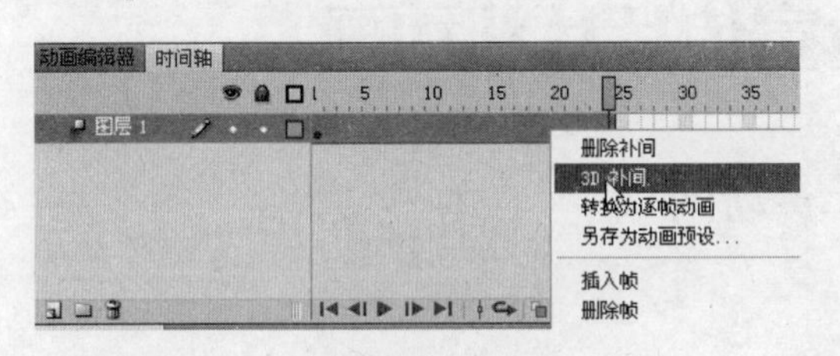

图 6-72

图 6-73

Step 18　切换至【动画编辑器】面板，在【旋转 Y】选项中选择第 50 帧并右击，在弹出的快捷菜单中选择【添加关键帧】命令，添加一个关键帧，然后设置其旋转值为 360°，如图 6-74 所示。

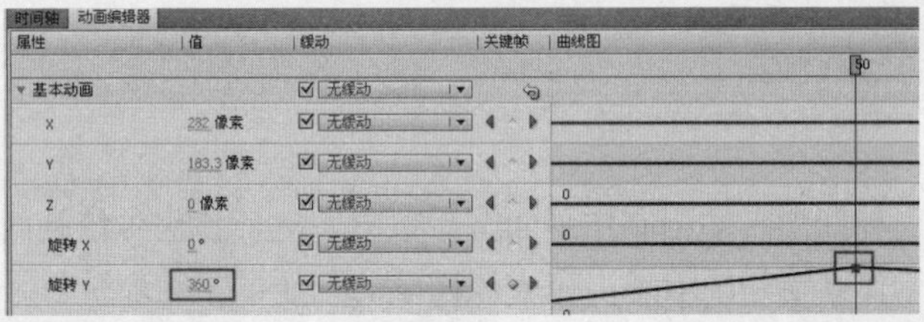

图 6-74

Step 19　在【旋转 Y】选项中选择第 100 帧并右击，在弹出的快捷菜单中选择【添加关键帧】命令，然后设置其旋转值为 0°，之后在该帧的【旋转 X】插入关键帧，如图 6-75 所示。

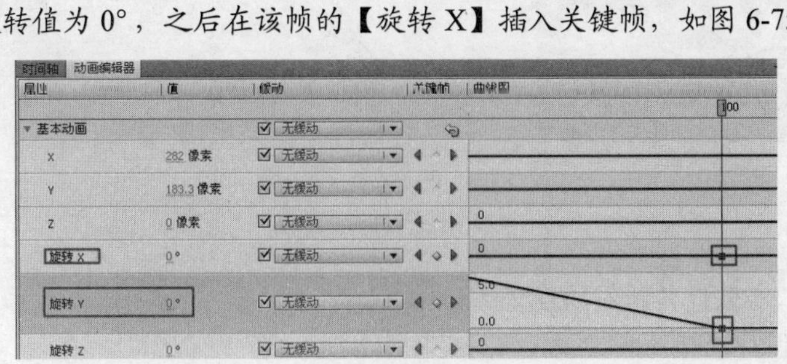

图 6-75

Step 20 选择【旋转 X】轴的第 120 帧，插入关键帧，并设置其值为 360°，如图 6-76 所示。

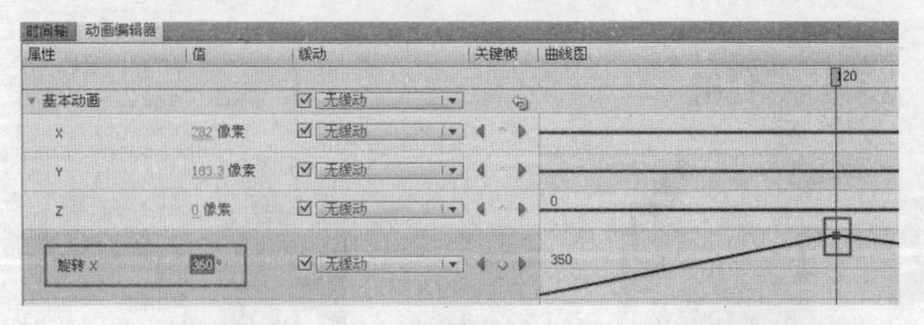

图 6-76

Step 21 至此，动画效果制作完毕，按【Enter】键播放动画查看效果。

另外，也可以在【旋转 Z】帧的不同帧上设置旋转参数，使其旋转效果更丰富。如果要得到一个真正的立方体效果，可以进入元件的编辑界面，分别选择各元件，重新调整其 3D 的坐标值。

6.4 上机实训—制作企业宣传片片头动画

6.4.1 实训 1——制作企业宣传片片头动画

1. 实训目的

本实训将创建一个企业宣传片片头动画。通过本例的操作，熟练掌握补间形状动画、传统补间动画的制作技能以及滤镜特性等应用技能。具体实训目的如下。

- 掌握补间形状动画的制作技能。
- 掌握传统补间动画的制作技能。
- 掌握滤镜效果的应用技能。

2. 实训要求

首先创建舞台，使用补间形状动画制作画面背景效果，然后使用传统补间动画制作主画面效果，最后使用补间形状动画制作其他动画效果，完成该动画的制作。本例最终效果如图 6-77 所示。

图 6-77

具体要求如下。

（1）启动 Flash CS5 软件并新建场景文件。

（2）创建矩形并制作形状补间动画。

（3）输入文字，使用传统补间动画制作主画面效果。

（4）输入文字，通过移动帧、设置 Alpha 制作文字动画效果。

（5）使用任意变形工具，复制、翻转帧等制作补间形状动画。

（6）调试动画并将动画文件保存。

3. 完成实训

素材文件	“素材”目录下
效果文件	效果文件\ 企业宣传片片头.fla
动画文件	效果文件\ 企业宣传片片头.swf
视频文件	视频文件\ 企业宣传片片头.swf

（1）制作补间形状动画

Step 1　新建文件。启动 Flash CS5 软件，在欢迎界面中单击【ActionScript 3.0】选项，新建【宽度】为 780 像素、【高度】为 410 像素、【背景颜色】为白色、名称为“企业宣传片片头”的文件。

Step 2　绘制“绿色块 1”。将“图层 1”重新命名为“绿色块 1”，激活【矩形工具】，设置【笔触颜色】为无色，【填充颜色】为绿色（#97DD00），在舞台的上方绘制一个与舞台等宽的矩形，如图 6-78 所示。

Step 3　绘制“绿色块 2”。在“绿色块 1”层上方新建“绿色块 2”层，使用【矩形工具】在舞台上方再绘制一个与舞台等宽的矩形，如图 6-79 所示。

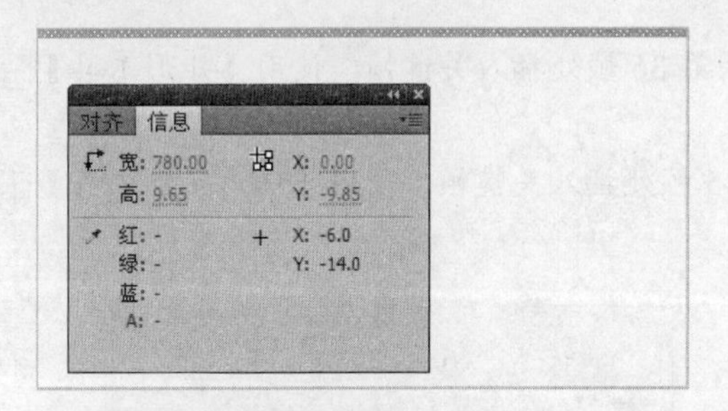

图 6-78

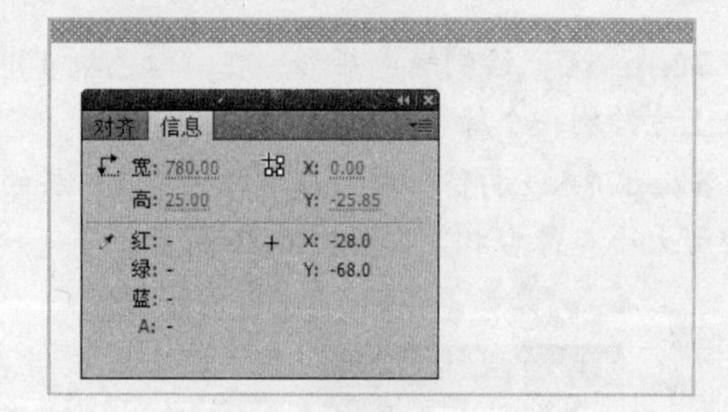

图 6-79

Step 4　绘制“绿色块 3”。在“绿色块 2”层上方新建“绿色块 3”层，使用【矩形工具】在舞台上方再绘制一个与舞台等宽的矩形，如图 6-80 所示。

Step 5　调整图形位置。同时选择“绿色块 1”～“绿色块 3”层的第 11 帧，按下【F6】键插入关键帧，然后将该帧处的图形垂直向下拖动，位置如图 6-81 所示。

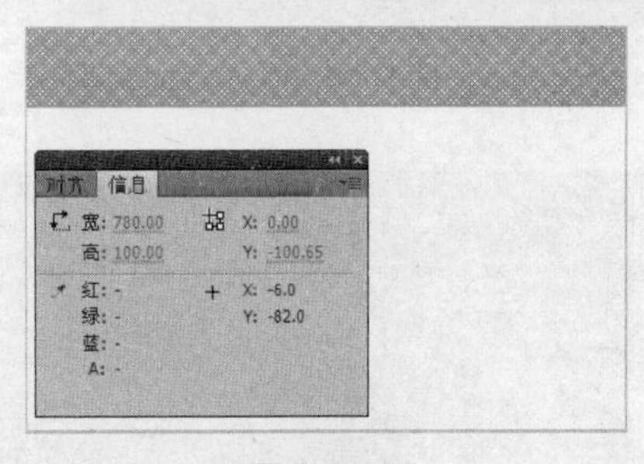

图 6-80

图 6-81

Step 6　调整图形位置。分别在“绿色块 1”～“绿色块 3”层的第 12 帧和第 31 帧处插入关键帧，将第 31 帧中的绿色矩形垂直向下拖动移出舞台，如图 6-82 所示。

Step 7 创建动画。同时选择“绿色块 1”～“绿色块 3”层的第 1 帧，单击鼠标右键，在弹出的快捷菜单中选择【创建补间形状】命令，创建补间形状动画；再选择“绿色块 1”～“绿色块 3”层的第 12 帧，创建补间形状动画。

Step 8 插入空白关键帧。同时选择“绿色块 1”～“绿色块 3”层的第 32 帧，按下【F7】键插入空白关键帧，如图 6-83 所示。

Step 9 调整帧的顺序。分别向后调整“绿色块 2”层和“绿色块 3”层中的动画帧，使各层中的动画帧依次错开 2 帧，如图 6-84 所示，这样就产生了 3 个绿色块逐个下落并移出舞台的动画。

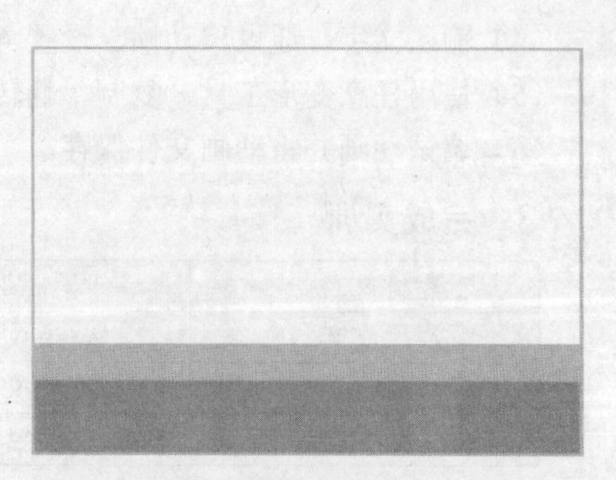

图 6-82

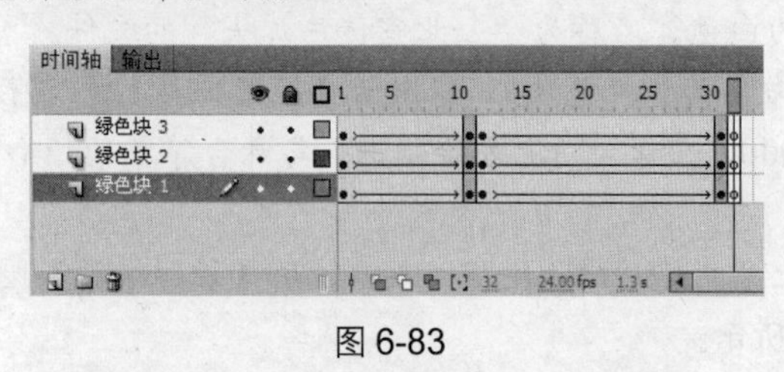

图 6-83

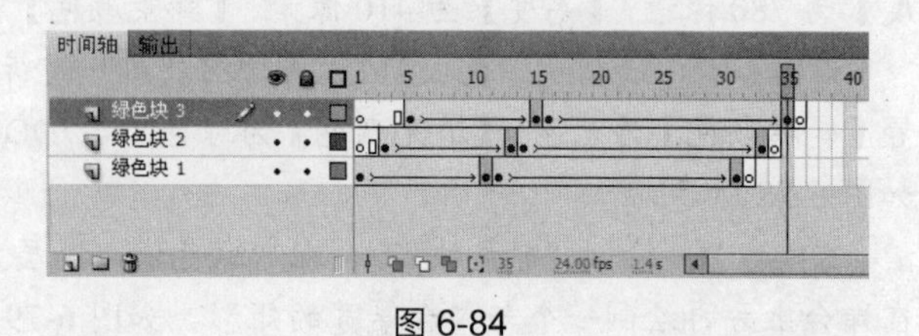

图 6-84

Step 10 绘制绿色矩形。在“绿色块 1”层的第 36 帧处插入关键帧，使用【矩形工具】在舞台上方绘制一个绿色矩形，如图 6-85 所示。

Step 11 调整矩形。在“绿色块 1”层的第 45 帧处插入关键帧，使用【任意变形工具】调整矩形大小与舞台相等，如图 6-86 所示。

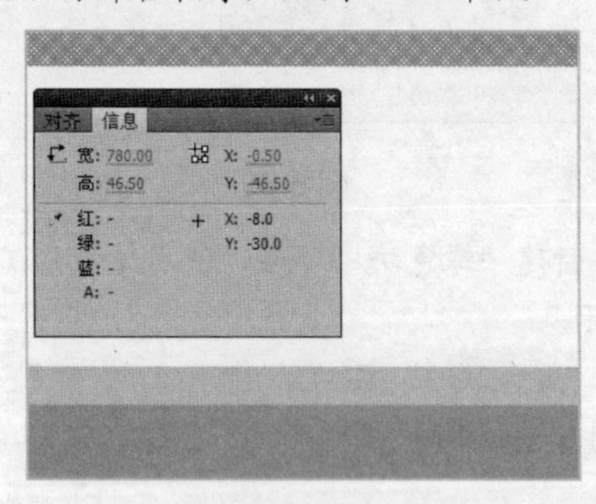

图 6-85

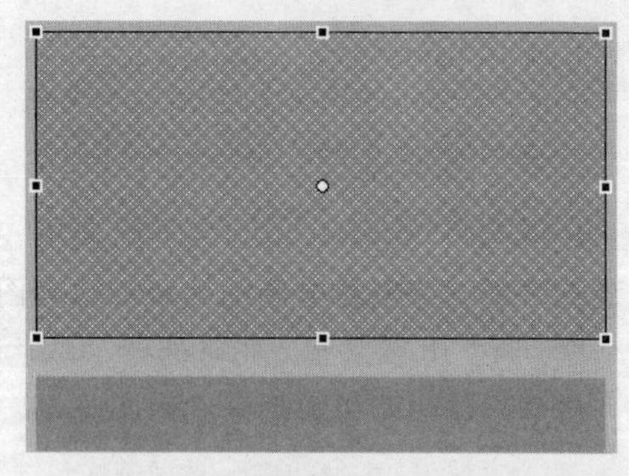

图 6-86

Step 12 创建动画。在“绿色块 1”层的第 36 帧～第 45 帧之间创建补间形状动画。

Step 13 插入关键帧并变形矩形。在“绿色块 1”层的第 46 帧和第 64 帧处插入关键帧，然后使用【任意变形工具】将第 64 帧中的绿色矩形向中心略微缩小，如图 6-87 所示。

Step 14 创建动画。在“绿色块 1”层的第 46 帧～第 64 帧之间创建补间形状动画，这样就完成了色

图 6-87

块动画的制作，此时【时间轴】面板如图6-88所示。

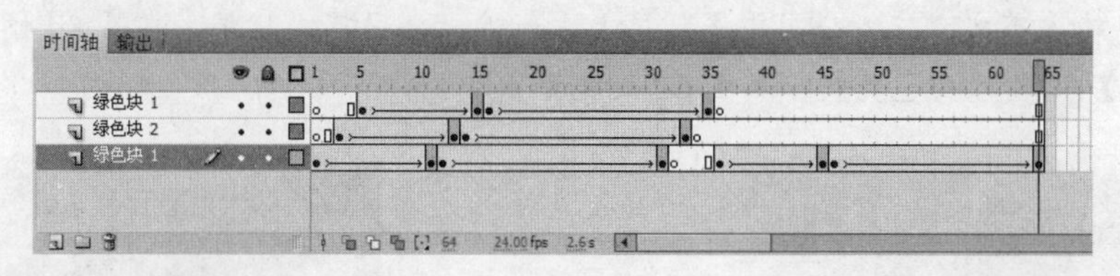

图6-88

（2）制作主画面动画

Step 1 设置动画时间。在“绿色块1”层的第360帧处插入帧，设置动画时间总长度。

Step 2 导入图片。在“绿色块3”层上方新建“图1”层，在第64帧处插入关键帧，导入本书光盘“素材”文件夹中的“图片1.jpg”图像，使用【任意变形工具】调整其大小及位置如图6-89所示。

图6-89

Step 3 转换为元件。选择导入的图片，按下【F8】键，将其转换为影片剪辑元件“pic1”。

Step 4 设置透明度。在“图1”层的第80帧处插入关键帧，然后将播放头调整到第64帧处，选择该帧中的“pic1”实例，在【属性】面板中设置【样式】为Alpha，并设置Alpha值为0%。

Step 5 创建动画。选择“图1”层的第64帧，单击鼠标右键，在弹出的快捷菜单中选择【创建传统补间】命令，创建传统补间动画。

Step 6 导入标志图片。在“图1”层上方新建“标志”层，在第80帧处插入关键帧，导入本书光盘“素材”文件夹中的“Logo.png”图像，调整其大小及位置如图6-90所示。

Step 7 转换为元件。将导入的图片转换为影片剪辑元件“标志”，然后在“标志”层的第93帧处插入关键帧。

Step 8 设置透明度。选择第80帧中的“标志”实例，在【属性】面板中设置【样式】为Alpha，并设置Alpha值为0%。

Step 9 创建动画。选择“标志”层的第80帧，单击鼠标右键，在弹出的快捷菜单中选择【创建传统补间】命令，创建传统补间动画，在【属性】面板中设置【缓动】值为-75，如图6-91所示。

图6-90

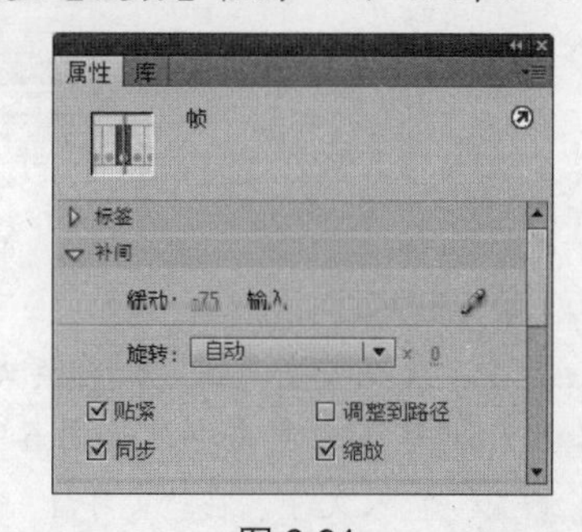

图6-91

Step 10 输入中文。在“标志”层上方新建“公司中文”层，在第89帧处插入关键帧。激活【文本工具】T，设置适当的字符属性，输入白色中文“顶尖科技”，如图6-92所示。

Step 11 转换为元件。选择输入的中文，按下【F8】键，将其转换为影片剪辑元件“公司中文”。

Step 12 输入英文。在“公司中文”层上方新建“公司英文”层，在第89帧处插入关键帧，使用【文本工具】T输入白色英文，如图6-93所示。

图6-92

图6-93

Step 13 转换为元件。选择输入的英文，按下【F8】键，将其转换为影片剪辑元件“公司英文”。

Step 14 调整实例位置。同时选择“公司中文”和“公司英文”层的第100帧，按下【F6】键插入关键帧。将播放头调整到第89帧处，将“公司中文”实例水平向右移动，将“公司英文”实例水平向左移动，如图6-94所示。

图6-94

Step 15 设置透明度。选择第89帧处的“公司中文”实例和“公司英文”实例，在【属性】面板中设置【样式】为Alpha，并设置Alpha值为0%，使其完全透明。

Step 16 创建动画。同时选择“公司中文”层和“公司英文”层的第89帧，单击鼠标右键，在弹出的快捷菜单中选择【创建传统补间】命令，创建传统补间动画，如图6-95所示。

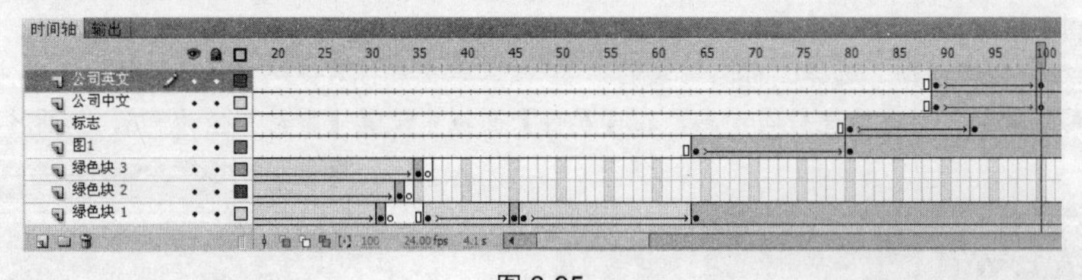

图6-95

（3）制作文字动画

Step 1 输入文字。在“公司英文”层上方新建“文字1”层，在第100帧处插入关键帧，使用【文本工具】T输入白色文字，如图6-96所示，然后将文字转换为影片剪辑元件“文字1”。

Step 2 输入文字。在“文字1”层上方新建“文字2”层，在第100帧处插入关键帧，使用【文本工具】T输入白色文字，如图6-97所示，然后将文字转换为影片剪辑元件“文字2”。

Step 3 输入文字。在“文字2”层上方新建“文字3”层，在第100帧处插入关键帧，使用【文本工具】T输入白色文字，如图6-98所示，然后将文字转换为影片剪辑元件“文字3”。

图 6-96

图 6-97

Step 4　调整实例。同时选择“文字 1”～“文字 3”层的第 112 帧，按下【F6】键插入关键帧，将播放头调整到第 100 帧处，将该帧处的“文字 1”“文字 2”和“文字 3”实例垂直向下移动，位置如图 6-99 所示，接着在【属性】面板中设置【样式】为 Alpha，并设置 Alpha 值为 0%，使实例完全透明。

图 6-98

图 6-99

Step 5　创建动画。同时选择“文字 1”～“文字 3”层的第 100 帧，单击鼠标右键，在弹出的快捷菜单中选择【创建传统补间】命令，创建传统补间动画，在【属性】面板中设置【缓动】值为-60。

Step 6　调整帧的顺序。分别向后调整“文字 2”层和“文字 3”层中的动画帧，使各层中的动画帧依次错开，这样就产生了 3 行文字逐个由下向上淡入舞台的动画，此时的【时间轴】面板如图 6-100 所示。

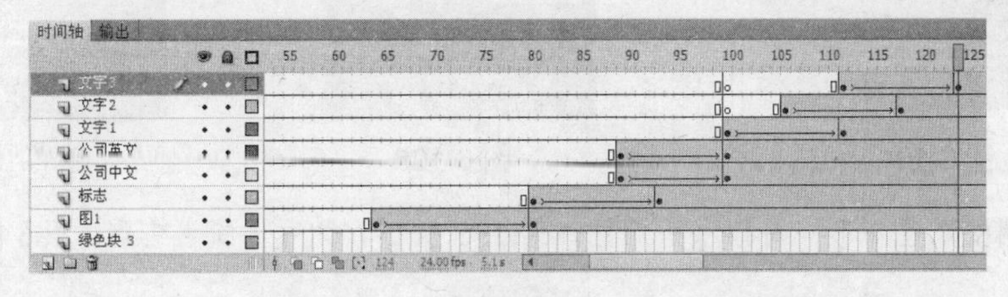

图 6-100

（4）制作灰色块动画

Step 1　绘制矩形。在“文字 3”层上方新建“灰色块”层，在第 129 帧处插入关键帧，使用【矩形工具】绘制一个【笔触颜色】为无色，【填充颜色】为灰色（#E8E8E8）的矩形，如图 6-101 所示。

Step 2 调整灰色矩形。在“灰色块”层的第139帧处插入关键帧，将播放头调整到第129帧处，使用【任意变形工具】将矩形水平向右压缩为矩形条，其形态如图6-102所示。

Step 3 调整灰色矩形。在“灰色块”层的第146帧处插入关键帧，使用【任意变形工具】将矩形水平向左压缩为矩形条，如图6-103所示，使其位于左侧图像与右侧说明文字分隔位置处。

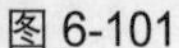

图6-101

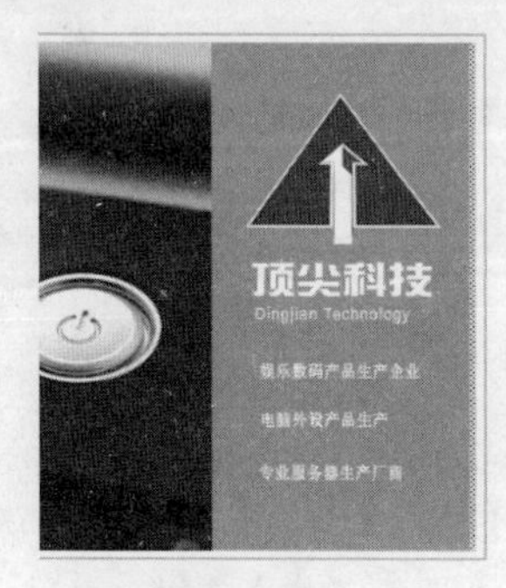

图6-102

图6-103

Step 4 创建动画。同时选择“灰色块”层的第129帧～第139帧，单击鼠标右键，在弹出的快捷菜单中选择【创建补间形状】命令，创建补间形状动画。

Step 5 插入关键帧。分别在“灰色块”层的第155帧、第165帧、第171帧、第182帧和第196帧处插入关键帧。

Step 6 调整灰色矩形。将播放头调整到第165帧处，使用【任意变形工具】调整矩形形态如图6-104所示。

Step 7 调整灰色矩形。将播放头调整到第171帧处，使用【任意变形工具】调整矩形形态如图6-105所示。

Step 8 调整灰色矩形。将播放头调整到第182帧处，使用【任意变形工具】调整矩形形态如图6-106所示。

图6-104

图6-105

图6-106

Step 9 调整灰色矩形。将播放头调整到第196帧处，使用【任意变形工具】调整矩形形态如图6-107所示。

Step 10 创建动画。同时选择“灰色块”层的第155帧～第182帧，单击鼠标右键，在弹出的快捷菜单中选择【创建补间形状】命令，创建补间形状动画。

Step 11 复制并翻转帧。同时选择“文字1”层的第100帧～第112帧，按住【Alt】键的同时将其推动到该层的第172帧处，在复制的动画帧上单击鼠标右键，在弹出的快捷菜单中选择【翻转帧】

命令，将其翻转。

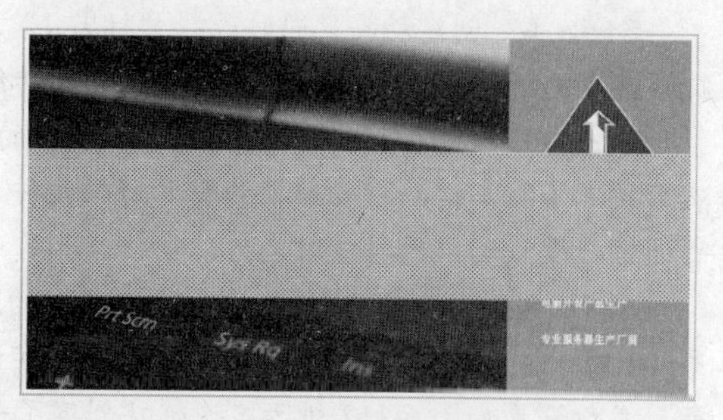

图 6-107

Step 12 复制并翻转帧。用同样的方法，将“文字2”层的第106～第118帧复制到该层的第166帧处，并翻转帧；将“文字3”层的第112～第124帧复制到该层的第160帧处，并翻转帧，这样就产生了3行文字逐个由上向下淡出舞台的动画。

Step 13 设置标志动画。分别在“标志”层～“公司英文”层的第172帧、第184帧处插入关键帧，选择第184帧处的“标志”实例、“公司中文”实例和“公司英文”实例，在【属性】面板中设置【样式】为Alpha，并设置Alpha值为0%。

Step 14 创建动画。在“标志”层～“公司英文”层的第172帧～第184帧之间创建传统补间动画。

Step 15 插入关键帧并设置实例属性。分别在“图1”层的第178帧和第189帧处插入关键帧。选择第189帧中的“pic1”实例，在【属性】面板中设置【样式】为Alpha，并设置Alpha值为0%。

Step 16 创建动画。在“图1”层的第178帧～第189帧之间创建传统补间动画，此时的【时间轴】面板如图6-108所示。

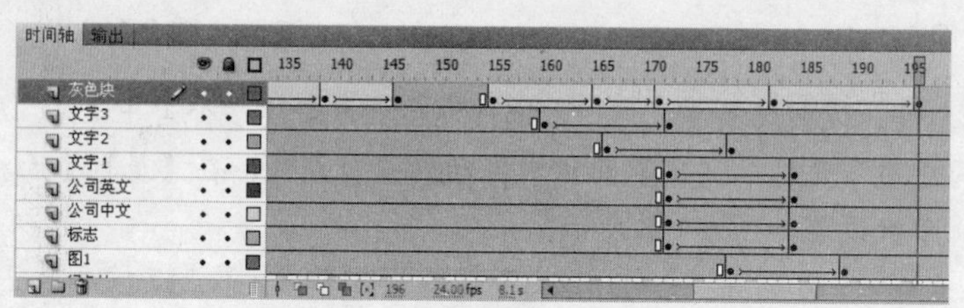

图 6-108

（5）制作定格动画

Step 1 添加元件。在“灰色块”层上方新建“标志1”层，在第196帧处插入关键帧，将“标志”元件从【库】面板中拖动到舞台左侧，在【变形】面板中将其缩小为80%，位置如图6-109所示。

Step 2 调整实例位置。分别在“标志1”层的第203帧、第205帧～第208帧、第215帧处插入关键帧。将播放头调整到第196帧处，将“标志”实例垂直向上移动，如图6-110所示.

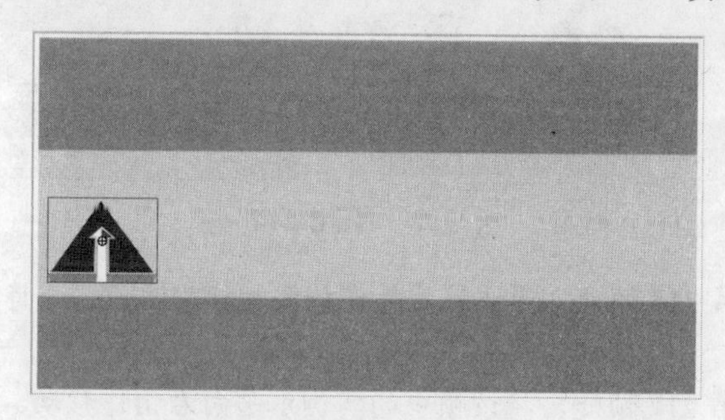

图 6-109

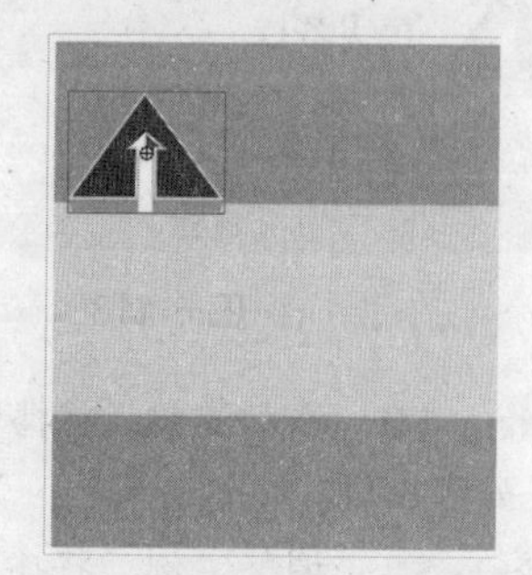

图 6-110

Step 3 将播放头分别调整到第205帧、第207帧和第215帧处，将“标志”实例垂直向上移动，如图6-111所示。

Step 4 创建动画。同时选择“标志 1”层的第 196 帧～第 203 帧，单击鼠标右键，在弹出的快捷菜单中选择【创建传统补间】命令，创建传统补间动画。

Step 5 转换为元件。选择第 215 帧中的“标志”实例，在【变形】面板中设置其比例为 100%，然后按下【F8】键，将其转换为影片剪辑元件“标志闪动”，并进入其编辑窗口中，在第 30 帧处插入普通帧，设置动画的播放时间。

Step 6 调整实例色调。在“图层 1”的第 7 帧～第 15 帧处插入关键帧，然后分别选择第 8 帧、第 10 帧、第 12 帧和第 14 帧中的“标志”实例，在【属性】面板中设置【样式】为色调，颜色为白色，参数设置如图 6-112 所示，这样就创建了一闪一闪的动画效果。

图 6-111

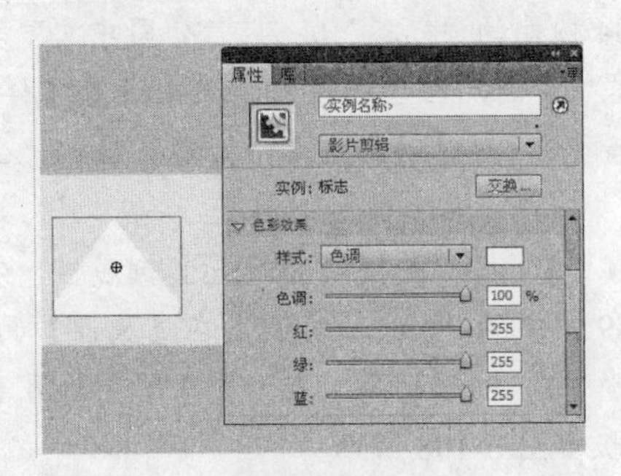

图 6-112

Step 7 添加元件。返回场景中，在“标志 1”层上方新建“公司中文 1”层，在第 207 帧处插入关键帧，将“公司中文”元件从【库】面板中拖动到舞台左侧，在【属性】面板中设置【样式】为色调，颜色为黑色，参数设置如图 6-113 所示。

Step 8 插入关键帧。分别在“公司中文 1”层的第 215 帧、第 217 帧和第 218 帧处插入关键帧。

Step 9 添加滤镜。将播放头调整到第 207 帧，选择该帧处的“公司中文”实例，在【属性】面板的【滤镜】组中单击【添加滤镜】按钮，选择【模糊】选项，为其添加模糊滤镜，并将实例水平向右移动，如图 6-114 所示。

图 6-113

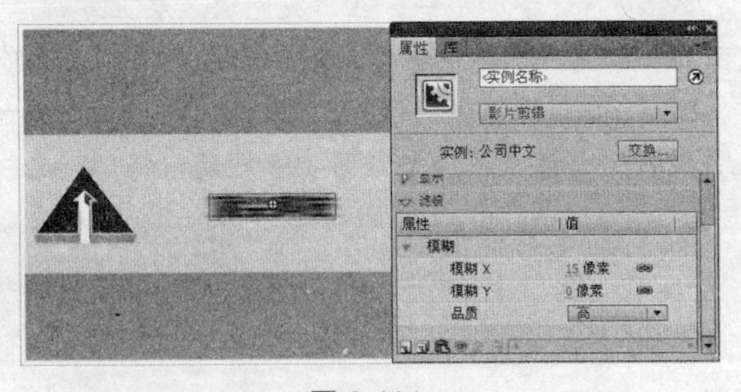

图 6-114

Step 10 添加滤镜。将播放头调整到第 215 帧处，为该帧处的实例添加模糊滤镜，并将其向左移动，如图 6-115 所示。

Step 11 调整实例。将播放头调整到第 217 帧处，将该帧中的实例水平向右稍作移动。

Step 12 创建动画。同时选择“公司中文 1”层的第 207 帧～第 215 帧，单击鼠标右键，在弹出的快捷菜单中选择【创建传统补间】命令，创建传统补间动画。

Step 13 添加元件。在“公司中文 1”层上方新建“公司英文 1”层，在第 215 帧处插入关键

帧，将“公司英文”元件从【库】面板中拖动到舞台左侧，在【属性】面板中设置【样式】为色调，颜色为黑色，参数值为100%，如图6-116所示。

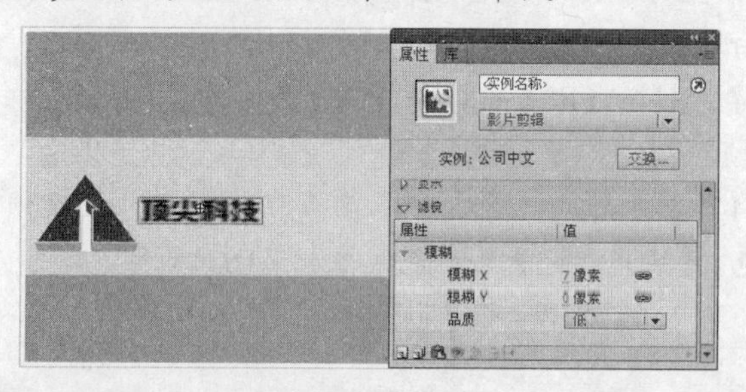

图6-115

图6-116

Step 14 创建动画。在“公司英文1”层的第223帧处插入关键帧，将播放头调整到第215帧处，将该帧中的实例设置为完全透明，然后在第215帧～第223帧之间创建传统补间动画。

Step 15 导入图片。在“公司英文1”层上方新建“图2”层，并第223帧处插入关键帧，导入本书光盘“素材”文件夹中的“图片 2.png”图像，如图6-117所示。

图6-117

Step 16 插入关键帧。将导入的图片转换为影片剪辑元件“pic2”，然后在“图2”层的第240帧处插入关键帧。

Step 17 添加滤镜。选择第223帧中的“pic2”实例，为其添加模糊滤镜，并水平向左移动，如图6-118所示。

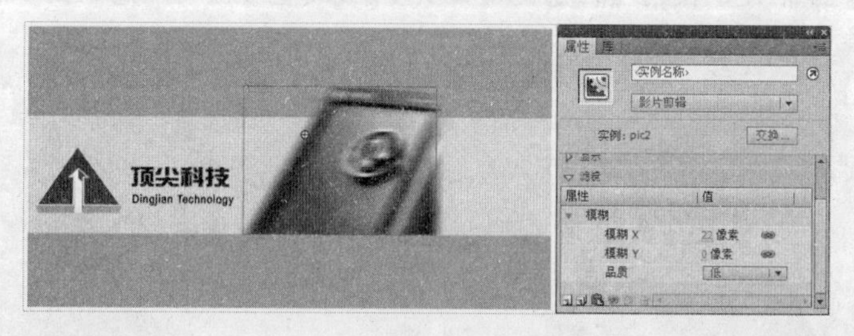

图6-118

Step 18 创建动画。将第223帧中的“pic2”实例设置为完全透明，然后在第223帧～第240帧之间创建传统补间动画，此时的【时间轴】面板如图6-119所示。

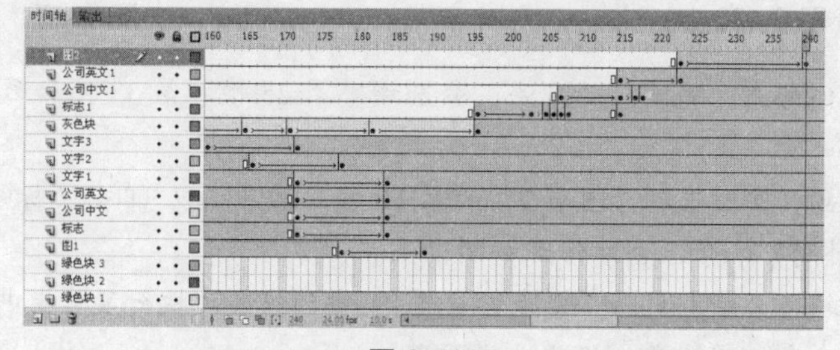

图6-119

（6）制作流动光柱动画

Step 1 绘制白色线条。在“图2”层上方新建“白光”层，并第240帧处插入关键帧。使用【铅笔工具】沿导入图像的外侧边缘绘制白色线条，如图6-120所示。

Step 2 转换为元件。选择白色线条，按下【F8】键，将其转换为影片剪辑元件“白光”，并进入其编辑窗口中，在第60帧处插入普通帧。

Step 3 绘制渐变矩形。在“图层1”上方新建“图层2”，在第10帧处插入关键帧，使用【矩形工具】绘制一个【笔触颜色】为无色，【填充颜色】为白色线性渐变色的矩形，如图6-121所示。

图6-120

图6-121

Step 4 调整实例形态。将绘制的矩形转换为影片剪辑元件“白色块”，然后使用【任意变形工具】调整实例的位置和形态如图6-122所示。

Step 5 调整实例形态。分别在“图层2”的第24帧、第25帧、第33帧和第39帧处插入关键帧，将播放头调整到24帧处，使用【任意变形工具】调整实例的形态如图6-123所示。

图6-122

图6-123

Step 6 调整实例形态。用同样的方法，分别调整第25帧、第33帧和第39帧处实例的形态，如图6-124所示。

Step 7 创建动画。同时选择“图层2”的第10帧～第33帧，单击鼠标右键，在弹出的快捷菜单中选择【创建传统补间】命令，创建传统补间动画。

Step 8 将线条转换为填充图形。选择“图层1”中的线条，执行菜单栏中的【修改】/【形状】/【将线条转换为填充】命令，将线条转换为填充图形。

图 6-124

Step 9　创建遮罩动画。将“图层 1”拖动到“图层 2”的上方，然后在该层上单击鼠标右键，在弹出的快捷菜单中选择【遮罩层】命令，创建遮罩动画，如图 6-125 所示。

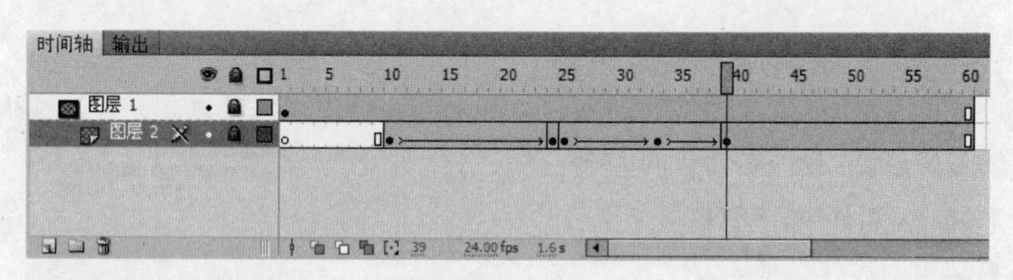

图 6-125

Step 10　返回场景。单击窗口左上方的场景 1按钮返回到场景中。

（7）制作返回按钮

Step 1　输入文字。在“白光”层上方新建“按钮”层，在第 340 帧处插入关键帧，使用【文本工具】T在舞台右下角输入白色文字“返回”，如图 6-126 所示。

Step 2　转换为元件。选择输入的文字，按下【F8】键，将其转换为按钮元件“返回按钮”，并进入其编辑窗口中。

Step 3　编辑元件。在【指针经过】帧处插入关键帧，修改文字颜色为橙色（#FF6600）；在【点击】帧处插入关键帧，绘制一个任意颜色的矩形，使其能够遮住下方文字，如图 6-127 所示。

Step 4　调整实例。返回场景中，在“按钮”层的第 353 帧处插入关键帧，将“返回按钮”实例水平向右调整，如图 6-128 所示。

图 6-126

图 6-127

图 6-128

Step 5 创建动画。将播放头调整到第 340 帧处，设置该帧处的实例完全透明，然后单击鼠标右键，在弹出的快捷菜单中选择【创建传统补间】命令，创建传统补间动画。

Step 6 输入代码。选择舞台中的“返回按钮”实例，在【动作】面板中输入如下代码:

```
on (release) {
    gotoAndPlay(1);
}
```

Step 7 输入代码。在“按钮”层上方新建“action”层，在第 360 帧处插入关键帧，按下【F9】键打开【动作】面板，输入代码“Stop( )”，使动画播放到该帧处停止。

Step 8 测试动画。按下【Ctrl+Enter】组合键，测试动画效果，然后保存文件。

6.4.2 实训 2——燃烧的汽车特效制作

1. 实训目的

本实训将创建一个燃烧的汽车的特效动画。通过本例的操作，熟悉复制元件、编辑元件、使用滤镜、制作遮罩动画等技能。具体实训目的如下。

- 掌握复制元件、编辑元件的技能。
- 掌握遮罩动画的制作技能。
- 掌握滤镜效果的应用技能。

2. 实训要求

首先创建舞台并创建元件，然后使用传统补间动画制作主画面效果，最后使用遮罩动画制作其他动画效果，完成该动画的制作。本例最终效果如图 6-129 所示。

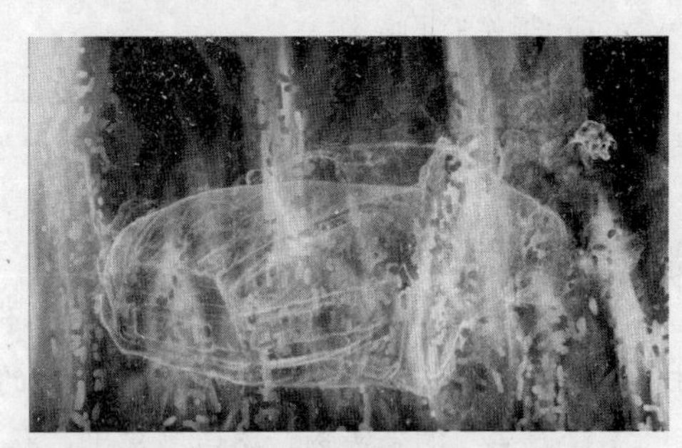

图 6-129

具体要求如下。

（1）启动 Flash CS5 软件并新建场景文件。

（2）首先导入背景图像，然后复制帧。

（3）绘制图形并转换为元件，使用传统补间动画制作主画面效果。

（4）复制元件，然后添加滤镜效果。

（5）最后创建遮罩动画。

（6）调试动画并将动画文件保存。

3. 完成实训

素材文件	“素材”目录下
效果文件	效果文件\ 燃烧的汽车.fla
动画文件	效果文件\ 燃烧的汽车.swf
视频文件	视频文件\ 燃烧的汽车.swf

（1）制作火焰内部颗粒运动特效

Step 1 新建文件。启动 Flash CS5 软件，新建【宽度】为 500 像素、【高度】为 300 像素、【帧频】为 24fps、【背景颜色】为黑色、名称为“燃烧的汽车”的文件。

Step 2 导入图片。按键盘上的【Ctrl+R】组合键，导入本书光盘“素材”文件夹中的“火 1.png”图像，并将其与舞台对齐，如图 6-130 所示。

Step 3 复制并粘贴帧。选择“图层 1”的第 1 帧，单击鼠标右键，在弹出的快捷菜单中选择【复制帧】命令，复制选择的帧；在“图层 1”上方新建“图层 2”，在第 1 帧处单击鼠标右键，在弹出的快捷菜单中选择【粘贴帧】命令，粘贴复制的帧。

Step 4 转换为元件。选择“图层 2”第 1 帧中的图片，按下【F8】键，将其转换为影片剪辑元件“frame1”，并进入其编辑窗口中，在第 55 帧处插入普通帧。

Step 5 绘制短线。在“图层 1”上方新建“图层 2”，激活【刷子工具】，在窗口中绘制若干短线，颜色任意，如图 6-131 所示。

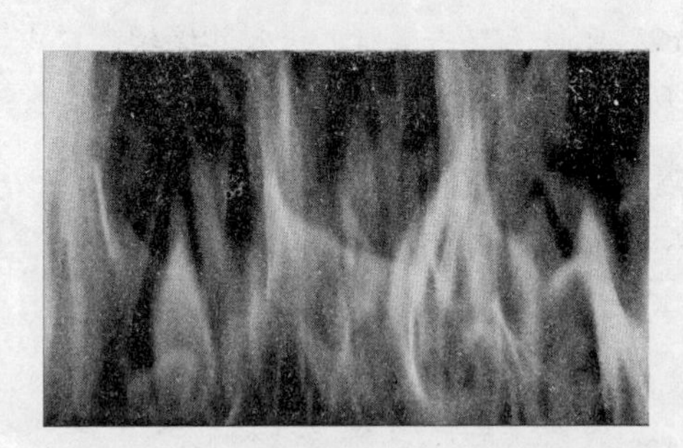

图 6-130

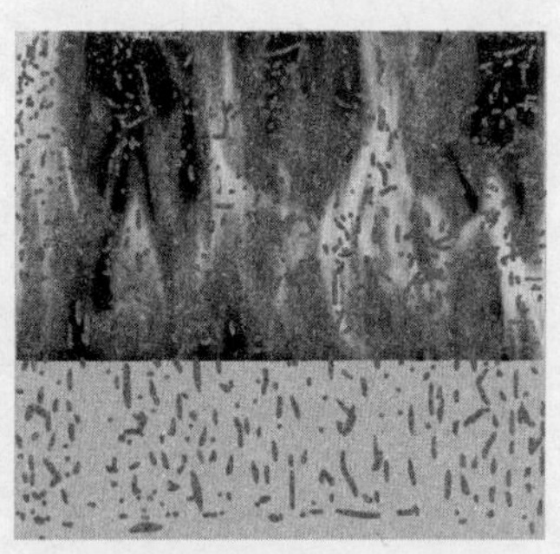

图 6-131

Step 6 转换为元件。选择绘制的图形，按下【F8】键，将其转换为图形元件“dian”。

Step 7 创建动画。在“图层 2”的第 55 帧处插入关键帧，调整实例的位置如图 6-132 所示。

Step 8 将播放头调整到第 1 帧处，调整实例的位置如图 6-133 所示，然后在第 1 帧处单击鼠标右键，在弹出的快捷菜单中选择【创建传统补间】命令，创建传统补间动画。

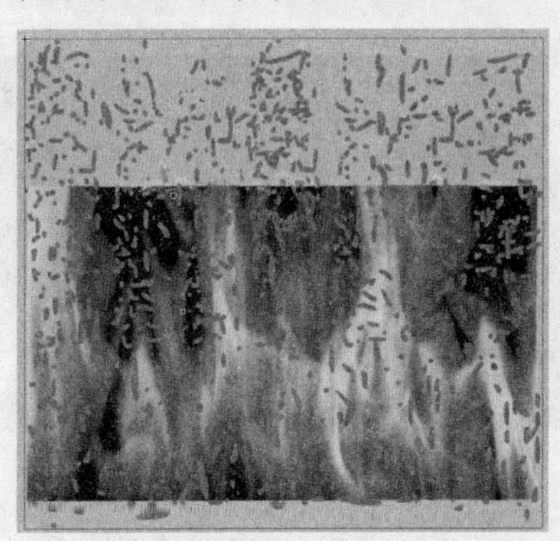

图 6-132

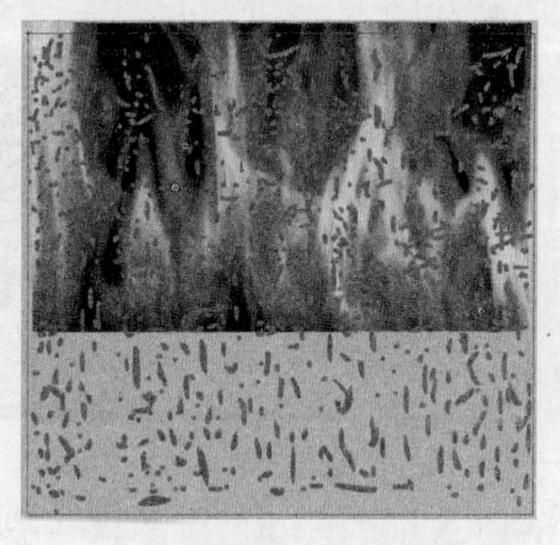

图 6-133

Step 9 创建遮罩动画。在“图层 2”上单击鼠标右键，在弹出的快捷菜单中选择【遮罩层】命令，将“图层 2”转换为遮罩层，创建遮罩动画，如图 6-134 所示。

（2）制作火苗窜动效果

Step 1 复制元件。在【库】面板中的“frame1”元件上单击鼠标右键，在弹出的快捷菜单中选择【直接复制】命令，在打开的【直接复制元件】对话框中设置【名称】为“frame2”，其他保持不变，

如图 6-135 所示，单击 确定 按钮复制元件。

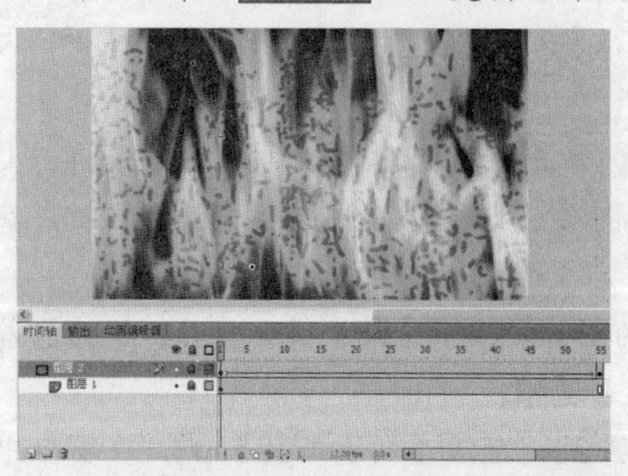

图 6-134

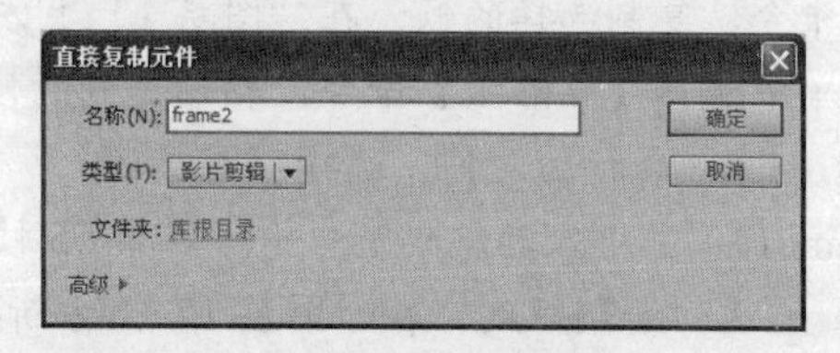

图 6-135

Step 2 编辑元件。在【库】面板中的“frame2”元件上双击鼠标，进入其编辑窗口中，在【时间轴】面板中将结束帧调整到第 60 帧，如图 6-136 所示。

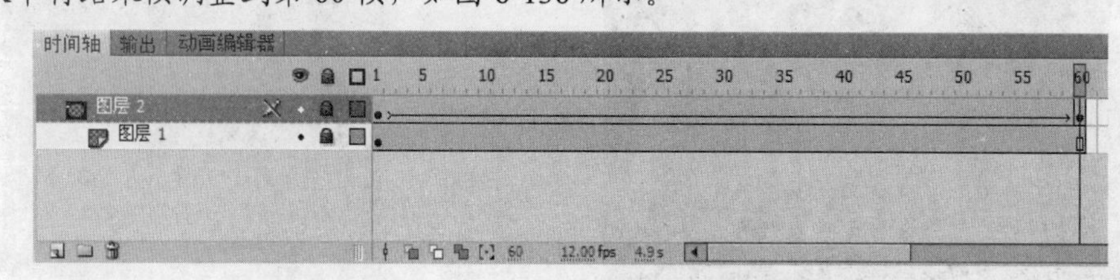

图 6-136

Step 3 复制并编辑元件。用同样的方法，再复制一个“frame3”元件，并进入其编辑窗口中，在【时间轴】面板中将结束帧调整到第 40 帧。

Step 4 添加元件。返回场景，调整“frame1”实例的位置如图 6-137 所示。

Step 5 添加元件。在“图层 2”上方新建“图层 3”，将“frame2”元件从【库】面板中拖动到舞台中，位置如图 6-138 所示。

图 6-137

图 6-138

Step 6 添加元件。在“图层 3”上方新建“图层 4”，将“frame3”元件从【库】面板中拖动到舞台中，位置如图 6-139 所示。

Step 7 导入汽车图片。在“图层 4”上方新建“图层 5”，导入本书光盘“素材”文件夹中的“火 2.jpg”图像，并将其与舞台对齐，如图 6-140 所示。

Step 8 转换为元件。选择导入的图片，按下【F8】键，将其转换为影片剪辑元件“元件 1”。

Step 9 设置实例属性。选择“元件 1”实例，在【属性】面板中设置【混合】模式为“滤色”，如图 6-141 所示。

Step 10　实例效果如图6-142所示，至此，完成了火焰特效的制作。

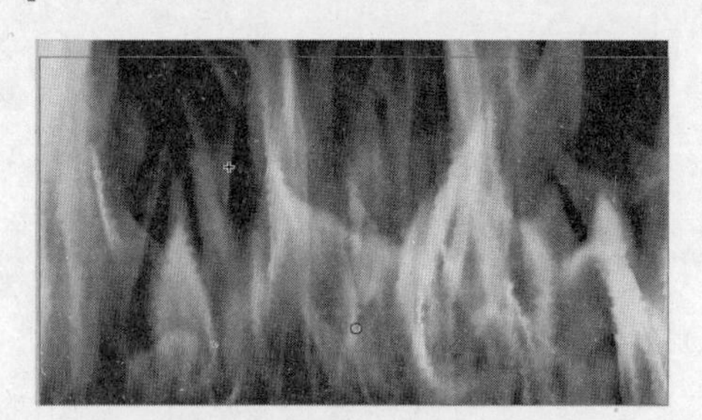

图6-139

图6-140

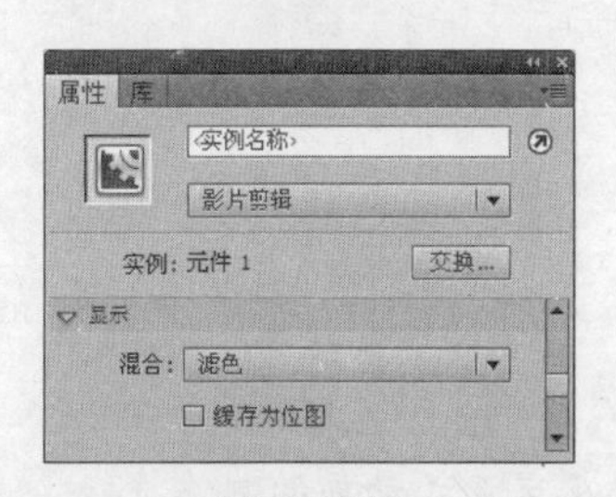

图6-141

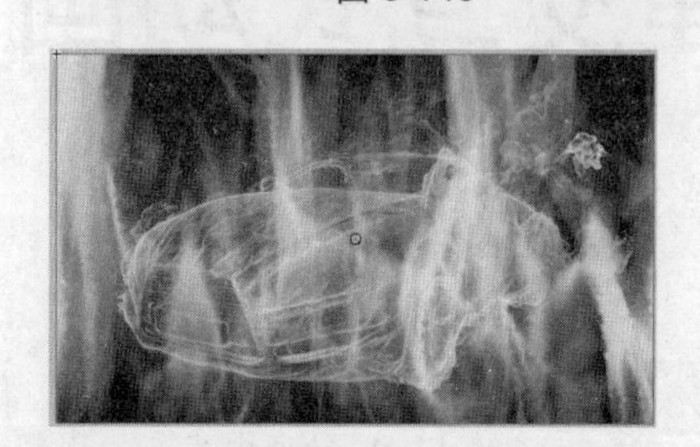

图6-142

Step 11　测试动画。按下【Ctrl+Enter】组合键，观看动画效果，然后保存文件。

6.5 自我检测

1. 选择题

（1）在骨架中，相连的两个对象被称为（　　）层次结构。

A. 对象　　B. 元件实例　　C. 父子　　D. 元件和实例

（2）在骨架中，占主导地位的称为（　　）。

A. 父对象　　B. 子对象　　C. 对象　　D. 实例

（3）骨架的作用是将（　　）两级相连。

A. 父子　　B. 元件和实例　　C. 对象和实例　　D. 以上说法都不对

（4）在Flash中，当用户创建骨骼后，骨架会自动移动到时间轴中的新图层中，新图层称为（　　）。

A. 遮罩层　　B. 姿势图层　　C. 任意图层　　D. 引导层

2. 简答题

简述反向运动学与正向运动学的区别。

3. 操作题

利用所学的3D动画知识，使用“素材”文件夹下的“素材1.jpg”～“素材6.jpg”素材文件创建一个水平旋转的立方体动画效果。

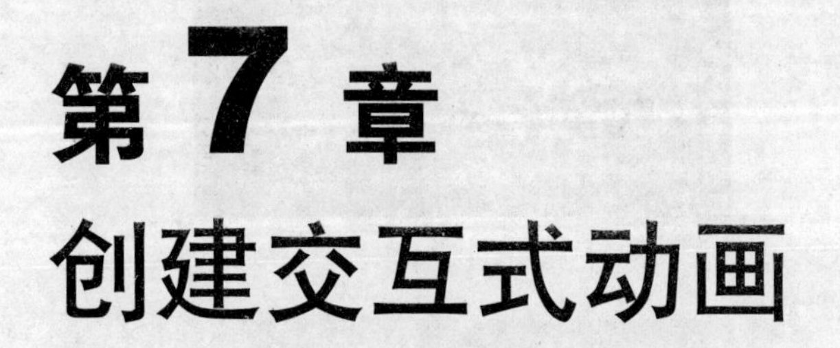

第 7 章 创建交互式动画

📖 学习目标

了解 Flash 动画中声音、视频文件的应用以及交互式动画的制作技能等相关知识。

📖 学习重点

重点掌握声音、视频文件的添加、编辑以及 ActionScript 3.0 代码的编写、应用等知识。

📖 主要内容

- 关于 Flash 动画中的声音
- 编辑动画中的声音
- 向 Flash 动画中添加视频
- 创建交互式动画
- 上机实训
- 自我检测

7.1 关于 Flash 动画中的声音

在 Flash 动画设计中，声音的应用是丰富动画的主要手段。这一节首先学习向 Flash 动画中导入声音的相关方法。

7.1.1　了解 Flash 中的声音类型

Flash 所支持的声音的格式有多种，如常见的 ASND 格式、WAV 格式、AIFF 格式、MP3 格式等，在此不再赘述，但在 Flash 中只有两种类型的声音，一种是事件声音，另一种是流式声音。

事件声音是指与某一个事件有关，只有当该事件被触发时才会播放声音。这种声音只有被完全下载后才能播放，除非明确停止，否则一直连续播放下去。

流式声音则是一边下载一边播放的声音，利用这种方式，可以在整个电影范围内同步播放以及控制声音，如果动画停止则声音也停止。

导入声音的方法很简单，与导入文件相同，首先将声音文件导入到库，然后添加声音图层，并在合适的帧上添加声音文件即可。

7.1.2　导入声音并将其添加到动画中

向 Flash 中添加声音的方法很简单，首先需要将声音文件导入到库或者舞台中。下面通过一个简单操作，学习添加声音的方法。

【任务 1】向动画中添加声音。

素材文件	素材\ 小人 01.fla、钢琴曲.mp3

Step 1　打开“素材”文件夹下的“小人 01.fla”动画文件。

Step 2　执行【导入到库】命令，选择“素材”文件夹下的“钢琴曲.mp3”声音文件，将其导入到【库】面板，【库】面板的预览窗口会显示声音的波形图，如图 7-1 所示。

Step 3　新建名为“声音”的新图层，在该层的第 1 帧，将【库】面板中的“钢琴曲.mp3”声音文件拖入舞台，此时在“声音”层出现声音的波形图，如图 7-2 所示。

图 7-1

图 7-2

7.2 编辑动画中的声音

向动画中添加声音文件后，声音文件并不一定能满足动画的播放要求，这时可以对声音文件进行编辑。

7.2.1 更改声音并设置声音与动画同步

导入的声音文件可以根据具体情况进行修改编辑，如导入的声音文件不一定与动画时长相同，这就出现一个声音是否与动画同步的问题；另外，想取消已经添加的声音等，操作都可以在【属性】面板中完成。

【任务2】更改声音并设置与动画同步。

Step 1 继续任务1的操作。单击“声音”层的任意一帧，在【属性】面板的【声音】选项组的“同步”下拉列表中选择【数据流】选项，这样声音就会与动画同步了，如图7-3所示。

Step 2 如果要取消添加的声音，则在【属性】面板的【声音】选项的组“名称”下拉列表选择【无】选项，如图7-4所示，这样声音就会被取消。

图7-3

图7-4

- 【事件】：该选项是指声音必须完全下载后才能开始播放，并且不一定能与动画同步，除非设置了明确的指令，否则声音会一直播放到结束，或重复播放。这种播放类型对于容量大的声音文件非常不利。
- 【开始】：该选项是指声音与动画同步，但也不会造成声音重叠。与【事件】不同的是，声音在前一轮播放没有结束的情况下，在下一轮不会马上开始播放，而是前一轮播放结束后才开始新的播放。
- 【停止】：该选项使声音从影片中的某一帧开始停止播放。
- 【数据流】：该选项是指只要下载一部分声音就会开始播放，并与动画同步，如动画停止，则声音也停止。

7.2.2 编辑声音的效果

如果要编辑声音，如左声道、右声道播放和淡出淡入等，可以在【属性】面板的【声音】选项组

的“效果”下拉列表中选择相应选项，如图 7-5 所示。

- 【无】：不对声音进行任何处理。
- 【左声道】：只在左声道播放。
- 【右声道】：只在右声道播放。
- 【向右淡出】：控制声音在播放时从左声道到右声道逐渐淡出。
- 【向左淡出】：控制声音在播放时从右声道到左声道逐渐淡出。
- 【淡出】：控制声音在播放结束时声音逐渐变小。
- 【淡入】：控制声音在播放开始时声音逐渐变大。
- 【自定义】：用于自行编辑声音的变化效果，选择此选项后，将打开【编辑封套】对话框，可对声音进行自定义编辑，如图 7-6 所示。

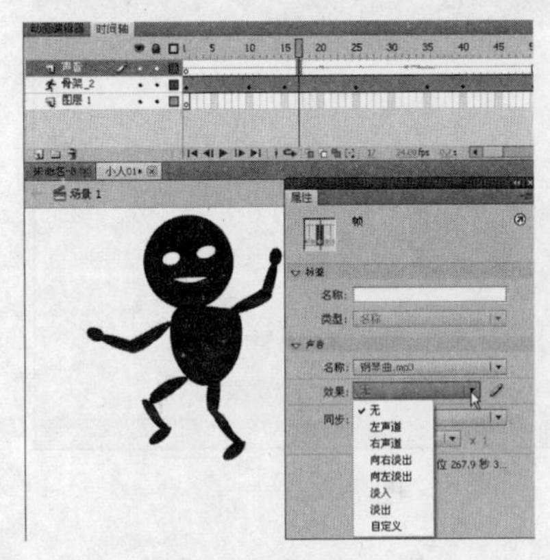

图 7-5

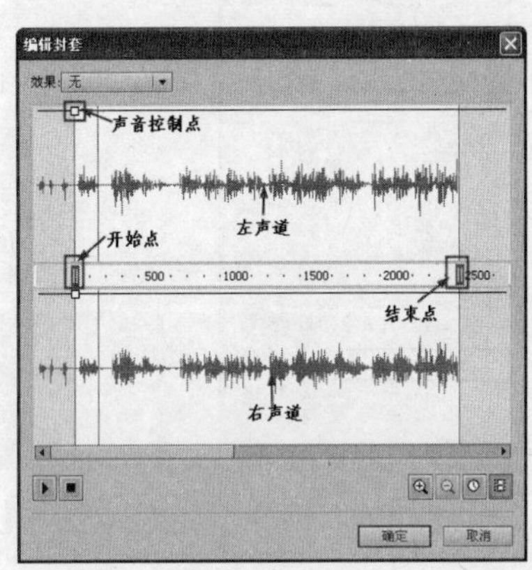

图 7-6

拖曳声音控制点按钮，可以控制声音的音量大小，如果要增加控制点，在控制线上单击即可，如果要删除控制点，直接将其拖出面板之外即可。拖曳开始点和结束点，可以控制声音的开始播放和停止播放时间，这样可以去除声音中不需要的部分，也可以使用声音不同的部分。

7.2.3　设置声音的重复或循环播放

可以设置声音重复播放或循环播放，在【属性】面板的【重复】下拉列表中选择【重复】或【循环】，即可控制声音是重复播放还是循环播放，如图 7-7 所示。如果设置重复播放，还可以设置重复的次数。

图 7-7

7.2.4 压缩声音

有时导入的声音文件比较大，如 Flash MV 中添加的 MP3 音乐，发布到网上下载会很慢，这时就需要对音乐进行压缩。

【任务 3】压缩声音。

Step 1 在【库】面板选择声音文件。

Step 2 单击【库】面板下方的【属性】按钮，如图 7-8 所示。

Step 3 此时将打开【声音属性】对话框，在【压缩】下拉列表中选择压缩格式，如图 7-9 所示。

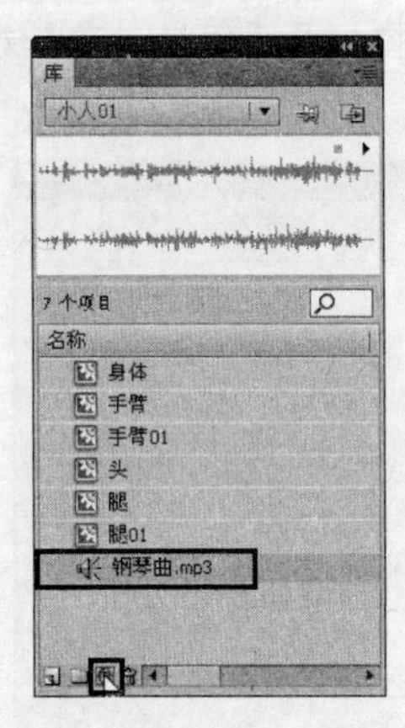

图 7-8

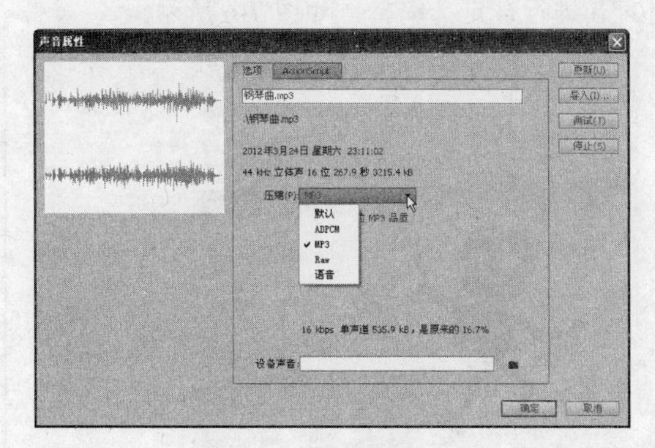

图 7-9

- 【默认】: Flash 提供的一个通用压缩方式，可以对整个文件中的声音使用同一种压缩比进行压缩。
- 【ADPCM】: 用于压缩按钮音效、事件音效等较简短的声音，选择该选项，将出现其他设置，如图 7-10 所示。
- 【预处理】: 该选项可以将混合立体声转换为单声道，文件大小相应减半。
- 【采样率】: 选择一个选项以控制声音的保真度和文件大小，较低的采样率可以减小文件大小，同时也会使声音品质降低。

图 7-10

- 【ADPCN 位】: 用于设置编码时的比特率，数值越大，生成的声音音质越好，而声音文件的容量也会越大。
- 【MP3】: 使用该压缩方式压缩声音，可使文件体积变成原来的十分之一，而且基本不会损害音质，其压缩效率高，质量好，常用于压缩较长且不用循环播放的音乐。

7.2.5 声音的应用实例

本节来制作一个音效按钮，掌握声音在 Flash 动画中的具体应用技巧。

【任务 4】声音的应用实例。

素材文件	素材\ 声音 01.wav、声音 02.wav

Step 1　新建 Flash 文档。

Step 2　激活【椭圆工具】，设置其【笔触颜色】为“无色”，【填充颜色】为渐变色，如图 7-11 所示。

Step 3　在舞台中拖曳鼠标指针绘制一个圆球，结果如图 7-12 所示。

Step 4　执行【修改】/【转换为元件】命令，打开【转换为元件】对话框，将其元件名称命名为“按钮”，同时选择【类型】为“按钮”，如图 7-13 所示。

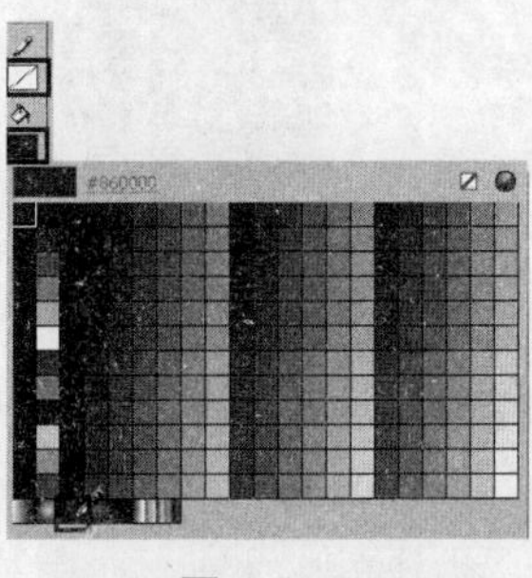

图 7-11

图 7-12

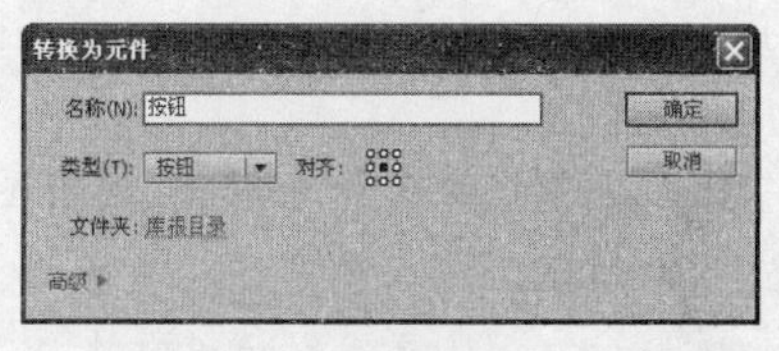

图 7-13

Step 5　确认将该圆球转换为按钮元件。

Step 6　双击该按钮元件进入该元件的编辑界面，分别在【指针经过】、【按下】和【点击】帧按【F6】键插入关键帧，如图 7-14 所示。

Step 7　新建名为“声音”的新图层，如图 7-15 所示。

Step 8　执行【文件】/【导入】/【导入到舞台】命令，选择“素材”文件夹下的“声音 01.wav”和“声音 02.wav”两个文件，将其导入到库中，如图 7-16 所示。

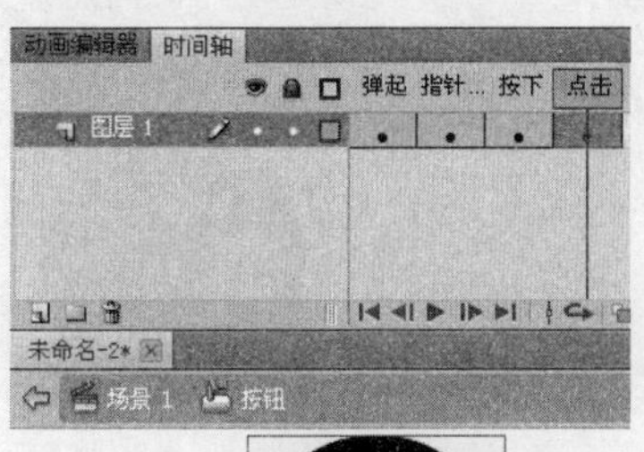

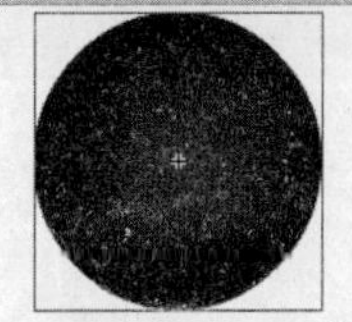

图 7-14

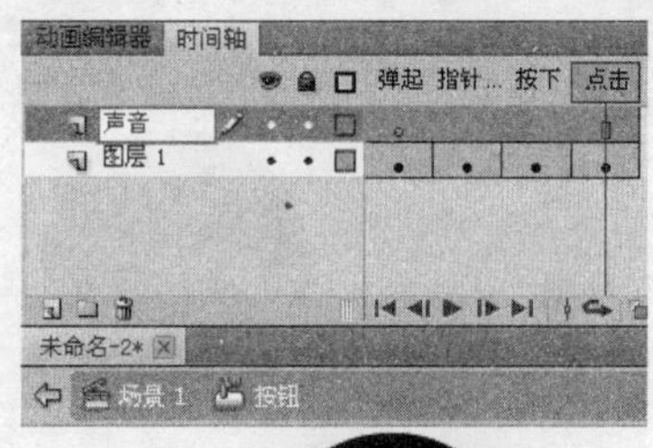

图 7-15

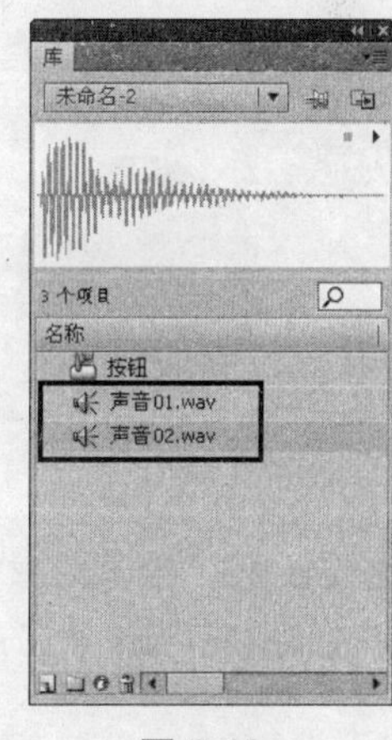

图 7-16

Step 9　选择“声音”图层的【指针经过】帧，按【F7】键插入空白关键帧，如图 7-17 所示。

Step 10　从【库】面板中将“声音 01.wav”声音文件拖到舞台中，此时在时间轴“声音”层的【指针经过】帧、【按下】帧和【点击】帧上出现声音的波形图，如图 7-18 所示。

Step 11　选择“声音”层的【按下】帧，按【F7】键插入空白关键帧，将该帧处的声音删除，如图 7-19 所示。

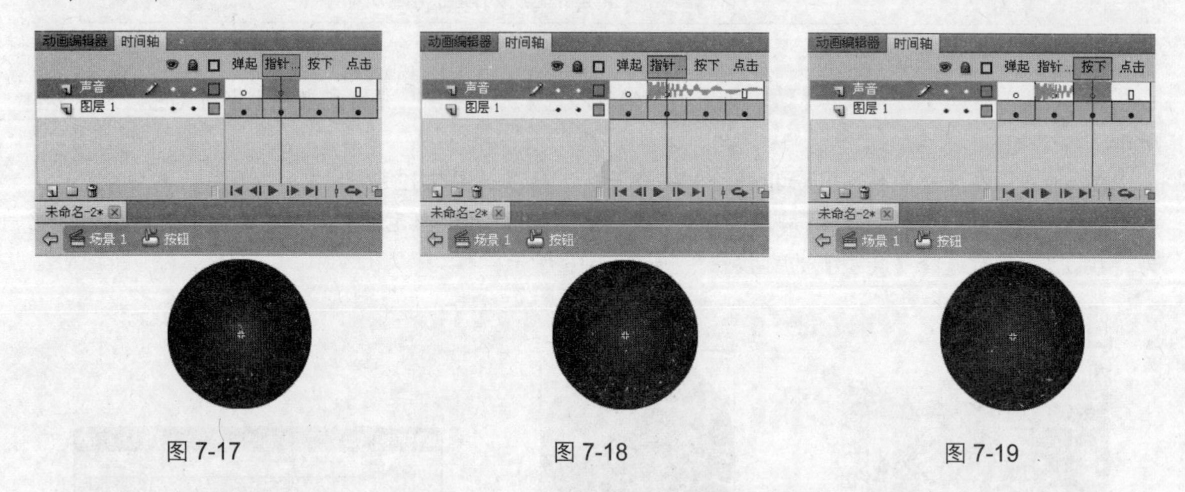

图 7-17　　图 7-18　　图 7-19

Step 12 新建“声音 1”的新图层，然后在“声音 1”层的【按下】帧中插入一个空白关键帧，如图 7-20 所示。

Step 13 从【库】面板中将“声音 02.wav”声音文件拖到舞台中，此时在时间轴“声音 1”层的【按下】帧和【点击】帧上出现声音的波形图，如图 7-21 所示。

Step 14 选择“声音 1”层的【点击】帧，按【F7】键插入空白关键帧，将该帧处的声音删除，如图 7-22 所示。

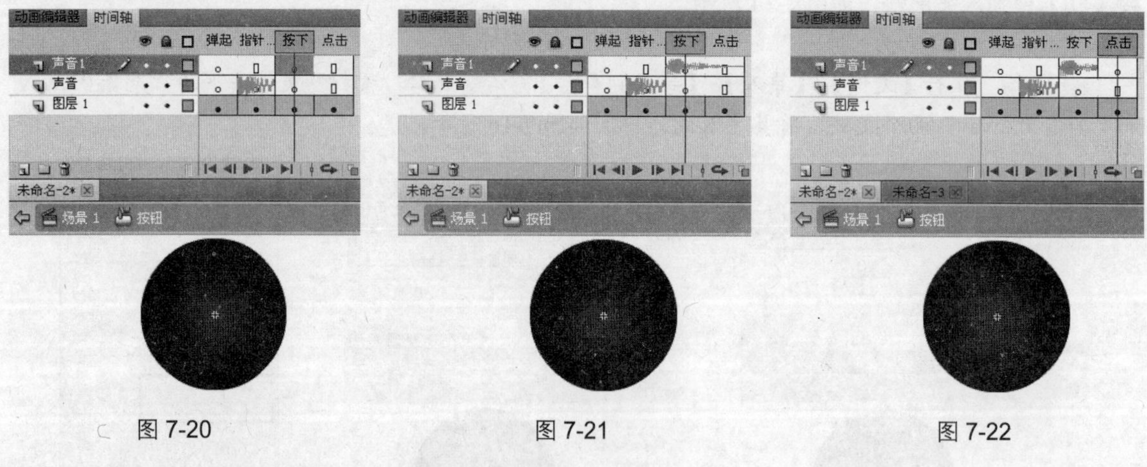

图 7-20　　图 7-21　　图 7-22

Step 15 至此，该按钮的声音添加完毕，测试影片发现，在指针经过按钮时会有一种声音，当按下指针时按钮会发出另一种声音。

7.3 向 Flash 动画中添加视频

向 Flash 中添加视频是动画制作中常用的一种方式，本节将讲解向 Flash 动画中添加视频的相关技能。

7.3.1 了解 Flash 视频的类型

Flash 仅可以播放特定视频格式，这些视频格式包括 FLV、F4V 和 MPEG，用户可以使用 Flash 附带的 Adobe Media Encoder 应用程序将其他格式的视频转换为 FLV 或 F4V 格式，或者使用其他的格式转换工具将其他格式的视频转换为 FLV 格式。例如，可以首先将 Flash 文件输入为 AVI 格式的视频文件，然后使用格式转换软件将其转换为 FLV 格式的视频文件。

FLV 视频格式具有技术优势，允许将视频和数据、图形、声音和交互式控件融合在一起，可使用户轻松地将视频以通用的格式放在网页上。

7.3.2 获取视频的方法

在 Flash 中使用视频的方法很多，具体如下。

（1）从 Web 服务器渐进式下载：这种方式会保持视频文件处于 Flash 文件和生成的 SWF 文件的外部，这可以使 SWF 文件大小保持较小。这是 Flash 中使用视频最常用的方法，用户可以使用 FLV Playback 组件或编写 ActionScript 通过运行时在 SWF 文件中加载并播放外部的 FLV 或 F4V 文件。

（2）使用 Adobe Flash Media Server 流式加载视频：这种方式可以保持视频文件处于 Flash 文件的外部，不仅播放流畅，同时还可以为视频提供安全保护。

（3）直接在 Flash 文件中嵌入视频数据：这种方式会使视频被放置在时间轴中，方便查看。但是，由于视频的每一个帧都由时间轴中的一个帧表示，因此，视频剪辑与 SWF 文件的帧速率必须一致。另外，这种方式生成的 Flash 文件非常大，因此最好使用短小的视频剪辑。

7.3.3 向 Flash 中导入渐进式下载的视频

在 Flash 中，导入视频主要包括“导入供渐进下载的视频”和“导入嵌入视频”。导入渐进式下载的视频，实际上是仅添加对该视频的引用，因此，用户可以在本地计算机上存储该视频，然后将其转换为 FLV 文件，最后将其上传到服务器，Flash 使用该引用在本地计算机或 Web 服务器上查找该视频文件。

【任务 5】导入渐进式下载的视频。

素材文件	素材\ 看图学单词课件.flv

Step 1 将要导入的 FLV 格式的视频文件，保存在本地计算机或上传到服务器以备用。

Step 2 在 Flash 中新建文档，然后执行【文件】/【导入】/【导入视频】命令，打开【导入视频】对话框，如图 7-23 所示。

Step 3 选择要导入的视频，可以选择位于本地计算机上的视频，也可以输入已上传到 Web 服务器上的视频。如果要导入本地计算机上的视频，可以选择【使用播放组件加载外部视频】选项；如果要导入已经部署到 Web 服务器上的视频，则选择【已经部署到 Web 服务器、Flash Video Streaming Service 或 Flash Media Server】选项，然后输入视频剪辑的 URL。

Step 4 在此选择【使用播放组件加载外部视频】选项，然后单击【浏览】按钮，在打开的对话框选择“素材”文件夹下的“看图学单词课件.FLV”文件。

Step 5 单击【打开】按钮返回到【导入视频】对话框，该对话框显示导入的视频文件路径，如图 7-24 所示。

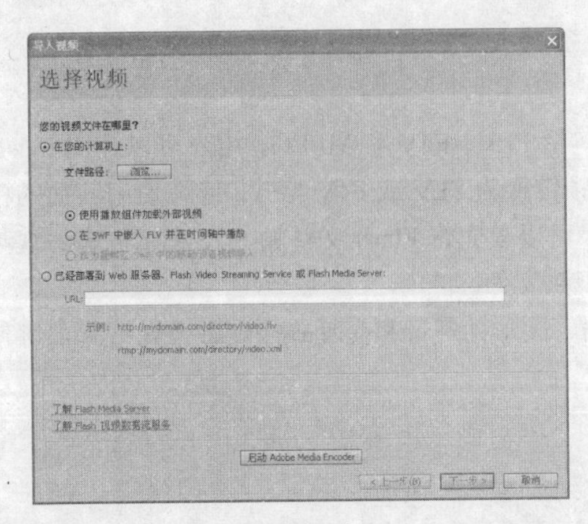

图 7-23

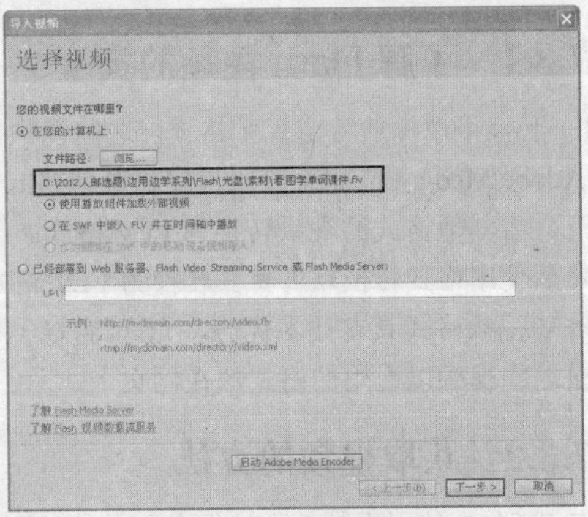

图 7-24

Step 6 单击【下一步】按钮，在打开的对话框的【外观】下拉列表中选择视频剪辑的外观，如图 7-25 所示。

Step 7 再次单击【下一步】按钮，进入另一个对话框，如图 7-26 所示。

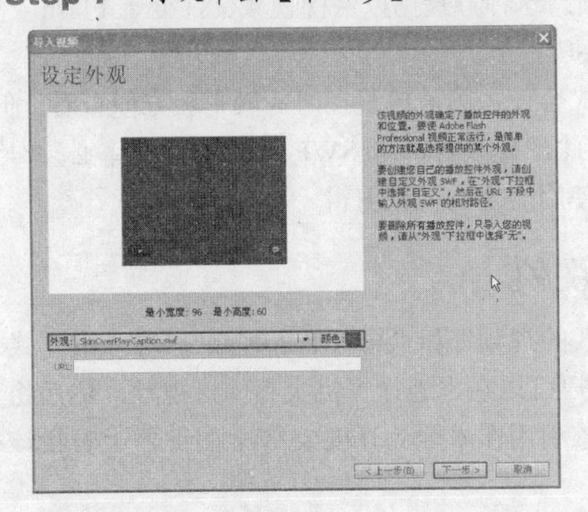

图 7-25

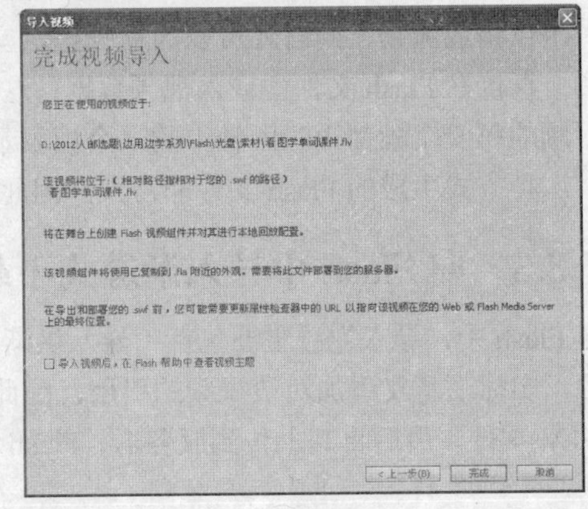

图 7-26

Step 8 在打开的对话框单击【完成】按钮，完成视频的导入。

Step 9 这时视频导入向导在舞台上创建 FLV Playback 视频组件，单击视频组件上的播放按钮，可以在舞台上实时预览视频，同时还可以控制视频的播放和声音的大小等，如图 7-27 所示。

图 7-27

7.3.4　向 Flash 中导入嵌入视频

【任务 6】导入嵌入视频。

素材文件	素材\ 看图学单词课件.flv

Step 1　准备好 FLV 格式的视频文件，并保存以备用。

Step 2　在 Flash 中新建文档，然后执行【文件】/【导入】/【导入视频】命令，打开【导入视频】对话框。

Step 3　在该对话框中选择【在 SWF 中嵌入 FLV 并在时间轴中播放】选项，如图 7-28 所示。

Step 4　选择本地计算机中要导入的 FLV 视频文件，在此单击【浏览】按钮，在打开的对话框中选择“素材”文件夹下的“看图学单词课件.FLV”文件。

Step 5　单击【下一步】按钮，在打开的对话框的【符号类型】下拉列表中选择元件类型，如图 7-29 所示。

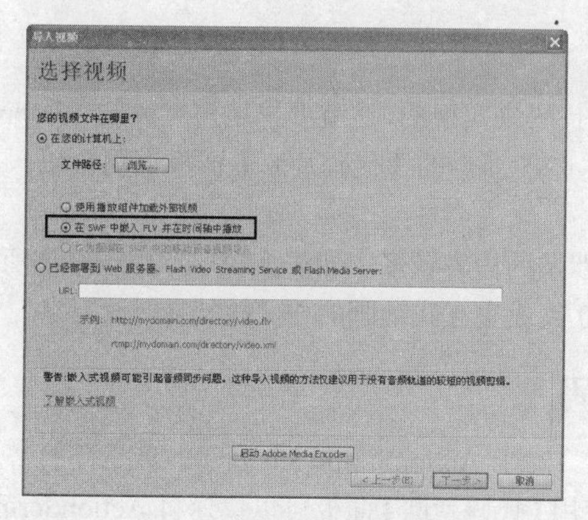

图 7-28

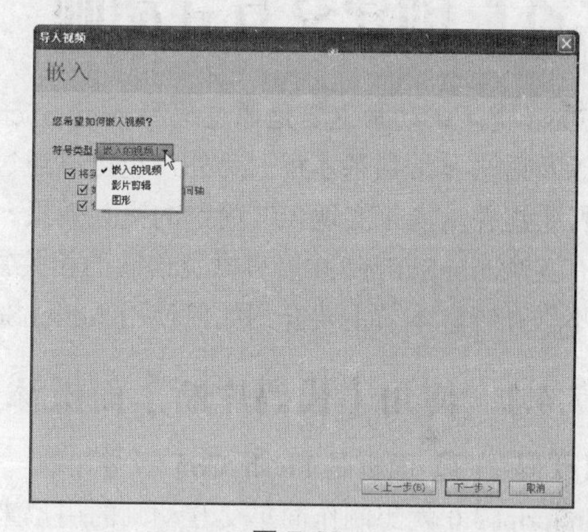

图 7-29

- 【嵌入的视频】：如果使用在时间轴上线性播放的视频剪辑，那么最合适的方法就是将视频导入到时间轴。
- 【影片剪辑】：将视频置于影片剪辑实例中，这样可以使用户获得对内容的最大控制，使用的时间轴独立于主时间轴进行播放，用户不必为容纳该视频而将主时间轴扩展很多帧。
- 【图形】：将视频剪辑嵌入为图形元件时，用户无法使用 ActionScript 与该视频进行交互。通常，图形元件用于静态图像以及创建一些绑定到主时间轴的可重复使用的动画片段。

另外，用户也可以选择将视频剪辑直接导入到舞台或导入为库项目，如果将其导入到库中，则取消【将实例放置在舞台上】选项的勾选。

Step 6　这里保持默认设置，然后单击【下一步】按钮进入下一个对话框。

Step 7　继续单击【完成】按钮，完成视频的导入，这时，视频导入向导将视频剪辑嵌入到 SWF 文件中，Flash 会扩展时间轴，以适应嵌入视频剪辑的回放长度，同时嵌入的视频会自动添加到库中，成为 Flash 文档的一部分，如图 7-30 所示。

在舞台上导入嵌入的视频后，从【属性】面板中可以更改嵌入视频剪辑实例的属性，如为实例制定名称、设置宽度以及在舞台上的位置等，另外还可以交换嵌入视频剪辑的实例，为视频剪辑的实例指定另一个元件。

图 7-30

7.4 创建交互式动画

Flash 交互式动画主要是通过编写 ActionScript 3.0 代码来实现的，这就要求用户对 ActionScript 3.0 语言以及语法非常熟悉才行。另外，也可以通过 Flash CS5 新增的【代码片断】面板调用代码，或者使用特定组件功能来实现一些简单的交互效果。

有关 ActionScript 3.0 语言以及语法的相关知识，涉及的内容较多，知识面较广，由于时间所限，在此不做介绍，本节主要介绍如何使用 ActionScript 3.0 完成交互式动画的相关技能。

7.4.1 使用【代码片断】面板添加代码

【代码片断】面板是 Flash CS5 新增加的一个功能。对于 ActionScript 3.0 新手，或者不打算学习 ActionScript 3.0 就想制作简单交互动画的用户来说，使用【代码片断】面板可以快速将 ActionScript 3.0 代码添加到 FLA 文件中，以启用一些常用的功能，如添加能影响对象在舞台上行为的代码、添加能在时间轴中控制播放头移动的代码以及将用户创建的新代码片断添加到面板。

要添加影响对象或播放头的相关代码，可以进行如下操作：首先选择舞台上的对象或时间轴，然后在【代码片断】面板中双击要应用的代码片断，如果选择的是舞台上的对象，Flash 将代码片断添加到包含所选对象的帧中的【动作】面板；如果选择了时间轴上的帧，Flash 只将代码片断添加到那个帧，在【动作】面板可以查看添加的代码并根据片断的开头的说明替换任何必要的帧。

【任务 7】使用【代码片断】面板添加代码。

Step 1 创建一个 Flash 文档，然后使用绘图工具在影片剪辑元件编辑窗口中绘制一个矩形和一个圆形两个图形，如图 7-31 所示。

Step 2 选择绘制的矩形，执行【窗口】/【代码片断】命令打开该面板，如图 7-32 所示。

Step 3 在该面板中展开“动作”文件夹，然后双击【单击以隐藏对象】选项，为选择的对象应用该代码片断，如图 7-33 所示。

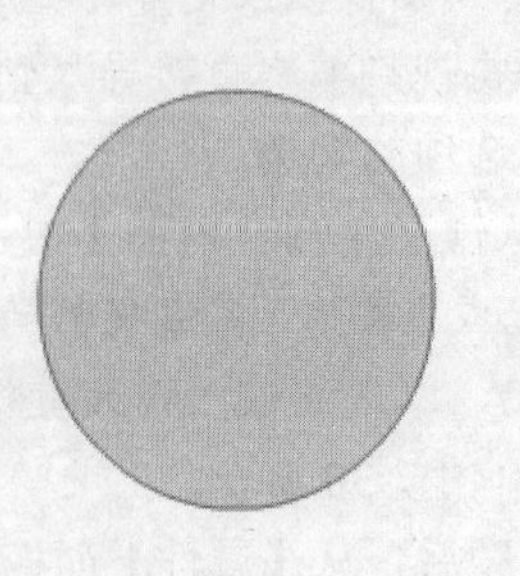

图 7-31

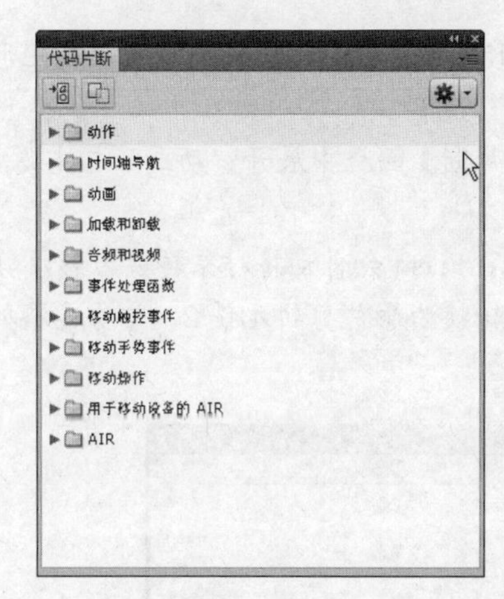

图 7-32

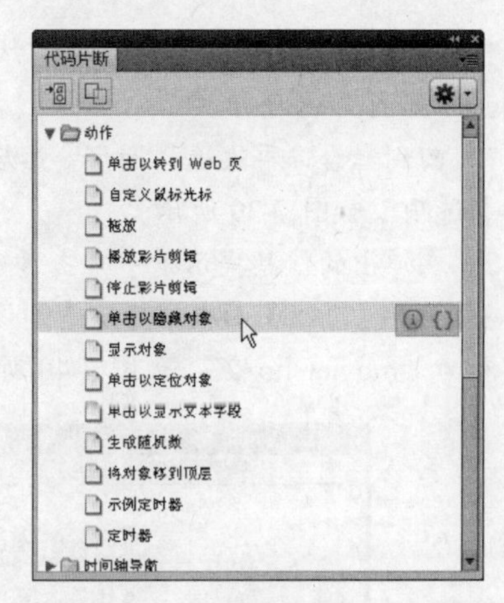

图 7-33

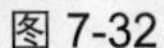

提示：时弹出如图 7-34 所示的提示框，这是由于代码只能添加到影片剪辑元件以及 TLF 文本对象中，因此在应用代码片断时，Flash 会自动要求将对象转换为影片剪辑元件并创建实例名称。

Step 4 单击【确定】按钮，Flash 会自动将对象转换为影片剪辑元件。打开【属性】面板，可以看到该矩形已被转换为影片剪辑元件，并为其添加了一个实例名称，名称为“movieClip_1”，如图 7-35 所示。同时，在时间轴上会增加一个名为“Actions”的新图层，如图 7-36 所示。

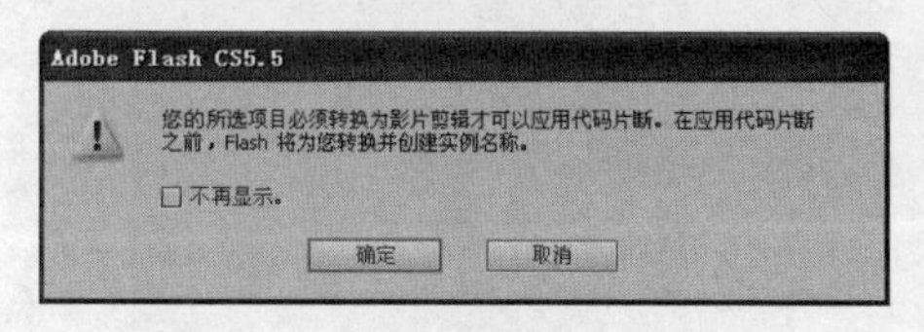

图 7-34

图 7-35

图 7-36

Step 5 激活“Actions”图层，打开【动作】面板，在【动作】面板将显示添加的代码片断，并包含对此任务的具体说明，如图 7-37 所示。

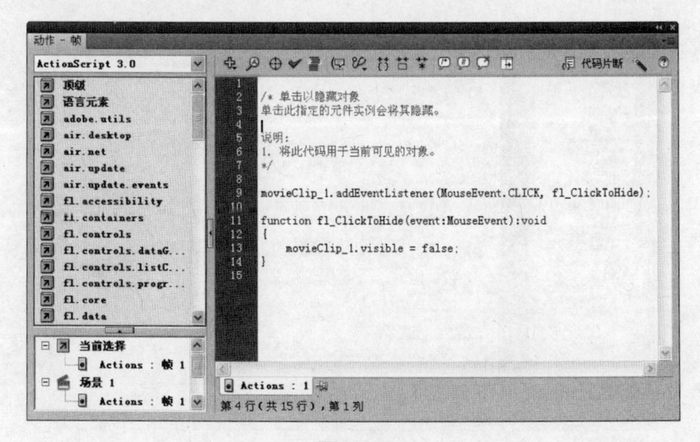

图 7-37

Step 6 按【Ctrl+Enter】组合键测试影片，在圆形上单击圆形没有任何反应，在矩形上单击矩形即刻被隐藏，如图 7-38 所示。

Step 7 回到舞台，再次选择圆形，然后在【代码片断】面板中展开“动画”文件夹，双击【淡入影片剪辑】选项，如图 7-39 所示。

Step 8 在弹出的信息提示框中单击【确定】按钮，Flash 会自动将对象转换为影片剪辑元件。

Step 9 打开【属性】面板，可以看到该圆形已被转换为影片剪辑元件 2，并为其添加了一个实例名称，名称为“movieClip_2”，如图 7-40 所示。

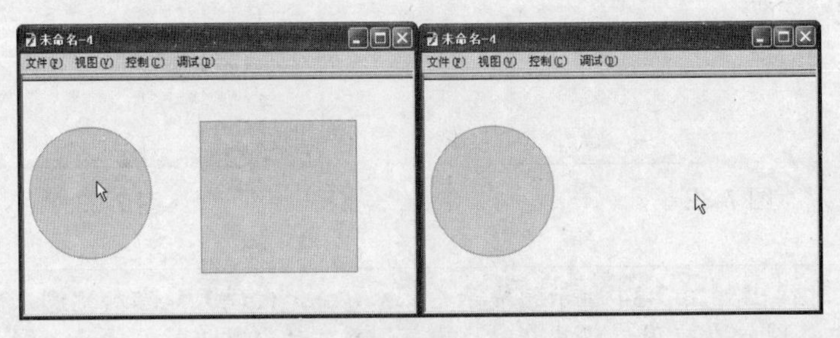

图 7-38

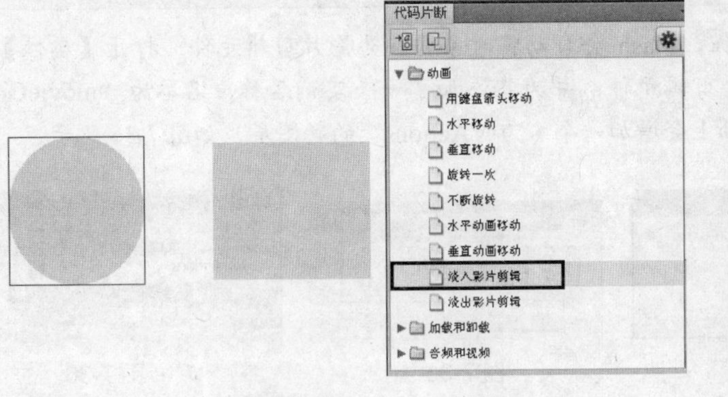

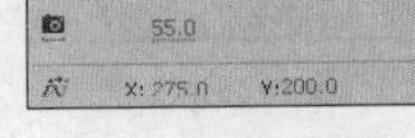

图 7-39

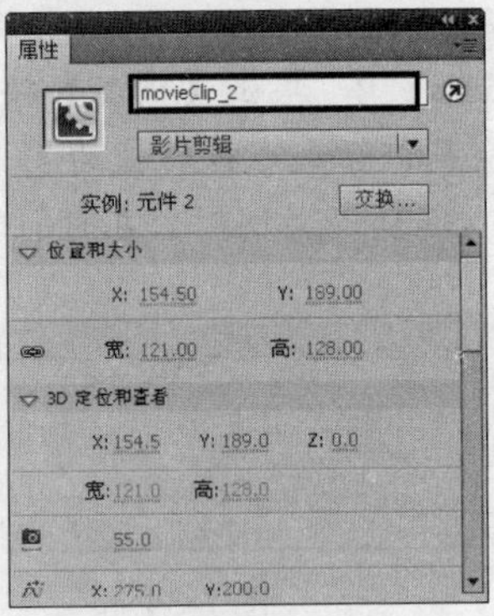

图 7-40

Step 10 打开【动作】面板，会显示添加的代码片断，并包含对此任务的具体说明，如图 7-41 所示。

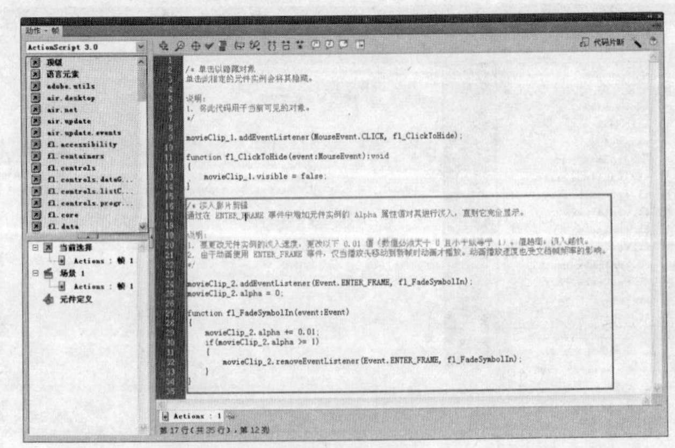

图 7-41

Step 11 按【Ctrl+Enter】组合键测试影片，发现圆图形的淡入效果，在矩形上单击矩形被隐藏。

需要说明的是，【代码片段】面板中这些附带的代码都是 ActionScript 3.0，ActionScript 3.0 与 ActionScript 2.0 不兼容，如果创建的 Flash 文档是 ActionScript 2.0，Flash 会弹出信息提示框，表示不能添加。

7.4.2 在【动作】面板中手动编写代码

手动编写代码需要对 ActionScript 3.0 语言及其语法非常熟悉，然后在【动作】面板直接输入脚本代码，这样可以更加灵活地控制 FLA 文件中的对象。

【动作】面板比较简单，由于篇幅所限，在此不再介绍。下面通过一个简单的实例，学习在【动作】面板中编写代码的方法。

【任务 8】在【动作】面板中手动编写代码。

Step 1 新建一个 Flash 文档，然后新建一个图层，并将其命名为 “as”。

Step 2 激活 “as” 图层的第 1 帧，按【F9】键打开【动作】面板，将光标置于脚本编辑窗口中，然后输入 ActionScript 3.0 代码 “trace(“I like the Flash animation design”);”，如图 7-42 所示。

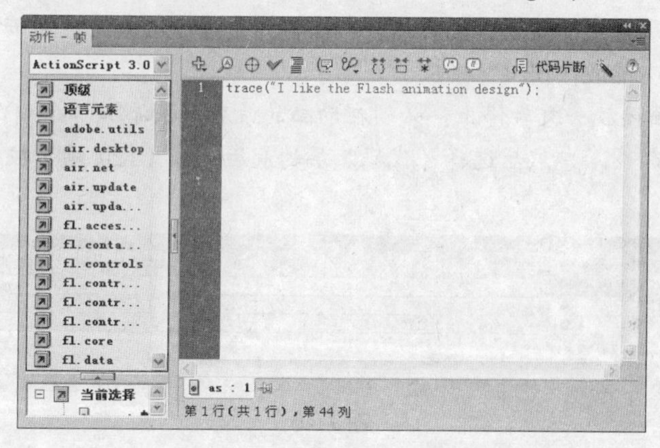

图 7-42

Step 3 此时，在 “as” 层的第 1 帧会出现 “a” 标记，表示该帧添加了 ActionScript 代码，如图 7-43 所示。

Step 4 按【Ctrl+Enter】组合键测试影片，此时 Flash 开始编译 FLA 文件，并运行生成的 SWF 文件，同时会弹出播放窗口和【输出】面板，【输出】面板上写着 “I like the Flash anination design”，如图 7-44 所示。

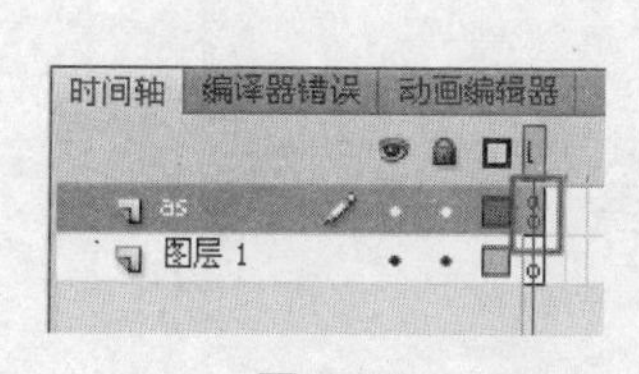

图 7-43

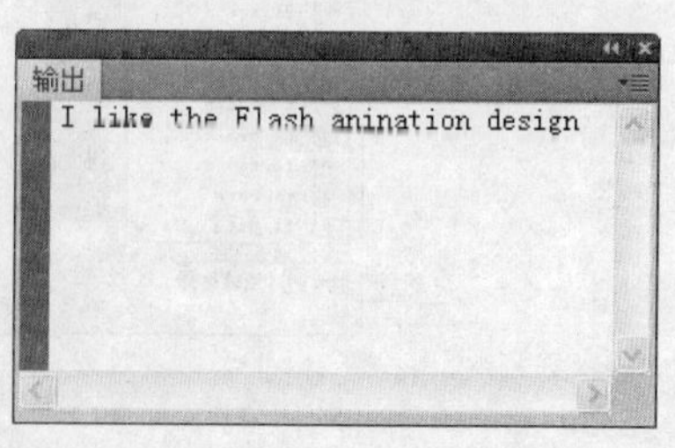

图 7-44

下面通过在【动作】面板中手动输入代码，实现用按钮控制电影播放的功能。

【任务 9】制作交互式动画。

素材文件	素材\ 遮罩动画.fla

Step 1 打开“素材”文件夹下的“遮罩动画.fla”素材文件，按【Ctrl+Enter】组合键测试影片，发现动画不断循环播放，如图 7-45 所示。

图 7-45

下面编写代码，实现这样的效果：动画播放一次将停止播放，单击重播按钮动画重新播放，单击暂停按钮暂停播放，单击播放按钮继续播放。

Step 2 要让动画播放一次后停止，必须在动画的最后一帧添加“stop()”代码。因此，在最上层新建名为“代码”的新图层，然后选择“代码”层的最后一帧（120 帧）按【F6】键插入一个关键帧，如图 7-46 所示。

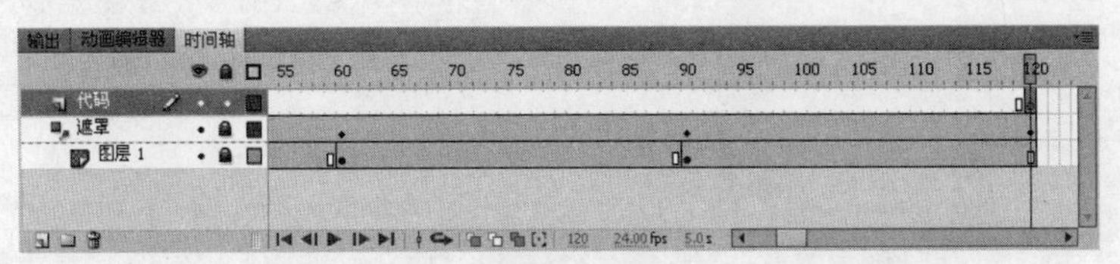

图 7-46

Step 3 打开【动作】面板，输入如图 7-47 所示的代码。

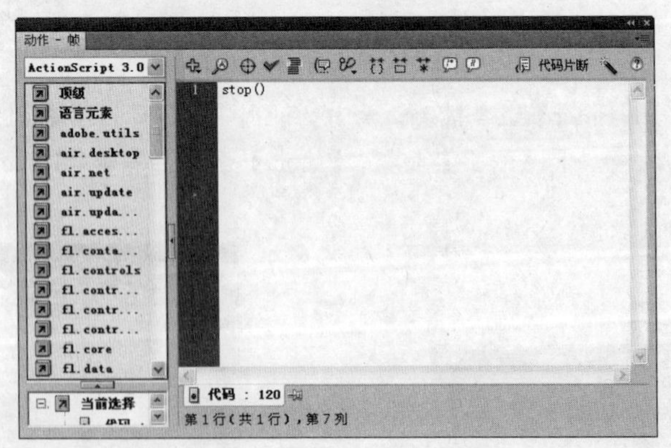

图 7-47

Step 4 新建名为“控制按钮”的新层，然后执行【窗口】/【公用库】/【按钮】命令，打开公用库的【按钮】面板，如图 7-48 所示。

Step 5 在“playback flat”文件夹下选择播放、暂停和重播3个按钮，如图7-49所示。

Step 6 将这几个按钮拖到舞台下方合适位置，并整齐排列，如图7-50所示。

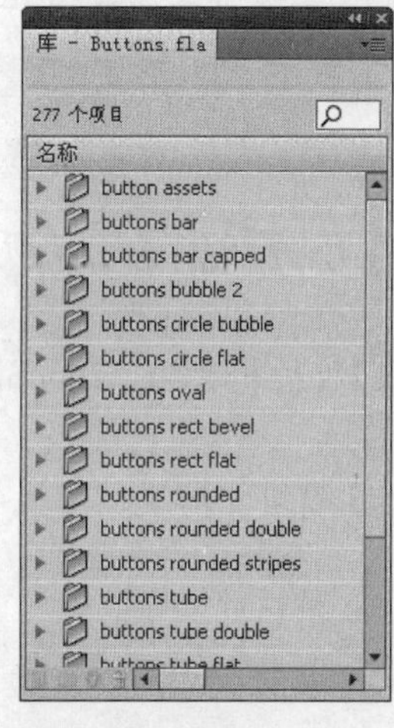

图7-48

图7-49

图7-50

Step 7 分别选择这3个按钮，在【属性】面板中分别为其命名为“playbutton”“stopbutton”和“repbutton”。

Step 8 编写代码。选择“代码”层的第1帧，在【动作】面板中输入如下代码。

```
function st1(event:MouseEvent) {
    this.play(); //该代码开始播放。
}
//该代码定义一个名为st1()的函数，调用该函数时，会导致主时间轴开始播放。
this.playbutton.addEventListener(MouseEvent.CLICK,st1);
//该代码将st1()的函数注册为playButton的事件侦听器，只要单击名为playButton的按钮，就
会调用st1()函数。
```

Step 9 继续在【动作】面板中输入以下代码。

```
function st2(event:MouseEvent) {
 this.stop();
}
this.stopbutton.addEventListener(MouseEvent.CLICK,st2);
function st3(event:MouseEvent){
 this.gotoAndPlay(2);
}
this.repbutton.addEventListener(MouseEvent.CLICK,st3);
```

Step 10 测试动画。首先将文件保存，然后按【Ctrl+Enter】组合键测试动画，发现动画播放一遍后停止播放，单击播放按钮继续播放，单击停止按钮停止播放，单击重播按钮又开始播放。

7.4.3 保存编写的代码

当 ActionScript 代码编写完成后，如果用户以后想要在其他的 Flash 文档中继续使用该代码，可以将代码存储在外部的 ActionScript 文件中，以便随时调用。

下面通过一个简单操作，介绍创建外部 AS 文件的方法。

【任务 10】保存编写的代码。

Step 1 继续任务 9 的操作，打开【动作】面板，将所有输入的代码复制，之后关闭【动作】面板。

Step 2 执行【文件】/【新建】命令，在打开的【新建文档】对话框的【类型】列表中选择【ActionScript 文件】选项，如图 7-51 所示。

Step 3 单击【确定】按钮确认，然后打开【脚本】窗口，在【脚本】窗口中将复制的代码粘贴，如图 7-52 所示。

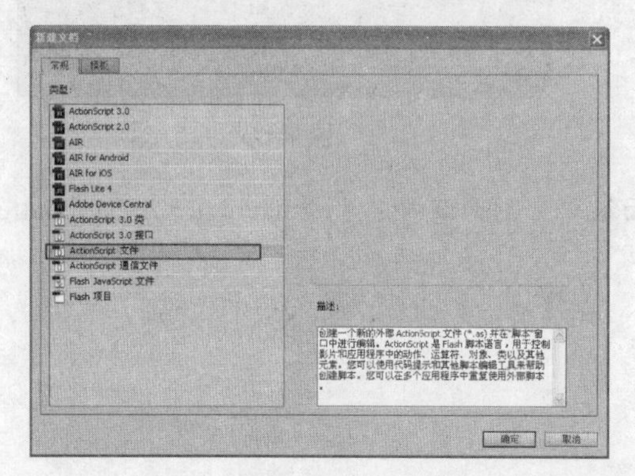

图 7-51

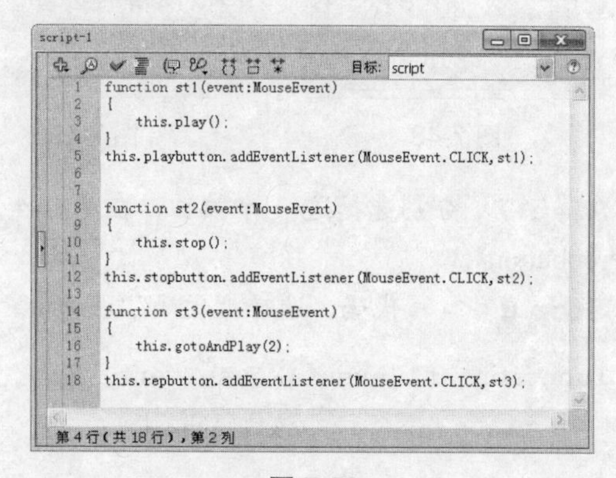

图 7-52

Step 4 执行【另存为】命令，在打开的【另存为】对话框将该文件与“script.fla”文件保存在同一目录下，并命名为“script-1. as”，如图 7-53 所示。

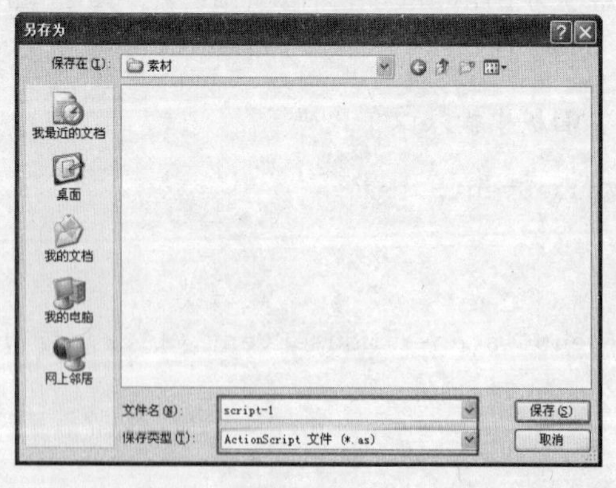

图 7-53

Step 5 单击【保存】按钮将其保存。

7.4.4 使用 include 语句调用保存的代码文件

当代码被保存后，用户还可以调用保存的代码。本节学习调用保存的代码的方法。

【任务 11】调用保存的代码。

Step 1　继续任务 10 的操作。在“遮罩动画.fla”文件中将“代码”图层删除，然后再次测试动画，发现动画循环播放，单击下方的控制按钮发现按钮并不能控制动画的播放。

下面我们使用 ActionScript 中的 include 语句来调用保存的.as 的外部文件，使其按钮再次控制动画的播放。include 语句可以在特定位置以及脚本中的指定范围内插入外部的 ActionScript 文件的内容。

Step 2　将“遮罩动画.fla”文件另存为“script fla”文件，然后新建名为“as”的新图层。

Step 3　激活“as”层的第 1 帧，在【动作】面板中输入如图 7-54 所示的代码。

Step 4　保存文件，然后按【Ctrl+Enter】组合键测试影片，此时 Flash 开始编译“script.fla”文件以及“script-1.as”文件，并运行生成的“script.swf”文件，发现动画播放一遍后停止播放，单击播放按钮继续播放，单击停止按钮停止播放，单击重播按钮又开始播放，这说明动画已经调用了保存的外部的 as 格式的文件。

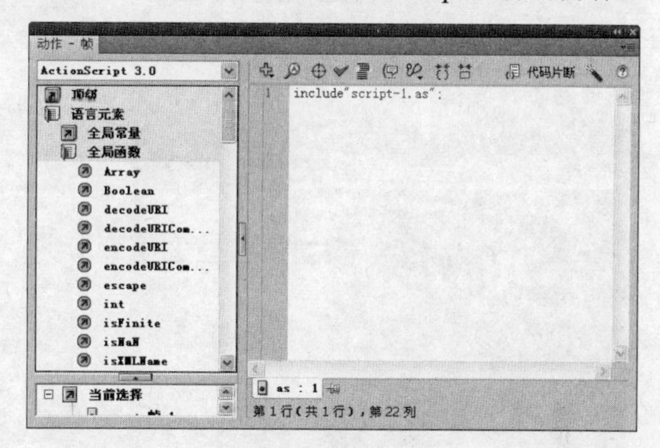

图 7-54

7.4.5　使用特定组件功能

所谓组件就是预先构建的一些影片剪辑，它可以帮助用户实现更加复杂的功能。组件可以是最简单的用户界面控件，如单选按钮、复选框等，也可以是复杂的控件。在学习向 Flash 中导入视频时，其实我们已经接触过了组件。

执行菜单栏中的【窗口】/【组件】命令，即可打开【组件】面板，在该面板中一共有 3 个文件夹，每个文件夹下包含多个组件，如图 7-55 所示。选择一个组件，快速双击或直接将其拖到舞台中，即可将其添加到场景中，同时系统会将其放入【库】面板，以方便多次使用该组件，如图 7-56 所示。

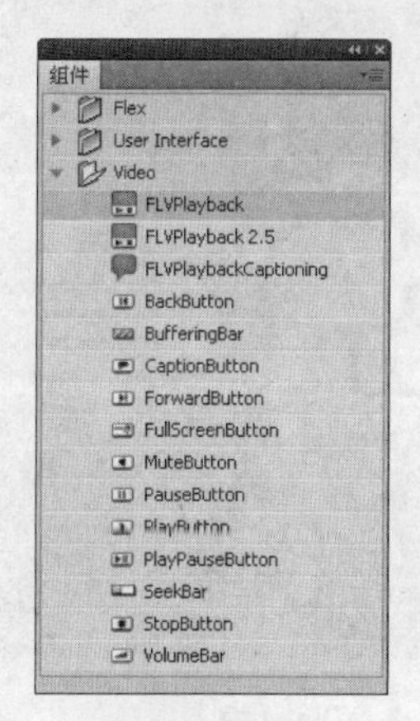

图 7-55

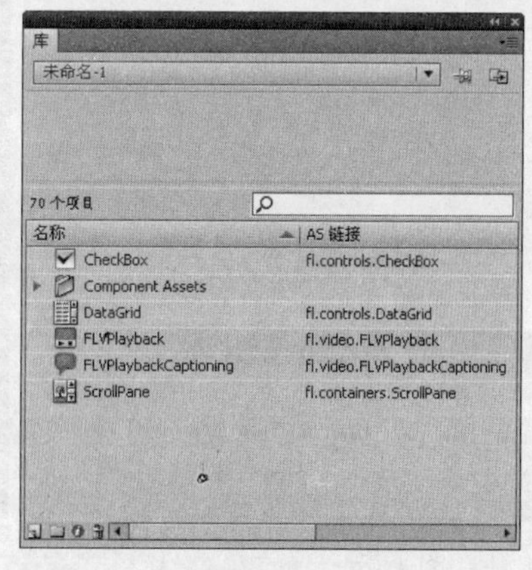

图 7-56

下面通过制作一个简单的视频播放器的实例，介绍使用组件的相关技能。

【任务 12】使用组件。

Step 1　新建 Flash 文档，将“图层 1”命名为“组件”。

Step 2 按【F7】键打开【组件】面板，展开“Video”文件夹，双击“FLVPlayback”组件，将其添加到舞台，如图 7-57 所示。

Step 3 选择添加的组件，在【属性】面板中设置其大小与舞台大小相同，然后单击【source】右侧的按钮，打开【内容路径】对话框，如图 7-58 所示。

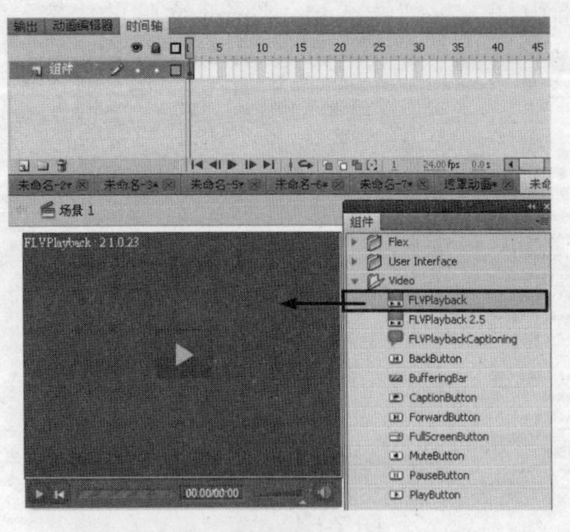

图 7-57

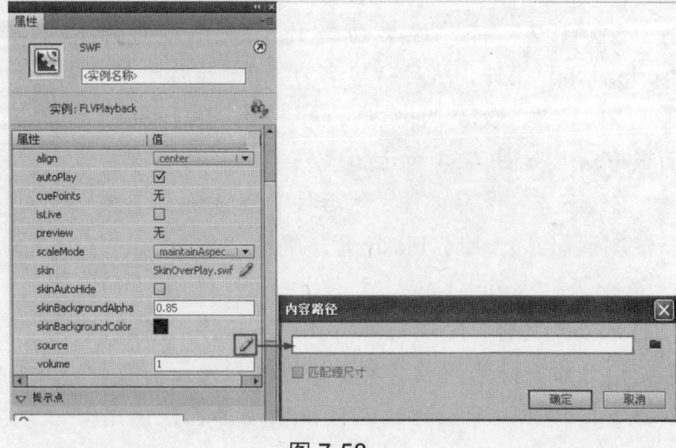

图 7-58

在此需要说明的是，如果用户需要播放的是位于网络中的 FLV 视频文件，可以直接输入视频文件的 URL 地址；如果需要播放的是本地中的视频文件，则单击右侧的文件夹按钮，在打开的【浏览文件】对话框选择所需播放的视频文件即可。

Step 4 在此，我们选择“素材”文件夹下的“遮罩动画.flv”视频文件。

Step 5 单击【打开】按钮，则【内容路径】对话框将出现该视频文件的路径和文件名，如图 7-59 所示。

Step 6 单击【确定】按钮确认，此时舞台上的组件效果如图 7-60 所示。

图 7-59

图 7-60

Step 7 选择舞台上的组件，继续在【属性】对话框中单击【skin】右侧的按钮，打开【选择外观】对话框，如图 7-61 所示。

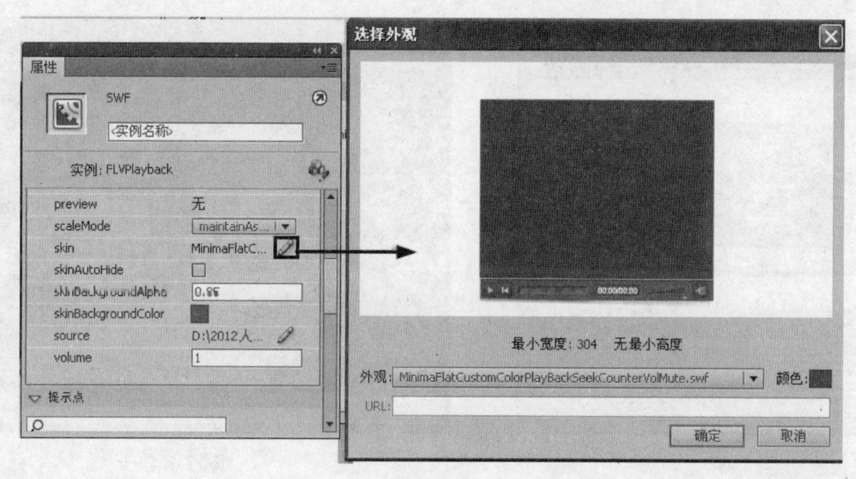

图 7-61

Step 8　单击【外观】下拉按钮，在列表中可以选择组件的外观，如图 7-62 所示。

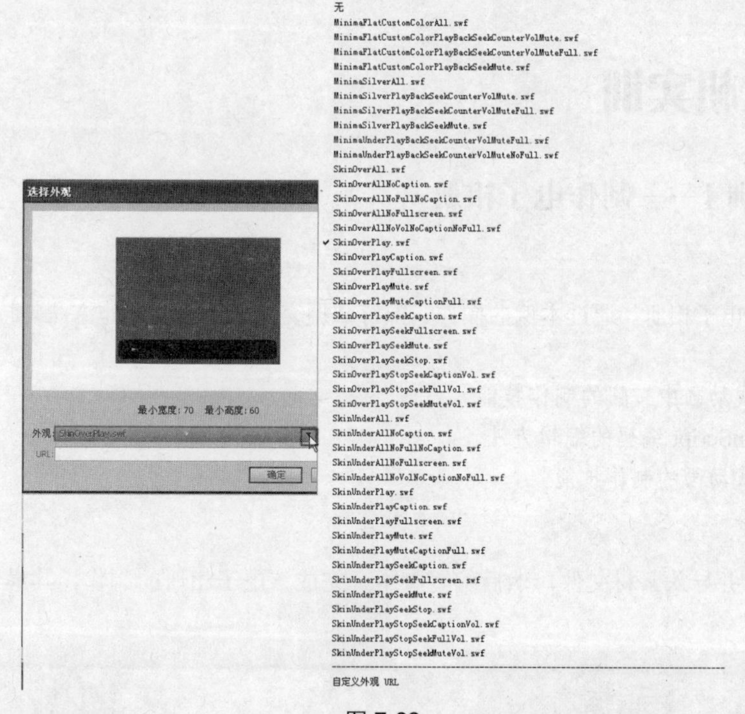

图 7-62

Step 9　在此选择【SkinoverAllNovolNoCaptionNoFull.swf】选项，然后单击右侧的【颜色】按钮，在打开的颜色列表中设置组件的外观颜色为灰白色，如图 7-63 所示。

Step 10　单击【确定】按钮，此时舞台上的组件效果如图 7-64 所示。

Step 11　至此该视频播放器就制作完成了，保存文件，然后按【Ctrl+Enter】组合键播放影片。

Step 12　单击播放按钮播放影片，单击暂停按钮停止播放，再次单击播放按钮又开始播放，单击前进、后退以及音量控制按钮可以随时控制影片的音量等。

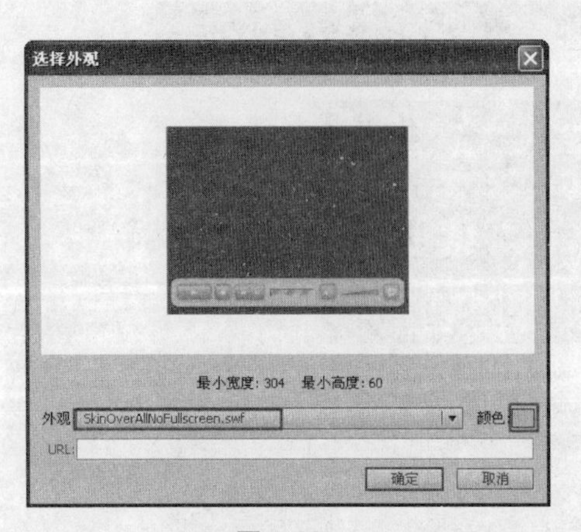

图 7-63

图 7-64

尽管组件使用方便，但还是有一些组件需要用户自己编写 ActionScript 代码来触发或控制组件，因此，掌握 ActionScript 语言才是使用 ActionScript 制作交互式动画的关键。

7.5 上机实训

7.5.1 实训 1——制作电子相册

1. 实训目的

本实训将创建电子相册。通过本例的操作，熟练掌握交互式动画的制作方法与技巧。具体实训目的如下。

- 掌握交互式动画中按钮的制作技能。
- 掌握 ActionScript 编码的编辑方法。
- 掌握交互式动画的制作技能。

2. 实训要求

首先创建舞台并导入素材文件，然后编写脚本，完成该电子相册的制作，其最终效果如图 7-65 所示。

图 7-65

具体要求如下。

（1）启动 Flash CS5 软件并新建场景文件。

（2）导入素材文件，制作照片的显示动画。

（3）绘制矩形并设置帧属性、调整 Alpha 样式制作导航按钮。

（4）为按钮添加 ActionScript 代码，以实现交互功能。

（5）制作导航按钮的循环动画。

（6）调试动画并将动画文件保存。

3. 完成实训

素材文件	“素材”目录下
效果文件	效果文件\ 电子相册.fla
动画文件	效果文件\ 电子相册.swf
视频文件	视频文件\ 电子相册.swf

（1）制作照片显示动画

Step 1 新建文件。启动 Flash CS5 软件，在欢迎界面中单击【ActionScript 3.0】选项，新建【宽度】为 615 像素、【高度】为 335 像素、【帧频】为 24fps、【背景颜色】为白色、名称为“电子相册”的文件。

Step 2 导入序列位图。执行菜单栏中的【文件】/【导入】/【导入到舞台】命令，导入本书光盘“素材”文件夹中的“图 1.jpg”图像，这时出现一个信息提示框，询问是否导入序列，如图 7-66 所示，单击 是 按钮，导入序列中的 4 幅图片。

Step 3 设置动画播放时间。在“图层 1”的第 60 帧处插入普通帧，设置动画的播放时间。

Step 4 调整关键帧的位置。在【时间轴】面板中将导入图像时产生的 4 个关键帧分别调整到第 16 帧、第 31 帧、第 46 帧处，如图 7-67 所示。

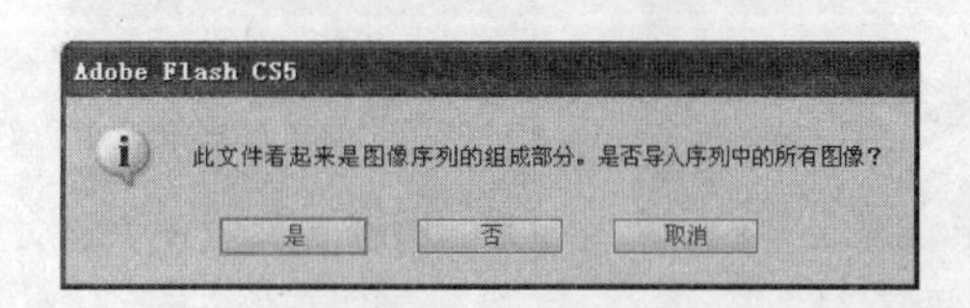

图 7-66

图 7-67

Step 5 调整位图位置。分别选择第 1 帧、第 16 帧、第 31 帧和第 46 帧，将其中的位图调整到舞台左侧，如图 7-68 所示是第 1 帧中位图的位置。

图 7-68

Step 6 插入关键帧。在“图层 1”上方新建“动作”层，在第 15 帧、第 30 帧、第 45 帧、第 60 帧处分别插入关键帧。

Step 7 输入代码。选择“动作”层的第 15 帧，按下【F9】键，打开【动作】面板，输入代码“Stop()”，使动画播放到该帧处停止。依次选择第 30 帧、第 45 帧和第 60 帧，分别在【动作】面板中输入代码“Stop()”，设置动画播放到该帧处，此时

的【时间轴】面板如图 7-69 所示。

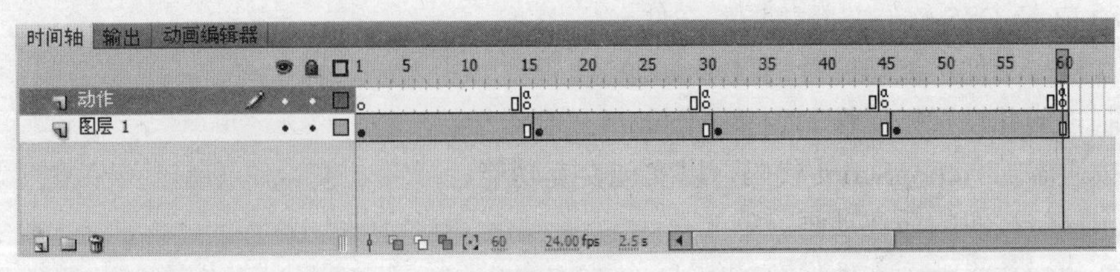

图 7-69

(2) 制作导航按钮

Step 1 绘制矩形。在“动作”层上方新建“按钮”层，激活【矩形工具】，在舞台右侧绘制一个【笔触颜色】为无色、【填充颜色】为浅红色(#FF9999)的矩形，如图 7-70 所示。

Step 2 转换为元件。选择矩形，按下【F8】键，将其转换为影片剪辑元件“按钮集合”，并进入其编辑窗口中。

Step 3 绘制短线。激活【线条工具】，绘制 3 条等长的白色线段，将矩形分为 4 等份，如图 7-71 所示。

Step 4 添加图片。在“图层 1”上方新建“图层 2”，分别将【库】面板中的“图 1.jpg”～“图 4.jpg”图片拖动到窗口中，通过【信息】面板分别设置图片的【宽】为 100，【高】为 67，并将图片由上而下排列并对齐，如图 7-72 所示。

图 7-70

图 7-71

图 7-72

Step 5 转换为元件。选择最上方的“图 1.jpg”图像，按下【F8】键，将其转换为按钮元件“图 1 按钮”，并进入其编辑窗口中。

Step 6 插入关键帧。选择【指针经过】帧，按下【F6】键，插入关键帧。

Step 7 绘制矩形。在“图层 1”上方新建“图层 2”，在【指针经过】帧处插入关键帧，使用【矩形工具】绘制一个【笔触颜色】为无色、【填充颜色】为白色的矩形，大小比其下方的图片略小，如图 7-73 所示。

Step 8 转换为元件。选择白色矩形，按下【F8】键，将其转换为影片剪辑元件“按钮指向动画”，并进入其编辑窗口中。

Step 9 插入关键帧。同时选择第 8 帧和第 10 帧，按下【F6】键，插入关键帧。

Step 10 调整矩形大小。将播放头调整到第 1 帧处，使用【任意变形工具】将白色矩形等比例缩小，如图 7-74 所示；将播放头调整到第 8 帧处，使用【任意变形工具】将白色矩形等比例放大，使其与下方的图像大小相同，如图 7-75 所示。

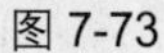
图 7-73

图 7-74

图 7-75

Step 11 创建动画。同时选择第 1 帧～第 10 帧，单击鼠标右键，在弹出的快捷菜单中选择【创建补间形状】命令，创建补间形状动画，然后选择第 1 帧，在【属性】面板中设置【缓动】为-100，如图 7-76 所示。

Step 12 输入代码。在“图层 1”上方新建“图层 2”，在第 10 帧插入关键帧，按下【F9】键，打开【动作】面板，输入代码“Stop()”，使动画播放到该帧处停止。此时的【时间轴】面板如图 7-77 所示。

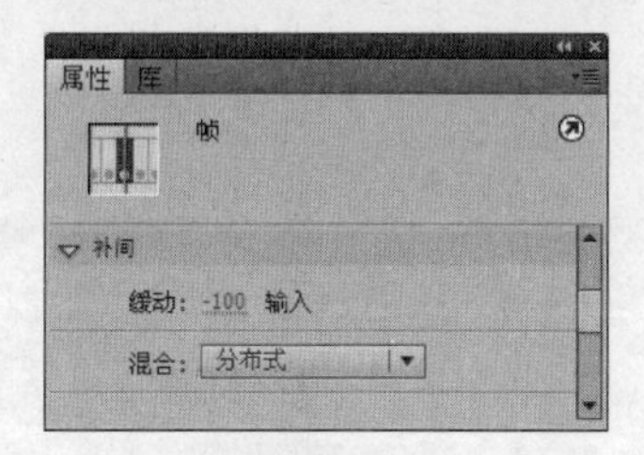

图 7-76

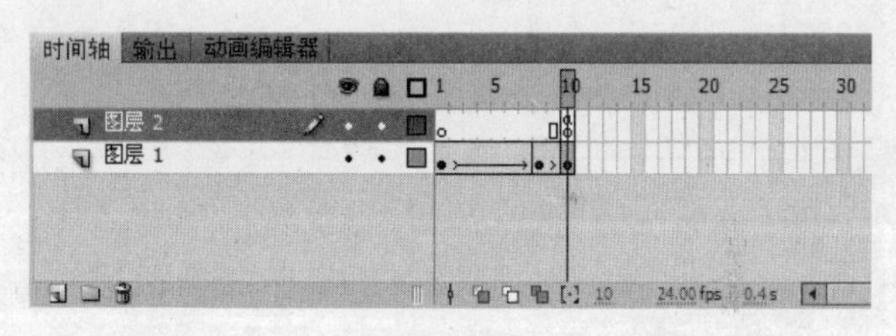

图 7-77

Step 13 设置透明度。返回“图 1 按钮”编辑窗口，选择“按钮指向动画”实例，在【属性】面板中设置【样式】为 Alpha，并设置 Alpha 值为 30%，使其半透明，如图 7-78 所示。

Step 14 制作其他按钮。返回“按钮集合”编辑窗口，参照“图 1 按钮”元件的制作方法，分别将窗口中的“图 2.jpg”“图 3.jpg”和“图 4.jpg”制作为“图 2 按钮”“图 3 按钮”和“图 4 按钮”按钮元件，如图 7-79 所示。

图 7-78

图 7-79

（3）添加AS代码

Step 1 命名按钮实例。在【库】面板中双击“按钮集合”元件，进入其编辑窗口中，从上到下依次在【属性】面板中将按钮实例命名为btn1、btn2、btn3和btn4。

Step 2 输入代码。在【时间轴】面板中创建一个新图层“Actions”，按下【F9】键打开【动作】面板，输入如下代码。

```
btn1.addEventListener(MouseEvent.CLICK, fl_ClickToGoToAndPlayFromFrame);
function fl_ClickToGoToAndPlayFromFrame(event:MouseEvent):void
{
    root.gotoAndPlay(1);
}
btn2.addEventListener(MouseEvent.CLICK, fl_ClickToGoToAndPlayFromFrame_2);
function fl_ClickToGoToAndPlayFromFrame_2(event:MouseEvent):void
{
    root.gotoAndPlay(16);
}
btn3.addEventListener(MouseEvent.CLICK, fl_ClickToGoToAndPlayFromFrame_3);
function fl_ClickToGoToAndPlayFromFrame_3(event:MouseEvent):void
{
    root.gotoAndPlay(31);
}
btn4.addEventListener(MouseEvent.CLICK, fl_ClickToGoToAndPlayFromFrame_4);
function fl_ClickToGoToAndPlayFromFrame_4(event:MouseEvent):void
{
    root.gotoAndPlay(46);
}
```

Step 3 返回场景。单击窗口左上方的 场景 1 按钮返回到场景中。

（4）制作导航按钮的循环动画

Step 1 转换为元件。选择舞台中的“按钮集合”实例，按下【F8】键，将其转换为影片剪辑元件“按钮移动动画”，并进入其编辑窗口中。

Step 2 复制实例。选择“按钮集合”实例，按下【Ctrl+C】组合键，复制实例。

Step 3 粘贴实例。在“图层1”上方新建“图层2”，按下【Ctrl+V】组合键，粘贴复制实例，并将其排列在原实例的下方，如图7-80所示。

Step 4 插入关键帧。同时选择“图层1”和“图层2”的第300帧，按下【F6】键，插入关键帧，然后将两个图层中的实例一起向上移动一个“按钮集合”实例的高度，如图7-81所示。

Step 5 创建动画。同时选择“图层1”和“图层2”的第1帧，单击鼠标右键，在弹出的快捷菜单中选择【创建传统补间】命令，创建传统补间动画。

Step 6 返回场景，至此完成了动画的制作，【时间轴】面板如图7-82所示。

Step 7 按下【Ctrl+Enter】组合键，测试动画，并保存动画即可。

图 7-80

图 7-81

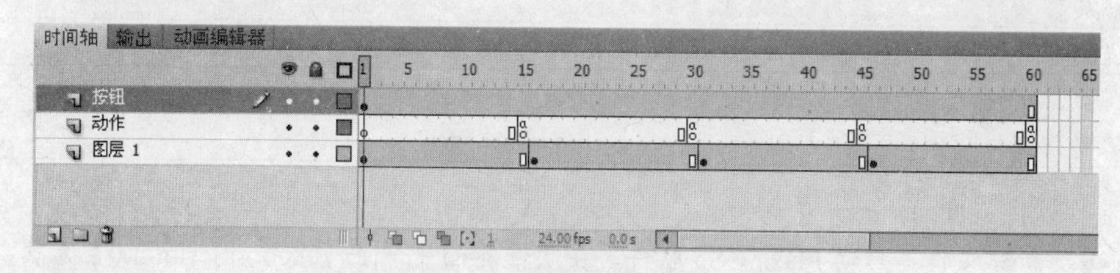

图 7-82

7.5.2　实训 2——制作看图学单词课件

1. 实训目的

本实训将创建看图学单词的课件。通过本例的操作，熟练掌握声音的应用以及交互式动画的制作方法与技巧。具体实训目的如下。

- 掌握声音的添加技能。
- 掌握交互式动画中按钮的制作技能。
- 掌握 SctionScript 编码的编辑方法。
- 掌握交互式动画的制作技能。

2. 实训要求

首先创建舞台并导入素材图片制作课件界面，然后输入文本，制作课件控制按钮，最后导入声音文件，添加 ActionScript 代码，完成该课件的制作，其最终效果如图 7-83 所示。

图 7-83

具体要求如下。

（1）启动 Flash CS5 软件并新建场景文件。

（2）导入素材文件，制作课件界面。

（3）输入文字，制作课件控制按钮。

（4）导入声音文件并制作遮罩动画。

（5）添加 ActionScript 代码完成课件的制作。

（6）调试动画并将动画文件保存。

3. 完成实训

素材文件	“素材”目录下
效果文件	效果文件\ 看图学单词.fla
动画文件	效果文件\ 看图学单词.swf
视频文件	视频文件\ 看图学单词.swf

（1）制作课件界面

Step 1 新建文件。启动 Flash CS5 软件，在欢迎界面中单击【ActionScript 3.0】选项，新建【宽度】为 600 像素、【高度】为 450 像素、【背景颜色】为白色、名称为“看图学单词课件”的文件。

Step 2 导入图片。按键盘上的【Ctrl+R】组合键，导入本书光盘“素材”文件夹中的“黑板.jpg”文件，将图片与舞台对齐，如图 7-84 所示。

Step 3 设置动画播放时间。将“图层 1”重新命名为“背景”，并在该层的第 191 帧处插入普通帧，设置动画的播放时间。

Step 4 创建新元件。按下【Ctrl+F8】组合键，创建一个新的影片剪辑元件“蝴蝶”，并进入其编辑窗口中。

Step 5 导入蝴蝶素材。按下【Ctrl+R】组合键，导入本书光盘“素材”文件夹中的“蝴蝶.swf”文件，如图 7-85 所示。

图 7-84

图 7-85

Step 6 转换为元件。选择蝴蝶图片，按下【F8】键，将其转换为影片剪辑元件“元件 1”。

Step 7 调整实例形状。在“图层 1”的第 20 帧、第 40 帧处插入关键帧，将播放头调整到第 20 帧处，使用【任意变形工具】将该帧中的蝴蝶压扁，如图 7-86 所示。

Step 8 创建动画。在第 1 帧～第 20 帧、第 20 帧～第 40 帧之间创建传统补间动画。

Step 9 添加元件。单击窗口左上方的按钮返回到场景中，在“背景”层上方新建“蝴蝶”层，将“蝴蝶”元件从【库】面板中拖动到舞台的左上方，使用【任意变形工具】将实例缩小，并旋转一定的角度，如图 7-87 所示。

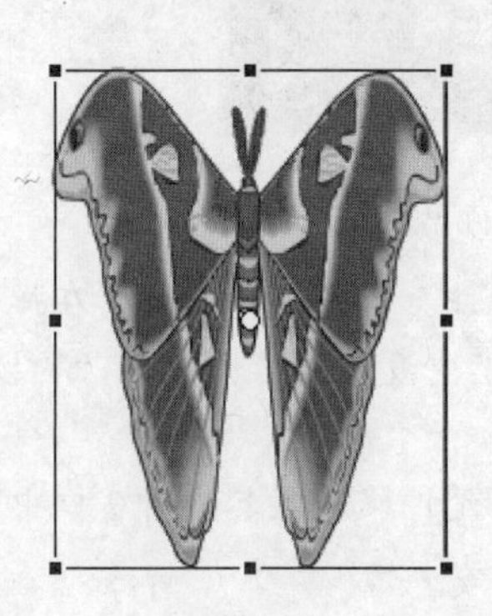

图 7-86

图 7-87

（2）制作课件控制按钮

Step 1 输入文字。在“蝴蝶”层上方新建“按钮”层，激活【文本工具】，设置适当的字符属性，输入红色文字“擦黑板”，如图 7-88 所示。

Step 2 转换为元件。选择输入的文字，按下【F8】键，将其转换为按钮元件“擦黑板按钮”，并进入其编辑窗口中。

Step 3 编辑元件。选择【指针经过】帧，按下【F6】键插入关键帧，然后修改文字为蓝色；选择【点击】帧，按下【F6】键插入关键帧，使用【椭圆工具】绘制一个椭圆使其恰好盖住文字，如图 7-89 所示，这样就完成了“擦黑板”按钮的制作。

图 7-88

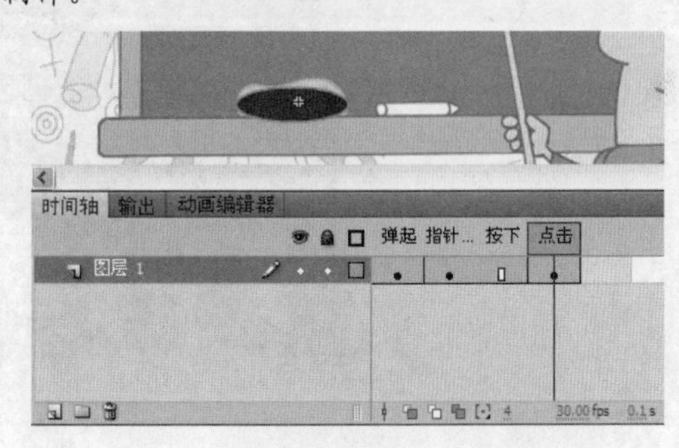

图 7-89

Step 4 创建新元件。按下【Ctrl+F8】组合键，创建一个新的按钮元件“鸡按钮”，并进入其编辑窗口中。

Step 5 绘制矩形。激活【矩形工具】，设置【笔触颜色】为褐色（#FFFFFF）、【填充颜色】为黑色（#3D3D3F），绘制一个正方形，如图 7-90 所示。

Step 6 插入普通帧。选择“图层 1”的【点击】帧，按下【F5】键插入普通帧。

Step 7 输入按钮文字。在“图层 1”上方新建“图层 2”，激活【文本工具】，设置适当的字符属性，输入文字“鸡”，如图 7-91 所示；在“图层 2”的【指针经过】帧处插入关键帧，然后修改文字为白色，这样就完成了“鸡”按钮的制作。

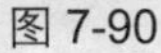

图 7-90

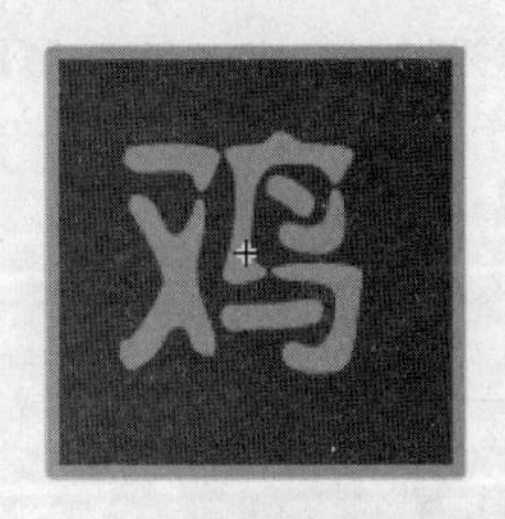

图 7-91

Step 8 制作“狗”按钮。在【库】面板中的“鸡按钮”元件上单击鼠标右键，在弹出的快捷菜单中选择【直接复制】命令，在打开的【直接复制元件】对话框中设置【名称】为“狗按钮”，其他保持不变，单击 确定 按钮复制按钮。

Step 9 编辑“狗”按钮。在【库】面板中双击“狗按钮”元件，进入其编辑窗口中，分别选择“图层 2”的【弹起】帧和【指针经过】帧，将其中的文字修改为“狗”。

Step 10 制作其他按钮。参照“狗”按钮的制作方法，依次复制“鸡按钮”元件，得到“象按钮”、“马按钮”和“虎按钮”元件，并将其中的文字分别修改为“象”“马”和“虎”。

Step 11 添加元件。返回场景中，将“鸡按钮”“狗按钮”“象按钮”“马按钮”和“虎按钮”从【库】面板中分别拖动到舞台上方，并使用【任意变形工具】将各个实例适当缩小，如图 7-92 所示。

图 7-92

Step 12 创建新元件。按下【Ctrl+F8】组合键，创建一个新的按钮元件“退出按钮”，并进入其编辑窗口中。

Step 13 绘制椭圆形。激活【椭圆工具】，设置【笔触颜色】为褐色（#FFFFFF）、【填充颜色】为黑色（#3D3D3F），绘制一个椭圆，如图 7-93 所示。

Step 14 插入普通帧。选择“图层 1”的【点击】帧，按下【F5】键插入普通帧。

Step 15 输入按钮文字。在“图层 1”上方新建“图层 2”，激活【文本工具】T，设置适当的字符属性，输入白色文字“exit”，如图 7-94 所示.

Step 16 在“图层 2”的【指针经过】帧处插入关键帧，然后修改文字为红色，这样就完成了

“退出”按钮的制作。

图 7-93

图 7-94

Step 17　添加元件。返回场景中，将“退出按钮”从【库】面板中拖动到舞台右下角，并使用【任意变形工具】将其适当缩小，如图 7-95 所示。

图 7-95

（3）制作“公鸡”遮罩动画

Step 1　导入图片并输入文字。在“按钮”层上方新建“鸡”层，在第 2 帧处插入关键帧，导入本书光盘“素材”文件夹中的“鸡.png”文件，然后激活【文本工具】，设置适合的字符属性，在舞台中输入文字，如图 7-96 所示。

Step 2　绘制遮罩矩形。在“鸡”层上方新建“鸡遮罩”层，选择第 2 帧，按下【F6】键插入关键帧。激活【矩形工具】，设置【笔触颜色】为无色、【填充颜色】为任意色，绘制一个矩形，使其恰好遮住黑板，如图 7-97 所示。

图 7-96

图 7-97

Step 3　缩小遮罩矩形。在“鸡遮罩”的第 39 帧处插入关键帧。将播放头调整到第 2 帧处，使用【任意变形工具】将该帧中的矩形向上进行压缩，效果如图 7-98 所示。

Step 4　创建形状动画。在“鸡遮罩”层的第 2 帧上单击鼠标右键，在弹出的快捷菜单中选择【创建补间形状】命令，创建补间形状动画。

Step 5　创建遮罩动画。在“鸡遮罩”层上单击鼠标右键，在弹出的快捷菜单中选择【遮罩层】命令，将该层转换为遮罩层，则“鸡”层转换为被遮罩层。

图 7-98

Step 6 插入空白关键帧。同时在“鸡遮罩”层和“鸡”层的第 40 帧处插入空白关键帧，此时的【时间轴】面板如图 7-99 所示。

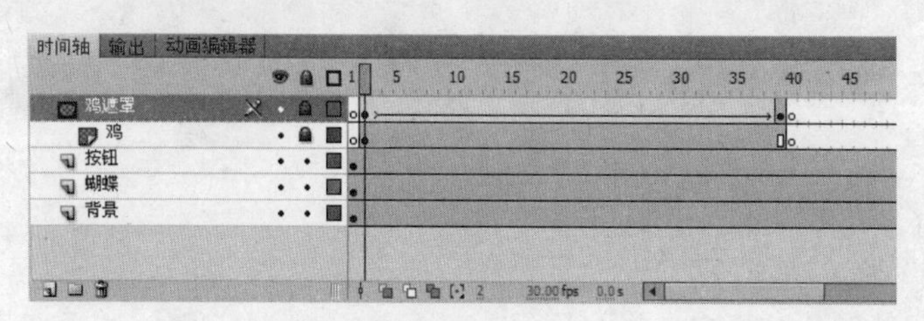

图 7-99

Step 7 导入声音。执行菜单栏中的【文件】/【导入】/【导入到库】命令，在弹出的【导入到库】对话框中选择本书光盘“素材”文件夹中的“COCK.WAV”“DOG.WAV”“ELEPHANT.WAV”“HORSE.WAV”和“TIGER.WAV”声音文件，将其导入到【库】面板中。

Step 8 添加鸡声音。在“鸡遮罩”层上方新建“鸡声音”层，在第 2 帧处插入关键帧，将“COCK.WAV”声音从【库】面板中拖动到舞台上。

Step 9 编辑声音。选择“鸡声音”层的第 2 帧，在【属性】面板中单击【效果】右侧的按钮，在打开的【编辑封套】对话框中编辑声音效果，如图 7-100 所示。

Step 10 在【属性】面板中设置【同步】为“数据流”，如图 7-101 所示。

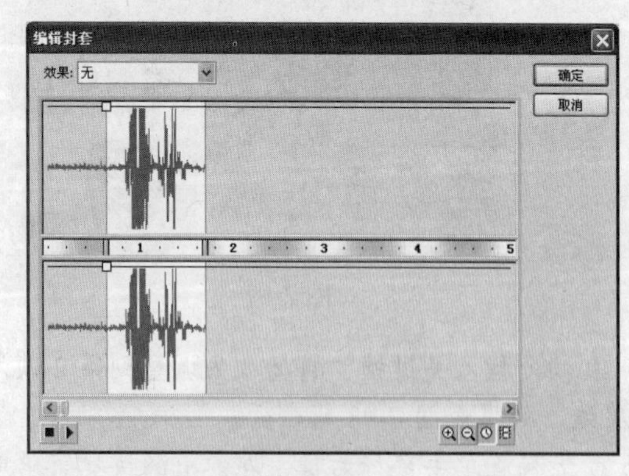

图 7-100

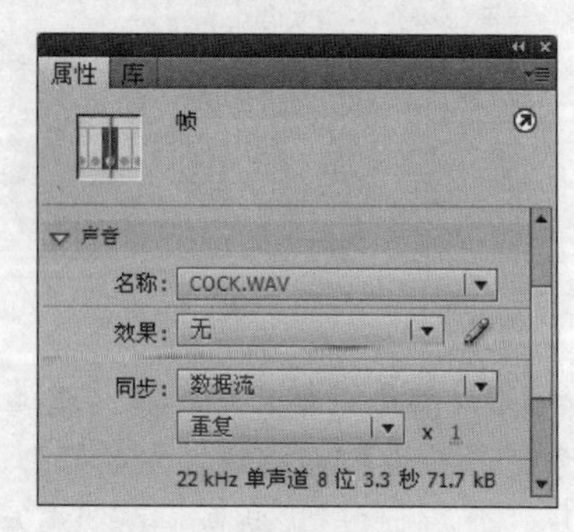

图 7-101

（4）制作其他遮罩动画

Step 1 复制帧。在“鸡声音”层上方新建 3 个图层，分别命名为“狗”“狗遮罩”和“狗声音”，

同时选择“鸡”～“鸡声音”层的第 2 帧～第 40 帧，按住【Alt】键的同时将其推动到“狗”～“狗声音”层的第 40 帧，这样就复制了所选的帧，如图 7-102 所示（为了方便后面的操作，这里暂时解锁了遮罩层和被遮罩层）。

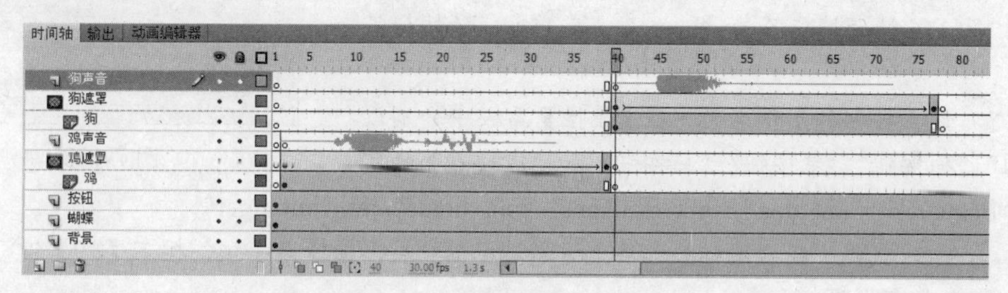

图 7-102

Step 2　交换位图。选择“狗”层第 40 帧中的“鸡”位图，单击鼠标右键，在弹出的快捷菜单中选择【交换位图】命令，在打开的【交换位图】对话框中将其交换为“狗.png”图像，如图 7-103 所示。

Step 3　替换声音。选择“狗声音”层的第 40 帧，在【属性】面板的【名称】下拉列表中选择“DOG.WAV”，如图 7-104 所示，然后参照鸡声音的编辑方法对狗声音进行编辑。

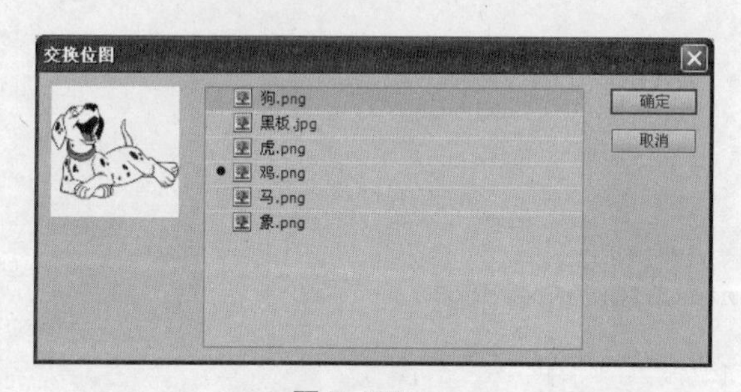

图 7-103

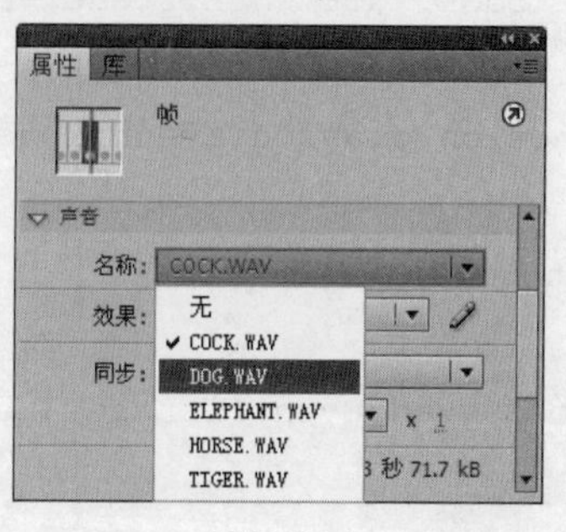

图 7-104

Step 4　完成其他遮罩动画。参照“狗”遮罩动画的制作方法，完成其他遮罩动画，然后锁定所有的遮罩层与被遮罩层，此时的【时间轴】面板如图 7-105 所示。

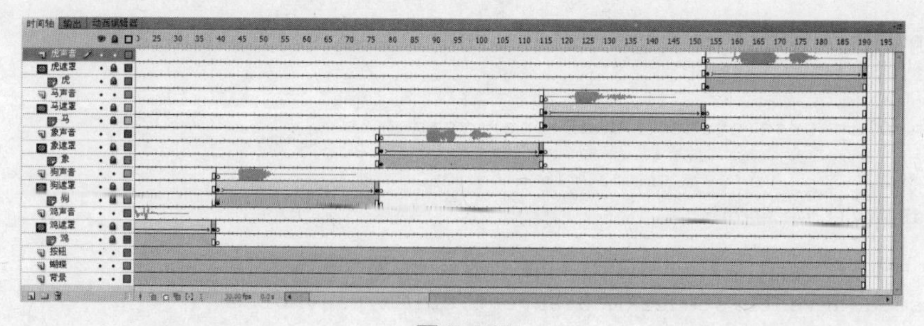

图 7-105

（5）添加 ActionScript 代码

Step 1　设置帧标签。在“虎声音”层上方新建“帧标签”层，选择第 1 帧，在【属性】面板中设置帧标签为“back”，如图 7-106 所示。

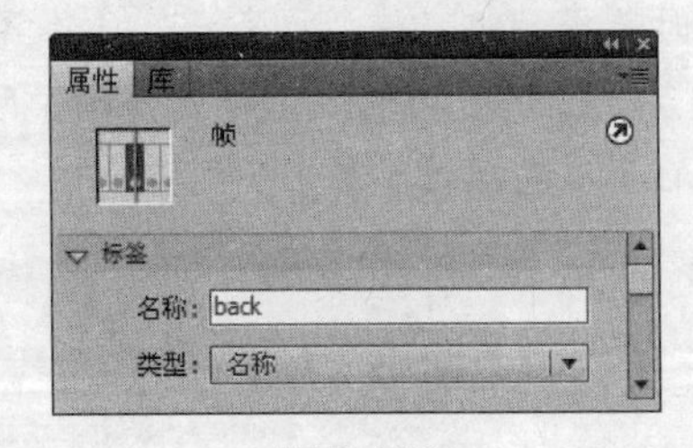

图 7-106

Step 2 设置帧标签。在“帧标签”层的第 2 帧、第 40 帧、第 78 帧和第 116 帧处插入关键帧，然后设置第 2 帧的帧标签为“cock”、第 40 帧的帧标签为“dog”、第 78 帧的帧标签为“elephant”、第 116 帧的帧标签为“horse”、第 154 帧的帧标签为“tiger”。

Step 3 设置按钮的实例名称。在【属性】面板中分别设置“鸡按钮”“狗按钮”“象按钮”“马按钮”和“虎按钮”的实例名称为“but_cock”“but_dog”“but_elephant”“but_horse”和“but_tiger”。

Step 4 输入代码。在“帧标签”层上方新建“as”层，选择第 1 帧，按下【F9】键，打开【动作】面板，输入如下代码。

```
stop();
function playcock(event:MouseEvent):void
{
 gotoAndPlay("cock");
}
but_cock.addEventListener(MouseEvent.CLICK,playcock);

function playdog(event:MouseEvent):void
{
 gotoAndPlay("dog");
}
but_dog.addEventListener(MouseEvent.CLICK,playdog);

function playelephant(event:MouseEvent):void
{
 gotoAndPlay("elephant");
}
but_elephant.addEventListener(MouseEvent.CLICK,playelephant);

function playhorse(event:MouseEvent):void
{
 gotoAndPlay("horse");
}
but_horse.addEventListener(MouseEvent.CLICK,playhorse);

function playtiger(event:MouseEvent):void
{
 gotoAndPlay("tiger");
```

```
}
but_tiger.addEventListener(MouseEvent.CLICK,playtiger);

function playca(event:MouseEvent):void
{
 gotoAndStop("back");
}
but_ca.addEventListener(MouseEvent.CLICK,playca);

function playexit(event:MouseEvent):void
{
 fscommand("quit");
}
but_exit.addEventListener(MouseEvent.CLICK,playexit);
```

Step 5 输入代码。分别选择“as”层的第39帧、第77帧、第115帧、第153帧和第191帧，在【动作】面板中输入代码“Stop()”，使动画播放到该帧处停止。

Step 6 测试动画。至此完成了动画的制作，按下【Ctrl+Enter】组合键测试动画，并保存动画。

7.6 自我检测

1. 选择题

(1) 在Flash中，导入的声音文件会自动添加到（　　）。

A. 舞台　　B.【库】面板　　C. 帧　　D. 图层

(2) 在向Flash中导入视频时，可直接导入的视频格式是（　　）。

A. FLV　　B. SWF　　C. AVI　　D. fla

(3) 在Flash中，打开【动作】面板的快捷键是（　　）。

A. F8　　B. F9　　C. F10　　D. F7

2. 操作题

利用所学知识，使用“素材”文件夹下的相关声音文件，创建一个能控制动画播放的按钮。

第 8 章
测试与发布 Flash 动画

📖 学习目标

了解 Flash 动画的测试、优化，Flash 动画作品的导出类型以及发布设置与预览的相关知识。

📖 学习重点

重点掌握 Flash 动画的优化、测试以及发布设置等知识。

📖 主要内容

- 关于 Flash 动画的优化与测试
- Flash 动画作品的导出
- Flash 动画作品的发布设置与预览

8.1 关于 Flash 动画的优化与测试

在 Flash 动画设计中，制作完成的 Flash 动画作品还需要进行相关优化，以减小其动画作品的数据量，同时还要对作品在网络中的播放状况进行测试，以保证动画作品在不同带宽下的播放都能达到预期效果。

8.1.1　Flash 动画作品的优化

Flash 动画作品的优化涉及到多方面，下面我们只对常见的优化方法进行讲解。

（1）将重复出现的动画对象转换为元件。我们知道元件其实就是一个小的动画，因此，将重复出现的动画转换为元件，可以减小原动画的数据量。

（2）动画中尽量多使用补间动画。我们知道，补间动画中的过度帧是由计算机计算而来的，其数据量要大大小于逐帧动画，因此，多使用补间动画同样可以达到优化动画的目的。

（3）避免使用位图文件。众所周知，位图容量要远远大于矢量图，因此，在动画制作中，尽量避免使用位图文件作为动画元素，可以将位图作为背景或静止的元素。

（4）少使用虚线、点线等特殊线条而多使用实线，这是因为特殊线条要比实线占用更多的资源。

（5）在动画中使用声音文件时，尽量使用 MP3 格式的声音，因为这种格式压缩比最大，回放质量也较好，可以减少动画的容量。

（6）在 Flash 动画中尽量少使用多种字体样式，同时尽量不要将文字打散，以免增大动画的数据量。

（7）尽量少使用渐变色，而代之以单色，这样也会减小动画文件的容量。

8.1.2　测试 Flash 动画作品

当用户制作完成 Flash 动画作品后，要想在网络上发布作品，首先需要进行作品的测试，通过测试，对作品存在的一些问题进行处理，以保证作品能顺利在网络上运行。

下面我们通过一个简单操作，学习测试 Flash 动画作品的方法。

【任务】测试 Flash 动画作品。

素材文件	效果文件\ 企业宣传片片头.fla

Step 1　打开“效果文件”文件夹下的“企业宣传片片头.fla”动画文件。

Step 2　按键盘上的【Ctrl+Enter】组合键进入动画测试界面，如图 8-1 所示。

Step 3　在该窗口的【视图】菜单下，系统提供了用于显示观察窗口和数据传输情况的相关命令，如图 8-2 所示。

- 【放大】、【缩小】：用于将动画画面放大或缩小一倍。
- 【缩放比率】：按照百分比或者完全显示的方式显示舞台的相关内容。
- 【带宽设置】：显示带宽特性窗口，用于查看数据流的相关情况。
- 【数据流图表】：以条形图的方式模拟下载方式。
- 【帧数图表】：以逐帧方式显示动画数据量的大小。
- 【模拟下载】：模拟在目前设置的带宽速度下，动画在浏览器下载以及播放的情况。

- 【下载设置】：设置需要模拟的带宽速度。
- 【品质】：选择用什么样的画面效果显示动画画面，具体包括 3 种，如图 8-3 所示。

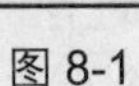

图 8-1

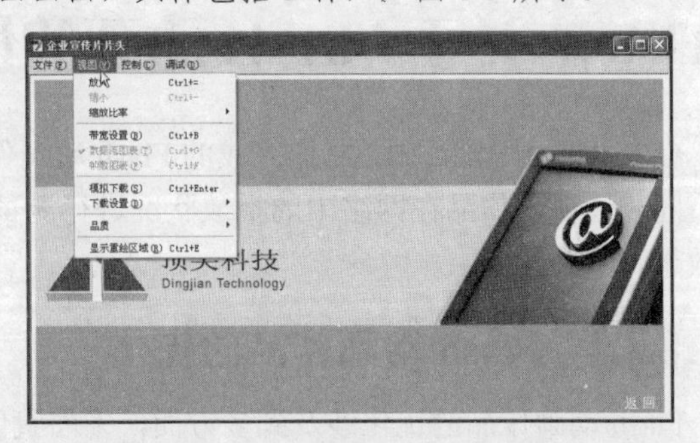

图 8-2

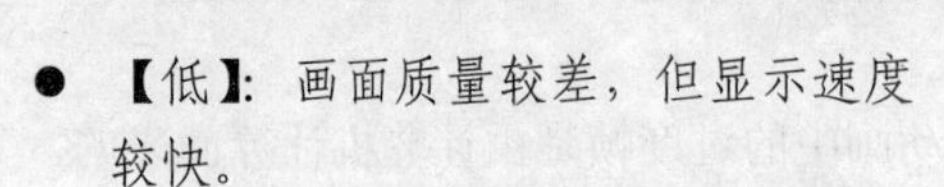

- 【低】：画面质量较差，但显示速度较快。
- 【中】：画面质量一般，显示速度较慢。
- 【高】：画面质量较高，但显示速度会更慢。

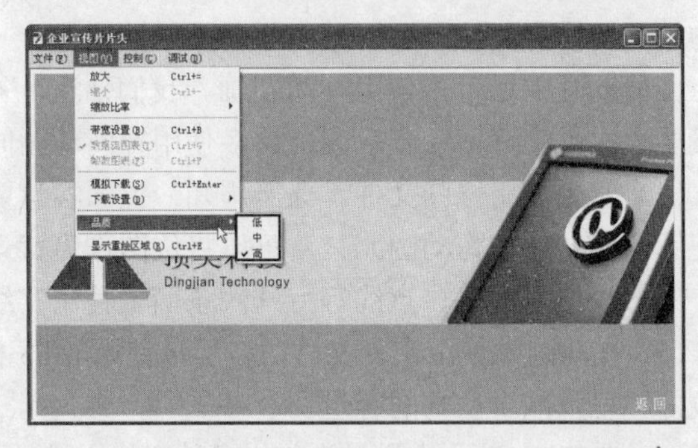

图 8-3

Step 4 执行【视图】/【带宽设置】命令，在动画测试窗口上方会出现带宽特性查看窗格，显示影片在浏览器下载时的数据流图表，如图 8-4 所示。

提示：数据图表中每个柱形代表各帧所含数据量的大小，红色水平线是动画传输速率警告线，其位置由传输条件决定。如果柱形图高于图表中的红色水平线，表示该帧的数据量超过了当前设置的带宽流量限制，影片在浏览器中下载时可能会出现停顿或者使用时间较长。

Step 5 执行【视图】/【帧数图表】命令，在带宽特性查询窗格中以逐帧显示动画数据量的大小，如图 8-5 所示。

图 8-4

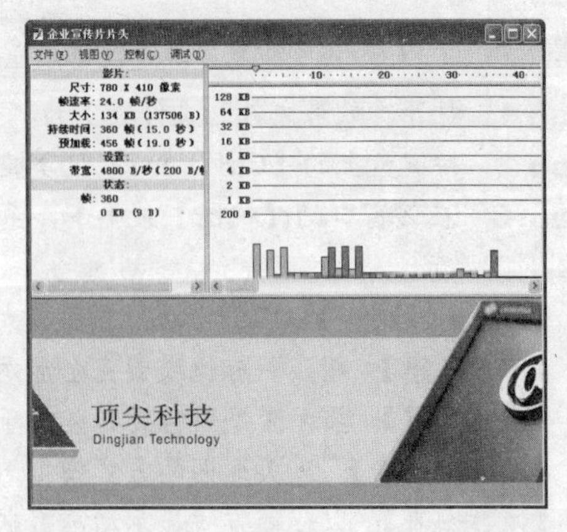

图 8-5

Step 6　在图 8-5 中，窗格的右边显示动画作品各帧的数据量，矩形条越长则该帧的数据量越大。单击选中图表中代表帧的柱形图，即可在左边列表中显示该帧的数据大小，如图 8-6 所示。

Step 7　执行【视图】/【下载设置】命令，可以在其子菜单中选择需要模拟的带宽速度，如图 8-7 所示。

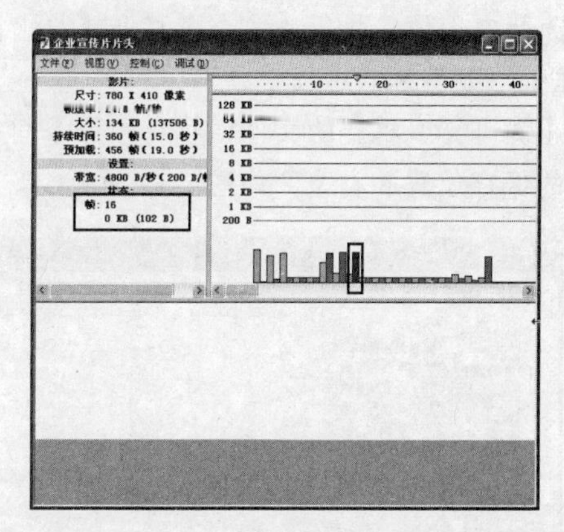

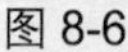

图 8-6

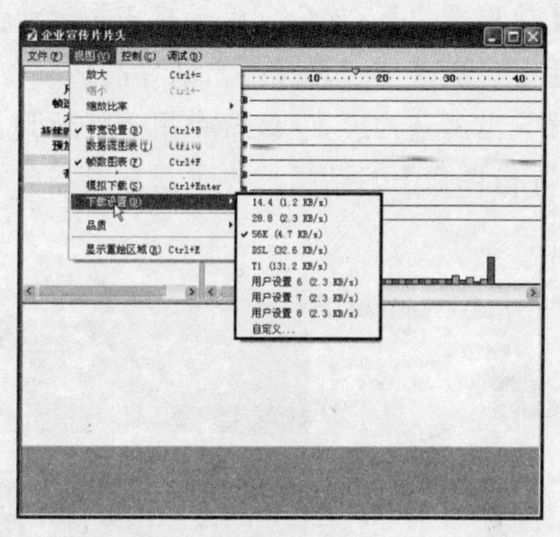

图 8-7

Step 8　如果选择【自定义】选项，则打开【自定义下载设置】对话框，在该对话框可以根据实际情况做自定义的模拟设置，如图 8-8 所示。

Step 9　执行【视图】/【模拟下载】命令，可以模拟在当前设置的带宽下载速度下，影片在浏览器下载及播放的情况，如图 8-9 所示。

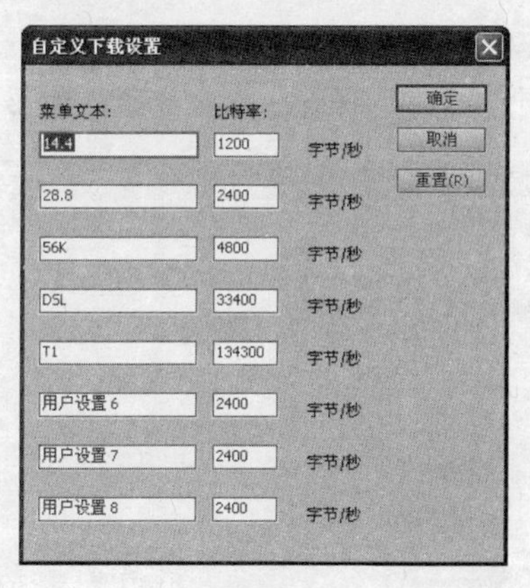

图 8-8

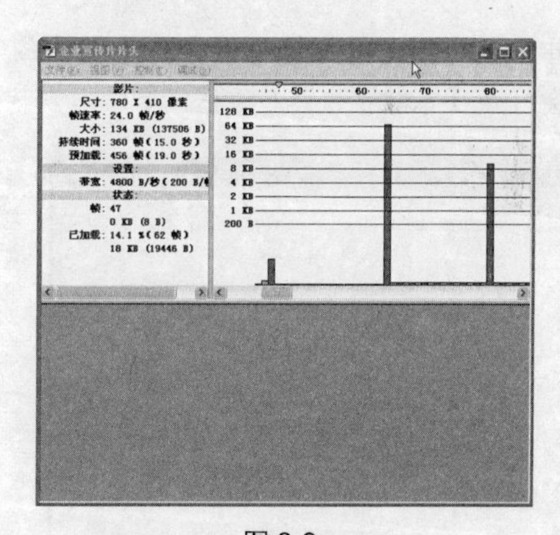

图 8-9

Step 10　以上就是影片在发布前的测试情况。当测试完成后，如果对影片的效果比较满意，就可以将影片输出为电影，然后就可以将其应用到网络上了。

8.2 Flash 动画作品的导出

当动画完成测试后，就需要将其导出了。本节学习导出 Flash 动画的相关技能。

8.2.1 导出 Flash 动画

【导出】菜单包含多个导出动画的命令，可以根据需要将 Flash 动画进行导出。执行【文件】/【导出】命令，在其子菜单下选择合适的命令即可进行导出，如图 8-10 所示。

- 【导出图像】：该命令用于将 Flash 动画导出为静态图像，执行该命令会打开【导出图像】对话框，要求用户选择导出文件的保存位置和类型，如图 8-11 所示。
- 【导出所选内容】：该命令用于将所选内容导出为 FXG 格式的文件，执行该命令同样会打开【导出图像】对话框，要求用户选择导出文件的保存位置和类型，如图 8-12 所示。

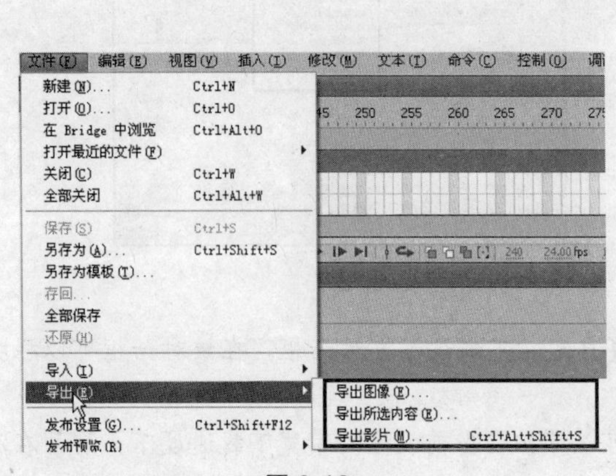

图 8-10

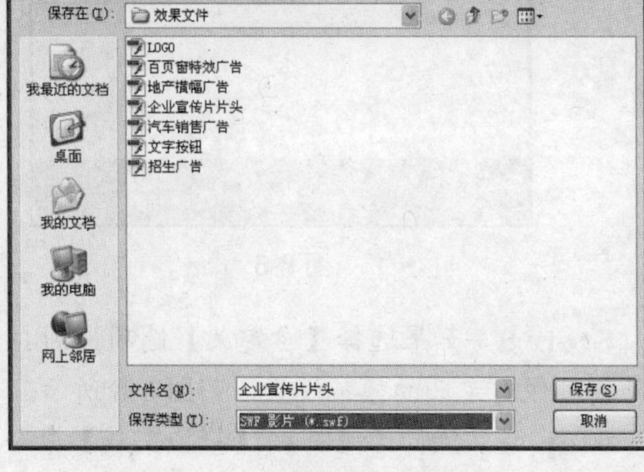

图 8-11

- 【导出影片】：该命令用于将“.fla”格式的 Flash 动画作品导出为多种格式的电影，执行该命令会打开【导出影片】对话框，要求用户选择导出文件的保存位置和类型，如图 8-13 所示。

图 8-12

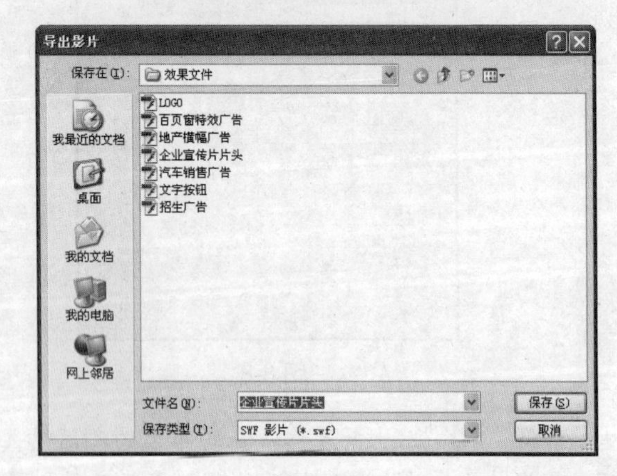

图 8-13

用户可以根据需要设置保存路径、存储类型等，然后确认进行保存。

8.2.2 Flash 动画作品的导出格式

Flash 动画作品可以导出的格式较多，下面我们对其常见格式进行简单介绍。

（1）SWF 影片（*.swf）：该格式是默认的格式，选择该格式可以将动画作品导出为脱离 Flash 编

辑环境而独立播放的影片。

（2）Windows AVI(*.avi)：该格式是 Windows 标准视频文件格式，可以在 Windows 附带的视频播放器中播放，也可以在其他视频编辑软件中进行编辑，其导出设置如图 8-14 所示。

- 【宽】/【高】：设置导出视频的尺寸，其单位为像素。
- 【视频格式】：可以选择导出视频的色彩位数，如图 8-15 所示。
- 【压缩视频】：选择是否对影片进行压缩。
- 【平滑】：对导出的视频进行抗锯齿处理。
- 【声音格式】：设置导出作品的音频质量。

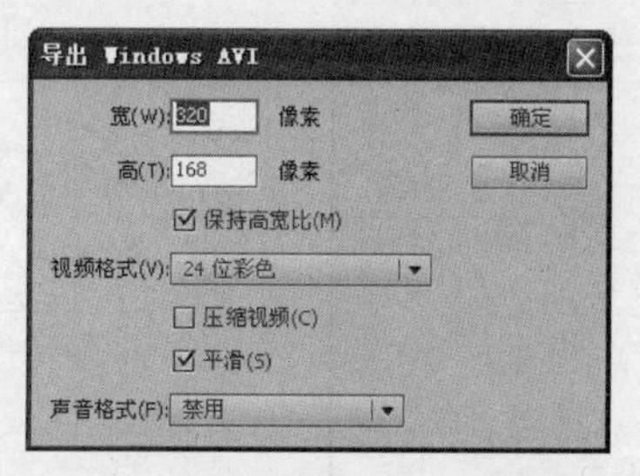

图 8-14

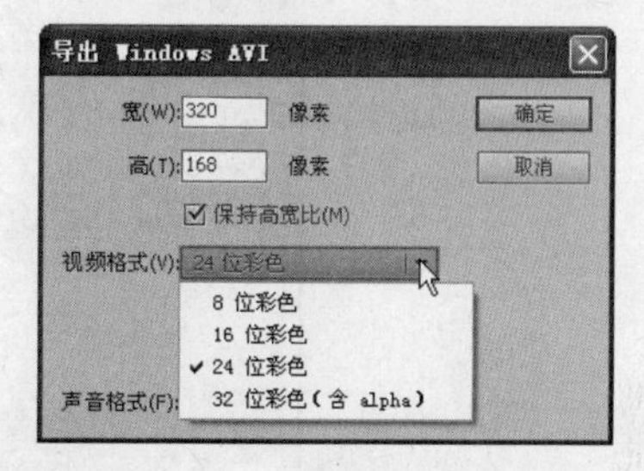

图 8-15

（3）QuickTime (*.mov)：这种格式体积小、可缩放、旋转透明等，是网络中常用的视频格式之一。需要注意的是，要将 Flash 动画导出为“QuickTime (*.mov)”格式，必须保证系统中已经安装了 QuickTime 视频播放器。

（4）GIF 动画（*.gif）：这种格式也是网络中常用的视频格式之一，其体积也较小，其参数设置对话框如图 8-16 所示。

- 【宽】/【高】：设置导出视频的的尺寸，其单位为像素。
- 【分辨率】：设置导出视频的分辨率。
- 【颜色】：设置导出视频的颜色，如图 8-17 所示。

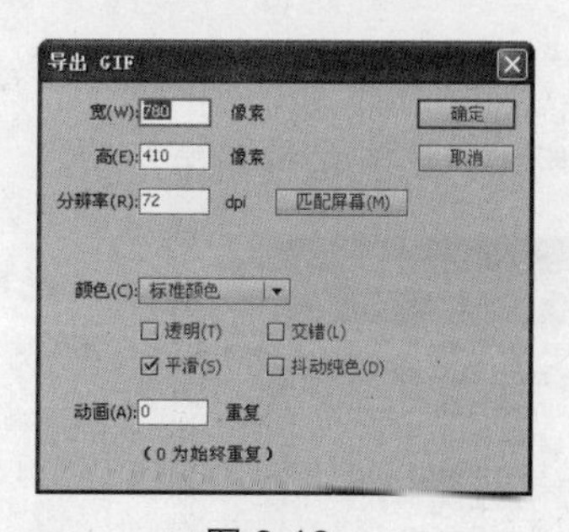

图 8-16

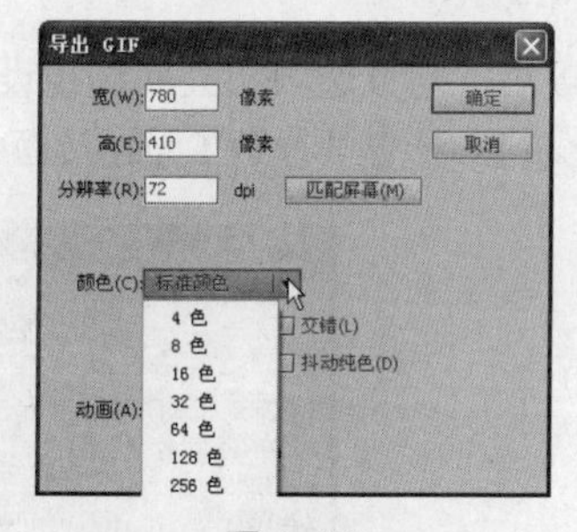

图 8-17

- 【动画】：设置动画的播放方式，0 为始终重复播放。

8.3 Flash 动画作品的发布设置与预览

通过前面章节的学习我们知道，Flash 动画作品可导出的格式有很多，除了每次导出前设置格式外，

用户还可以使用【发布设置】对话框设置导出格式、指定导出文件类型等，避免每次导出时都需要进行格式设置的麻烦。

8.3.1 设置导出文件的类型

继续 8.2 节的操作，执行【文件】/【发布设置】命令打开【发布设置】对话框，如图 8-18 所示。

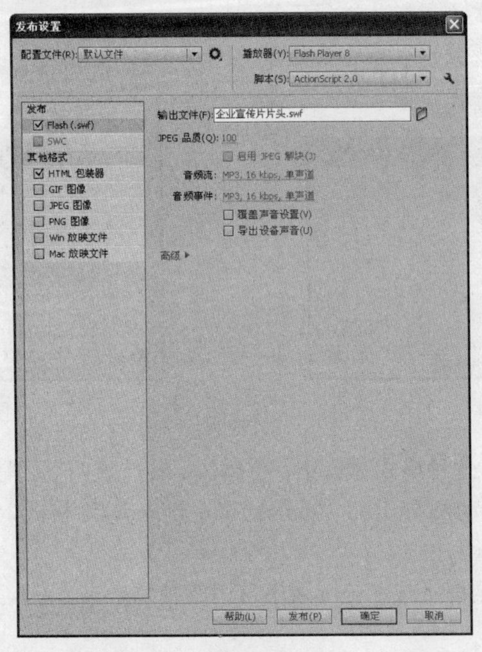

图 8-18

在发布设置对话框的【发布】选项组中有多种选项供选择设置。

1. Flash(.swf)

选中该选项后，与该选项相关的选项设置如下。

- 【播放器】：设置导出的 Flash 动画作品的播放器版本，如图 8-19 所示。

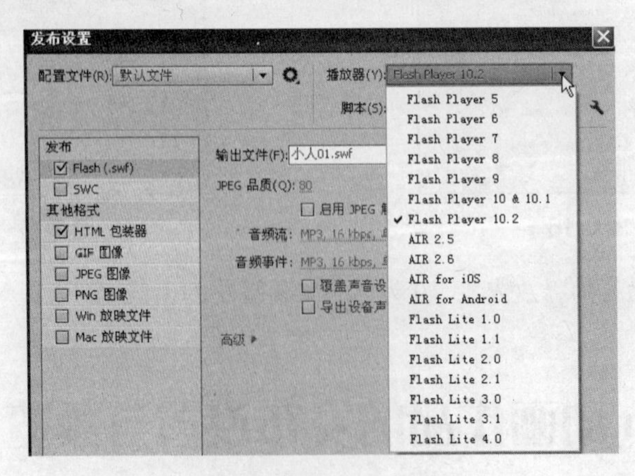

图 8-19

- 【脚本】: 设置动作脚本的版本，如图 8-20 所示。
- 【输出文件】: 用于设置输出的文件的存储路径。
- 【JPEG 品质】: 设定作品中位图素材导出为压缩的 JPEG 格式的图像，并根据其本身设置的压缩比例进行压缩。
- 【音频流】/【音频事件】: 设定作品中音频素材的压缩格式和参数，单击即可打开【声音设置】对话框，如图 8-21 所示。

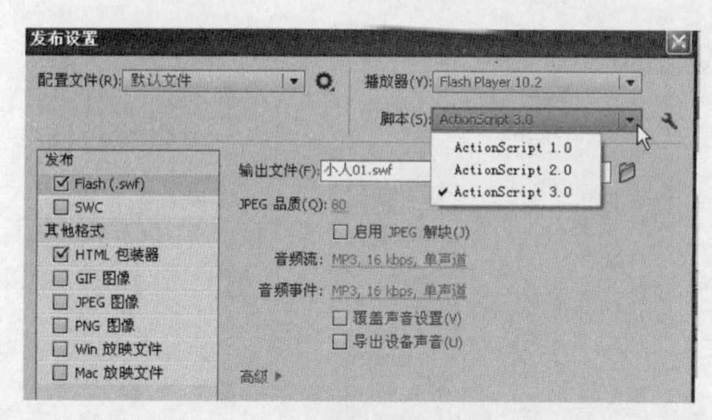

图 8-20

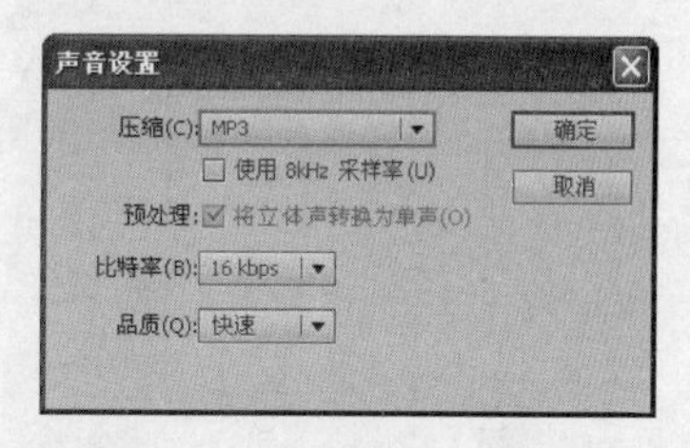

图 8-21

- 【覆盖声音设置】: 选中该选项，在【库】中对个别声音的压缩设置不再有效。
- 【导出设备声音】: 导出移动设备播放的动画声音。
- 单击【高级】选项组将其展开，可以进行更高级的设置，如图 8-22 所示。

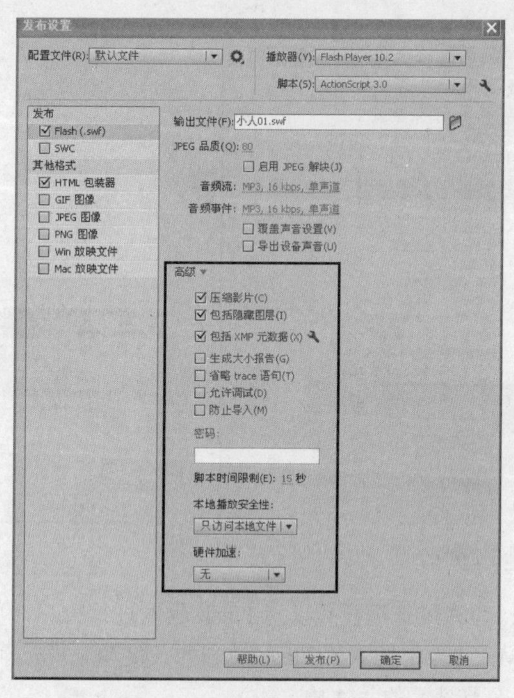

图 8-22

2. HTML 包装器

选中该选项，可切换到 HTML 设置面板，如图 8-23 所示。

- 【模板】：生成 HTML 文件时所用的模板，如图 8-24 所示。单击【信息】按钮，在打开的【HTML 模板信息】对话框可以查看模板介绍，如图 8-25 所示。

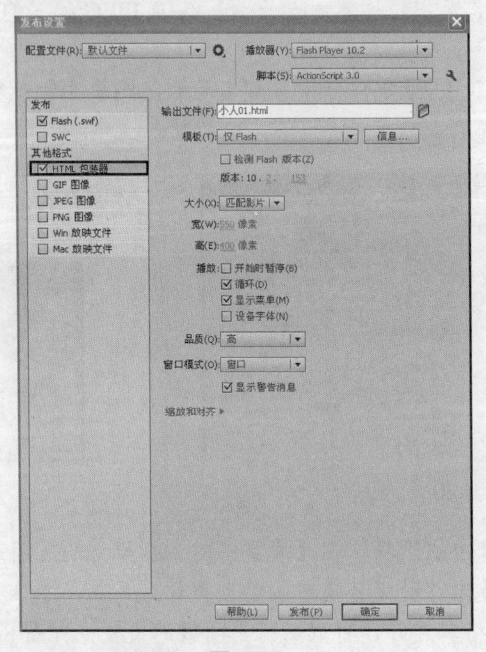

图 8-23

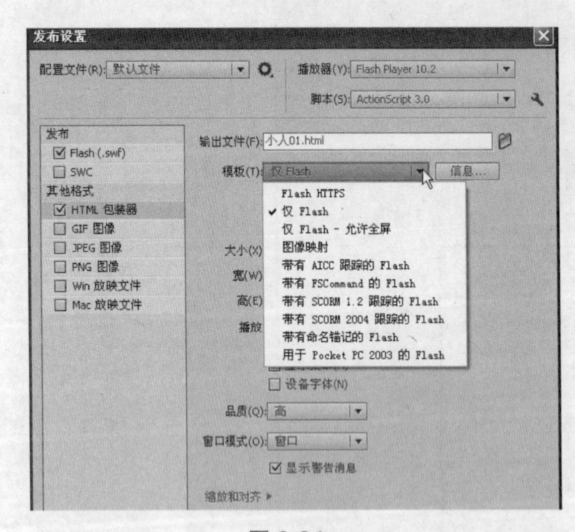

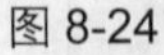

图 8-24

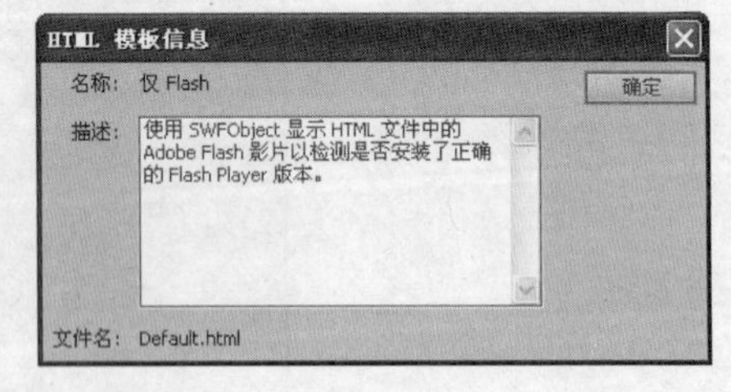

图 8-25

- 【检测 Flash 版本】：勾选该选项，可以对 Flash 版本进行检测。
- 【大小】：定义 HTML 文件中插入的 Flash 动画的长度和宽度，如图 8-26 所示。
- 【匹配影片】：以作品原设定的尺寸播放。
- 【像素】：选择该选项后可以影片的长宽像素数播放。
- 【百分比】：选择该选项后可以影片的长宽百分比播放。
- 【播放】：设置作品的播放方式。其中，勾选【开始时暂停】选项，动画在开始播放时暂停在

第 1 帧；勾选【循环】选项，动画自动循环播放；勾选【显示菜单】选项，在生成的动画页面中右击，会弹出控制动画播放菜单；选择【设备字体】选项，将使用系统字体。

- 【品质】：设置影片的动画图形的质量，如图 8-27 所示。

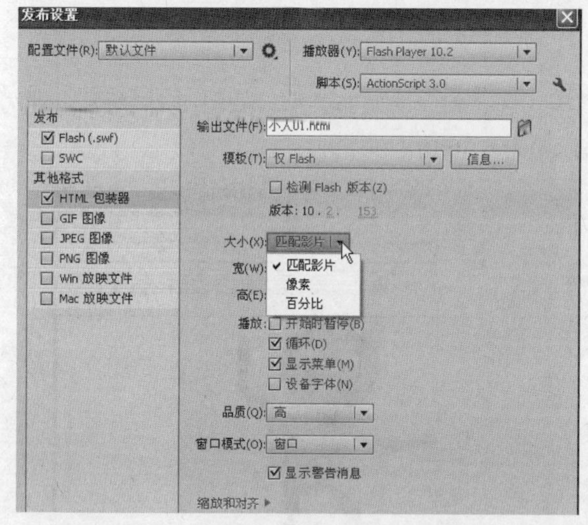

图 8-26

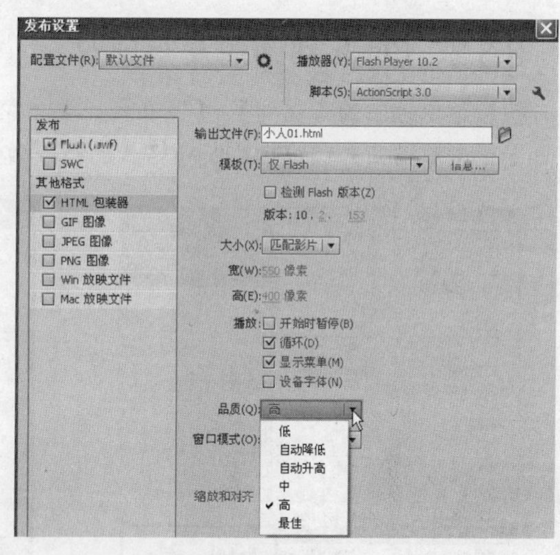

图 8-27

- 【窗口模式】：设置动画在浏览器中自动的透明模式。
- 【缩放和对齐】：设置动画在浏览器中的对齐方式，单击该选项可以展开更多选项，如图 8-28 所示。

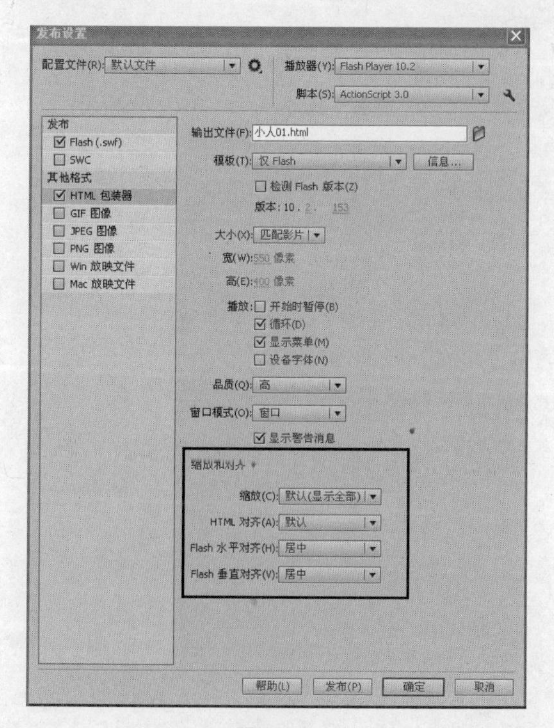

图 8-28

3. 其他选项

除了以上两个选项之外，还有其他一些选项，如【GIF 图像】、【JPEG 图像】、【PNG 图像】等，这些选项的设置比较简单，在此不再介绍。

8.3.2　Flash 动画的发布预览

执行菜单栏中的【文件】/【发布预览】子菜单下，选择相应的发布类型，如图 8-29 所示，即可打开一个浏览窗口，预览指定发布格式的播放效果，如图 8-30 所示。

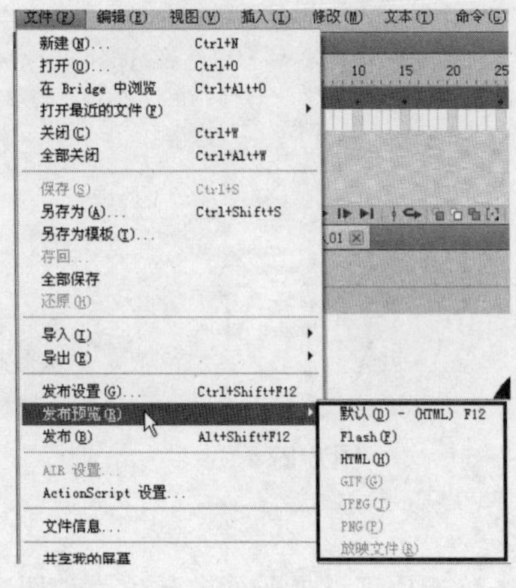

图 8-29

图 8-30

第 9 章 Flash 动画制作综合实例

📖 学习目标

了解 Flash 动画的制作流程、动画的发布等相关知识。

📖 学习重点

重点掌握 Flash 动画的制作流程和发布设置等知识。

📖 主要内容

- 制作购物网站广告动画
- 制作产品演示动画
- 制作轮换图片动画
- 制作网站导航栏动画
- 制作报名表单
- 制作网站横幅动画

9.1 制作购物网站广告动画

当今是电子商务时代，网上商城与购物已经被人们所接受，购物网站广告也应运而生。本节通过制作某购物网站广告动画的实例，学习购物网站广告动画的制作技能。其效果如图 9-1 所示。

素材文件	“素材”文件夹下
效果文件	效果文件\ 购物网站广告动画.fla
动画文件	效果文件\ 购物网站广告动画.swf
视频文件	视频文件\ 购物网站广告动画.swf

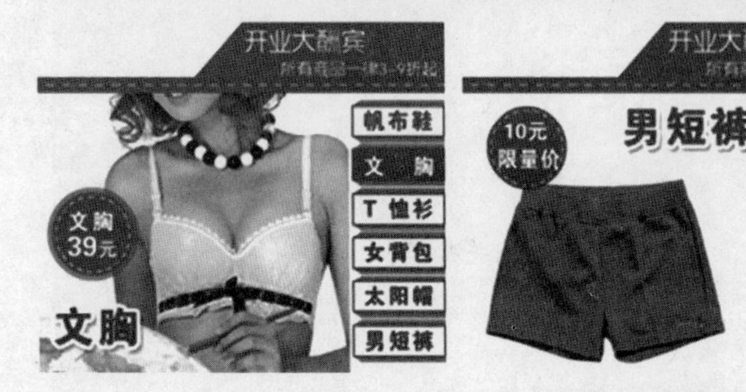

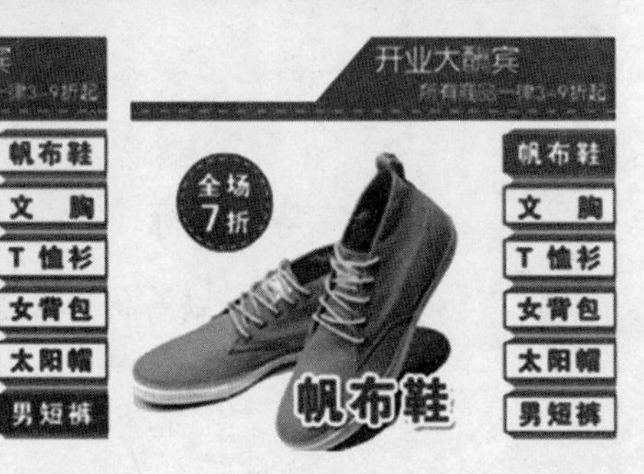

图 9-1

9.1.1 制作自动切换动画与商场信息动画

（1）制作自动切换动画

Step 1 新建文件。启动 Flash CS5 软件，在欢迎界面中单击【ActionScript 3.0】选项，新建【宽度】为 300 像素、【高度】为 250 像素、【帧频】为 5fps、【背景颜色】为白色、名称为“购物网站广告”的文件。

Step 2 导入图片。按键盘上的【Ctrl+R】组合键，在打开的【导入】对话框中选择本书光盘“素材”文件夹中的“Ba01.jpg”图像，单击 打开(O) 按钮，则弹出一个信息提示对话框，如图 9-2 所示。

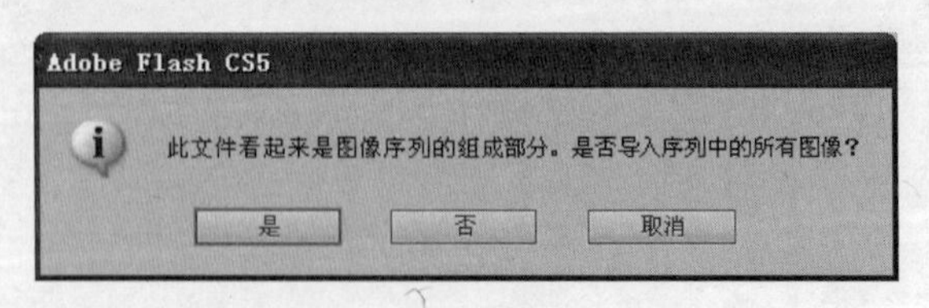

图 9-2

Step 3 单击 是 按钮，则序列中的 6 幅图片（“Ba01.jpg” ～ “Ba06.jpg”）全部导入到舞台中，这时每个图片生成一个关键帧并依次排列。

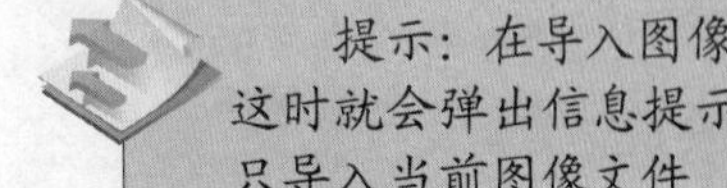

提示：在导入图像时，如果文件夹中的文件以序列命令，如“A01”“A02”“A03”……这时就会弹出信息提示对话框，单击 是 按钮则导入序列图像文件；单击 否 按钮则只导入当前图像文件。

Step 4 对齐图片。分别选择每帧中的图片，在【对齐】面板中勾选【与舞台对齐】选项，然后再单击【水平中齐】按钮和【垂直中齐】按钮，使图片与舞台对齐，如图 9-3 所示。

图 9-3

Step 5 调整关键帧顺序。在【时间轴】面板中将第 2 帧向后拖动到第 10 帧处，第 3 帧向后拖动到第 20 帧处，依此类推，将其他帧向后调整，并在第 60 帧处插入普通帧，如图 9-4 所示。

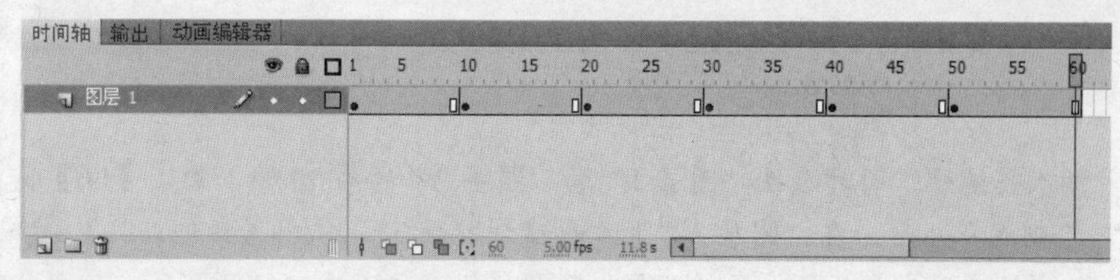

图 9-4

（2）制作商场信息动画

Step 1 绘制矩形。在“图层 1”上方新建“图层 2”，激活【矩形工具】，在工具箱下方按下【对象绘制】按钮，选择对象绘制模式，设置【笔触颜色】为无色，【填充颜色】为深红色(#B92012)，在舞台上方绘制一个矩形，如图 9-5 所示。

Step 2 更改【填充颜色】为白色，然后再绘制一个矩形，如图 9-6 所示。

Step 3 修整白色矩形。使用【选择工具】双击白色矩形，再向左水平拖动白色矩形的右下角，改变其形状，结果如图 9-7 所示。

图 9-5

图 9-6

图 9-7

Step 4 绘制虚线。激活【线条工具】，在【属性】面板中设置【笔触】为“1”，【样式】为“虚线”，再绘制一条白色虚线，如图 9-8 所示。

Step 5 激活【文本工具】，设置适当的字符属性，在舞台上方输入相应的文字，如图 9-9 所示。

Step 6 转换为元件。选择文字“开业大酬宾”，按下【F8】键，将其转换为影片剪辑元件“元件 1”，并进入其编辑窗口中。

Step 7 复制帧。选择“图层 1”的第 1 帧，单击鼠标右键，在弹出的快捷菜单中选择【复制帧】命令，复制所选的帧；在“图层 1”上方新建“图层 2”，选择第 1 帧，单击鼠标右键，在弹出的快捷

菜单中选择【粘贴帧】命令，粘贴选择的帧，然后更改“图层2”第1帧中的文字为黄色（#FFFF00）。

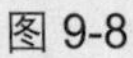
图 9-8

图 9-9

Step 8 插入关键帧。同时选择“图层1”和“图层2”的第10帧，按下【F6】键插入关键帧。

Step 9 绘制遮罩矩形。在“图层2”上方新建“图层3”，使用【矩形工具】绘制一个【笔触颜色】为无色、【填充颜色】为任意色的矩形，使其恰好遮住下方的“开”字，如图9-10所示。

Step 10 调整矩形位置。在“图层3”的第10帧中插入关键帧，将矩形水平向右移动，使其恰好遮住下方的“宾”字，如图9-11所示。

图 9-10

图 9-11

Step 11 创建动画。选择“图层3”的第1帧，单击鼠标右键，在弹出的快捷菜单中选择【创建补间形状】命令，创建补间形状动画。

Step 12 创建遮罩动画。在“图层3”上单击鼠标右键，在弹出的快捷菜单中选择【遮罩层】命令，将“图层3”转换为遮罩层，则“图层2”转换为被遮罩层，【时间轴】面板如图9-12所示。

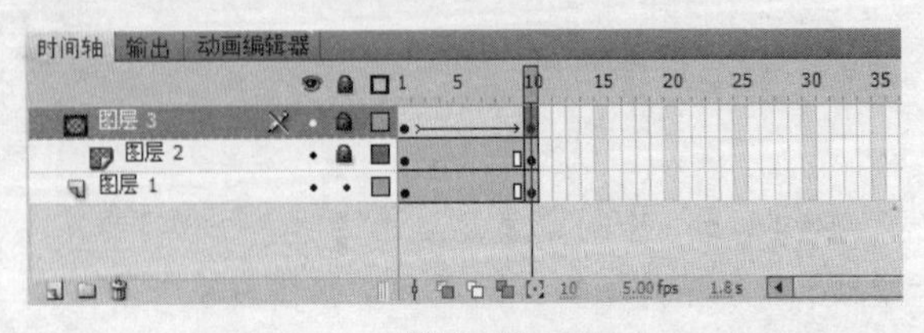

图 9-12

Step 13 单击窗口左上方的 场景1 按钮返回到场景中。

9.1.2 制作导航按钮与标价牌动画

（1）制作导航按钮

Step 1 绘制矩形。在“图层3”上方新建“图层4”，使用【矩形工具】绘制一个【笔触颜

色】为深红色（#B92012）、【填充颜色】为无色的矩形，如图 9-13 所示。

Step 2　转换为元件。将绘制的矩形转换为按钮元件“按钮”，并进入其编辑窗口中。

Step 3　制作按钮。在“图层 1”上方新建“图层 2”，使用【矩形工具】再绘制一个【笔触颜色】为无色、【填充颜色】为灰色（#999999）的矩形，使其略大于下方的矩形，并使用【选择工具】调整其形状如图 9-14 所示。

Step 4　调整图层顺序。将“图层 2”调整到“图层 1”下方，则按钮产生了投影效果，如图 9-15 所示。

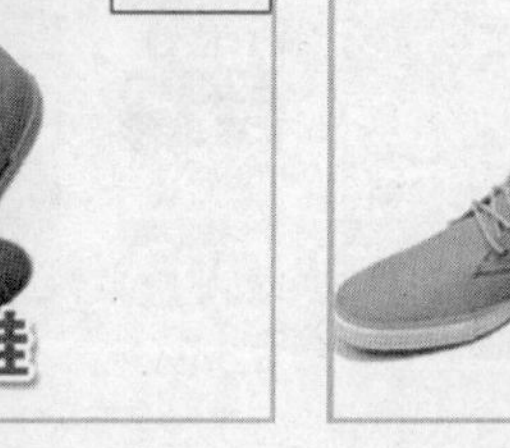

图 9-13

图 9-14

图 9-15

Step 5　复制按钮。返回到场景中，按住【Alt】键，使用【选择工具】向下复制 5 个按钮，如图 9-16 所示。

Step 6　输入文字。在“图层 4”上方新建“图层 5”，使用【文本工具】在每个按钮上方输入深红色文字，如图 9-17 所示。

图 9-16

图 9-17

Step 7　插入关键帧。在“图层 5”的第 10 帧、第 20 帧、第 30 帧、第 40 帧、第 50 帧中插入关键帧，如图 9-18 所示。

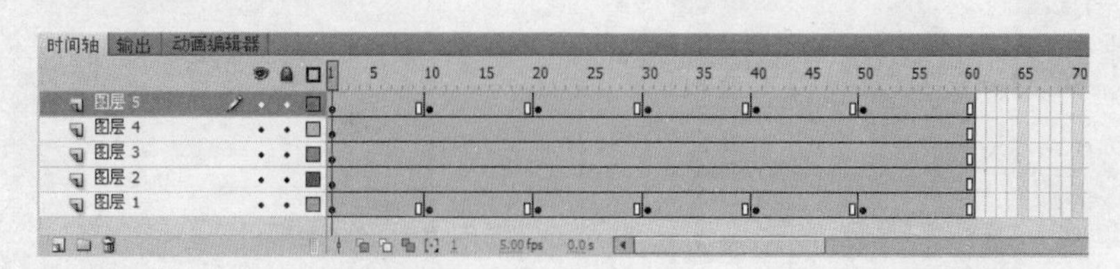

图 9-18

Step 8 绘制红色矩形。选择“图层 5”的第 1 帧，使用【矩形工具】绘制一个【笔触颜色】为无色、【填充颜色】为深红色的矩形，并在其上单击鼠标右键，在弹出的快捷菜单中选择【排列】/【下移一层】命令，将其调整到文字的下方。然后激活【文本工具】，选择按钮上的文字，更改其颜色为白色，结果如图 9-19 所示。

Step 9 处理其他按钮。用同样的方法，依次修改“图层 5”其他关键帧中的按钮，如图 9-20 所示分别为第 10 帧、第 20 帧、第 30 帧、第 40 帧、第 50 帧中的按钮形态。

图 9-19

图 9-20

（2）制作标价牌动画

Step 1 绘制圆形。在“图层 5”上方新建“图层 6”，使用【椭圆工具】绘制一个【笔触颜色】为无色、【填充颜色】为深红色的圆形，如图 9-21 所示。

Step 2 转换为元件。将圆形转换为影片剪辑元件“元件 2”，并进入其编辑窗口中。

Step 3 复制并粘贴帧。复制“图层 1”的第 1 帧，然后新建“图层 2”和“图层 3”，并在这两个图层的第 1 帧中粘贴帧。

Step 4 插入关键帧并设置属性。选择“图层 1”第 1 帧中的圆形，将其转换为影片剪辑元件“元件 3”，在第 5 帧处插入关键帧，然后选择该帧处的实例，使用【任意变形工具】将实例放大，如图 9-22 所示。并在【属性】面板中设置【样式】为 Alpha，并设置 Alpha 值为 0，使其完全透明，如图 9-23 所示。

图 9-21

图 9-22

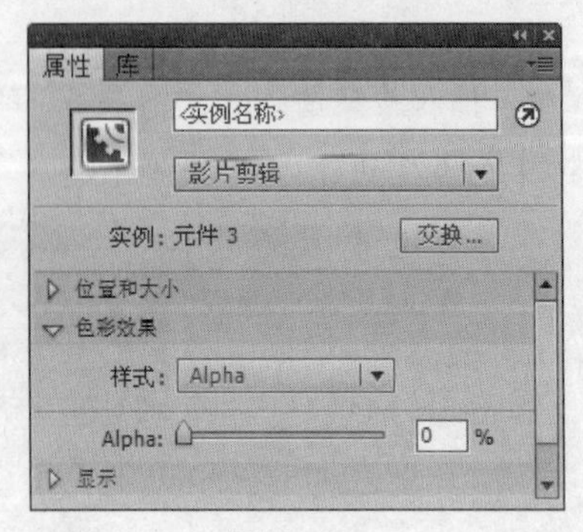

图 9-23

Step 5 创建动画。在“图层 1”的第 1 帧上单击鼠标右键，在弹出的快捷菜单中选择【创建传统补间】命令，创建传统补间动画。

Step 6 复制动画帧。在“图层 1”上方新建“图层 4”，选择“图层 1”的第 1 帧～第 5 帧，按住【Alt】键的同时将其推动到“图层 4”的第 3 帧处，这样就复制了选择的帧。

Step 7 绘制虚线圆环。选择“图层 3”第 1 帧中的圆形对象，在【变形】面板中设置其缩放比例为 90%，然后在【属性】面板中设置【笔触颜色】为白色、【样式】为虚线，如图 9-24 所示。

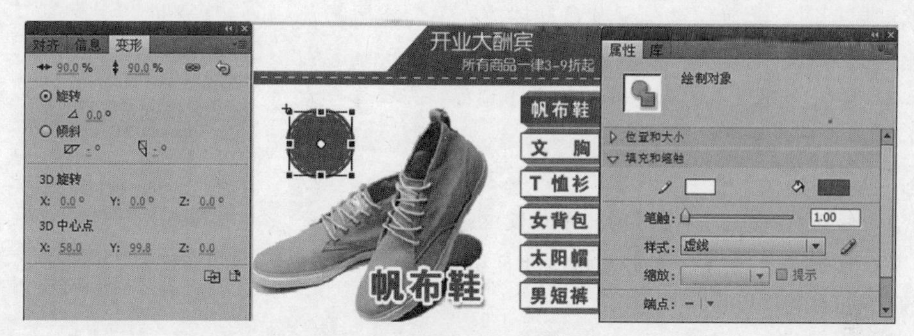

图 9-24

Step 8 插入帧。同时在“图层 2”和“图层 3”的第 7 帧处插入普通帧。

Step 9 输入打折信息。返回场景，使用【文本工具】T在打折牌上输入白色文字，如图 9-25 所示。

Step 10 修改打折信息。在“图层 6”的第 10 帧、第 20 帧、第 30 帧、第 40 帧、第 50 帧中插入关键帧，然后选择第 10 帧，修改文字内容，并适当调整位置如图 9-26 所示。

图 9-25

图 9-26

Step 11 修改打折信息。用同样的方法，修改其他关键帧中的文字信息，并调整至合适的位置，如图 9-27 所示。

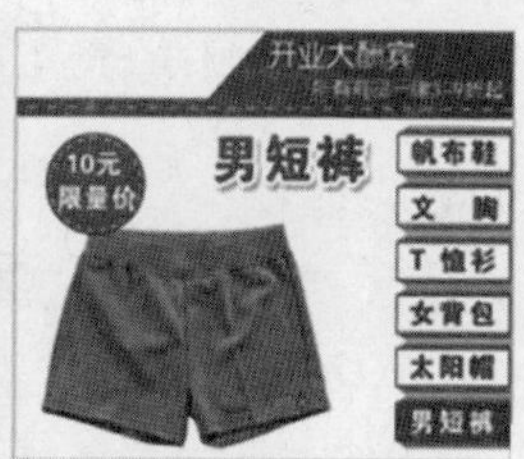

图 9-27

9.1.3 向动画中添加 ActionScript 代码

下面为导航按钮添加 ActionScript 3.0 代码，主要使用【代码片断】面板进行添加，这样可以让不懂代码的用户更容易操作。另外，为了便于选择按钮，需要锁定“图层 5”。

每一个按钮要添加 3 种事件，即指向按钮时，要切换到相应的画面；移动鼠标时，要确保动画继续自动播放；单击按钮时，要跳转到相应的网页，这里假设跳转到“http://www.adobe.com”。

Step 1 输入代码。将播放头调整到第 1 帧处，选择舞台右侧的第一个按钮，打开【代码片断】面板，双击“事件处理函数”文件夹中的“Mouse Over 事件”片断，如图 9-28 所示。

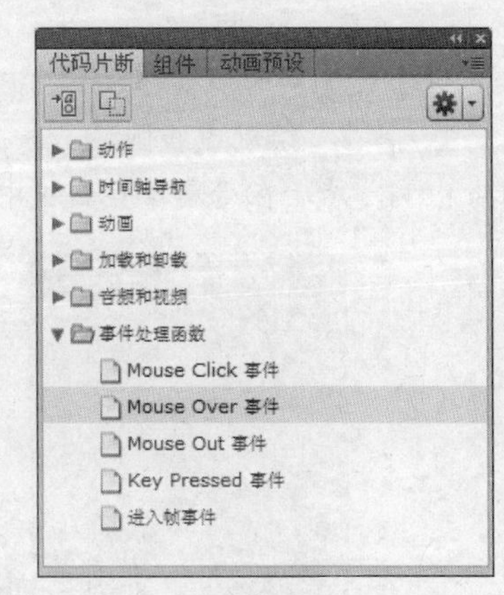

图 9-28

Step 2 修改代码。此时【时间轴】面板中自动添加了一个“Actions”层，同时打开了【动作】面板，并自动显示一段代码，修改其中的代码如下。

```
button_1.addEventListener(MouseEvent.MOUSE_OVER, fl_MouseOverHandler);
function fl_MouseOverHandler(event:MouseEvent):void
gotoAndStop(1)
```

Step 3 修改代码。在【代码片断】面板中双击“事件处理函数”文件夹中的“Mouse Out 事件”片断，则【动作】面板又添加了一段代码，修改其中的代码如下。

```
button_1.addEventListener(MouseEvent.MOUSE_OUT, fl_MouseOutHandler);
function fl_MouseOutHandler(event:MouseEvent):void
gotoAndPlay(1)
```

Step 4 修改代码。在【代码片断】面板中双击“事件处理函数”文件夹中的“Mouse Click 事件”片断，则【动作】面板再次添加了一段代码，修改其中的代码如下。

```
button_1.addEventListener(MouseEvent.CLICK, fl_ClickToGoToWebPage);
function fl_ClickToGoToWebPage(event:MouseEvent):void
{
    navigateToURL(new URLRequest("http://www.adobe.com"), "_blank");
}
```

Step 5 为其他按钮输入代码。用同样的方法，依次选择其他按钮，并添加类似的 ActionScript 代码，实现导航功能。

Step 6 测试动画。按下【Ctrl+Enter】组合键测试动画，并保存动画文件。

9.2 制作产品演示动画

产品演示动画主要用于对相关产品进行演示，是企业进行产品宣传常用的一种手法。本节通过制

作某企业产品演示动画的实例，学习产品演示动画的制作技能，其效果如图 9-29 所示。

素材文件	“素材”目录下
效果文件	效果文件\ 产品演示动画.fla
动画文件	效果文件\ 产品演示动画.swf
视频文件	视频文件\ 产品演示动画.swf

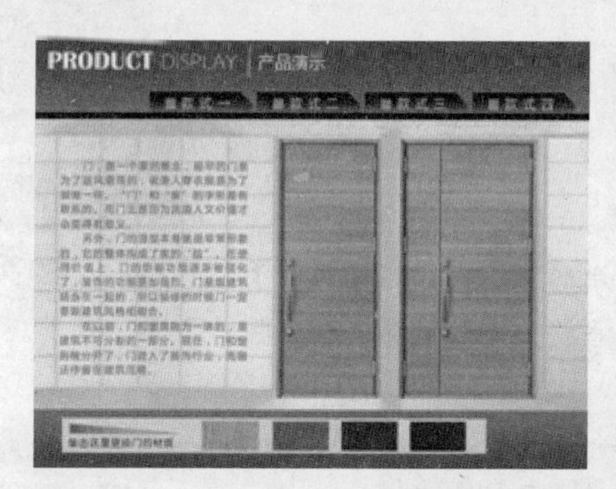

图 9-29

9.2.1　制作产品演示动画背景

Step 1　新建文件。启动 Flash CS5 软件，在欢迎界面中单击【ActionScript 3.0】选项，新建【宽度】为 800 像素、【高度】为 600 像素、【背景颜色】为白色、名称为“产品演示动画”的文件。

Step 2　导入图片。将“图层 1”重新命名为“背景”，按键盘上的【Ctrl+R】组合键，在打开的【导入】对话框中选择本书光盘“素材”文件夹中的“back.jpg”图像，调整图片大小与位置如图 9-30 所示。

Step 3　设置动画时间。选择“背景”层的第 20 帧，按下【F5】键，插入普通帧，设置动画播放时间。

Step 4　输入说明文字。在“背景”层上方新建“文字”层，激活【文本工具】T，设置适当的字符属性，输入文字，如图 9-31 所示。

图 9-30

图 9-31

Step 5　转换为元件。选择输入的文字，按下【F8】键，将其转换为影片剪辑元件“变色文字”，并进入其编辑窗口中，在“图层 1”的第 60 帧处插入普通帧，设置动画播放时间。

Step 6　绘制矩形。创建一个新图层“图层 2”，使用【矩形工具】绘制一个任意颜色的矩形，使其恰好遮住文字，然后将“图层 2”移动到“图层 1”下方，如图 9-32 所示。

图 9-32

Step 7 转换为元件。选择绘制的矩形，按下【F8】键，将其转换为影片剪辑元件“遮罩矩形”。

Step 8 插入关键帧。选择“图层 2”的第 15 帧和第 60 帧，按下【F6】键插入关键帧。

Step 9 调整实例。将播放头调整到第 15 帧处，选择“遮罩矩形”实例，在【属性】面板中设置【样式】为“色调”，颜色为蓝色，并设置参数如图 9-33 所示。

Step 10 调整实例。分别在“图层 2”的第 30 帧和第 45 帧处插入关键帧。将播放头调整到第 30 帧处，选择“遮罩矩形”实例，在【属性】面板中更改色调颜色为红色，如图 9-34 所示；将播放头调整到第 45 帧处，修改“遮罩矩形”实例的色调颜色为绿色，如图 9-35 所示。

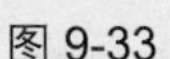

图 9-33

图 9-34

图 9-35

Step 11 创建动画。同时选择“图层 2”的第 1 帧～第 45 帧，单击鼠标右键，在弹出的快捷菜单中选择【创建传统补间】命令，创建传统补间动画。

Step 12 创建遮罩动画。在“图层 1”上单击鼠标右键，在弹出的快捷菜单中选择【遮罩层】命令，创建遮罩动画，如图 9-36 所示。

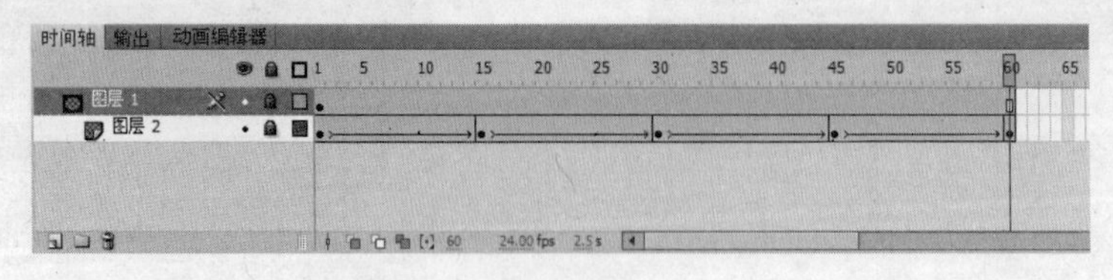

图 9-36

Step 13 单击窗口左上方的场景 1按钮返回到场景中。

9.2.2 制作标题动画

Step 1 输入文字。在“文字”层上方新建“标题”层，激活【文本工具】T，设置适当的字符属性，分三次输入标题文字，如图 9-37 所示。

Step 2　绘制线条。激活【线条工具】，在文字中间绘制一个白色线条作为分隔线，如图 9-38 所示。

Step 3　转换为元件。选择左侧的文字“PRODUCT”，按下【F8】键，将其转换为影片剪辑元件“字母动画”，并进入其编辑窗口中，在“图层 1”的第 150 帧处插入普通帧。

Step 4　分散到图层。按下【Ctrl+B】组合键将其分离为单个的字母，然后执行菜单栏中的【修改】/【时间轴】/【分散到图层】命令，将每个字母分散到一个独立的图层上，同时“图层 1”变成了空层，如图 9-39 所示。

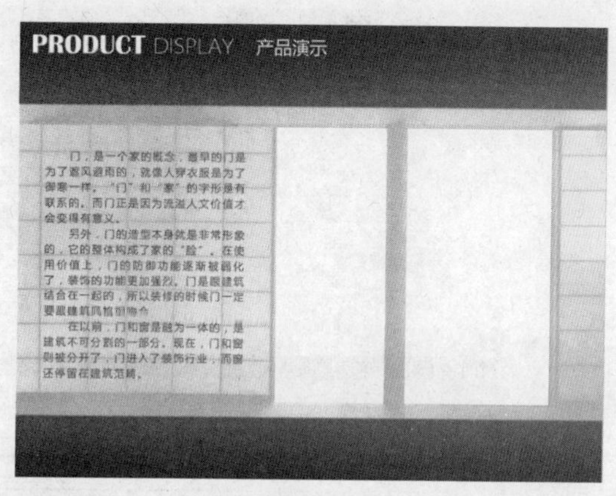

图 9-37

图 9-38

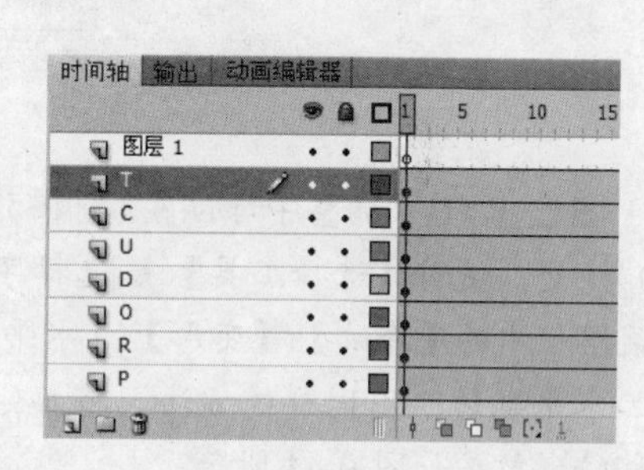

图 9-39

Step 5　删除图层。选择“图层 1”，单击【删除图层】按钮将其删除。

Step 6　创建动画。分别选择“P”～“T”层的第 10 帧和第 20 帧，按下【F6】键插入关键帧，然后同时选择第 1 帧，单击鼠标右键，在弹出的快捷菜单中选择【创建传统补间】命令，创建传统补间动画，如图 9-40 所示。

Step 7　调整字母位置。将播放头调整到第 10 帧处，使用【选择工具】选择所有的字母，将其同时调整到舞台上方，如图 9-41 所示。

图 9-40

图 9-41

Step 8　调整动画顺序。选择“R”层的动画帧，将其向后移动 5 帧，再依次将其他层的动画帧向后错开 5 帧，【时间轴】面板如图 9-42 所示。

Step 9　创建动画。分别选择“P”～“T”层的第 100 帧、第 110 帧、第 116 帧，按下【F6】键插入关键帧，然后同时选择各层第 100 帧～第 110 帧，单击鼠标右键，在弹出的快捷菜单中选择【创建传统补间】命令，创建传统补间动画，如图 9-43 所示。

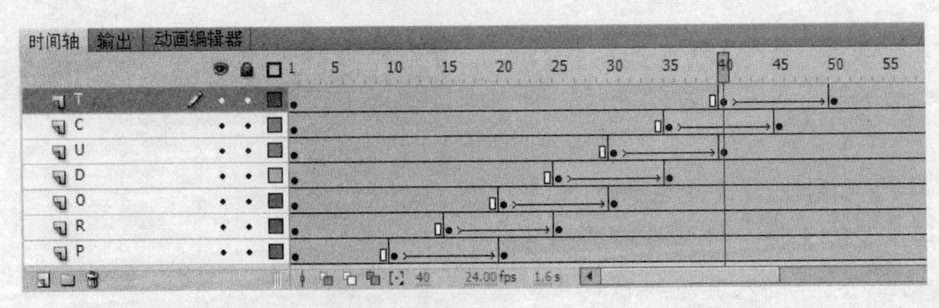

图 9-42

图 9-43

Step 10 调整字母位置。将播放头调整到第110帧处，使用【选择工具】选择字母“P”，执行菜单栏中的【修改】/【变形】/【水平翻转】命令，将其水平翻转。用同样的方法，将其他字母逐个水平翻转，效果如图 9-44 所示。

图 9-44

Step 11 返回场景。单击窗口左上方的场景 1按钮返回到场景中。

Step 12 转换为元件。选择右侧的文字“产品演示”，按下【F8】键，将其转换为影片剪辑元件“文字动画”，并进入其编辑窗口中。

Step 13 分离文字。按下【Ctrl+B】组合键，将文字分离为单个的字符。

Step 14 创建动画。同时选择“图层 1”的第 50 帧～第 53 帧，按下【F6】键插入关键帧。将播放头调整到第 51 帧处，使用【任意变形工具】调整该帧中字符的角度和位置，如图 9-45 所示。

Step 15 将播放头调整到第 53 帧处，使用【任意变形工具】调整该帧中字符的角度和位置，如图 9-46 所示。

图 9-45

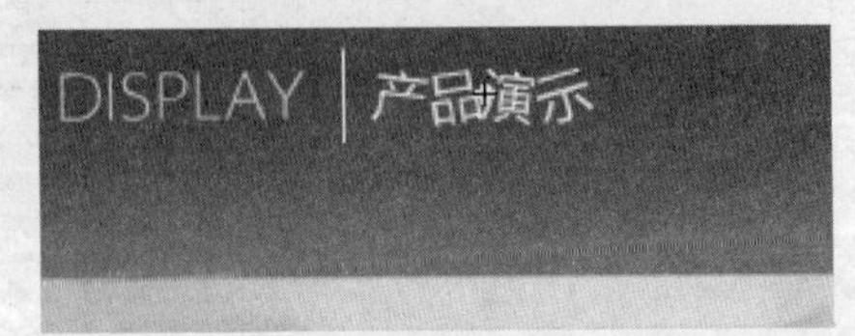

图 9-46

Step 16 单击窗口左上方的场景 1按钮返回到场景中，完成标题的制作。

9.2.3 制作导航按钮

Step 1 添加按钮图片。在“标题”层上方新建“按钮”层，将本书光盘“素材”文件夹中的“An01.png”图像导入到舞台中，调整其位置如图 9-47 所示。

图 9-47

Step 2　转换为元件。选择按钮图片，按下【F8】键，将其转换为按钮元件“款式一”，并进入其编辑窗口中，在【点击】帧处插入普通帧。

Step 3　输入按钮文字。在“图层 1”上方新建“图层 2”，激活【文本工具】T，设置适当的字符属性，输入白色按钮文字“款式一”，如图 9-48 所示。

图 9-48

Step 4　修改文字颜色。在“图层 2”的【指针经过】帧和【点击】帧处插入关键帧，然后将【指针经过】帧中的文字颜色修改为黄色，如图 9-49 所示。

图 9-49

Step 5　复制元件。在【库】面板中的“款式一”元件上单击鼠标右键，在弹出的快捷菜单中选择【直接复制】命令，在打开的【直接复制元件】对话框中设置【名称】为“款式二”，其他保持不变，如图 9-50 所示。单击 确定 按钮复制元件。

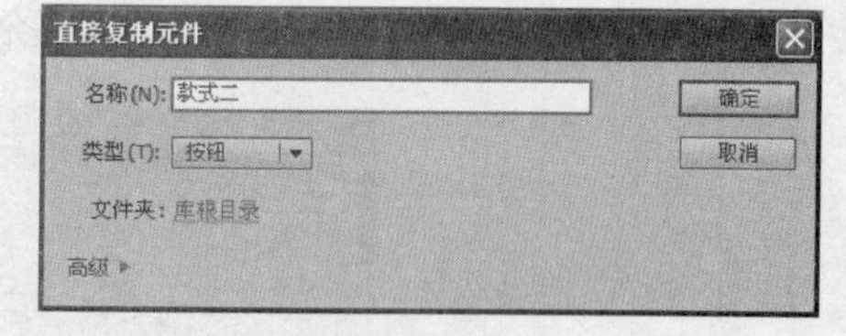

图 9-50

Step 6　编辑元件。在【库】面板中双击“款式二”元件进入其编辑窗口中，将“图层 2”各帧中的文字修改为“款式二”。

Step 7　复制其他元件。用同样的方法，复制“款式一”元件，得到“款式三”和“款式四”按钮元件，然后分别修改其中的文字为“款式三”和“款式四”。

Step 8　添加元件。返回场景中，将“款式二”“款式三”和“款式四”元件分别从【库】面板中拖动到舞台中，将其与“款式一”按钮对齐，如图 9-51 所示。

图 9-51

Step 9 绘制矩形条。返回场景中，在"按钮"层上方新建"遮条"层，激活【矩形工具】，在按钮下方绘制一个黑色的矩形条，如图 9-52 所示。

图 9-52

Step 10 导入图片。在"遮条"层上方新建"材质"层，将本书光盘"素材"文件夹中的"Cz1.jpg"图像导入到舞台下方，如图 9-53 所示。

Step 11 导入图片。在"材质"层的第 16 帧处插入帧，将本书光盘"素材"文件夹中的"Cz2.jpg"图像导入到舞台下方，如图 9-54 所示。

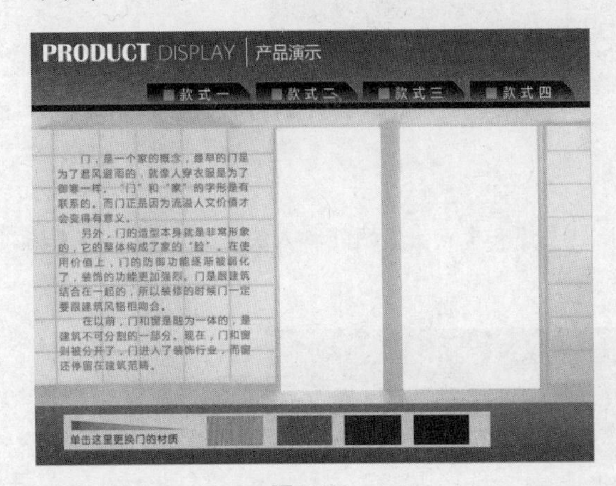

图 9-53

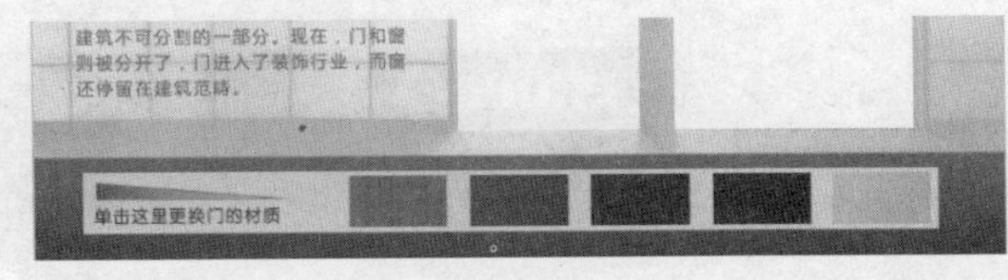

图 9-54

Step 12 绘制矩形。在"材质"层上方新建"更换材质"层，使用【矩形工具】在舞台下方绘制一个黄色半透明的矩形，使其覆盖住下方的材质图块，如图 9-55 所示。

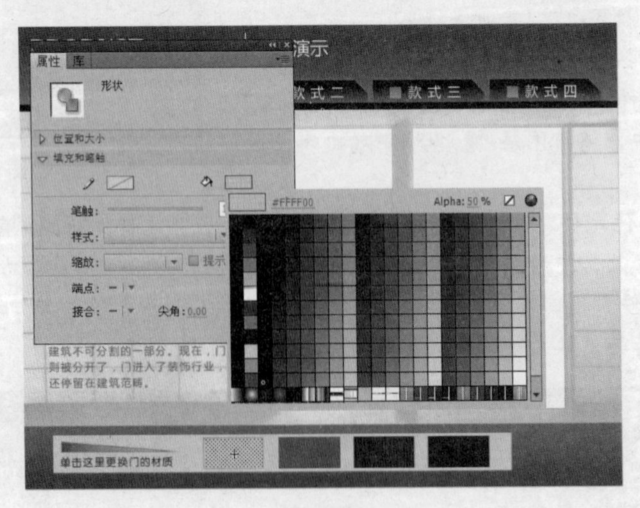

图 9-55

Step 13 转换为元件。选择绘制的矩形，按下【F8】键，将其转换为按钮元件“隐形按钮”，并进入其编辑窗口中。

Step 14 编辑按钮元件。在【时间轴】面板中将【弹起】帧拖动到【指针经过】帧处，然后在【点击】帧处插入关键帧。

Step 15 输入按钮文字。在“图层1”上方新建“图层2”，在【指针经过】帧处插入关键帧，使用【文本工具】T输入文字“更换”，如图9-56所示。

Step 16 复制隐形按钮。返回场景中，选择隐形按钮，按住【Alt】键，使用【选择工具】将其向右水平复制3个，使其覆盖另外3个材质图块，如图9-57所示。

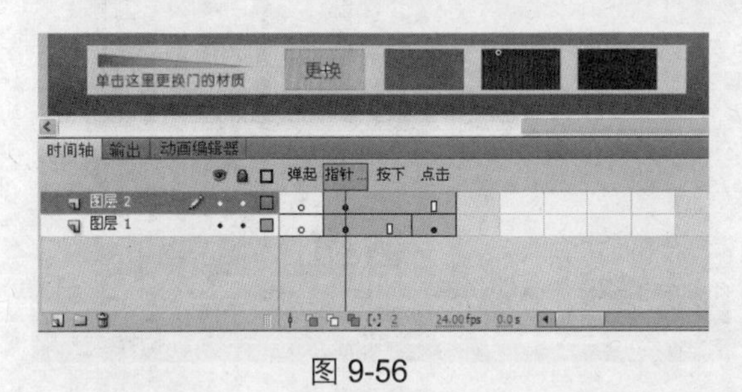

图 9-56

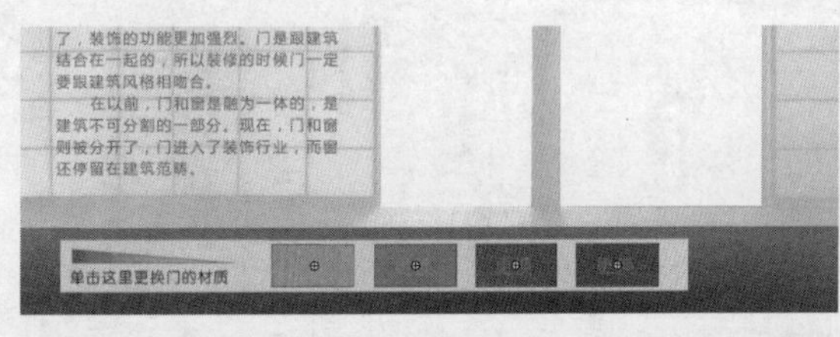

图 9-57

Step 17 插入关键帧。选择“更换材质”层的第6帧、第11帧、第16帧，按下【F6】键插入关键帧。

Step 18 复制隐形按钮。将播放头调整到第16帧处，按住【Alt】键，使用【选择工具】将隐形按钮向右水平复制一个，使其覆盖最右侧的材质图块，如图9-58所示。

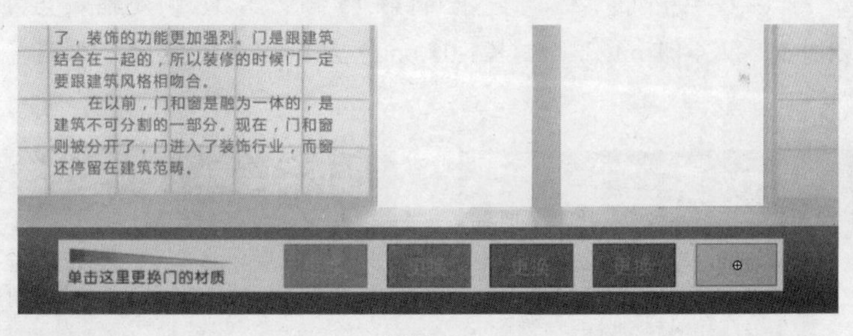

图 9-58

9.2.4 导入素材并添加代码

下面继续导入处理好的素材，然后添加相关代码，完成该产品演示动画的制作。

Step 1 导入“产品一”序列。在“更换材质”层上方新建“门”层，按下【Ctrl+R】组合键，在打开的【导入】对话框中选择本书光盘“素材”文件夹中的“K1-01.png”图像，单击 打开(O) 按钮，则弹出一个信息提示对话框，如图9-59所示。

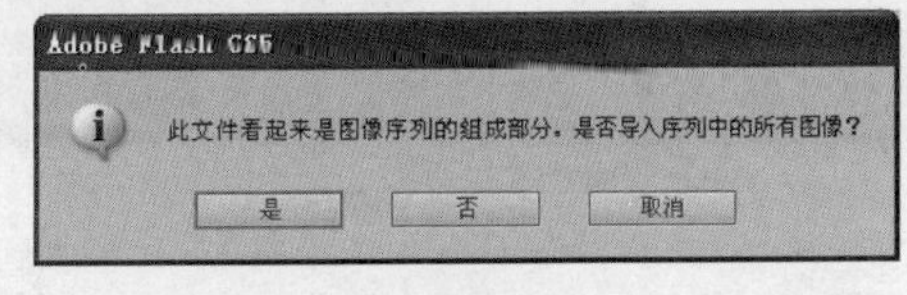

图 9-59

Step 2 单击 是 按钮，则序列中的4幅图片（“K1-01.png”～“K1-04.png”）全部导入到舞台中，这时每个图片生成一个关键帧并依次排列。

Step 3 调整图片位置。分别选择每帧中的图片，调整其位置如图9-60所示。

Step 4 插入空白关键帧。选择“门”层的第5帧，按下【F7】键插入空白关键帧。

Step 5 导入“产品二”序列。在“门”层的第6帧处插入空白关键帧，参照“产品一”的操作方法，将本书光盘“素材”文件夹中的“K2-01.png”～“K2-04.png”序列图片导入到舞台中，然后分别调整每帧中图片的位置如图9-61所示。

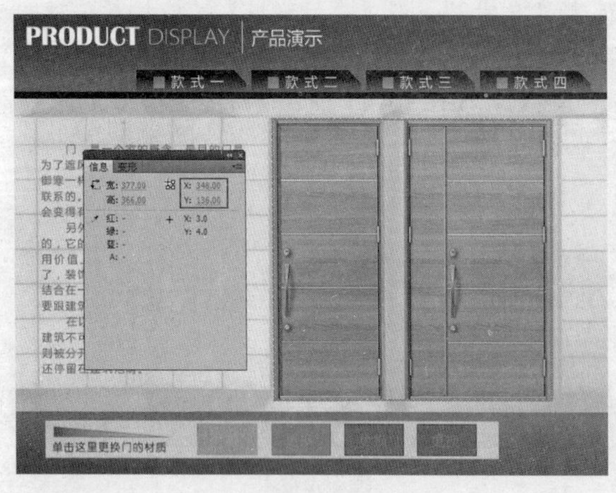

图9-60

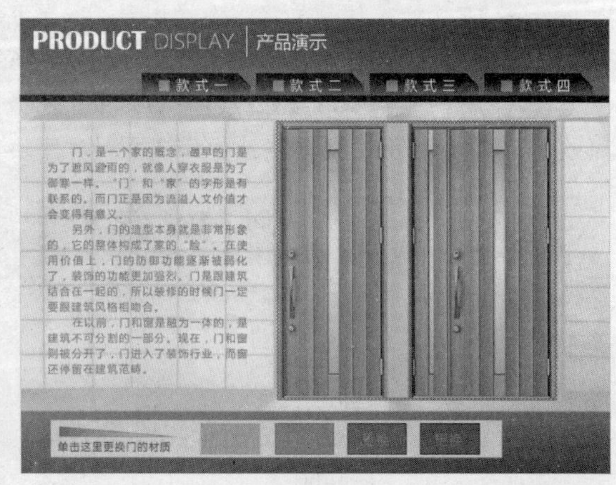

图9-61

Step 6 导入“产品三”序列。在“门”层的第10帧、第11帧处插入空白关键帧，导入本书光盘“素材”文件夹中的“K3-01.png”～“K3-04.png”序列图片，然后分别调整每帧中图片的位置如图9-62所示。

Step 7 导入“产品四”序列。在“门”层的第15帧、第16帧处插入空白关键帧，导入本书光盘“素材”文件夹中的“K4-01.png”～“K4-05.png”序列图片，然后分别调整每帧中图片的位置如图9-63所示。

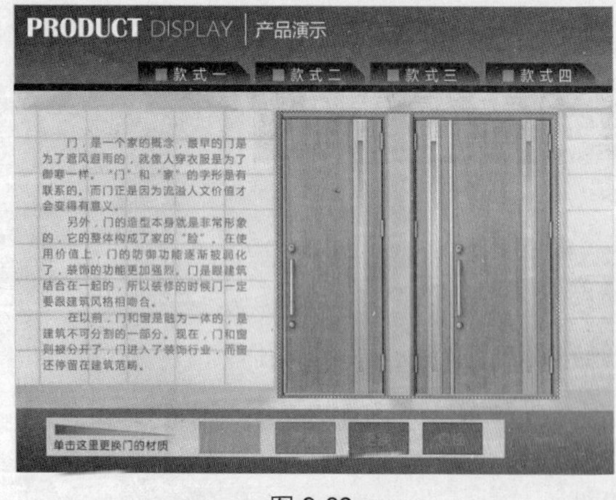

图9-62

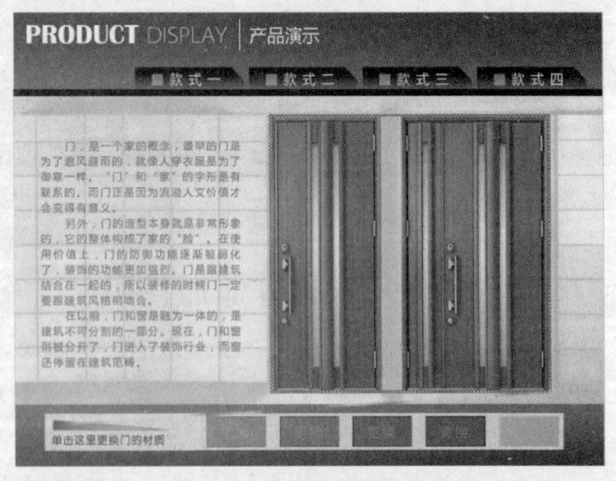

图9-63

Step 8 转换元件。选择“门”层第1帧中的位图，按下【F8】键，将其转换为影片剪辑元件“木门01”，并进入其编辑窗口中。

Step 9 设置动画播放时间。在“图层1”的第10帧处插入普通帧，设置动画播放时间。

Step 10 绘制矩形。在“图层1”上方新建“图层2”，使用【矩形工具】绘制一个任意颜

色的矩形，使其恰好遮住门，如图 9-64 所示。

Step 11　调整矩形。在“图层 2”的第 10 帧处插入关键帧，然后选择第 1 帧中的矩形，使用【任意变形工具】调整其大小和位置如图 9-65 所示。

Step 12　创建动画。选择“图层 2”的第 1 帧，单击鼠标右键，在弹出的快捷菜单中选择【创建补间形状】命令，创建补间形状动画。

Step 13　创建遮罩动画。在“图层 2”上单击鼠标右键，在弹出的快捷菜单中选择【遮罩层】命令，创建遮罩动画。

Step 14　输入代码。选择“图层 2”的第 10 帧，按下【F9】键，在打开的【动作】面板中输入“Stop();”，设置动画到该帧处停止。

Step 15　设置其他门的动画。用同样的方法，分别将导入的门图片转换为影片剪辑元件，并制作成遮罩动画。这里不再赘述。

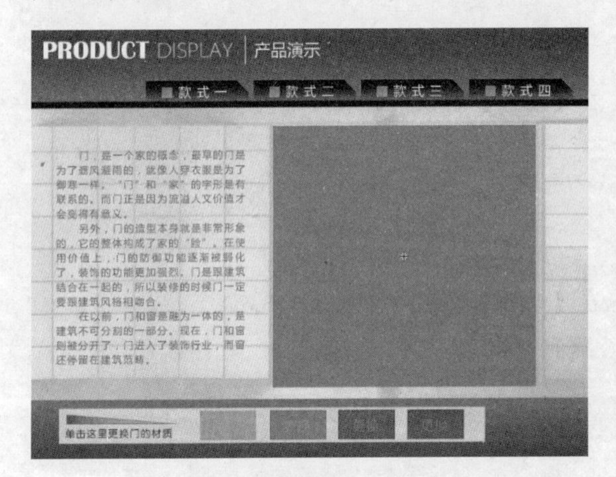

图 9-64

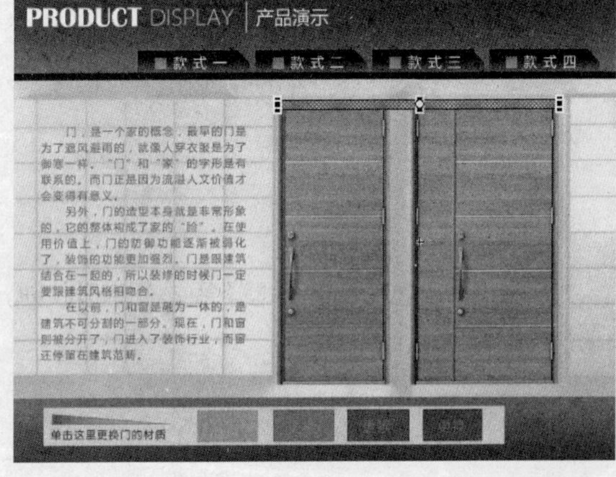

图 9-65

Step 16　在“门”层上方创建“AS”层，同时选择该层的第 1 帧～第 20 帧，按下【F7】键插入空白关键帧。

Step 17　输入代码。在“AS”层的第 1 帧～第 4 帧、第 6 帧～第 9 帧、第 11 帧～第 14 帧、第 16 帧～第 20 帧中输入代码“Stop();”，设置动画到该帧处停止。

Step 18　输入代码。选择舞台中的“款式一”按钮，在【动作】面板中输入如下代码。

```
on (release) {
 gotoAndStop(1);
}
```

Step 19　输入代码。选择舞台中的“款式二”按钮，在【动作】面板中输入如下代码。

```
on (release) {
 gotoAndStop(6);
}
```

Step 20　输入代码。选择舞台中的“款式三”按钮，在【动作】面板中输入如下代码。

```
on (release) {
```

```
gotoAndStop(11);
}
```

Step 21 输入代码。选择舞台中的“款式四”按钮，在【动作】面板中输入如下代码。

```
on (release) {
 gotoAndStop(16);
}
```

Step 22 输入代码。将播放头调整到第1帧处，选择舞台左侧第一个隐形按钮，在【动作】面板中输入如下代码。

```
on (release) {
 gotoAndStop(1);
}
```

Step 23 输入代码。选择第二个隐形按钮，在【动作】面板中输入如下代码。

```
on (release) {
 gotoAndStop(2);
}
```

Step 24 输入代码。选择第三个隐形按钮，在【动作】面板中输入如下代码。

```
on (release) {
 gotoAndStop(3);
}
```

Step 25 输入代码。选择第四个隐形按钮，在【动作】面板中输入如下代码。

```
on (release) {
 gotoAndStop(4);
}
```

Step 26 输入代码。将播放头调整到第6帧处，选择舞台左侧第一个隐形按钮，在【动作】面板中输入如下代码。

```
on (release) {
gotoAndStop(6);
}
```

Step 27 输入代码。选择第二个隐形按钮，在【动作】面板中输入如下代码。

```
on (release) {
 gotoAndStop(7);
}
```

Step 28 输入代码。选择第三个隐形按钮，在【动作】面板中输入如下代码。

```
on (release) {
 gotoAndStop(8);
}
```

Step 29　输入代码。选择第四个隐形按钮，在【动作】面板中输入如下代码。

```
on (release) {
 gotoAndStop(9);
}
```

Step 30　输入代码。将播放头调整到第 11 帧处，选择舞台左侧第一个隐形按钮，在【动作】面板中输入如下代码。

```
on (release) {
 gotoAndStop(11);
}
```

Step 31　输入代码。选择第二个隐形按钮，在【动作】面板中输入如下代码。

```
on (release) {
 gotoAndStop(12);
}
```

Step 32　输入代码。选择第三个隐形按钮，在【动作】面板中输入如下代码。

```
on (release) {
 gotoAndStop(13);
}
```

Step 33　输入代码。选择第四个隐形按钮，在【动作】面板中输入如下代码。

```
on (release) {
 gotoAndStop(14);
}
```

Step 34　输入代码。将播放头调整到第 16 帧处，选择舞台左侧第一个隐形按钮，在【动作】面板中输入如下代码。

```
on (release) {
 gotoAndStop(16);
}
```

Step 35　输入代码。选择第二个隐形按钮，在【动作】面板中输入如下代码。

```
on (release) {
 gotoAndStop(17);
}
```

Step 36 输入代码。选择第三个隐形按钮，在【动作】面板中输入如下代码。

```
on (release) {
 gotoAndStop(18);
}
```

Step 37 输入代码。选择第四个隐形按钮，在【动作】面板中输入如下代码。

```
on (release) {
 gotoAndStop(19);
}
```

Step 38 输入代码。选择第五个隐形按钮，在【动作】面板中输入如下代码。

```
on (release) {
 gotoAndStop(20);
}
```

Step 39 测试动画。按下【Ctrl+Enter】组合键对影片进行测试，并保存动画。

9.3 制作轮换图片动画

轮换图片是指可以循环不间断地浏览，其作用是可以作为广告宣传，增加网页信息量。本节学习制作轮换图片动画的相关技能，其效果如图 9-66 所示。

素材文件	"素材"文件夹下
效果文件	效果文件\ 轮换图片动画.fla
动画文件	效果文件\ 轮换图片动画.swf
视频文件	视频文件\ 轮换图片动画.swf

图 9-66

9.3.1 创建图片元件

Step 1 新建文件。启动 Flash CS5 软件，在欢迎界面中单击【ActionScript 3.0】选项，新建【宽度】为 600 像素、【高度】为 300 像素、【帧频】为 24fps、【背景颜色】为白色、名称为"轮换图片动画"的文件。

Step 2　导入图片。按键盘上的【Ctrl+R】组合键，在打开的【导入】对话框中同时选择本书光盘“素材”文件夹中的“lun01.jpg”“lun02.jpg”和“lun03.jpg”图像，将 3 幅图片依次排列好位置，其中第 1 幅恰好在舞台上，第 2 和第 3 幅在舞台右侧，如图 9-67 所示。

图 9-67

Step 3　复制图片。激活【选择工具】，按住【Alt】键向右拖动第 1 和第 2 幅图片，复制一份，排在第 3 幅图片的右侧，如图 9-68 所示。

图 9-68

Step 4　转换为元件。同时选择所有图片，按下【F8】键，将其转换为影片剪辑元件“图片”。

Step 5　编辑元件。双击“图片”实例，进入其编辑窗口中。在“图层 1”上方新建“图层 2”，激活【矩形工具】，设置【笔触颜色】为无色、【填充颜色】为黑色，在舞台下方绘制一个大小为 3000 × 45 像素的矩形，如图 9-69 所示。

图 9-69

提示：绘制矩形后，如果想得到精确的大小，可以通过【信息】面板或【属性】面板，修改矩形的长度与宽度，从而得到精确的大小。

Step 6　绘制三角形。在“图层 2”上方新建“图层 3”，激活【多角星形工具】，在【属性】面板中单击 选项... 按钮，在打开的【工具设置】对话框中设置【边数】为 3，如图 9-70 所示。

Step 7　单击 确定 按钮，按住【Shift】键绘制一个【笔触颜色】为无色、【填充颜色】为黄色（#FFCC00）的小三角形。

Step 8　定位三角形。按键盘上的【Ctrl+I】组合键，打开【信息】面板，设置【X】值为 300，【Y】值为 256，精确定位三角形，如图 9-71 所示。

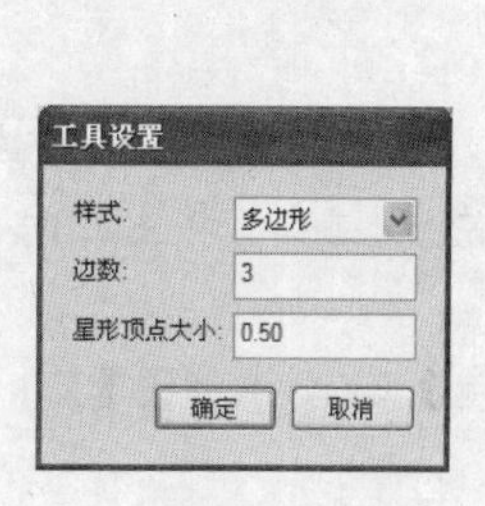

图 9-70

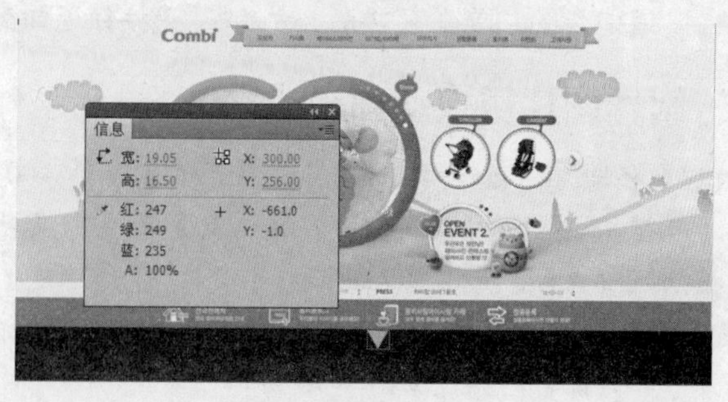

图 9-71

Step 9 复制三角形。按住【Alt】键，使用【选择工具】向右拖动三角形，复制一个，并精确定位【X】值为 1000，如图 9-72 所示。

图 9-72

提示：第一个三角形的【X】坐标为 300，舞台的宽度为 600，预设的按钮间隔为 100，所以第二个三角形【X】坐标为 1000，即 300+600+100。第三个三角形的【X】坐标为 1700，即 1000+600+100。

Step 10 复制三角形。用同样方法再复制一个三角形，设置【X】值为 1700，如图 9-73 所示。

Step 11 复制三角形。继续复制一个三角形，设置【X】值为 2100，位置如图 9-74 所示。

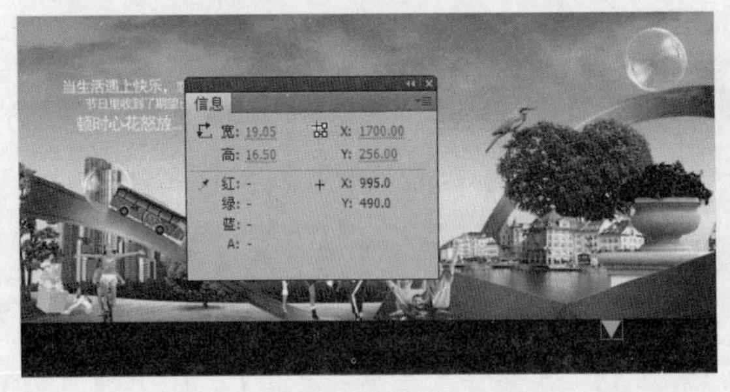

图 9-73

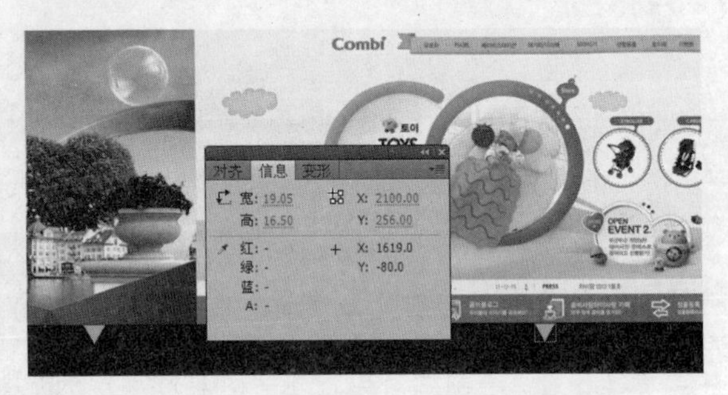

图 9-74

提示：这是第 4 幅图片上的三角形，它与第 1 幅是完全重合的。第 1 幅图片上三角形的【X】坐标是 300，所以再加上 3 幅图片的宽度，即舞台的宽度 600，总的【X】坐标为 2100，即 3 × 600+300。

Step 12 返回场景。单击窗口左上方的场景 1按钮返回到舞台中。

9.3.2 制作图片切换动画

Step 1 平移图片。选择“图层 1”的第 135 帧、第 140 帧、第 150 帧，按下【F6】键插入关键帧，选择第 140 帧中的“图片”实例，在【信息】面板中设置【X】值为−660，将图片向左平移，使第 2 幅图片稍微超出舞台，如图 9-75 所示。

Step 2 平移图片。选择第 150 帧中的“图片”实例，在【信息】面板中设置【X】值为−600，使第 2 幅图片恰好与舞台对齐，如图 9-76 所示。

图 9-75

图 9-76

> 提示：在第 140 帧处将图片向左平移，使第 2 幅图片略超出舞台，然后在第 150 帧处将图片恰好与舞台对齐，这样可以制作出图片反弹效果。以下道理相同。另外，在调整时是看不到舞台的，因为被图片完全覆盖了，所以要做到心中有数。

Step 3　创建动画。同时选择第 135 帧～第 140 帧，单击鼠标右键，在弹出的快捷菜单中选择【创建传统补间】命令，创建传统补间动画，如图 9-77 所示。

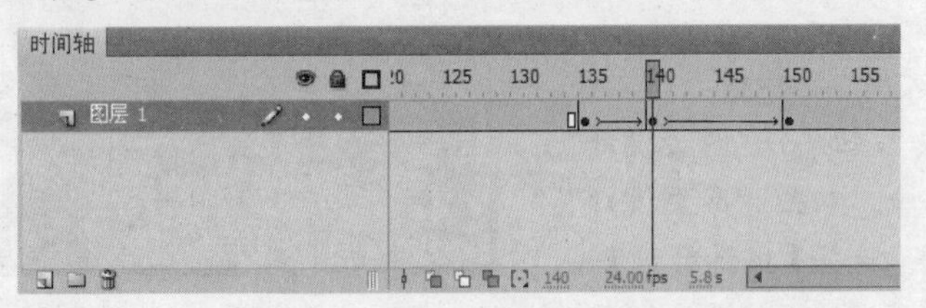

图 9-77

Step 4　平移图片。在“图层 1”的第 285 帧、第 290 帧、第 300 帧插入关键帧。选择第 290 帧中的“图片”实例，在【信息】面板中设置【X】值为−1260，将图片向左平移，使第 3 幅图片稍微超出舞台，如图 9-78 所示。

Step 5　选择第 300 帧中的“图片”实例，在【信息】面板中设置【X】值为−1200，使第 3 幅图片恰好与舞台对齐，如图 9-79 所示。

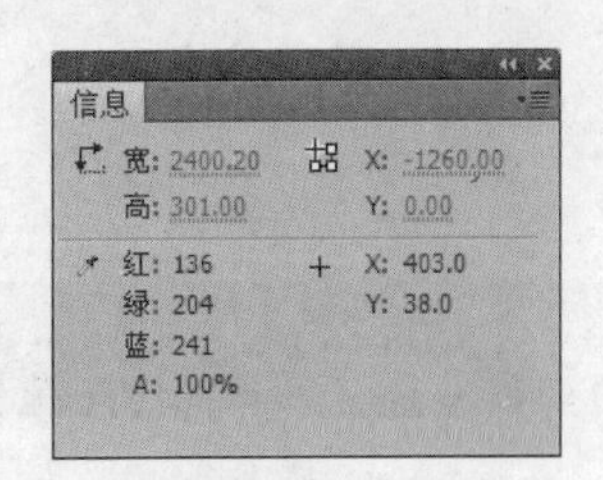

图 9-78

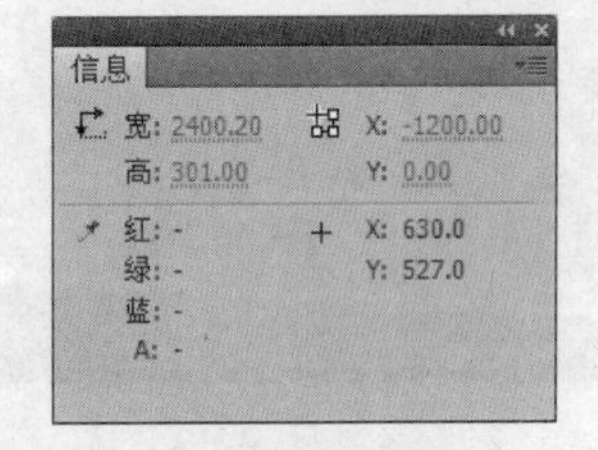

图 9-79

Step 6　创建动画。同时选择第 285 帧～第 290 帧，创建传统补间动画。

Step 7　平移图片。在“图层 1”的第 435 帧、第 440 帧、第 450 帧插入关键帧。选择第 440 帧中的“图片”实例，在【信息】面板中设置【X】值为−1860，将图片向左平移，使第 4 幅图片稍微超出舞台，如图 9-80 所示。

Step 8　选择第 450 帧中的“图片”实例，在【信息】面板中设置【X】值为−1800，使第 4 幅图恰好与舞台对齐，如图 9-81 所示。

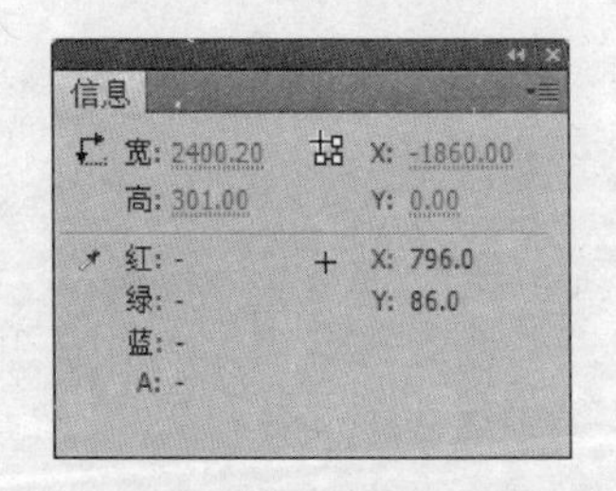

图 9-80

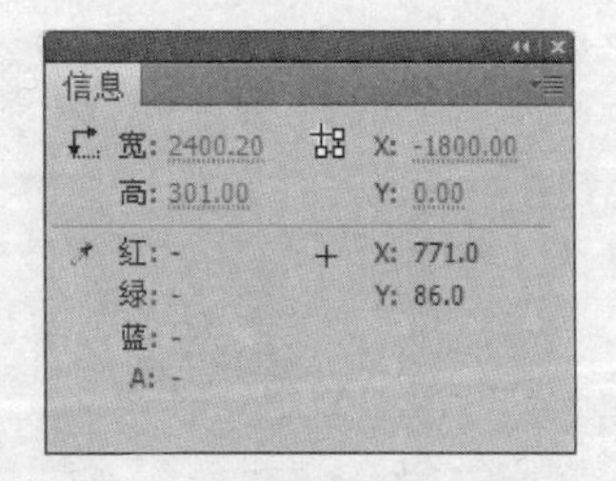

图 9-81

Step 9 创建动画。同时选择第 435 帧～第 440 帧，创建传统补间动画。这样就形成了一个循环动画，每一幅图片停留片刻，就切换到下一幅图片。

9.3.3 制作切换按钮并输入代码

Step 1 输入文字。在“图层 1”上方新建“图层 2”，激活【文本工具】T，设置适合的字符属性，在舞台中输入白色文字，如图 9-82 所示。

图 9-82

Step 2 转换为元件。选择输入的文字，按下【F8】键将其转换为按钮元件“网页设计”。

Step 3 编辑元件。双击“网页设计”实例进入其编辑窗口中。选择【指针经过】帧，按下【F6】键插入关键帧，然后修改文字为黄色（#FFFF00），大小为 16，如图 9-83 所示。

Step 4 选择【点击】帧，按下【F6】键插入关键帧，使用【矩形工具】绘制一个矩形使其恰好盖住文字，如图 9-84 所示。

图 9-83

图 9-84

Step 5 返回场景。单击窗口左上方的场景 1按钮返回到舞台中，完成“网页设计”按钮的制作。

Step 6 复制“平面设计”按钮。按下【Ctrl+L】组合键打开【库】面板，在“网页设计”按钮上单击鼠标右键，在弹出的快捷菜单中选择【直接复制】命令，在打开出的【直接复制元件】对话框中设置【名称】为“平面设计”，其他保持不变，单击 确定 按钮复制按钮。

Step 7 添加按钮。将“平面设计”按钮从【库】面板中拖动到舞台中，位置如图 9-85 所示。

Step 8 编辑按钮。双击新添加的“平面设计”按钮进入其编辑窗口中，分别选择【弹起】、【指

针经过】帧，将其中的文字修改为“平面设计”。

Step 9　返回场景。单击窗口左上方的 场景 1 按钮返回到舞台中，完成“平面设计”按钮的制作。

Step 10　复制“画册设计”按钮。在【库】面板中复制“网页设计”按钮，得到“画册设计”按钮，然后将“画册设计”按钮拖动到舞台中，如图 9-86 所示。

图 9-85

图 9-86

Step 11　编辑按钮。双击“画册设计”按钮进入其编辑窗口中，分别修改【弹起】、【指针经过】帧中的文字为“画册设计”。

Step 12　返回场景。单击窗口左上方的 场景 1 按钮返回到舞台中，完成“画册设计”按钮的制作。

图 9-87

Step 13　输入代码。选择“网页设计”按钮，按下【F9】键，打开【动作】面板，输入如下代码。

```
on (release, rollOver) {
gotoAndPlay(435);
}
```

（14）输入代码。选择“平面设计”按钮，在【动作】面板中输入如下代码。

```
on (release, rollOver) {
gotoAndPlay(135);
}
```

（15）输入代码。选择“画册设计”按钮，在【动作】面板中输入如下代码。

```
on (release, rollOver) {
```

```
gotoAndPlay(285);
}
```

（16）测试动画。按下【Ctrl+Enter】组合键测试动画，如果没有问题，保存动画文件即可。

9.4 制作网站导航栏动画

网站的导航栏是多种多样的，可以是文字导航、按钮导航、菜单导航；可以分为一级导航、二级导航。本节通过制作某儿童绘画培训机构的 Flash 网站的导航栏，学习网站导航栏动画的制作技巧，其效果如图 9-88 所示。

素材文件	"素材"目录下
效果文件	效果文件\ 导航栏动画.fla
动画文件	效果文件\ 导航栏动画.swf
视频文件	视频文件\ 导航栏动画.swf

图 9-88

9.4.1 创建导航栏背景与蓝色按钮

Step 1 新建文件。启动 Flash CS5 软件，新建【宽度】为 900 像素、【高度】为 300 像素、【帧频】为 24fps、【背景颜色】为白色、名称为"导航栏动画"的文件。

Step 2 导入图片。按键盘上的【Ctrl+R】组合键，将本书光盘"素材"文件夹中的"dhb.jpg"图像导入到舞台中。

Step 3 对齐到舞台。按键盘中的【Ctrl+K】组合键，打开【对齐】面板，勾选【与舞台对齐】选项，然后分别单击【水平中齐】按钮和【垂直中齐】按钮，使图片与舞台对齐，如图 9-89 所示。

图 9-89

Step 4　绘制矩形。激活【矩形工具】![]，设置【笔触颜色】为白色，【填充颜色】为任意色，【笔触】为 5，如图 9-90 所示，在舞台中绘制一个矩形，如图 9-91 所示。

图 9-90

图 9-91

Step 5　编辑渐变色。按键盘上的【Alt+Shift+F9】组合键，打开【颜色】面板，在【颜色类型】下拉列表中选择“线性渐变”，设置左侧色标为深蓝色（#0066FF），右侧色标为浅蓝色（#00CCFF），如图 9-92 所示。

Step 6　填充渐变色。激活【颜料桶工具】![]，从矩形右下角向左上角拖动鼠标，填充线性渐变色，如图 9-93 所示。

Step 7　转换为元件。选择矩形，按键盘上的【F8】键，将其转换为按钮元件“蓝色按钮。

Step 8　编辑元件。双击“蓝色按钮”实例进入其编辑窗口中，再次选择矩形，将其转换为图形元件“常态”。再双击“常态”实例进入编辑窗口中。使用【矩形工具】![]绘制一个【笔触颜色】为无色、【填充颜色】为深蓝色（#006699）的矩形，如图 9-94 所示。

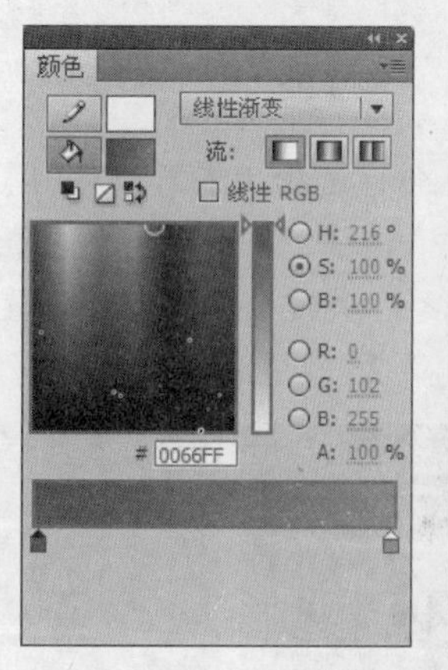

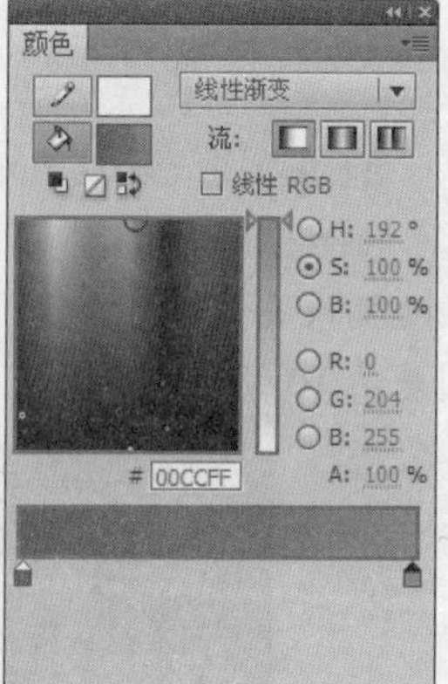

图 9-92

图 9-93

图 9-94

Step 9 输入文字。使用【文本工具】T在矩形上输入文字，如图 9-95 所示。

Step 10 返回按钮窗口。单击窗口左上角的蓝色按钮按钮，返回到按钮编辑窗口中。

Step 11 插入关键帧。选择【指针经过】帧，按下【F6】键插入关键帧，如图 9-96 所示。

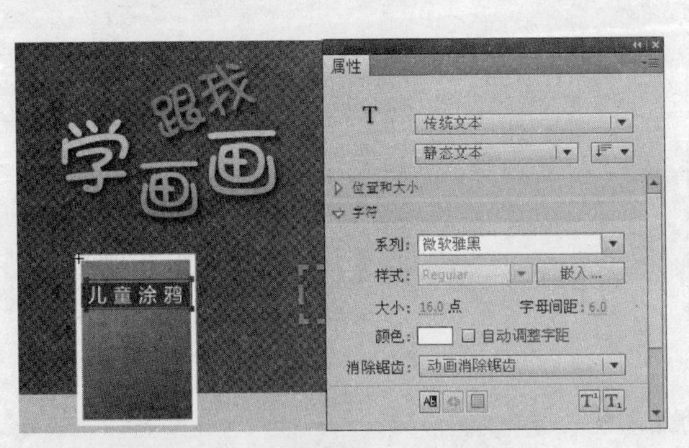

图 9-95

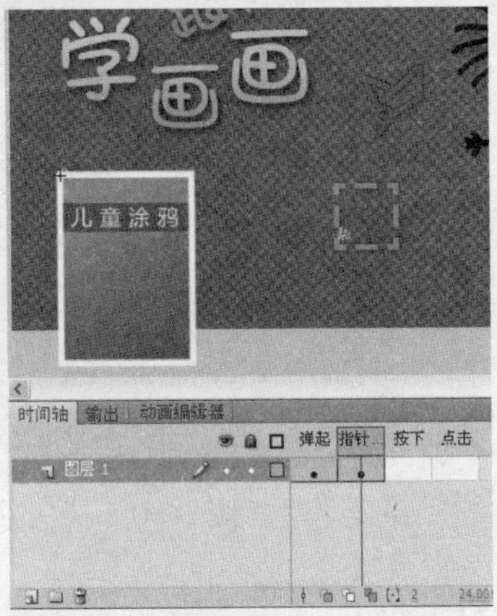

图 9-96

Step 12 转换为元件。选择“常态”实例，按下【F8】键，将其转换为影片剪辑元件“指向”。

Step 13 编辑元件。双击“指向”实例，进入其编辑窗口中，分别在第 10 帧、第 15 帧、第 25 帧处插入关键帧，然后调整各关键帧中的实例位置，使它们在垂直方向上有所不同，如图 9-97 所示分别是第 10 帧、第 15 帧、第 25 帧中的实例位置。

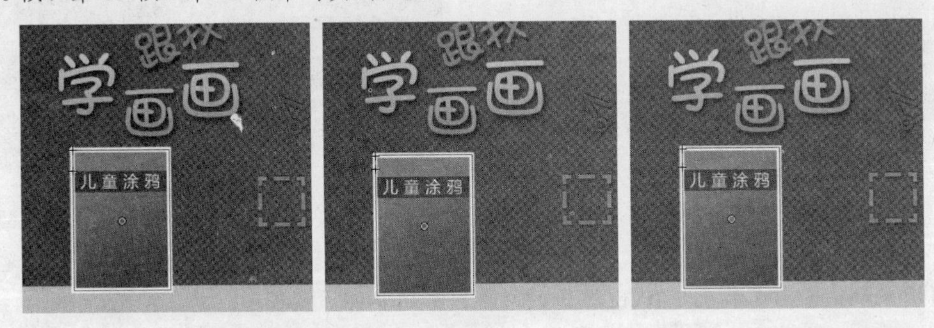

图 9-97

Step 14 创建动画。同时选择第 1 帧～第 25 帧，单击鼠标右键，在弹出的快捷菜单中选择【创建传统补间】命令，创建传统补间动画，如图 9-98 所示。

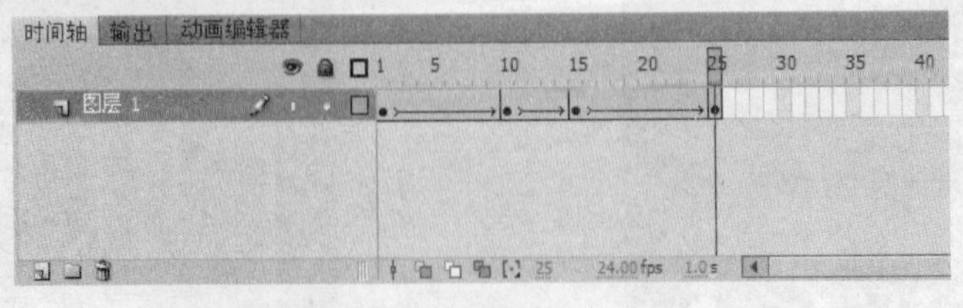

图 9-98

Step 15 输入代码。选择第 25 帧，按下【F9】键，打开【动作】面板，输入代码“Stop()”，使动画播放到该帧处停止。

Step 16　返回场景。单击窗口左上方的[场景 1]按钮返回到舞台中。

Step 17　添加投影。选择“蓝色按钮”实例，在【属性】面板的【滤镜】组中单击【添加滤镜】按钮，选择【投影】选项，为按钮添加投影，并设置参数如图 9-99 所示。

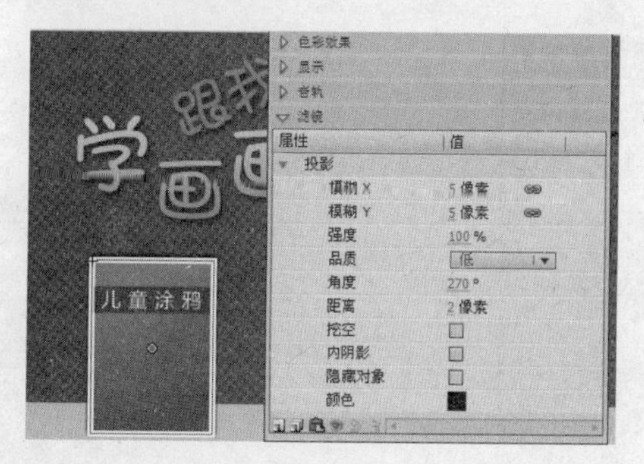

图 9-99

9.4.2　制作黄色按钮

Step 1　复制元件。按下【Ctrl+L】组合键，打开【库】面板，在“常态”元件上单击鼠标右键，在弹出的快捷菜单中选择【直接复制】命令，如图 9-100 所示。

Step 2　在打开的【直接复制元件】对话框中设置【名称】为“常态 1”，其他保持不变，如图 9-101 所示。单击[确定]按钮复制元件。

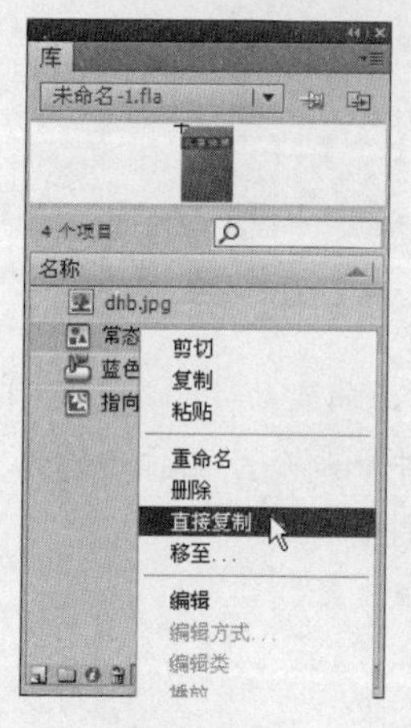

图 9-100

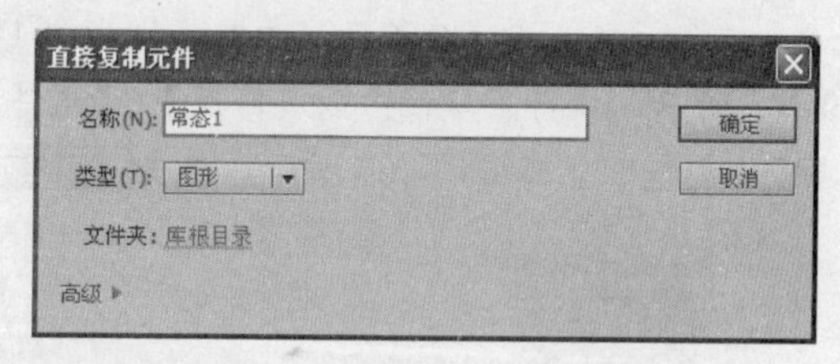

图 9-101

Step 3　复制其他元件。用同样的方法，复制“指向”元件，得到“指向 1”元件；复制“蓝色按钮”元件，得到“黄色按钮”元件，结果如图 9-102 所示。

Step 4　编辑元件。在【库】面板中双击“常态 1”元件进入其编辑窗口中，然后再双击矩形，进入绘制对象窗口。

Step 5　编辑渐变色。打开【颜色】面板，在【颜色类型】下拉列表中选择“线性渐变”，设置左侧色标为浅黄色（#FFFF00），右侧色标为深黄色（#FF6600），如图 9-103 所示。

Step 6　更改渐变色。激活【颜料桶工具】，从矩形左上角向右下角拖动鼠标，更改填充颜色，如图 9-104 所示。

Step 7 返回上一层级。单击窗口左上方的常态1按钮，返回到上一层级。

Step 8 更改文字。使用【选择工具】选择文字下方的矩形，更改颜色为土黄色（#B86E00），再使用【文本工具】将文字修改为"水墨世界"，如图 9-105 所示。

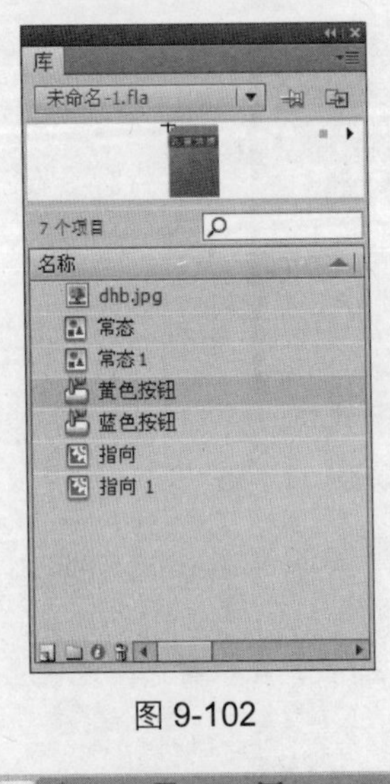

图 9-102

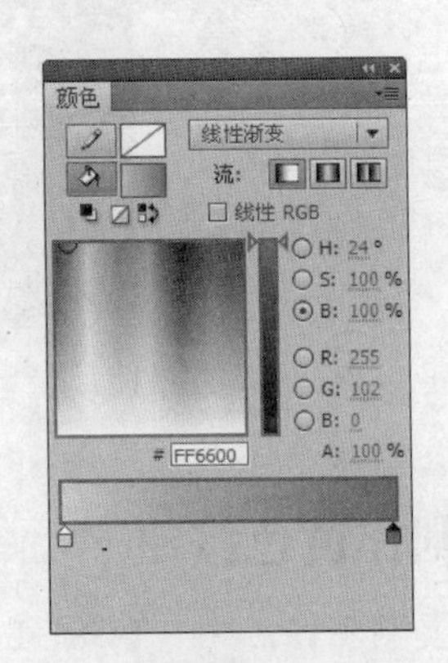

图 9-103

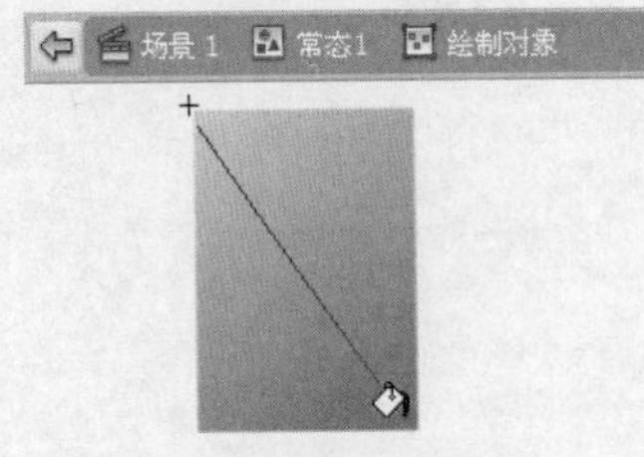

图 9-104

图 9-105

Step 9 交换元件。在【库】面板中双击"指向 1"元件进入其编辑窗口中，选择第 1 帧中的实例，如图 9-106 所示，执行菜单栏中的【修改】/【元件】/【交换元件】命令，在打开的【交换元件】对话框中选择"常态 1"，如图 9-107 所示，单击确定按钮交换元件。

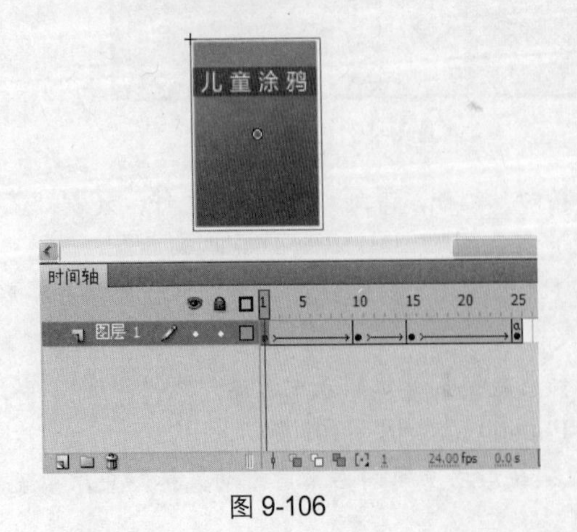

图 9-106

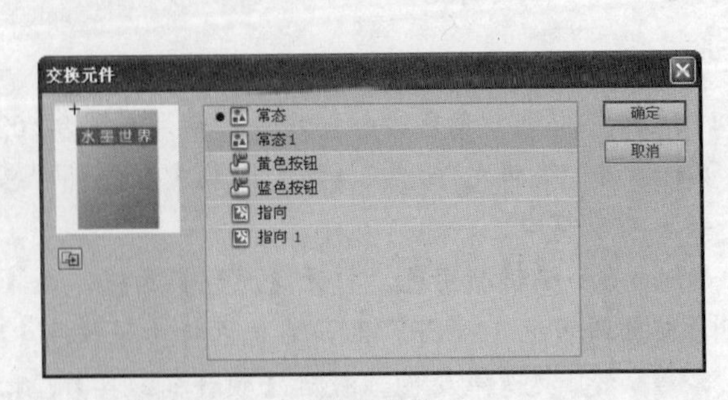

图 9-107

Step 10　交换其他帧中的实例。用同样的方法，将第 10 帧、第 15 帧、第 25 帧中的实例做相同的处理。

Step 11　编辑元件。在【库】面板中双击“黄色按钮”元件进入其编辑窗口中，选择【弹起】帧中的实例，执行交换元件操作，交换为“常态 1”；将【指针经过】帧中的实例交换为“指向 1”，这样就完成了黄色按钮的制作。

Step 12　单击窗口左上方的场景 1按钮返回到舞台中。

9.4.3 制作其他按钮并创建链接

Step 1　复制按钮。按住【Alt】键使用【选择工具】向右拖动蓝色按钮，将其复制一个，如图 9-108 所示。

Step 2　交换元件。参照前面的方法，将其交换为“黄色按钮”，结果如图 9-109 所示。

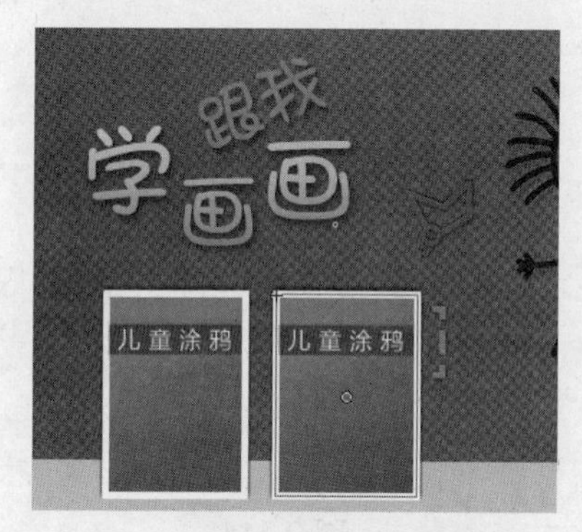

图 9-108

图 9-109

Step 3　制作其他按钮。参照制作“黄色按钮”的方法制作其他按钮，结果如图 9-110 所示。

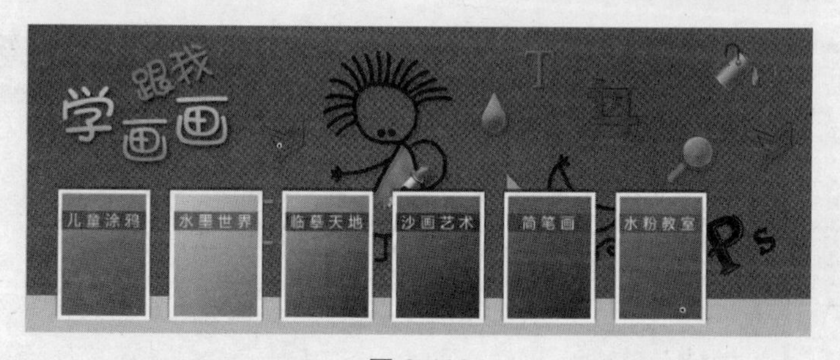

图 9-110

Step 4　绘制矩形。在“图层 2”上方新建“图层 3”，激活【矩形工具】，设置【笔触颜色】为无色、【填充颜色】为灰色（#424953），在舞台下方绘制一个矩形，使其遮住按钮的下部，如图 9-111 所示。

Step 5　设置按钮实例名称。选择左侧第一个按钮，即“蓝色按钮”，在【属性】面板中设置其实例名称为“btn1”，如图 9-112 所示。

Step 6　设置其他按钮实例名称。用同样的方法，从左到右依次将按钮实例名称设置为“btn2”“btn3”…“bnt6”。

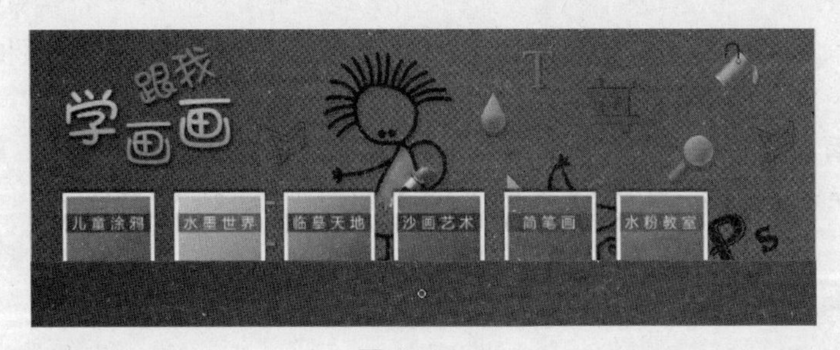

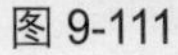
图 9-111

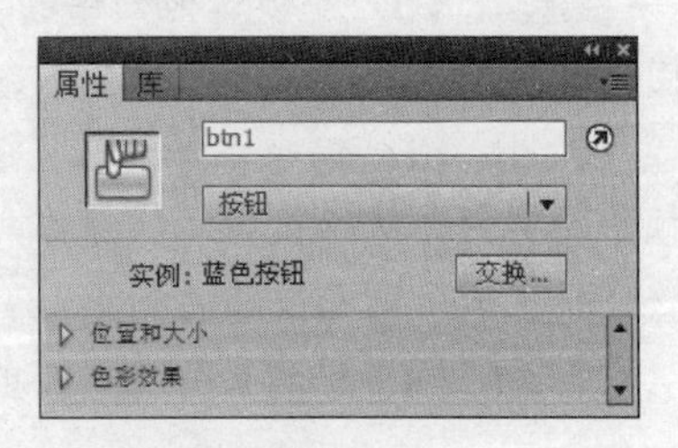

图 9-112

Step 7 打开【代码片断】面板。执行菜单栏中的【窗口】/【代码片断】命令，打开【代码片断】面板，如图 9-113 所示。

Step 8 添加代码。选择左侧第一个按钮，然后双击“动作”文件夹中的“单击以转到 Web 页”代码片断，如图 9-114 所示。

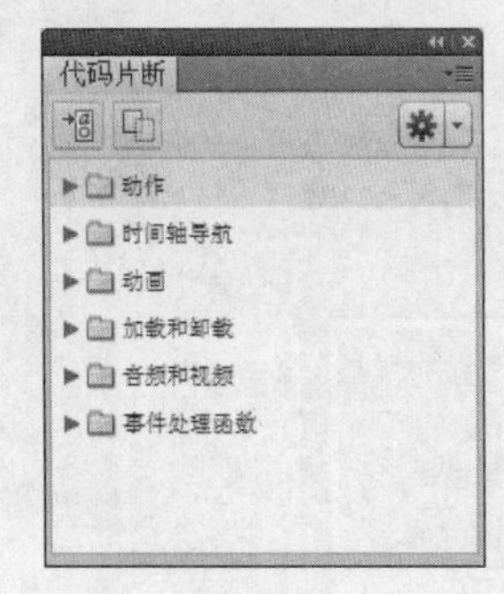

图 9-113

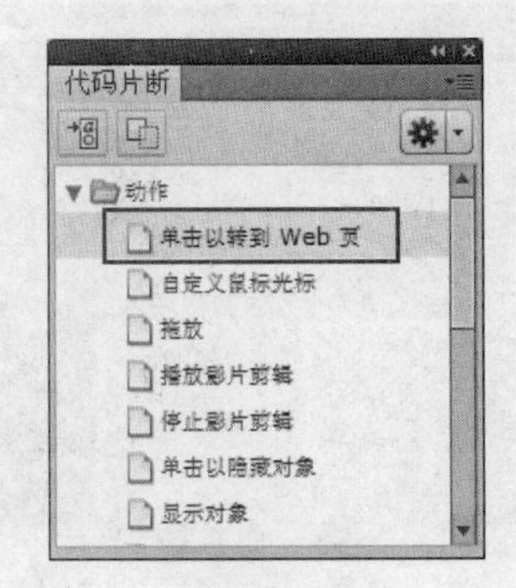

图 9-114

Step 9 修改代码。此时【时间轴】面板中自动添加了一个“Actions”层，并打开【动作】面板，将默认的网址“http://www.adobe.com”修改为所需的网址即可，如图 9-115 所示。

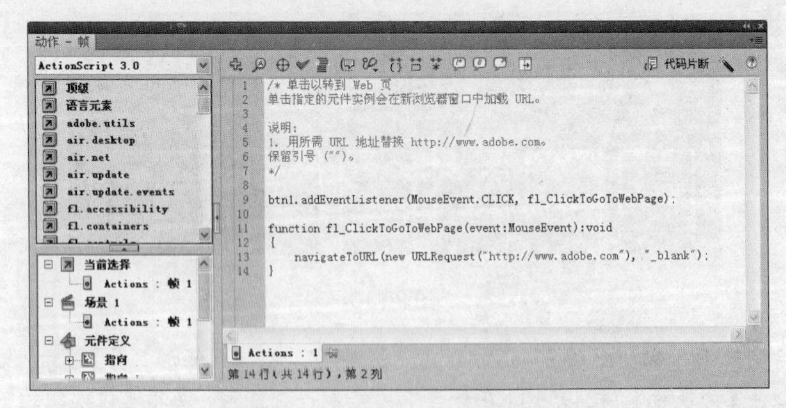

图 9-115

Step 10 添加其他链接。用同样的方法，可以为其他导航按钮添加网页链接。

Step 11 保存文件。按下【Ctrl+Enter】组合键测试影片，如果比较满意，保存动画即可。

9.5 制作报名表单

表单是一种浏览者与网站之间交互的工具，浏览者可以通过网络上的表单直接参与网络中的一些活动，如报名等。表单通常是使用 Dreamweaver 制作的。随着 Flash 功能的不断增强，特别是提供了组件功能，在 Flash 中也可以很方便地制作出各种表单。本节通过制作一个网络报名表单的实例，学习使用 Flash 制作网络表单的相关技能，其效果如图 9-116 所示。

素材文件	“素材”文件夹下
效果文件	效果文件\ 报名表单.fla
动画文件	效果文件\ 报名表单.swf
视频文件	视频文件\ 报名表单.swf

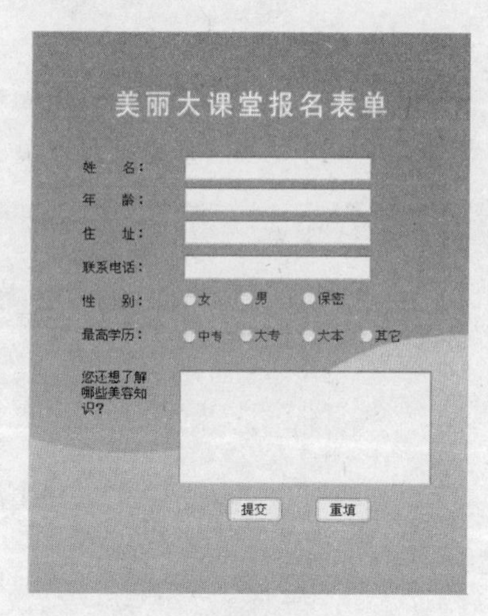

图 9-116

9.5.1 创建表单背景

Step 1 新建文件。启动 Flash CS5 软件，新建一个【宽度】为 400 像素、【高度】为 500 像素、名称为“报名表单”的文件。

Step 2 导入图片。按键盘上的【Ctrl+R】组合键，将本书光盘“素材”文件夹中的“背景.png”图像导入到舞台中。按下【Ctrl+K】组合键，打开【对齐】面板，勾选【与舞台对齐】选项，然后分别单击【水平中齐】按钮和【垂直中齐】按钮，使图片与舞台对齐，如图 9-117 所示。

Step 3 输入文字。激活【文本工具】T，在【属性】面板中设置适合的字符属性，在舞台中输入白色的标题文字，如图 9-118 所示。

Step 4 继续在【属性】面板中更改文字的字体、颜色及大小，然后输入表单的选项文字，如图 9-119 所示。

图 9-117

图 9-118

图 9-119

9.5.2 添加表单组件

Step 1 添加组件。按下【Ctrl+F7】组合键，打开【组件】面板，选择“User Interface”文件夹中的“TextInput”组件，将其拖动到舞台中，并使用【任意变形工具】调整其大小如图 9-120 所示。

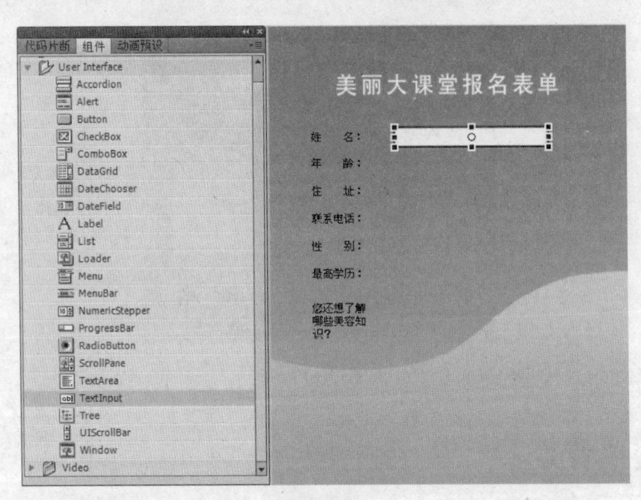

图 9-120

Step 2 复制组件。在舞台中选择“TextInput”组件，将其垂直向下复制 3 个，调整它们的位置如图 9-121 所示。

Step 3 添加组件。在【组件】面板中选择“User Interfacc”文件夹中的“RadioButton”组件，将其拖动到舞台中，如图 9-122 所示。

Step 4 设置组件属性。选择舞台中的“RadioButton”组件，在【属性】面板中修改【Label】参数值为“女”，如图 9-123 所示。

Step 5 复制组件。在舞台中选择“RadioButton”组件，将其水平向右复制两个，向下复制四个，然后在【属性】面板中分别设置不同的【label】参数值，结果如图 9-124 所示。

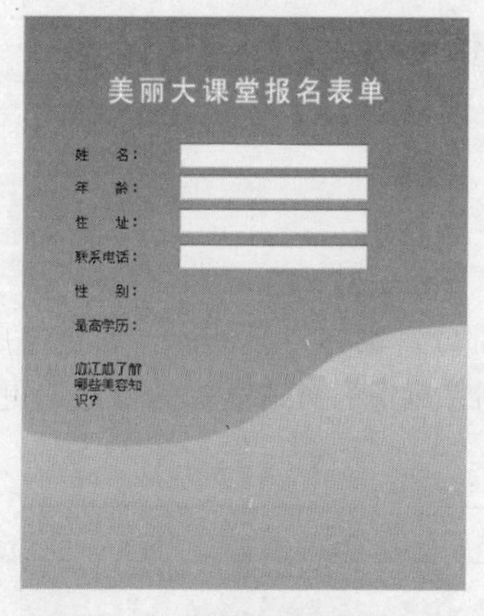

图 9-121

图 9-122

图 9-123

Step 6 添加组件。在【组件】面板中选择“User Interface”文件夹中的“TextArea”组件，将其拖动到舞台中，并使用【任意变形工具】调整其大小如图 9-125 所示。

Step 7 添加组件。在【组件】面板中选择“User Interface”文件夹类中的“Button”组件，将其拖动到表单的下方，如图 9-126 所示。

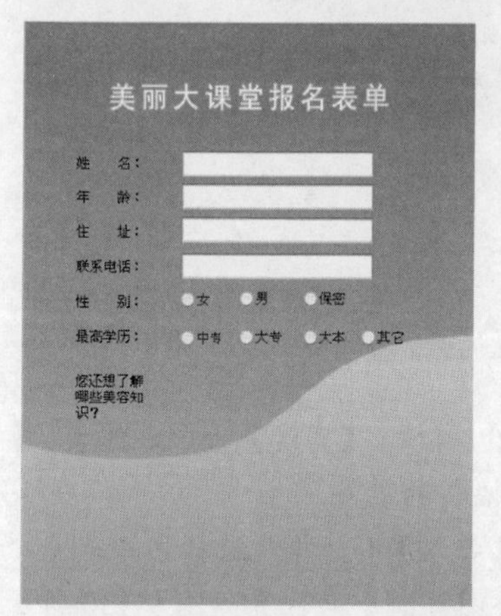

图 9-124

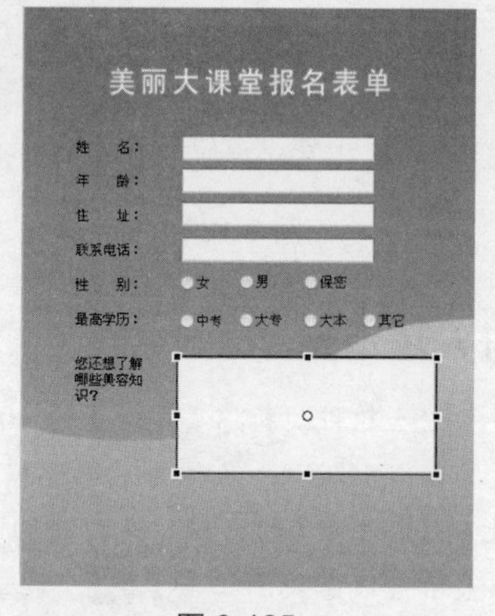

图 9-125

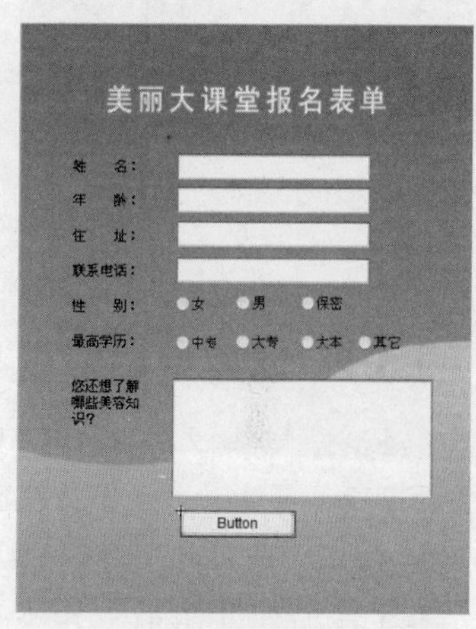

图 9-126

Step 8 修改组件。选择舞台中的“Button”组件，在【属性】面板中设置【Label】参数值为“提交”，更改按钮上的文字，并使用【任意变形工具】调整其大小如图 9-127 所示。

Step 9 复制组件。选择舞台中的“Button”组件，将其水平向右复制一个，并在【属性】面板中修改【Labcl】参数值为“重填”，如图 9-128 所示。

图 9-127

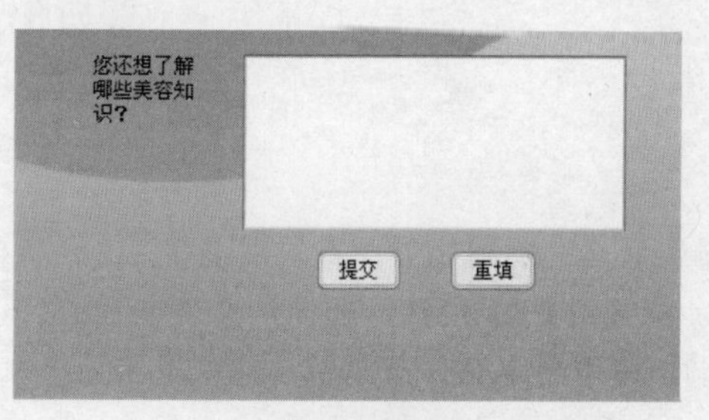

图 9-128

Step 10 测试动画。按下【Ctrl+Enter】组合键测试动画，并保存动画文件。

9.6 制作网站横幅动画

在网站建设中，网站横幅是必不可少的，它是网站的必要组成部分，也称为 Banner，通常位于网站的最上方，主要用于放置网站横幅广告、宣传新品上市或主推产品系列等。网站横幅需要定期更新。本节将学习制作某化妆品网站横幅的实例，其效果如图 9-129 所示。

素材文件	“素材”文件夹下
效果文件	效果文件\ 网站横幅.fla
动画文件	效果文件\ 网站横幅.swf
视频文件	视频文件\ 网站横幅.swf

图 9-129

9.6.1 创建横幅背景与入场动画

Step 1 新建文件。启动 Flash CS5 软件，新建【宽度】为 1000 像素、【高度】为 300 像素、【帧频】为 24fps、【背景颜色】为肤色（#FFDDBB）、名称为“网站横幅”的文件。

Step 2 导入图片。按键盘上的【Ctrl+R】组合键，在打开的【导入】对话框中选择本书光盘“素材”文件夹中的“hzp.jpg”图像。激活【任意变形工具】，调整图片大小与位置如图 9-130 所示。

图 9-130

Step 3 绘制矩形。在“图层 1”上方新建“图层 2”，激活【矩形工具】，在工具箱下方按下【对象绘制】按钮，选择对象绘制模式，设置【笔触颜色】为无色、【填充颜色】为玫红色（注意，颜色要有所变化，使用深浅不同的玫红色），在舞台中绘制多个大小不一的矩形，效果如图 9-131 所示。

图 9-131

提示：在 Flash CS5 中有两种绘图模式，当按下工具箱下方的【对象绘制】按钮时，即为对象绘制模式，此时绘制的图形保持为独立的对象，叠加时不会自动融合在一起；否则为图形绘制模式，绘制出来的对象如果存在重合部分，则自动粘合在一起。

Step 4　对齐矩形。单击“图层 2”的第 1 帧，选择所有矩形，按下【Ctrl+K】组合键，打开【对齐】面板，勾选【与舞台对齐】选项，再单击【顶对齐】按钮，使矩形对齐到舞台的顶部，如图 9-132 所示。

Step 5　转换为元件。确保所有矩形处于选择状态，按下【F8】键，将其转换为影片剪辑元件“竖幅”，如图 9-133 所示。

图 9-132

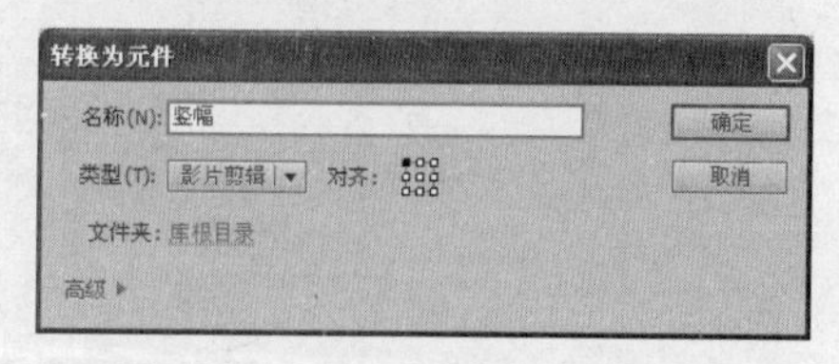

图 9-133

提示：这里将矩形条转换为“竖幅”影片剪辑元件的目的是为了后面制作振动动画时使用的需要，紧接着又分离了实例，以便继续制作矩形条入场动画。

Step 6　分离实例。按下【Ctrl+B】组合键，将“竖幅”实例重新分离为矩形。

Step 7　分散到图层。确保分离后的矩形处于选择状态，执行菜单栏中的【修改】/【时间轴】/【分散到图层】命令，将每个矩形分散到一个独立的图层上，同时“图层 2”变成了空层，如图 9-134 所示。

Step 8　创建动画。同时选择“图层 3”～“图层 20”的第 10 帧，按键盘上的【F6】键插入关键帧，再同时选择“图层 3”～“图层 20”的第 1 帧，单击鼠标右键，在弹出的快捷菜单中选择【创建传统补间】命令，创建传统补间动画，如图 9-135 所示。

Step 9　调整实例位置。激活【选择工具】，将“图层 3”～“图层 20”第 1 帧中的矩形实例拖动到舞台上方，如图 9-136 所示。

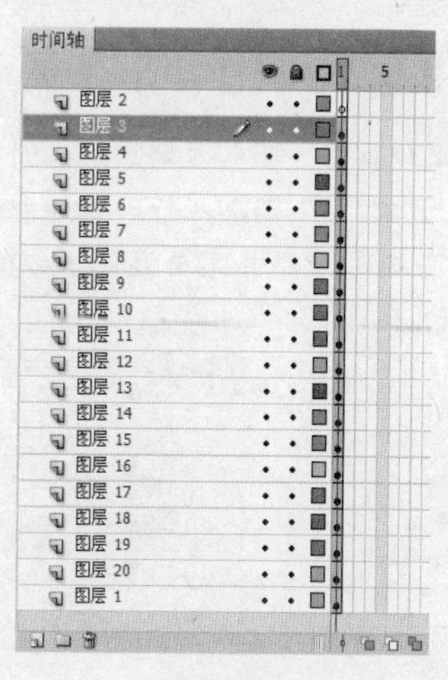

图 9-134

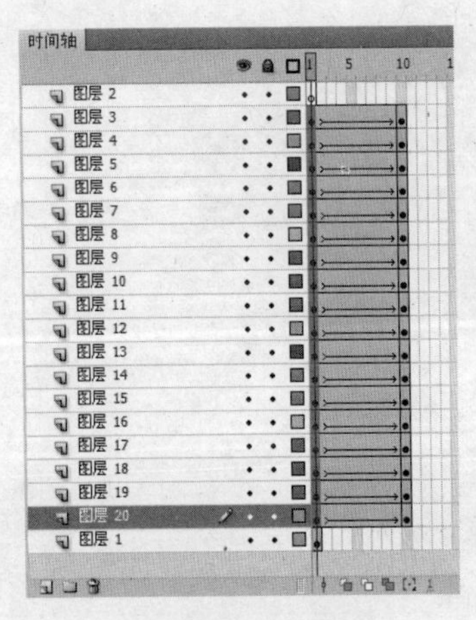

图 9-135

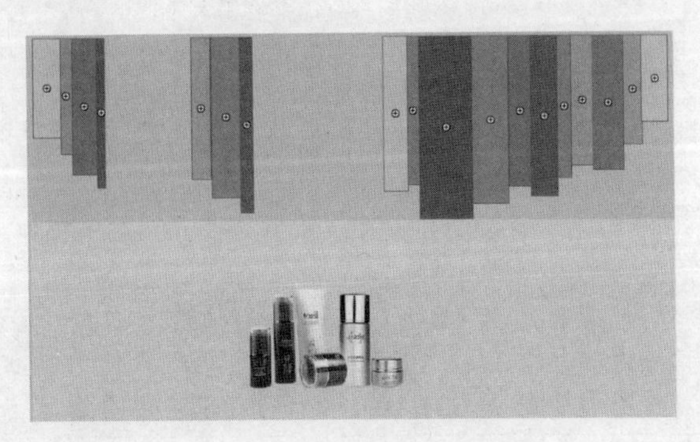

图 9-136

Step 10 调整动画播放顺序。在【时间轴】面板中分别调整“图层 3”～“图层 10”、“图层 12”～“图层 20”中的动画帧，使各层中的动画帧依次错开，如图 9-137 所示。

Step 11 设置动画时间。同时选择所有图层的第 40 帧，按键盘上的【F5】键，设置动画播放时间，如图 9-138 所示。

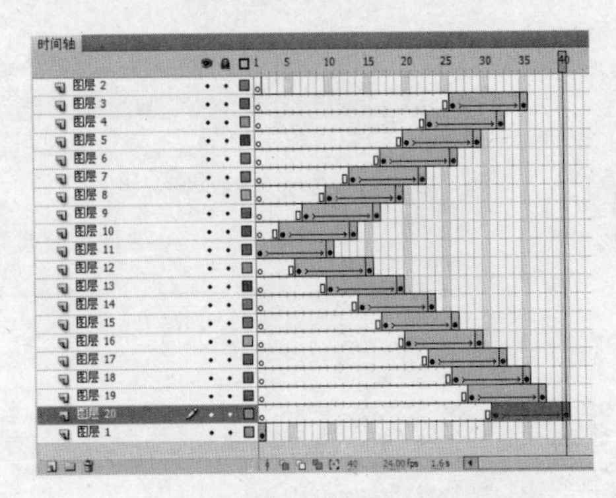

图 9-137

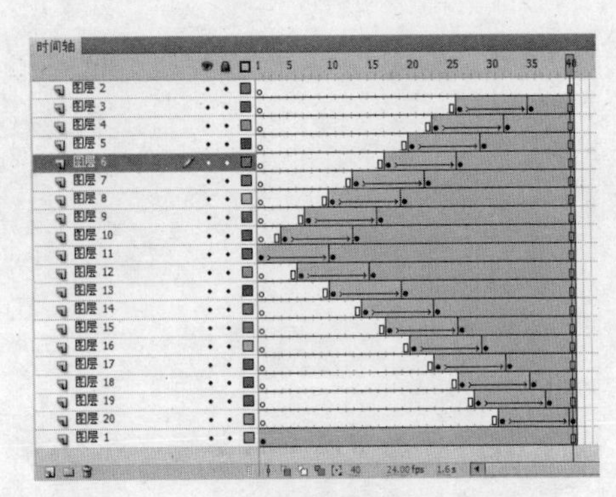

图 9-138

9.6.2 制作矩形条振动动画

Step 1 插入关键帧。选择“图层 2”的第 40 帧，按下【F6】键插入关键帧。

Step 2 添加元件。按键盘上的【Ctrl+L】组合键打开【库】面板，将“竖幅”元件拖动到舞台中，与矩形对齐并完全遮住下方的矩形，如图 9-139 所示。

图 9-139

Step 3 调整帧位置。选择“图层2”的第40帧，将其拖动到第41帧处，如图9-140所示。

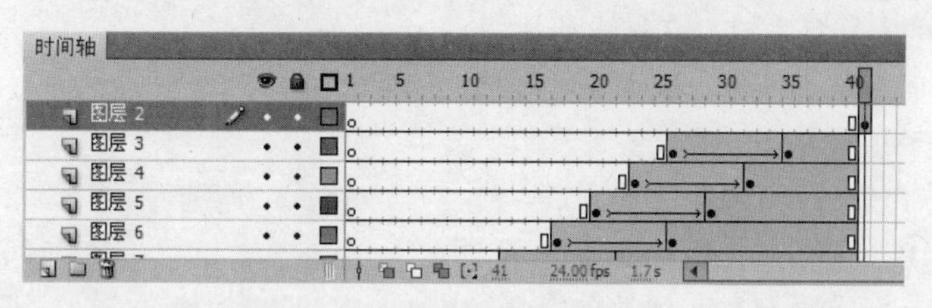

图9-140

提示：这里先将元件放在第40帧中，是为了与下方的矩形完全对齐，然后再拖动到第41帧，是为了制作后面的动画效果。

Step 4 编辑元件。在舞台中双击“竖幅”实例进入其编辑窗口中，这时可以看到它的【时间轴】面板中只有一个“图层1”。

Step 5 分散到图层。执行菜单栏中的【修改】/【时间轴】/【分散到图层】命令，将每个矩形分散到一个独立的图层上，同时“图层1”变成了空层，如图9-141所示。

Step 6 插入关键帧。选择“图层2”的第10帧，按下【F6】键插入关键帧，如图9-142所示。

图9-141

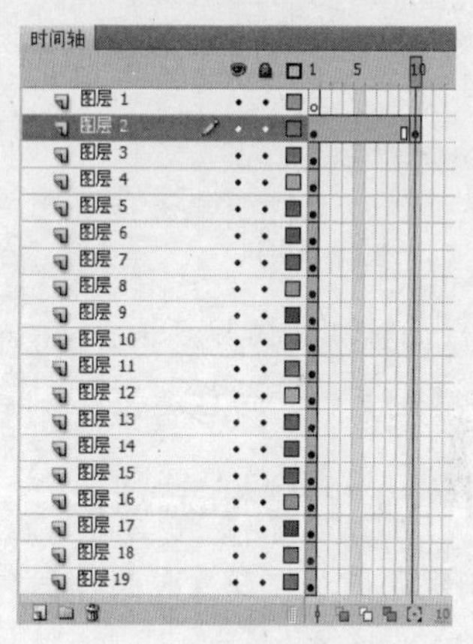

图9-142

Step 7 拉长矩形。激活【任意变形工具】，将该帧中的矩形垂直向下拉长一些，如图9-143所示。

Step 8 缩短矩形。选择“图层2”的第20帧，按下【F6】键插入关键帧，使用【任意变形工具】将该帧中的矩形垂直向上缩短一些，如图9-144所示。

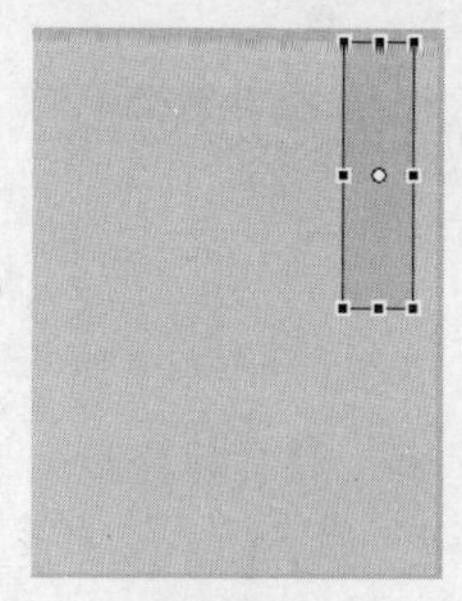

图9-143

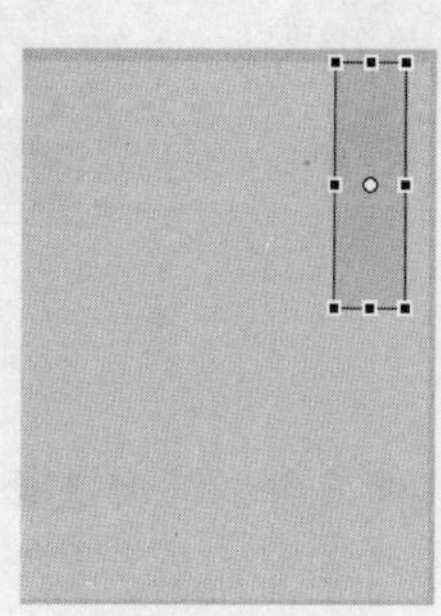

图9-144

Step 9 创建动画。同时选择“图层 2”的第 1 帧～第 10 帧，单击鼠标右键，在弹出的快捷菜单中选择【创建补间形状】命令，创建补间形状动画，如图 9-145 所示。

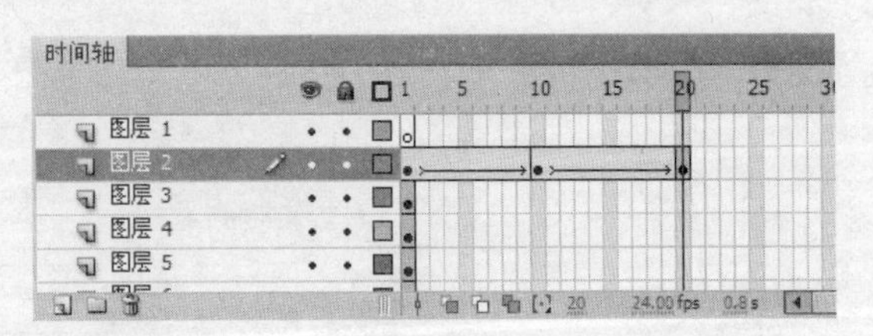

图 9-145

Step 10 制作其他动画。用同样的方法，制作其他图层（“图层 10”除外）中矩形的动画，制作的时候要随机一些，不要太一致，结果如图 9-146 所示。

Step 11 设置动画时间。选择所有图层的第 30 帧，按键盘上的【F5】键，设置动画播放时间，如图 9-147 所示。

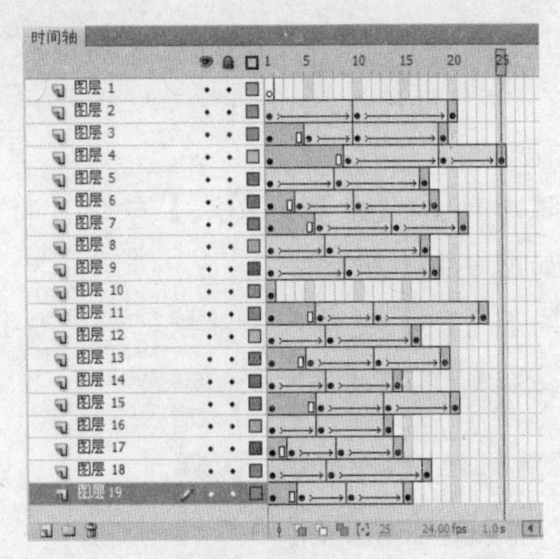

图 9-146

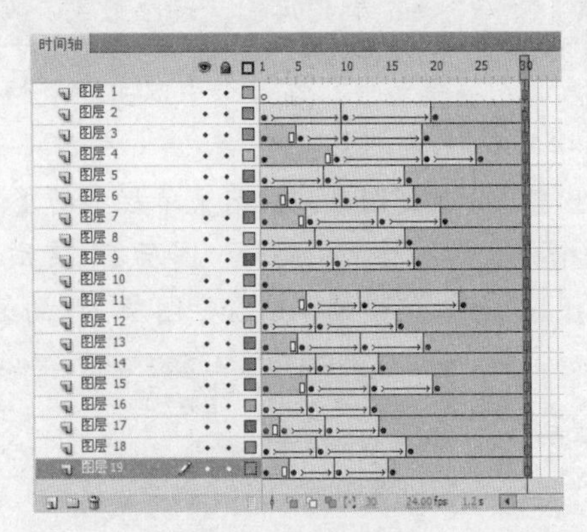

图 9-147

Step 12 返回场景并修改动画时间。单击窗口左上方的 场景 1 按钮返回到舞台中，选择“图层 1”的第 41 帧，按下【F5】键，向后延长动画时间。

9.6.3 制作文字与标志动画

Step 1 创建新图层。在【时间轴】面板最上方创建新图层，命名为“文字”，在第 41 帧处插入关键帧。

Step 2 输入文字。激活【文本工具】T，设置适当的字符属性，输入文字“酷秀系列”和“天然植物精华”，位置如图 9-148 所示。

图 9-148

Step 3 转换为元件。同时选择输入的文字，按下【F8】键，将其转换为影片剪辑元件“文字动画”。

Step 4 编辑元件。双击“文字动画”实例进入其编辑窗口中，再次选择所有文字，按下【F8】

键，将其转换为图形元件“文字”。

Step 5　输入代码。选择“图层 1”的第 20 帧，按下【F6】键插入关键帧，再按下【F9】键打开【动作】面板，输入代码“Stop()”，使动画播放到该帧处停止。

Step 6　创建动画。在第 1 帧上单击鼠标右键，在弹出的快捷菜单中选择【创建传统补间】命令，创建传统补间动画。

Step 7　设置透明度。选择第 1 帧中的“文字”实例，在【属性】面板中设置【样式】为 Alpha，并设置 Alpha 值为 0，使其完全透明，如图 9-149 所示。

Step 8　返回场景。单击窗口左上方的场景 1按钮返回到舞台中。

Step 9　绘制标志。在“文字”层的上方创建新图层，命名为“标志”，在第 35 帧处插入关键帧。使用【钢笔工具】与【文本工具】，绘制一个标志，效果如图 9-150 所示。

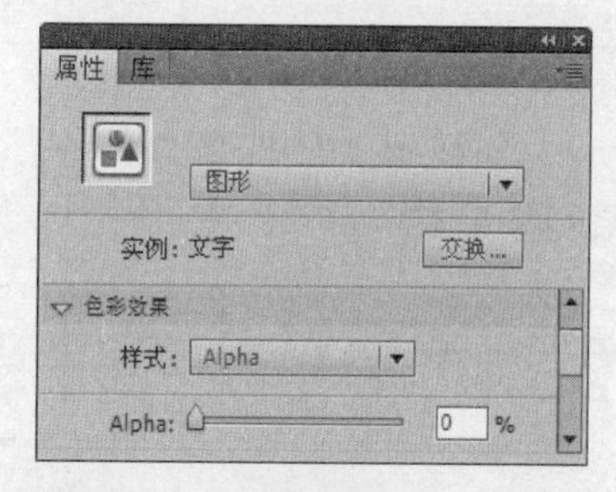

图 9-149

图 9-150

Step 10　群组对象。使用【选择工具】选择组成标志的所有对象，按下【Ctrl+G】组合键将其群组。

Step 11　插入关键帧。选择“标志”层的第 41 帧，按下【F6】键插入关键帧。

Step 12　创建动画。将第 35 帧中的标志垂直移动到舞台下方，如图 9-151 所示，然后在第 35 帧上单击鼠标右键，在弹出的快捷菜单中选择【创建传统补间】命令，创建传统补间动画，【时间轴】面板如图 9-152 所示。

图 9-151

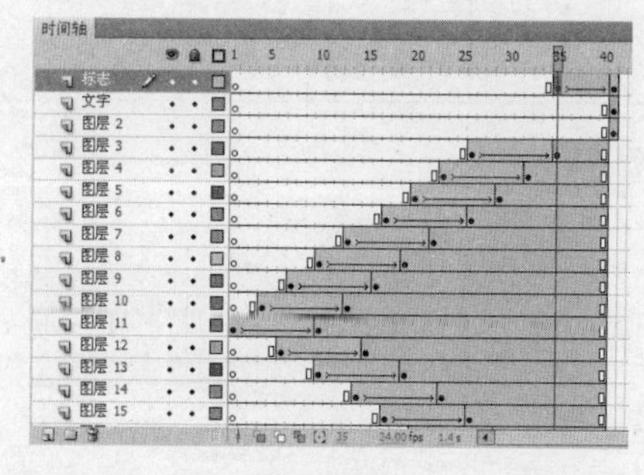

图 9-152

Step 13　输入代码。选择“标志”层的第 41 帧，按下【F9】键打开【动作】面板，输入代码“Stop()”，使动画播放到该帧处停止。

Step 14　测试动画。按下【Ctrl+Enter】组合键测试动画，并保存动画文件。

附录　自我检测参考答案

第 1 章

选择题	(1)	(2)	(3)
	D	C	B

第 2 章

选择题	(1)	(2)	(3)	(4)	(5)
	A	C	B	B	A

第 3 章

选择题	(1)	(2)	(3)
	A	A	A

第 4 章

选择题	(1)	(2)	(3)
	B	B	A

第 5 章

选择题	(1)	(2)	(3)	(4)
	A	A	A	A

第 6 章

选择题	(1)	(2)	(3)	(4)
	C	A	A	B

第 7 章

选择题	(1)	(2)	(3)
	B	A	B